Prüfungswissen Konditor/Konditorin

handlungsorientiert

Entwerfen und Zeichnen von Konditoreierzeugnissen

Warenwirtschaft, Produktionstechnik und Hygiene

Betriebswirtschaftliches Handeln

Wirtschaft und Sozialkunde

von

Josef Loderbauer

Hans Hager

7., aktualisierte Auflage

Dr. Felix Büchner

Handwerk und Technik – Hamburg

ISBN 978-3-582-62778-0 Best.-Nr. 40091

Verlag Dr. Felix Büchner GmbH & Co. KG – Handwerk und Technik GmbH,
Lademannbogen 135, 22339 Hamburg; Postfach 63 05 00, 22331 Hamburg – 2023
E-Mail: info@handwerk-technik.de – Internet: www.handwerk-technik.de

Satz und Layout: CMS – Cross Media Solutions GmbH, 97082 Würzburg
Umschlagmotiv: Josef Loderbauer, 94496 Deggendorf
Druck: Druckerei Himmer GmbH, 86167 Augsburg

Vorwort

Das Prüfungsbuch für Konditorinnen und Konditoren sowie Konditoreifachverkäuferinnen ermöglicht eine optimale Vorbereitung auf die Zwischen- und Gesellenprüfung bzw. Abschlussprüfung. Es ist auch ein ideales Vorbereitungsbuch auf die Meisterprüfung und auf sonstige Weiterbildungen im Bereich der Konditorei.

Dieses Prüfungsvorbereitungsbuch enthält fachtechnologische und fachmathematische Aufgaben mit den Lösungen. Die Aufgabenstellungen spiegeln praxisorientierte berufliche Handlungen des alltäglichen Konditoreibetriebs wider. Die Themenbereiche und die Aufgabentypen entsprechen den Prüfungsaufgaben. Außerdem enthält dieses Prüfungsbuch ein Gesellenprüfungsbeispiel für alle vier schriftlichen Prüfungsbereiche. Darin werden Aufgaben zu beruflichen Handlungen gestellt, die schrittweise zu beantworten und zu lösen sind.

Ein selbstständiges Lernen ist mit dem Prüfungsbuch möglich, indem die rechte Spalte (Lösungen) beim Lernen abgedeckt wird. Eine weitere Unterstützung bei der Prüfungsvorbereitung geben die Tipps für richtiges Lernen im einführenden Kapitel „Vorbereitung für die Prüfung".

Das Prüfungsbuch vermittelt das Wissen für die vier Prüfungsbereiche der schriftlichen Gesellenprüfung für Konditorinnen und Konditoren:

1. Entwerfen und Zeichnen von Konditoreierzeugnissen
2. Warenwirtschaft, Produktionstechnik und Hygiene
3. Betriebswirtschaftliches Handeln
4. Wirtschaft und Sozialkunde

Im fachmathematischen Teil werden zuerst allgemeine mathematische Grundlagen vertieft und nach den fachtechnologischen Aufgaben jedes Kapitels werden die passenden Berechnungen dazu durchgeführt.

In den fachbezogenen Prüfungsbereichen 2 und 3 werden nur offene Aufgaben gestellt, da sie den Großteil der Prüfungen darstellen und gleichzeitig der Vorbereitung auf die Fachgespräche der praktischen Prüfung sowie der mündlichen Gesellenprüfungen dienen. Können die offenen Aufgaben beantwortet werden, ist die Lösung der Multiple-Choice-Aufgaben in den Prüfungen kein Problem.
Der Wirtschafts- und Sozialkundeteil sowie das Gesellenprüfungsbeispiel werden durch Multiple-Choice-Aufgaben ergänzt, so wie sie bei den Prüfungen gestellt werden können.

Dieses Prüfungsbuch vermittelt ein fundiertes Wissen des Konditorenhandwerks in Theorie und Praxis sowie wirtschaftliches und sozialkundliches Allgemeinwissen. Dies sind die Grundlagen für eine erfolgreiche Ausbildung und beruflichen Erfolg.

Gutes Gelingen in den Prüfungen wünschen Ihnen der Verlag und die Autoren

Josef Loderbauer
Hans Hager

Inhaltsverzeichnis

Prüfungsbereich 3: Betriebswirtschaftliches Handeln

Prüfungsbereich 4: Wirtschaft und Sozialkunde

Gesellenprüfungsbeispiel – Konditor/-in Theoretische Prüfung

Sachwortverzeichnis

Vorbereiten auf die Prüfung

1 Prüfungsverordnung

Die Anforderungen der Zwischen- und Gesellenprüfung sind in der **Verordnung über die Berufsausbildung zum Konditor/zur Konditorin** in der Handwerksordnung geregelt.

Zwischenprüfung

Eine Zwischenprüfung findet nach der Hälfte der Lehrzeit zur Ermittlung des Ausbildungsstands statt. Sie soll vor dem Ende des zweiten Ausbildungsjahrs durchgeführt werden. Die Anforderungen der Zwischenprüfung beziehen sich auf die Fertigkeiten und Kenntnisse des ersten Ausbildungsjahrs und auf die erste Hälfte des zweiten Ausbildungsjahrs sowie auf die im Berufsschulunterricht vermittelten Lerninhalte entsprechend dem Rahmenlehrplan.

Praktische Zwischenprüfung
In **höchstens vier Stunden** soll der Prüfling zwei praktische Aufgaben aus unterschiedlichen Gebieten bearbeiten.
Die Gebiete sind:
1. Herstellen eines gefüllten und dekorierten Konditoreierzeugnisses aus Teig
2. Herstellen eines gefüllten Konditoreierzeugnisses aus Masse
3. Herstellen eines kleinen Gerichtes aus frischen Rohstoffen

Aufgaben des Prüflings bei den praktischen Aufgaben sind:
- die Herstellung planen
- die Herstellung durchführen
- die Ergebnisse beurteilen und kontrollieren

Grundsätzlich sollen dabei folgende Gesichtspunkte berücksichtigt werden:
- Hygiene
- Umweltschutz
- Wirtschaftlichkeit
- Arbeitssicherheit
- Gesundheitsschutz
- Kundenorientierung

Theoretische (schriftliche) Zwischenprüfung
In **höchstens 150 Minuten** soll der Prüfling Aufgaben schriftlich bearbeiten, die sich auf die praktischen Aufgaben beziehen.

Anforderungen an den Prüfling im schriftlichen Teil
- Arbeitsschritte planen
- Arbeitsmittel festlegen
- Rohstoffe beurteilen
- Mengen bestimmen
- Dekorationselemente entwerfen
- lebensmittelrechtliche Vorschriften berücksichtigen (Gesetze, Verordnungen und Leitsätze)

Gesellenprüfung

Die Gesellenprüfung ist praktisch und schriftlich durchzuführen. Sie beinhaltet die praktischen Fertigkeiten und theoretischen Kenntnisse der gesamten Ausbildungsinhalte für die Berufsausbildung zur Konditorin/zum Konditor.

Praktische Gesellenprüfung

Die praktische Gesellenprüfung soll in insgesamt **höchstens zwölf Stunden** durchgeführt werden. In dieser Zeit soll der Prüfling eine Arbeitsaufgabe A und zwei Arbeitsaufgaben B durchführen.

Als **Arbeitsaufgabe A** wird eine der folgenden zwei Aufgaben gestellt:
a) Herstellen einer Drei-Etagen-Festtagstorte nach vorgegebenem Thema einschließlich Dokumentieren der Planung und Durchführung
b) Herstellen eines Formstücks entsprechender Größe nach vorgegebenem Thema einschließlich Dokumentieren der Planung und Durchführung

Als **Arbeitsaufgaben B** werden zwei der folgenden Aufgaben gestellt:
a) Herstellen eines kleinen Gerichtes einschließlich Suppe und Dessert
b) Herstellen von Erzeugnissen aus Teig oder Masse
c) Herstellen einer Konfektmischung aus Teegebäck und Pralinen einschließlich Garnieren, Dekorieren und Präsentieren

Gewichtung der praktischen Arbeitsaufgaben

Eine Arbeitsaufgabe A: 50 %
Zwei Arbeitsaufgaben B: je 25 %
} = 100 %

Der Prüfling soll bei den Arbeitsaufgaben Arbeitsabläufe im Hinblick auf Kundenerwartungen selbstständig planen und umsetzen.
Zu beachten sind dabei
- wirtschaftliche,
- technische,
- ökologische und
- zeitliche Vorgaben.

Während der Arbeiten sind stets zu berücksichtigen:
- Sicherheit (Unfallschutz)
- Gesundheitsschutz
- Hygiene

Theoretische Gesellenprüfung

Die theoretische Prüfung wird schriftlich abgelegt und erfolgt in vier Prüfungsbereichen, die unterschiedlich gewichtet werden.

	Prüfungsbereiche	maximale Arbeitszeit	Gewichtung
1	Entwerfen und Zeichnen von Konditoreierzeugnissen	90 Minuten	25 %
2	Warenwirtschaft, Produktionstechnik und Hygiene	120 Minuten	30 %
3	Betriebswirtschaftliches Handeln	90 Minuten	25 %
4	Wirtschaft und Sozialkunde	60 Minuten	20 %

Im **Prüfungsbereich 1** wird ein Konditoreierzeugnis, z. B. eine Festtagstorte, beschrieben und maßstabgetreu gezeichnet. Mit der Beschreibung werden der Aufbau und die Bestandteile dieses Erzeugnisses dokumentiert in Bezug auf Tortenböden, Füllungen, Garnierungen und Dekor sowie dem Material, aus dem sie hergestellt werden.

In den **Prüfungsbereichen 2 bis 3** sind Aufgaben, die sich auf Konditoreierzeugnisse beziehen und technologische sowie mathematische Sachverhalte beinhalten. Dabei werden Aufgaben aus dem alltäglichen praktischen Berufsleben gestellt, die handlungsorientiert und schrittweise bearbeitet werden sollen.

Im **4. Prüfungsbereich**, Wirtschaft und Sozialkunde, werden praxisbezogene Aufgaben mit allgemein wirtschaftlichen und gesellschaftlichen Zusammenhängen aus der Berufs- und Arbeitswelt gestellt.

1. Prüfungsbereich: Entwerfen und Zeichnen von Konditoreierzeugnissen

Prüfungshöchstzeit: 90 Minuten
Höchstpunktzahl: 100 Punkte
Gewichtungsfaktor: 2,5 (25 % Gewichtung der gesamten theoretischen Prüfung)
Die erreichten Punkte werden mit 2,5 multipliziert (maximal 250 Punkte).

2. Prüfungsbereich: Warenwirtschaft, Produktionstechnik und Hygiene

Prüfungshöchstzeit: 120 Minuten
Höchstpunktzahl: 100 Punkte
Gewichtungsfaktor: 3 (30 % Gewichtung der gesamten theoretischen Prüfung)
Die erreichten Punkte werden mit 3 multipliziert (maximal 300 Punkte).

3. Prüfungsbereich: Betriebswirtschaftliches Handeln

Prüfungshöchstzeit: 90 Minuten
Höchstpunktzahl: 100 Punkte
Gewichtungsfaktor: 2,5 (25 % Gewichtung der gesamten theoretischen Prüfung)
Die erreichten Punkte werden mit 2,5 multipliziert (maximal 250 Punkte).

4. Prüfungsbereich: Wirtschaft und Sozialkunde

Prüfungshöchstzeit: 60 Minuten
Höchstpunktzahl: 100 Punkte
Gewichtungsfaktor: 2 (20 % Gewichtung der gesamten theoretischen Prüfung)
Die erreichten Punkte werden mit 2 multipliziert (maximal 200 Punkte).

- Durch die unterschiedliche Gewichtung der einzelnen Prüfungsbereiche ergibt dies die Höchstpunktzahl von 1 000 Punkten in der gesamten theoretischen Gesellenprüfung.
- 1 000 Punkte geteilt durch 10, ergibt den Notenschlüssel von höchstens 100 Punkten.
- Die erreichten Punkte eines Prüflings werden somit durch 10 geteilt, ergibt die erzielten Punkte der gesamten theoretischen Prüfung.

Im vorgegebenen Notenschlüssel der Handwerkskammer sind die Noten der erzielten Punkte ersichtlich.

Notenschlüssel

100 bis 92 Punkte = Note 1 (sehr gut)
91 bis 81 Punkte = Note 2 (gut)
80 bis 67 Punkte = Note 3 (befriedigend)
66 bis 50 Punkte = Note 4 (ausreichend)
49 bis 30 Punkte = Note 5 (mangelhaft)
29 bis 0 Punkte = Note 6 (ungenügend)

Berechnung der Prüfungsergebnisse

Bestandene Gesellenprüfung

Zum Bestehen der Gesellenprüfung sind alle der folgenden Punkte zu erfüllen:
Theoretische Gesellenprüfung
- In der theoretischen Prüfung müssen insgesamt mindestens ausreichende Leistungen erzielt werden.
- In jedem der drei fachbezogenen Prüfungsbereiche muss mindestens die Note 5 erreicht werden. Dies sind die Prüfungsbereiche 1, 2 und 3.

Praktische Gesellenprüfung
- In der gesamten praktischen Prüfung müssen mindestens ausreichende Leistungen erzielt werden.
- Im Arbeitsbereich A der praktischen Prüfung müssen mindestens ausreichende Leistungen erreicht werden.

Ausreichende Leistungen ergeben die Note 4.
Die Note 4 wird erzielt, wenn in jedem Prüfungsbereich mindestens 50 % der Punkte von 100 Gesamtpunkten erreicht werden.

Nicht bestandene Gesellenprüfung

Die Gesellenprüfung ist nicht bestanden, wenn einer der folgenden Punkte zutrifft:
Theoretische Gesellenprüfung:
- Die Note 6 in einem der drei fachbezogenen Prüfungsbereichen der theoretischen Prüfung. Die Prüfungsbereiche 1, 2 und 3 sind fachbezogen. Der 4. Prüfungsbereich, Wirtschaft und Sozialkunde, ist nicht fachbezogen und kann mit jeder beliebigen Note abgeschlossen werden.
- Mangelhafte Leistungen, Note 5, der gesamten theoretischen Gesellenprüfung.

Praktische Gesellenprüfung:
- Mangelhafte Leistungen, Note 5, der gesamten praktischen Prüfung.
- Mangelhafte Leistungen, Note 5, im Arbeitsbereich A der praktischen Prüfung.

Mangelhafte Leistungen ergeben die Note 5, ungenügende Leistungen die Note 6.
Die Note 5 entsteht, wenn 49 Punkte und weniger von 100 Gesamtpunkten erzielt werden.
Die Note 6 ergibt sich bei 29 Punkten und weniger von 100 Gesamtpunkten.

Beispiel einer bestandenen Gesellenprüfung

Theoretische Gesellenprüfung

Prüfungsbereich 1:	62 Punkte = Note 4	62 Punkte · 2,5 Gewichtungsfaktor = 155 Punkte
Prüfungsbereich 2:	73 Punkte = Note 3	73 Punkte · 3 Gewichtungsfaktor = 219 Punkte
Prüfungsbereich 3:	84 Punkte = Note 2	84 Punkte · 2,5 Gewichtungsfaktor = 210 Punkte
Prüfungsbereich 4:	59 Punkte = Note 4	59 Punkte · 2 Gewichtungsfaktor = 118 Punkte
		erzielte Punkte von 1 000 Punkten = 702 Punkte

702 Punkte : 10 = 70,2 Punkte von 100 Punkten
= Note 3 der theoretischen Gesellenprüfung
Bei Punktzahlen mit Kommastellen muss grundsätzlich abgerundet werden.

Praktische Gesellenprüfung

Arbeitsbereich A:

82 Punkte von 100 Punkten (Gewichtung: 50 %) = 41 Punkte

Arbeitsbereich B:

1. Arbeitsaufgabe: 80 Punkte von 100 Punkten (Gewichtung: 25 %) = 20 Punkte
2. Arbeitsaufgabe: 84 Punkte von 100 Punkten (Gewichtung: 25 %) = 21 Punkte

erzielte Gesamtpunkte von 100 Punkten = 82 Punkte

= Note 2 der praktischen Gesellenprüfung

Beispiele von gerade noch bestandenen Gesellenprüfungen

Theoretische Gesellenprüfungen

Prüfungsbereich 1: 48 Punkte = Note 5	Prüfungsbereich 1: 72 Punkte = Note 3
Prüfungsbereich 2: 45 Punkte = Note 5	Prüfungsbereich 2: 49 Punkte = Note 5
Prüfungsbereich 3: 42 Punkte = Note 5	Prüfungsbereich 3: 47 Punkte = Note 5
Prüfungsbereich 4: 86 Punkte = Note 2	Prüfungsbereich 4: 28 Punkte = Note 6
Pb. 1: 48 Punkte · 2,5 Gf. = 120 Punkte	Pb. 1: 72 Punkte · 2,5 Gf. = 180 Punkte
Pb. 2: 45 Punkte · 3 Gf. = 135 Punkte	Pb. 2: 49 Punkte · 3 Gf. = 147 Punkte
Pb. 3: 42 Punkte · 2,5 Gf. = 105 Punkte	Pb. 3: 47 Punkte · 2,5 Gf. = 117,5 Punkte
Pb. 4: 86 Punkte · 2 Gf. = 172 Punkte	Pb. 4: 28 Punkte · 2 Gf. = 56 Punkte
Gesamtpunkte = 532 Punkte	Gesamtpunkte = 500,5 Punkte
532 P. : 10 = 53,2 P. = 53 Punkte	500,5 P. : 10 = 50,05 P. = 50 Punkte

= jeweils Note 4 der theoretischen Gesellenprüfungen

Praktische Gesellenprüfungen

Arbeitsbereich A: 51 Punkte von 100 P.	Arbeitsbereich A: 58 Punkte von 100 P.
50 % von 51 Punkten = 25,5 Punkte	50 % von 58 Punkten = 29 Punkte
Arbeitsbereich B:	Arbeitsbereich B:
1. Arbeitsaufgabe: 48 Punkte von 100 P.	1. Arbeitsaufgabe: 46 Punkte von 100 P.
25 % von 48 Punkten = 12 Punkte	25 % von 46 Punkten = 11,5 Punkte
2. Arbeitsaufgabe: 58 Punkte von 100 P.	2. Arbeitsaufgabe: 43 Punkte von 100 P.
25 % von 58 Punkten = 14,5 Punkte	25 % von 43 Punkten = 10,75 Punkte
Gesamtpunkte: 25,5 + 12 + 14,5 = 52 Punkte von 100 Punkten	Gesamtpunkte: 29 +11,5 + 10,75 = 51,25 Punkte von 100 Punkten

= jeweils Note 4 der praktischen Gesellenprüfungen

Beispiele von nicht bestandenen Gesellenprüfungen

Theoretische Gesellenprüfung

Prüfungsbereich 1: 82 Punkte = Note 2	82 Punkte · 2,5 Gf. = 205 Punkte
Prüfungsbereich 2: 77 Punkte = Note 3	77 Punkte · 3 Gf. = 231 Punkte
Prüfungsbereich 3: 26 Punkte = Note 6	26 Punkte · 2,5 Gf. = 65 Punkte
Prüfungsbereich 4: 85 Punkte = Note 2	85 Punkte · 2 Gf. = 170 Punkte
	Gesamtpunkte = 671 Punkte
In einem fachlichen Prüfungsb. Note 6	671 P. : 10 = 67,1 P. = 67 Punkte = Note 3

Theoretische Gesellenprüfung

Prüfungsbereich 1:	62 Punkte = Note 4	62 Punkte · 2,5 Gf. = 155 Punkte
Prüfungsbereich 2:	47 Punkte = Note 5	46 Punkte · 3 Gf. = 138 Punkte
Prüfungsbereich 3:	51 Punkte = Note 4	50 Punkte · 2,5 Gf. = 125 Punkte
Prüfungsbereich 4:	38 Punkte = Note 5	38 Punkte · 2 Gf. = 76 Punkte
		Gesamtpunkte = 494 Punkte
Insgesamt: Note 5		494 P. : 10 = 49,4 = 49 Punkte = Note 5

Praktische Gesellenprüfungen

Arbeitsbereich A: 51 Punkte von 100 P.	Arbeitsbereich A: 46 Punkte von 100 P.
50 % von 51 Punkten = 25,5 Punkte	50 % von 46 Punkten = 23 Punkte
Arbeitsbereich B:	Arbeitsbereich B:
1. Arbeitsaufgabe: 52 Punkte von 100 P.	1. Arbeitsaufgabe: 78 Punkte von 100 P.
25 % von 52 Punkten = 13 Punkte	25 % von 78 Punkten = 19,5 Punkte
2. Arbeitsaufgabe: 40 Punkte von 100 P.	2. Arbeitsaufgabe: 69 Punkte von 100 P.
25 % von 40 Punkten = 10 Punkte	25 % von 69 Punkten = 17,25 Punkte
Gesamtpunkte: 25,5 + 13 + 10 =	Gesamtpunkte: 23 +19,5 + 17,25 =
48,5 Punkte von 100 Punkten = Note 5	59,75 Punkte von 100 Punkten = Note 4
Insgesamt: Note 5	**im Arbeitsbereich A: Note 5**

Mündliche Prüfung (Ergänzungsprüfung)

Eine mündliche Prüfung ist eine Ergänzungsprüfung in den einzelnen Prüfungsbereichen, in denen die theoretische (schriftliche) Gesellenprüfung nicht bestanden wurde.
Ein Prüfling kann an einer mündlichen Prüfung nur teilnehmen, wenn die fehlenden Punkte bei der mündlichen Prüfung zum Bestehen der Gesellenprüfung erreicht werden können.
Zur Notenverbesserung ist eine mündliche Prüfung unzulässig.

In der mündlichen Prüfung kann höchstens die halbe Punktzahl von der schriftlichen Prüfung erreicht werden. Die Punktzahl der schriftlichen Prüfung und die Punktzahl der mündlichen Prüfung wird somit 2:1 gewichtet und addiert.
Wird bei der mündlichen Prüfung die erforderliche Punktzahl nicht erreicht, gilt die Prüfung als nicht bestanden.

Bei einer nicht bestandenen praktischen Gesellenprüfung ist eine mündliche Prüfung nicht möglich. Die praktische Prüfung kann ein halbes Jahr später wiederholt werden.

2 Richtiges Lernen für die Prüfung

Lernen lernen

Jeder muss seinen ganz persönlichen Weg zum Lernen und Üben finden. Deshalb müssen Sie Ihre eigenen Stärken und Schwächen erkennen, z. B.

- Welches Lerntempo habe ich?
- Zu welcher Tageszeit fällt mir das Lernen am leichtesten?
- Benötige ich Hilfe beim Lernen oder bei der Verbesserung des Erlernten und wer könnte Hilfestellung geben?
- Werden die Lerninhalte besser gefestigt, wenn ich die Aufgaben schriftlich beantworte?

Auswendiglernen ist zu schwierig und zu zeitaufwendig. Versuchen Sie, das Erlernte zu verstehen, dann können Sie auch Prüfungsaufgaben beantworten, wenn sie anders als im Buch formuliert, gestellt werden. Verstehen Sie die fachlichen Zusammenhänge, können Sie auch komplexe Handlungen lösen.
Arbeiten Sie die Themen nach und nach durch. Lernen Sie ein Thema, bis Sie es verstehen und wiedergeben können. Wiederholen Sie das Gelernte in den nächsten Tagen, bis es Ihnen geläufig ist. Besonders hartnäckige Aufgaben, die Sie sich wiederholt nicht merken können, schreiben Sie sich auf ein Merkblatt.

Motivation

Akzeptieren Sie das Lernen einfach als normalen Vorgang vor Prüfungen. Mit einer positiven Einstellung das Lernen anzugehen, beschleunigt den Lernerfolg. Das erlangte Wissen ist als Erfolgserlebnis spürbar. Dadurch wird Ihr Selbstbewusstsein gestärkt, das weitgehend die Nervosität vor Prüfungen nimmt.

Zeitplanung

Planen Sie ausreichend Zeit zum Lernen vor der Prüfung ein. Sie kennen Ihr Lerntempo. Wer unter Zeitdruck steht, verliert die nötige Konzentration zum Lernen.
Legen Sie mindestens nach zwei Stunden Lernen eine Pause zum Entspannen ein. Das Erlernte wird dadurch im Gehirn gefestigt und das Gehirn ist dann wieder merklich aufnahmefähiger.

Konzentration

Die Aufmerksamkeit muss dem Lernstoff gehören. Das Gehirn wird durch störende Gedanken, Gefühle und Situationen abgelenkt und kann somit die Lerninhalte nicht aufnehmen. Schalten Sie Ihr Handy aus. Auch anderweitige Ablenkung und Lärm muss minimiert werden.

Angst

Angst entsteht durch Selbstzweifel über die eigenen Fähigkeiten oder die Erfolgsaussichten und blockiert die tatsächliche Leistungsmöglichkeit. Durch positives Denken und Austausch mit anderen Personen, die Ihnen bei der Prüfungsvorbereitung helfen können, werden Angstgefühle verdrängt.
Eine gewisse Angst vor Prüfungen ist jedoch normal, sie kann aber durch intensive Vorbereitung gemindert werden.

3 Prüfungsaufgaben als Handlungssituationen

Eine Prüfungsaufgabe wird in Form einer beruflichen Handlung aus dem Berufsalltag im Konditoreibetrieb gestellt. Diese berufliche Handlung, auch Handlungssituation genannt, soll komplett von Anfang bis Ende bearbeitet werden. So kann der Prüfling nachweisen, dass er Arbeitsaufgaben in der Konditorei selbstständig planen, durchführen und beurteilen kann.

Beim „handlungsorientierten" Bearbeiten ergänzen sich fachtheoretische, fachmathematische und fachpraktische Arbeitsschritte zu einer einheitlichen Lösung. Einzelne, zusammenhanglose Fragen werden bei der Prüfung nicht gestellt.

Beispiel einer beruflichen Handlung

Ein Kunde bestellt eine dreistöckige Buttercremetorte zum Jubiläum.
Für die Kaffeetafel bei der Feier benötigt er zudem noch eine Obsttorte, eine Erdbeersahnetorte, eine Baumkuchentorte, eine Fürst-Pückler-Eistorte und einen Marmorkuchen.
Der Kunde bekommt 8 % Rabatt. Mit der Lieferung soll die Rechnung übergeben werden.

Da so eine berufliche Handlung sehr umfangreich und somit schwer zu beantworten ist, werden verschiedene Aufgaben detailliert in der praktischen Reihenfolge gestellt. Diese Aufgaben enthalten fachtechnologische und rechnerische Lerninhalte, z. B.:

fachtheoretische Aufgaben:

- Zutaten für die Erzeugnisse ermitteln und erläutern
- verschiedene Massen für die Tortenböden erklären und unterscheiden
- Buttercremearten unterscheiden
- Schlagsahne und Konfitüren, Gelees sowie Marmeladen erklären
- Dekormaterial für die Torten erläutern
- Bindemittel für einen Geleeguss aufzählen und erklären
- Tiefgefrieren von Eistorten beschreiben
- richtige Lagerung und Lagerfähigkeit der Torten erläutern
- Qualitätsmerkmale der Erzeugnisse beschreiben
- Erzeugnisse beurteilen und Ursachen von Fehlern analysieren
- Erzeugnisse präsentieren
- Rechnung erstellen
- Hygiene beim Umgang mit den Lebensmitteln einhalten
- Unfallgefahren, Unfallverhütung und Ergonomie beachten
- Umweltschutz beachten

fachpraktische Aufgaben:

- Grundrezepte erstellen
- Aufschlagen der Massen erklären
- Herstellung von Buttercreme und Schlagsahne für die Torten erläutern
- Arbeitsschritte beim Herstellen der Torten beschreiben

mathematische Aufgaben:

- Arbeitsrezepte von den Grundrezepten berechnen
- Dreisatzrechnungen
- Prozentrechnungen
- Arten der Kalkulation

4 Gliederung des Buchs

Die Gliederung des Buchs entspricht den Vorgaben der Prüfungsverordnung für die theoretische (schriftliche) Prüfung.

Mathematische Grundlagen

Die Voraussetzungen zum Lösen der Rechenaufgaben sind mathematische Grundlagen. Es werden Beispiele der folgenden Rechenarten aufgezeigt:

1 Grundrechenarten
2 Rechnen mit Brüchen
3 Schlussrechnen
4 Maße und Gewichte
5 Prozentrechnen

Prüfungsbereich 1: Entwerfen und Zeichnen von Konditoreierzeugnissen

In diesem Prüfungsbereich muss eine Festtagstorte maßstabgetreu mit Garnierungen und Dekorteilen gezeichnet werden. In der Seitenansicht sind auch die Tortenböden und Füllungen der Torte zu zeichnen. Zur Zeichnung erfolgt eine Beschreibung der einzelnen Bestandteile der Festtagstorte, aus der sie hergestellt wird, z. B. Wiener Boden, französische Buttercreme, Schriftband aus Marzipan, garniert mit Schokoladenspritzglasur, Marzipanrosen mit Lebensmittelfarbe geschminkt.
Das Thema der Festtagstorte für die Prüfung wird vorgegeben. Beispiele von Zeichnungen und deren Beschreibungen werden in diesem Buch dargestellt.

Prüfungsbereich 2: Warenwirtschaft, Produktionstechnik und Hygiene
Prüfungsbereich 3: Betriebswirtschaftliches Handeln

Um alle Themenbereiche der theoretischen Lerninhalte abdecken zu können, sind die Aufgaben nicht nach beruflichen Handlungen, sondern nach den Kapiteln des Fachbuchs „Das Konditorbuch" gegliedert.
Jedes Kapitel weist zuerst die fachtechnologischen Aufgaben auf, die die Fachtheorie und die Fachpraxis beinhalten. Die Rechenaufgaben, die einen engen inhaltlichen Bezug zur Fachtechnologie ergeben, schließen als „Fachmathematische Berechnungen" daran an. Dabei werden verschiedene Rechenarten zum Üben gestellt. Die Rechenarten in diesem Kapitel werden vor den Rechenaufgaben angegeben.

Das dabei erlernte Wissen kann bei Prüfungen in den gestellten Handlungen (Handlungssituationen) entsprechend umgesetzt werden.

Prüfungsbereich 4: Wirtschaft und Sozialkunde

Dieser Prüfungsbereich ist in den jeweiligen Kapiteln mit allen Aufgaben der Wirtschaft und Sozialkunde abgedeckt. Die Aufgaben mit allgemein wirtschaftlichen und gesellschaftlichen Zusammenhängen aus der Berufs- und Arbeitswelt werden zuerst in offener Aufgabenstellung und dann mit Multiple-Choice-Aufgaben gestellt.

Aufgabenstellungen

Bei Zwischenprüfungen und Gesellenprüfungen werden häufig offene Aufgaben und anschließend einige Multiple-Choice-Aufgaben gestellt. In diesem Prüfungsvorbereitungsbuch werden in den Prüfungsbereichen 2 und 3 nur offene Aufgaben angeboten. Können diese beantwortet werden, ist die Lösung von Multiple-Choice-Aufgaben sehr einfach, umgekehrt gilt dies jedoch nicht. Außerdem werden die Fachgespräche bei der Prüfung wie die offenen Aufgaben gestellt und sind mit eigenen Worten zu beantworten.

Offene Aufgaben sind nach eigenem Wortlaut frei zu beschreiben und zu beantworten.

Beispiel: offene Aufgabe

Aufgabe: Nennen Sie die Eissorte, mit der eine Fürst-Pückler-Eistorte hergestellt wird und beschreiben Sie den farblichen und geschmacklichen Aufbau dieser Eistorte von unten nach oben.

Antwort: Eine Fürst-Pückler-Eistorte wird aus Sahneeis hergestellt. Der Aufbau dieser Eistorte erfolgt in drei Schichten:

unten: braune Farbe des Schokoladensahneeises
Mitte: weiße Farbe von z. B. Vanillesahneeis
oben: rote Farbe von z. B. Erdbeersahneeis

Multiple-Choice-Aufgaben beinhalten in den Prüfungen jeweils fünf Auswahlantworten, wobei eine davon richtig ist und angekreuzt wird. Werden mehrere Antwortmöglichkeiten einer Aufgabe angekreuzt, gilt die Aufgabe als nicht gelöst.

Beispiel: Multiple-Choice-Aufgabe

Aufgabe: Aus welcher Eissorte wird eine Fürst-Pückler-Eistorte hergestellt und wie ist der farbliche und geschmackliche Aufbau dieser Eistorte von unten nach oben?

Antwortmöglichkeiten:
- ☐ a) Cremeeis und Fruchteis: aus Pistazieneis, Vanilleeis, Erdbeereis
- ☐ b) Milcheis und Fruchteis: Schokoladeneis, Zitroneneis, Erdbeereis
- ☐ c) Milcheis und Joghurteis: Schokoladeneis, Joghurteis, Himbeereis
- ☐ d) Frucht-Sorbet: Maracujaeis, Buttermilcheis, Kirscheis
- ☒ e) Sahneeis: Schokoladeneis, Vanilleeis, Erdbeereis
- ☐ f) Die Kuvertüre war beim Überziehen zu dickflüssig, sodass sie nach dem Erkalten auf den Erzeugnissen grau wird.

Gesellenprüfungsbeispiel

Um die Prüfungsvorbereitung zu vervollständigen, wird zum Schluss des Prüfungsbuchs ein Beispiel aufgezeigt, wie eine Gesellenprüfung in den vier Prüfungsbereichen aussehen könnte. Darin werden berufliche Handlungen (Handlungssituationen) dargestellt, die schrittweise zu bearbeiten und zu lösen sind. Die Aufgaben zum Lösen der einzelnen Arbeitsschritte finden Sie in den entsprechenden Kapiteln in diesem Prüfungsbuch.

Zum Üben bei der Prüfungsvorbereitung können auch die beruflichen Handlungen, die in der Berufsschule gestellt wurden, verwendet werden.

Mathematische Grundlagen

1 Grundrechenarten

1.1 Addieren, Subtrahieren

1. Es sind 25 kg Marzipanrohmasse auf Lager. Im Laufe der Woche werden folgende Mengen verbraucht: 3,200 kg; 4,350 kg; 9,000 kg; 2,500 kg; 5,750 kg. Wie hoch ist der Restvorrat an Marzipanrohmasse ?

3,200 kg
4,350 kg
9,000 kg
2,500 kg
5,750 kg
24,800 kg

25,000 kg
− 24,800 kg
0,200 kg

2. Vier Kunden kaufen verschiedene Backwaren. Wie viel erhält jeder zurück, wenn sie jeweils mit einem 20-Euro-Schein bezahlen?

a) 3,67 € c) 13,95 €
b) 9,99 € d) 12,41 €

a)	c)
20,00 €	20,00 €
− 3,67 €	− 13,95 €
16,33 €	6,05 €

b)	d)
20,00 €	20,00 €
− 9,99 €	− 12,41 €
10,01 €	7,59 €

3. Wie viel kg sind 2,300 kg + 2,500 kg + 6,850 kg + 1 425 kg?

1 436,650 kg

4. Berechnen Sie den Restvorrat an Mehl.
2 021 kg − 17,500 kg − 7,125 kg − 227 kg − 199 kg

17,500 kg
7,125 kg
227,000 kg
199,000 kg
450,625 kg

2 021,000 kg
− 450,625 kg
1 570,375 kg

5. Eine Auszubildende hat auf der Bank 975,00 € Guthaben. Im Laufe des Jahres sind auf ihrem Konto folgende Bewegungen:

Einzahlungen:	Auszahlungen:
241,00 €	215,00 €
89,00 €	327,00 €
186,00 €	69,00 €
320,00 €	78,00 €

Wie ist der Kontostand am Jahresende?

Einzahlungen: 836,00 €
Auszahlungen: 689,00 €

836,00 €
− 689,00 €
147,00 €

147,00 €
+ 975,00 €
1 122,00 €

1.2 Multiplizieren und Dividieren

1. Für die Füllung eines Apfelstrudels werden 0,200 kg Sultaninen benötigt. Wie viel kg Sultaninen sind abzuwiegen, wenn 18 Apfelstrudel für eine Feier bestellt sind?

   0,200 kg · 18 = 3,600 kg

2. Ein Konditormeister kauft 8 kg Mandeln. 1 kg kostet 13,50 Euro. Wie viel € muss er dem Händler überweisen?

   13,50 € · 8 = 108,00 €

3. Eine Konditorin verdient im Monat 2 350,51 €. Wie hoch ist ihr Jahreseinkommen?

   2 350,51 € · 12 = 28 206,12 €/Jahr

4. Für eine Sandkuchenmasse werden 750 g Eier benötigt. Ein Ei wiegt im Durchschnitt 50 g. Wie viele Eier (Stück) werden für die Masse benötigt?

   750 g : 50 g/Stück = 15 Stück

5. Eine Auszubildende hat im Jahr insgesamt 30 Tage Urlaub. Wie viele Tage sind dies durchschnittlich im Monat?

   30 Tage : 12 Monate = 2,5 Tage/Monat

6. Ein Konditor wiegt je kg Weizenmehl für einen Hefeteig 80 g Hefe, 120 g Zucker und 350 g Butter ab. Berechnen Sie die Mengen für 24 kg Weizenmehl.

   80 g · 24 = 1 920 g
   120 g · 24 = 2 880 g
   350 g · 24 = 8 400 g

7. Ein Berliner kostet im Laden 1,39 €. Wie viele Berliner bekommt eine Kundin für 16,68 €?

   16,68 € : 1,39 €/Stück = 12 Stück

8. Wie viele Tage reicht der Zuckervorrat von 1 050 kg bei einem täglichen Verbrauch von 70 kg?

   1 050 kg : 70 kg/Tag = 15 Tage

9. Bei der Herstellung eines Grundteigs für Blätterteig werden pro kg Mehl 75 g Butter benötigt. Berechnen Sie die Buttermenge für 4,800 kg Mehl.

   75 g/kg · 4,800 kg = 360 g Butter

10. Eine ganze Sahnetorte kostet in der Konditorei 43,40 €. Wie viel kostet ein Stück, wenn die Torte in 14 Stücke geteilt wird?

    43,40 € : 14 = 3,10 €/Stück

2 Rechnen mit Brüchen

2.1 Addieren und Subtrahieren

1. Wie viel kg ergibt eine Gewürzmischung mit folgenden Anteilen insgesamt?
$\frac{1}{2}\,\text{kg} + \frac{1}{3}\,\text{kg} + \frac{5}{6}\,\text{kg} + \frac{3}{4}\,\text{kg} + \frac{9}{12}\,\text{kg}$

Gemeinsamer Nenner = 12
$\frac{6}{12}\,\text{kg} + \frac{4}{12}\,\text{kg} + \frac{10}{12}\,\text{kg} + \frac{9}{12}\,\text{kg} + \frac{9}{12}\,\text{kg}$
$= \frac{38}{12}\,\text{kg} = \frac{19}{6}\,\text{kg} = 3\,\frac{1}{6}\,\text{kg}$

2. Berechnen Sie das Gesamtgewicht der folgenden Pralinenmischung.
$\frac{5}{20}\,\text{kg} + \frac{8}{2}\,\text{kg} + \frac{7}{8}\,\text{kg} + \frac{3}{10}\,\text{kg}$

Gemeinsamer Nenner = 40
$\frac{10}{40}\,\text{kg} + \frac{160}{40}\,\text{kg} + \frac{35}{40}\,\text{kg} + \frac{12}{40}\,\text{kg}$
$= \frac{217}{40}\,\text{kg} = 5\,\frac{17}{40}\,\text{kg}$

3. Im Lager befinden sich noch $3\,\frac{1}{8}$ kg gehobelte Mandeln. Der Konditor wiegt davon $\frac{1}{2}$ kg für eine Masse ab. Wie viel kg Mandeln sind danach noch vorrätig?

$\frac{1}{2}\,\text{kg} = \frac{4}{8}\,\text{kg},\ 3\,\frac{1}{8}\,\text{kg} = \frac{25}{8}\,\text{kg}$
$\frac{25}{8}\,\text{kg} - \frac{4}{8}\,\text{kg} = \frac{21}{8}\,\text{kg} = 2\,\frac{5}{8}\,\text{kg}$

4. Für eine Fondantglasur werden $\frac{1}{2}$ kg Wasser und $\frac{2}{10}$ kg Zucker benötigt. Beim Kochen verliert die Lösung $\frac{1}{5}$ kg an Gewicht. Berechnen Sie das Gewicht der fertigen Fadenzuckerglasur.

Gemeinsamer Nenner = 10
$\frac{5}{10}\,\text{kg} + \frac{2}{10}\,\text{kg} = \frac{7}{10}\,\text{kg}$
Gewicht der fertigen Fadenzuckerglasur:
$\frac{7}{10}\,\text{kg} - \frac{2}{10}\,\text{kg} = \frac{5}{10}\,\text{kg} = \frac{1}{2}\,\text{kg}$

2.2 Multiplizieren

1. Das Grundrezept für die Herstellung von Mürbeteig verlangt $\frac{3}{4}$ kg Zucker. Berechnen Sie die 7-fache Menge.

$\frac{3}{4}\,\text{kg} \cdot 7 = \frac{3}{4}\,\text{kg} \cdot \frac{7}{1} = \frac{21}{4}\,\text{kg} = 5\,\frac{1}{4}\,\text{kg}$

2. Zur Herstellung von Kirschsahneschnitten werden $3\,\frac{1}{3}$ kg Sahnecreme benötigt. Wie viel kg Sahnecreme sind für die Zubereitung der $2\,\frac{1}{2}$-fachen Rezeptmenge bereitzustellen?

$3\,\frac{1}{3}\,\text{kg} = \frac{10}{3}\,\text{kg},\ 2\,\frac{1}{2}\,\text{kg} = \frac{5}{2}\,\text{kg}$
$\frac{10 \cdot 5}{3 \cdot 2}\,\text{kg} = \frac{50}{6}\,\text{kg} = \frac{25}{3}\,\text{kg} = 8\,\frac{1}{3}\,\text{kg}$

3. Von $\frac{3}{4}$ kg Zitronat wird die Hälfte zur Herstellung von Florentinern benötigt. Wie viel kg Zitronat bleiben übrig?

$\frac{3}{4}\,\text{kg} \cdot \frac{1}{2} = \frac{3}{8}\,\text{kg}$

4. Von einem $\frac{1}{2}$ l Milch werden $\frac{2}{5}$ für einen Milchshake benötigt. Berechnen Sie die erforderliche Milchmenge für den Shake.

$\frac{1 \cdot 2}{2 \cdot 5} = \frac{2}{10}\,\text{l}$
$\frac{2 : 2}{10 : 2} = \frac{1}{5}\,\text{l}$

2.3 Dividieren

1. $2\frac{4}{10}$ kg Tortenguss werden für sechs Bleche Obstschnitten verbraucht. Wie viel kg Tortenguss entfallen auf ein Blech?

$$2\frac{4}{10}\text{ kg} : 6 = 2\frac{4}{10}\text{ kg} : \frac{6}{1} = \frac{24}{10} \cdot \frac{1}{6} = \frac{24}{60} = \frac{2}{5}\text{ kg}$$

2. Für die Eiweißglasur von 4 Lebkuchenhäusern braucht man $\frac{3}{4}$ kg Puderzucker. Wie viel kg Puderzucker enthält die Glasur eines Lebkuchenhauses?

$$\frac{3}{4}\text{ kg} : 4 = \frac{3}{4}\text{ kg} : \frac{4}{1} = \frac{3}{4}\text{ kg} \cdot \frac{1}{4} = \frac{3}{16}\text{ kg}$$

3. Eine Konditorei verbraucht im Jahr 220 kg Butter. Berechnen Sie den Butterverbrauch für ein Quartal ($\frac{1}{4}$ Jahr).

$$\frac{220}{1}\text{ kg} \cdot \frac{1}{4} = \frac{220}{4}\text{ kg} = 55\text{ kg}$$

4. Weizenmehl der Type 550 besteht zu $\frac{2}{3}$ aus Stärke. Wie viel kg Stärke enthalten 270 kg Weizenmehl?

$$\frac{270}{1}\text{ kg} \cdot \frac{2}{3} = \frac{540}{3}\text{ kg} = 180\text{ kg}$$

2.4 Umwandeln

1. Verwandeln Sie in Dezimalzahlen.
   a) $\frac{3}{4}$; $\frac{5}{16}$; $\frac{16}{25}$
   b) $4\frac{1}{4}$; $9\frac{1}{3}$

a) $1 : 4 = 0{,}25$ $\quad 0{,}25 \cdot 3 = 0{,}75$
$1 : 16 = 0{,}062\,5$ $\quad 5 \cdot 0{,}062\,5 = 0{,}312\,5$
$1 : 25 = 0{,}04$ $\quad 16 \cdot 0{,}04 = 0{,}64$

b) $\frac{1}{4} = 0{,}25$ $\quad 4\frac{1}{4} = 17 \cdot 0{,}25 = 4{,}25$
$\frac{1}{3} = 0{,}333$ $\quad 9\frac{1}{3} = 28 \cdot 0{,}333 = 9{,}324$

2. Verwandeln Sie in einen Bruch.
   a) 0,625; 0,375; 0,875
   b) 2,400; 4,500

a) $\frac{5}{8}, \frac{3}{8}, \frac{7}{8}$ $\quad \left(0{,}125 = \frac{1}{8}\right)$

b) $2\frac{2}{5}, 4\frac{1}{2}$ $\quad \left(0{,}200 = \frac{1}{5}\right)$

3 Schlussrechnen

3.1 Einfacher Dreisatz

1. 1 kg Gewürz kostet 4,60 €. Wie viel kosten 4 kg?

1 kg ≙ 4,60 €
4 kg ≙ 4,60 € · 4 = 18,40 €

2. 4 kg Margarine kosten 8,05 €. Wie viel kosten 65 kg?

4 kg ≙ 8,05 €
65 kg ≙ x €

$$x = \frac{8{,}05\text{ €} \cdot 65}{4} = 130{,}81\text{ €}$$

3. 60 l Milch kosten 50,40 €. Wie viel kostet 1 l?

60 l ≙ 50,40 € $1\,l ≙ \frac{50{,}40\,€}{60} = 0{,}84\,€$

4. 8 kg Mehl ergeben 13 kg Teig. Wie viel Teig ergeben 38,250 kg Mehl?

8 kg ≙ 13 kg
38,250 kg ≙ x kg
$x = \frac{13\,kg \cdot 38{,}250}{8} = 62{,}156\,kg$

5. 90 g Eiklarpulver und 1 000 g Wasser können zu 1 l Eiklar vermischt werden. Wie viel g der jeweiligen Zutaten benötigt man für 450 ml Eiklar?

1 l Eiklar ≙ 90 g Eiklarpulver
0,450 l ≙ x g
$x = \frac{90\,g \cdot 0{,}450}{1} = 40{,}500\,g$ Eiklarpulver
1 l Eiklar ≙ 1 l Wasser
450 ml Eiklar ≙ 450 ml Wasser

6. Für die Herstellung von 1 l Vollmilch benötigt man 139 g Vollmilchpulver und 0,861 kg Wasser. Wie viel g Wasser und Vollmilchpulver müssen bereitgestellt werden, wenn im Betrieb 35 l Vollmilch für einen Hefeteig benötigt werden?

1 l Vollmilch ≙ 139 g Pulver
35 l Vollmilch ≙ 139 g · 35 = 4 865 g Vollmilchpulver
1 l Vollmilch ≙ 0,861 kg
35 l Vollmilch ≙ 0,861 kg · 35
Wasser = 30,135 kg = 30 135 g

7. Für 6 kg Spritzmürbeteig braucht man 14 Eier. Wie viele Eier benötigt man für 9 kg?

6 kg ≙ 14 Eier
9 kg ≙ x Eier $x = \frac{14\,\text{Eier} \cdot 9}{6} = 21\,\text{Eier}$

3.2 Zusammengesetzter Dreisatz

1. Ein Geselle (G.) verdient 10,80 €/Stunde. Wie viel verdienen bei gleichem Stundenlohn drei Gesellen in drei Wochen? Eine Woche hat 40 Arbeitsstunden.

1 G. ≙ 10,80 €/Std.
3 G. ≙ 10,80 €/Std. · 3 = 32,40 €/Std.
32,40 €/Std · 120 = 3 888,00 €

2. Wie hoch ist der Stundenlohn eines Konditorgesellen, wenn vier Gesellen bei gleicher Bezahlung in 14 Stunden insgesamt 588,00 € verdienen?

4 G. verdienen in 14 Std. 588,00 €
4 G. verdienen in 1 Std. 42,00 €
(588,00 € : 14 = 42,00 €)
1 G. verdient in 1 Std. 10,50 €
(42,00 € : 4 = 10,50 €)

3. 2 Konditoren (K.) stellen in 7 Stunden 43,400 kg Pralinen (P.) her. Wie viel kg Pralinen können 3 Konditoren in 4,5 Stunden Arbeitszeit herstellen?

2 K. – in 7 Std. = 43,400 kg Pralinen
3 K. – in 4,5 Std. = x kg Pralinen
$x = \frac{43{,}400\,kg \cdot 3 \cdot 4{,}5}{2 \cdot 7} = 41{,}850\,kg$
3 K. stellen in 4,5 Std. 41,850 kg Pralinen her.
2 K. – in 1 Std. = 6,200 kg P. (43,4 kg : 7 = 6,2 kg)
1 K. – in 1 Std. = 3,100 kg P. (6,2 kg : 2 = 3,1 kg)
3 K. – in 1 Std. = 9,300 kg (3,1 kg · 3 = 9,3 kg)
3 K. – in 4,5 Std. = 41,850 kg
(9,3 kg · 4,5 = 41,85 kg)

3.3 Dreisatz mit umgekehrten Verhältnissen

1. 4 Gesellen (G.) verarbeiten in 6 Tagen 2 000 kg Mehl. Wie viele Arbeitstage sind bei gleichem Arbeitstempo für 3 Gesellen und 1 250 kg Mehl anzusetzen?

4 G. brauchen für 2 000 kg Mehl 6 Tage
1 G. braucht für 2 000 kg Mehl 6 · 4 = 24 Tage
1 G. braucht für 1 000 kg Mehl 12 Tage
1 G. braucht für 250 kg 3 Tage
1 G. braucht für 1 250 kg Mehl 15 Tage
3 G. brauchen für 1 250 kg Mehl 5 Tage

2. 2 Gesellen (G.) verarbeiten 120 kg Weizenmehl in 4 Stunden.
Welche Menge können 3 Gesellen bei einer 7-stündigen Arbeitszeit verarbeiten?

2 G. verarbeiten in 4 Std. 120 kg Mehl
1 G. verarbeitet in 4 Std. 120 kg : 2
= 60 kg Mehl
1 G. verarbeitet in 1 Std. 60 kg : 4
= 15 kg Mehl
1 G. verarbeitet in 7 Std. 15 kg · 7
= 105 kg Mehl
3 G. verarbeiten in 7 Std. 105 kg · 3
= 315 kg Mehl

4 Maße und Gewichte

4.1 Längenmaße

1. Wie viel km legt der Lieferwagen der Konditorei täglich zurück?

Weinstadt – Hofheim	1 250 m
Hofheim – Hütting	16,496 km
Hütting – Hasendorf	0,918 km
Hasendorf – Dietersburg	43 000 dm
Dietersburg – Weinstadt	23 km

1,250 km
16,496 km
0,918 km
4,300 km
+ 23,000 km
45,964 km

2. Der Lagerraum einer Konditorei hat folgende Maße: Länge 6,50 m; Breite 420 cm. Die Tür hat eine Breite von 12 dm.
Wie viel m Fußbodenleisten werden für den Raum benötigt?

6,50 m · 2 = 13,00 m
4,20 m · 2 = 8,40 m
21,40 m
21,40 m – 1,20 m = 20,20 m

3. Wandeln Sie um und addieren Sie.
a) in m: 23 dm + 63 cm + 1 100 m + 60 mm
b) in cm: 3 m + 3,23 m + 12 mm + 0,8 m

a) 2,3 m + 0,63 m + 1 100 m + 0,06 m = 1 102,99 m
b) 300 cm + 323 cm + 1,2 cm + 80 cm = 704,2 cm

4. Bei einer Backzeit von 13 Minuten legen Kekse im Industriebackofen pro Minute eine Wegstrecke von 2,5 m zurück.
Welche Länge hat der Industriebackofen?

1 Min. ≙ 2,5 m
13 Min. ≙ 2,5 m · 13 = 32,50 m

4.2 Berechnung von Flächen

1. Die Backstube hat eine Grundfläche von 8,70 m × 4,20 m. Die Backstube soll im Zuge von Renovierungsarbeiten mit einem durchgehenden rutschfesten Kunstharzboden ausgelegt werden. Berechnen Sie die Kosten, wenn die Arbeiten einschließlich des Materials 47,80 € je m² betragen.

   $8{,}70\ m \cdot 4{,}20\ m = 36{,}54\ m^2$
   $1\ m^2 \triangleq 47{,}80\ €$
   $36{,}54\ m^2 \triangleq 47{,}80\ € \cdot 36{,}54$
   $= 1\,746{,}61\ €$

2. Der Laden einer Konditorei misst 5,20 m × 6,20 m. Die Einrichtung und der Verkaufsbereich beanspruchen 23,4 m². Wie viel m² bleiben für den Eingangsbereich und die Verkaufszone übrig?

   $5{,}20\ m \cdot 6{,}20\ m = 32{,}24\ m^2$
   $32{,}24\ m^2 - 23{,}4\ m^2 = 8{,}84\ m^2$

3. Ein Stikkenwagen kann 20 Backbleche aufnehmen. Die Bleche sind 780 mm lang und 580 mm breit. Wie viel m² ergeben die 20 Backbleche im Stikkenofen?

   $0{,}78\ m \cdot 0{,}58\ m = 0{,}452\,4\ m^2$
   $0{,}452\,4\ m^2 \cdot 20 = 9{,}048\ m^2$

4. Ein Alu-Rahmenblech hat die Maße 60 cm × 40 cm. Es sollen Stücke von 8 cm × 10 cm geschnitten werden. Wie viel Stück Blechkuchen ergibt ein Blech?

   $60\ cm \cdot 40\ cm = 2\,400\ cm^2$
   $8\ cm \cdot 10\ cm = 80\ cm^2$
   $2\,400\ cm^2 : 80\ cm^2 = 30$ Stück

4.3 Volumenberechnungen

1. Verwandeln Sie in l und addieren Sie.
   1,3 l + 1,5 dm³ + 250 ml + 200 cl

   1,3 l + 1,5 l + 0,25 l + 2 l = 5,050 l

2. Berechnen Sie das Volumen der Kühlschränke in l.
   a) Höhe: 15 dm; Breite: 0,8 m; Tiefe: 60 cm
   b) Höhe: 90 cm; Breite: 5 dm; Tiefe: 0,59 m

   a) $15\ dm \cdot 8\ dm \cdot 6\ dm = 720\ dm^3$
   = 720 l
   b) $9\ dm \cdot 5\ dm \cdot 5{,}9\ dm = 265{,}5\ dm^3$
   = 265,500 l

3. Aus einer Likörflasche (0,700 l Inhalt) werden im Laufe eines Arbeitstages folgende Mengen entnommen: 70 cm³; 50 cm³; 140 cm³. Berechnen Sie den verbliebenen Rest in cm³ und in l.

   $70\ cm^3 + 50\ cm^3 + 140\ cm^3 = 260\ cm^3$
   $700\ cm^3 - 260\ cm^3 = 440\ cm^3$
   $440\ cm^3 = 0{,}440$ l

4. Ein Mehlsilo hat eine Höhe von 5 m, eine Breite von 4 m und eine Tiefe von 3 m. Wie viel kg Mehl können in dem Silo gelagert werden, wenn 1 m^3 Mehl 400 kg wiegt?

$5\ m \cdot 4\ m \cdot 3\ m = 60\ m^3$
$400\ kg/m^3 \cdot 60\ m^3 = 24\,000\ kg$

4.4 Gewichtsberechnungen

1. Wandeln Sie um in kg und addieren Sie.
3 dt + 0,5 t + 500 g + 300 g

300 kg + 500 kg + 0,500 kg + 0,300 kg = 800,800 kg

2. Verwandeln Sie in g und addieren Sie.
240 mg + 0,370 kg + 0,4 dz

0,24 g + 370 g + 40 000 g = 40 370,24 g

3. Verwandeln Sie in g und addieren Sie.
$\frac{1}{2}$ kg + 0,001 dz + $\frac{5}{8}$ kg + 2,400 kg

500 g + 100 g + 625 g + 2 400 g = 3 625 g

4. Aus einem Margarinevorrat von 250 kg werden im Laufe einer Woche folgende Mengen entnommen: 34 kg; 13,560 kg; 5,300 kg; $3\frac{3}{4}$ kg, $6\frac{1}{2}$ kg.
Wie viel kg Margarine stehen am Ende der Woche noch zur Verfügung?

34,00 kg + 13,560 kg + 5,300 kg + 3,750 kg + 6,500 kg = 63,110 kg

250,000 kg – 63,110 kg = 186,890 kg

5 Prozentrechnen

5.1 Berechnung des Prozentwerts, Prozentsatzes und Grundwerts

1. Ein Bankguthaben von 5 000,00 € wird jährlich mit 2,5 % verzinst. Wie viel € Zinsen ergibt das Guthaben nach einem Jahr?

100 % ≙ 5 000,00 Euro
2,5 % ≙ x €

$$x = \frac{5\,000{,}00\ € \cdot 2{,}5}{100} = 125{,}00\ €$$

2. Der Preis einer Ladentheke beläuft sich netto auf 25 000,00 €. Hinzu kommen noch 19 % Mehrwertsteuer. Wie hoch ist die Mehrwertsteuer in €?

100 % ≙ 25 000,00 €
19 % ≙ x €

$$x = \frac{25\,000{,}00\ € \cdot 19}{100} = 4\,750{,}00\ €$$

3. Aus 456 t Getreide gewinnt eine Mühle 387,600 t Mehl. Wie viel % Mehl werden aus dem Getreide gewonnen?

456 t ≙ 100 %
387,6 t ≙ x %

$$x = \frac{100\,\% \cdot 387{,}6}{456} = 85\,\%$$

4. Von 2 100,00 € Monatslohn spart ein Geselle wöchentlich 55,00 € (1 Monat = 4 Wochen). Wie viel % sind das?

55,00 €/Woche · 4 = 220,00 €/Monat

2 100,00 € ≙ 100 %

220,00 € ≙ x %

$$x = \frac{100\,\% \cdot 220{,}00}{2\,100{,}00} = 10{,}48\,\%$$

5. Der Preis einer Kaffeemaschine wurde um 225,00 € gesenkt. Die Senkung entspricht 3 % des ursprünglichen Verkaufspreises. Wie viel kostete die Maschine vor der Preissenkung?

3 % ≙ 225,00 €

100 % ≙ x €

$$x = \frac{225{,}00\,€ \cdot 100}{3} = 7\,500{,}00\,€$$

6. Die Tara (das Gewicht der Verpackung) einer Warenlieferung von insgesamt 4,200 kg beträgt 6 % des Bruttogewichtes.

a) Wie groß ist das Bruttogewicht in kg?

b) Wie viel kg beträgt das Nettogewicht in kg?

a) 6 % ≙ 4,200 kg

100 % ≙ x kg

$$x = \frac{4{,}200\text{ kg} \cdot 100}{6} = 70{,}000\text{ kg}$$

b) 70,000 kg – 4,200 kg = 65,800 kg

5.2 Vermehrter Grundwert

1. Die Tarifverhandlungen ergaben eine Lohnerhöhung um 3 %. Der Konditor verdient jetzt 2 472,00 €. Wie hoch war sein ursprünglicher Lohn?

alter Lohn	Grundwert	100 %
+ Lohnerhöhung	+ Prozentsatz	+ 3 %
neuer Lohn	vermehrter Grundwert	103 %

Gegeben:	vermehrter Grundwert	
	2 472,00 €	103 %
	Prozentsatz	3 %
Gesucht:	Grundwert in €	100 %

103 % ≙ 2 472,00 €

100 % ≙ x €

$$x = \frac{2\,472{,}00\,€ \cdot 100}{103} = 2\,400\,€$$

2. Der Preis von Croissants wurde um 4 % auf 2,08 € angehoben. Berechnen Sie den alten Preis.

104 % ≙ 2,08 €

100 % ≙ x €

$$x = \frac{2{,}08\,€ \cdot 100}{104} = 2{,}00\,€$$

3. Eine Konditorei beschäftigt im laufenden Jahr 21 Mitarbeiter. Dies sind 5 % mehr als im letzten Geschäftsjahr. Um wie viel Mitarbeiter hat die Belegschaft innerhalb eines Jahres zugenommen?

105 % ≙ 21 Mitarbeiter

100 % ≙ x Mitarbeiter

$$x = \frac{21\text{ Mitarbeiter} \cdot 100}{105} = 20\text{ Mitarbeiter}$$

21 – 20 = 1 neuer Mitarbeiter

5.3 Verminderter Grundwert

1. Ein Konditor kauft auf einer Ausstellung eine Ausrollmaschine für 9 207,00 €. Der Preis beinhaltet bereits einen Messerabatt von 7 %. Wie viel kostete die Ausrollmaschine ursprünglich?

alter Preis	Grundwert	100 %
– Preissenkung	– Prozentsatz	– 7 %
neuer Preis	verminderter Grundwert	93 %

Gegeben: Verminderter Grundwert 9 207,00 € 93 %
Prozentsatz 7 %
Gesucht: Grundwert 100 %

$93\,\% \mathrel{\hat=} 9\,207{,}00\text{ €}$
$100\,\% \mathrel{\hat=} x\text{ €}$

$$x = \frac{9\,207{,}00\text{ €} \cdot 100}{93} = 9\,900{,}00\text{ €}$$

oder:

$93\,\% \mathrel{\hat=} 9\,207{,}00\text{ €}$
$7\,\% \mathrel{\hat=} x\text{ €}$

$$x = \frac{9\,207{,}00\text{ €} \cdot 7}{93} = 693{,}00\text{ €}$$

$9\,207{,}00\text{ €} + 693{,}00\text{ €} = 9\,900{,}00\text{ €}$

2. Der Preis von Brioches wird aufgrund mangelnder Nachfrage um 5 % auf 1,33 € gesenkt. Wie hoch war der Preis vorher?

$95\,\% \mathrel{\hat=} 1{,}33\text{ €}$
$100\,\% \mathrel{\hat=} x\text{ €}$

$$x = \frac{1{,}33\text{ €} \cdot 100}{95} = 1{,}40\text{ €}$$

3. Ein Konditor kauft im Großhandel Sultaninen ein. Das Warengewicht beträgt 11,280 kg. Das sind 94 % des Bruttogewichts.
a) Berechnen Sie das Bruttogewicht.
b) Wie schwer ist die Verpackung (Tara)?

a) $94\,\% \mathrel{\hat=} 11{,}280\text{ kg}$
$100\,\% \mathrel{\hat=} x\text{ kg}$

$$x = \frac{11{,}280\text{ kg} \cdot 100}{94} = 12{,}000\text{ kg}$$

b) $12{,}000\text{ kg} - 11{,}280\text{ kg} = 0{,}720\text{ kg}$

4. In der Herbstsaison werden an jedem Tag 4 Bleche Zwetschgenkuchen verkauft. Je Blech werden 1,900 kg entsteinte Zwetschgen aufgelegt. Wie viel kg Zwetschgen sind täglich bereitzustellen, wenn durch das Entsteinen ein Gewichtsverlust von 26 % entsteht?

$4 \cdot 1{,}900\text{ kg} = 7{,}600\text{ kg}$

$74\,\% \mathrel{\hat=} 7{,}600\text{ kg}$
$100\,\% \mathrel{\hat=} x\text{ kg}$

$$x = \frac{7{,}600\text{ kg} \cdot 100}{74} = 10{,}270\text{ kg}$$

5. Ein Auszubildender wiegt Hefeteig für 36 Hefezöpfe mit einem Teiggewicht von jeweils 400 g ab. Wie viel kg Hefeteig befand sich in der Knetmaschine, wenn ein Einwiegeverlust von 2 % zu berücksichtigen ist?

$400\text{ g} \cdot 36 = 14\,400\text{ g}$

$98\,\% \mathrel{\hat=} 14\,400\text{ g}$
$100\,\% \mathrel{\hat=} x\text{ kg}$

$$x = \frac{14\,400\text{ g} \cdot 100}{98} = 14\,694\text{ g} = 14{,}694\text{ kg}$$

Entwerfen und Zeichnen von Konditoreierzeugnissen

1 Anforderungen an die Zeichnungen

1. Bei der Prüfung werden Zeichnungen von Konditoreierzeugnissen gefordert. Welche der folgenden Anforderungen wird an jede Zeichnung gestellt?
a) praxisbezogene Zeichnung
b) Größe der Zeichnung
c) farbliche Gestaltung

a) Jede Zeichnung muss praxisbezogen sein, d. h., jedes gezeichnete Erzeugnis muss praktisch hergestellt werden können.
b) Die Größe der Zeichnung soll maßstabgetreu zu den tatsächlichen Erzeugnissen sein.
c) Die Erzeugnisse müssen materialgerecht farblich gezeichnet werden, sodass z. B. Füllungen, Garnierungen und Ornamente wie auf den echten Erzeugnissen deutlich erkennbar sind.

2. Häufig sollen bei Prüfungen Festtagstorten gezeichnet werden.
a) Nennen Sie Anlässe für Festtagstorten, die in der Konditorei hergestellt werden.
b) Für die Festtagstorte werden zwei Zeichnungen angefertigt, auf denen die Torte in zwei Ansichten zu zeichnen ist. Nennen Sie die Tortenansichten.
c) Die Torte soll maßstabgetreu gezeichnet werden. Nennen Sie den gebräuchlichsten Durchmesser und die Höhe der Torte.
d) Welches Papierformat benötigen Sie, damit Sie die Torten maßstabgetreu zeichnen können?

a)
- Hochzeit
- Taufe
- Jubiläum
- Geburtstag
- Muttertag
- Kommunion, Konfirmation
- Saisonmotive: Weihnachten, Ostern, Valentinstag
- Sportereignisse: Olympiade, Weltmeisterschaft
- Bundesgartenschau, Landesgartenschau

b) Die Festtagstorte wird in der Draufsicht und in der Seitenansicht gezeichnet.
c)
- Der Durchmesser der Torte ist 26 cm.
- Die Höhe der Torte beträgt ca. 6 cm.

d) Für den Durchmesser von 26 cm benötigt man ein DIN-A3-Blatt.

3. Erklären Sie, was in folgenden Beschreibungen der gezeichneten Festtagstorten aufgeführt werden soll.
a) Beschreibung des Tortenaufbaus
b) Beschreibung des Dekors

a) Zum Aufbau der Torten gehört:
- verwendete Tortenböden
- Tränke der Tortenböden
- Buttercreme oder andere Füllungen
- Garnierung der Festtagstorten

b) Beim Dekor auf der Oberfläche der Festtagstorten wird das Material der Garnierschriften, Ornamenten und anderen Schmuckelementen beschrieben.

4. Beschreiben Sie, welche Teile die Prüfungskommission bei der gezeichneten Festtagstorte benotet.

Die Prüfungskommission benotet:
- die Originalität des Motivs
- die Garnierschrift, Randgarnierung und Ornamente
- die Zeichnung der Tortenoberfläche und der Seitenansicht der Torte
- die Materialfarben und Materialbeschreibung
- den harmonischen Gesamteindruck der Oberfläche und Seitenansicht der Festtagstorte

5. Nennen Sie das erforderliche Material und die Geräte, die zum Entwerfen und exakten Zeichnen benötigt werden.

- Bleistift oder Minenstift in 0,5 mm Stärke, Härtegrad HB bis 3 B
- Spitzer für den Bleistift
- Radiergummi, weich und weiß, der nicht schmiert
- Lineal, 30 cm
- Geodreieck oder Winkelmesser
- Zirkel mit ausreichend Spannweite, mindestens 13 cm für einen Tortendurchmesser von 26 cm
- schwarzer Tuschestift oder Filzstift von 0,5 mm Stärke
- dunkelbrauner Filzstift von 0,5 mm Stärke für die Garnierungen aus Schokoladenkuvertüre
- Farbstifte in den gebräuchlichen Farben

6. Für den Dekor können verschiedene Spritzglasuren verwendet werden:
a) für Garnierschriften und Randgarnierungen
b) für Schokoladenornamente
c) für weiße Garnierungen

a) Garnierschriften und Randgarnierungen: mit Schokoladenspritzglasur
b) Schokoladenornamente: mit dickflüssiger Schokoladenspritzglasur
c) weiße Garnierungen: Eiweißspritzglasur

7. Die Flächen in den Garnierungen können mit Füllmasse „eingelassen“ (ausgefüllt) werden, wobei die Spritzglasur als Umrandung dient.
Nennen Sie die Füllmassen, die dafür verwendet werden.

- Konfitüre; meistens wird Aprikosenkonfitüre rot eingefärbt
- Schokoladenkuvertüre, Milchschokoladenkuvertüre, weiße Schokolade
- Fondant, der auch mit Lebensmittelfarbe oder Schokoladenkuvertüre bzw. Kakaopulver eingefärbt werden kann

8. Nennen Sie die zwei Materialien, die dünn ausgerollt über die Oberfläche und den Rand der Festtagstorten eingeschlagen werden können.

Festtagstorten können mit Marzipan oder mit Rollfondant eingeschlagen werden.

2 Beispiele von Zeichnungen

Motiv: Karneval oder lustige Feier

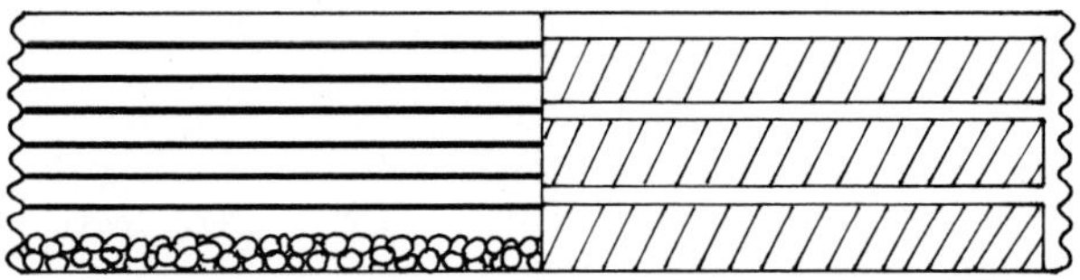

Beschreibung des Dekors an der Tortenoberfläche

- Die Schriftbänder sind aus Marzipan.
- Die Fadenschrift ist mit Schokoladenspritzglasur garniert.
- Die Maske besteht aus Marzipan und ist rötlich bis Gelb im Farbverlauf mit Lebensmittelfarbe besprüht.
- Das Band der Maske ist mit dickflüssiger Schokoladenspritzglasur garniert.
- Die Luftballons sind aus Marzipan.
- Der linke Luftballon ist mit gelber und der rechte Luftballon mit oranger Lebensmittelfarbe besprüht.
- Die Gesichter auf den Luftballons sind mit Schokoladenspritzglasur garniert.
- Die Bänder der Luftballons sind mit dickflüssiger Schokoladenspritzglasur gespritzt.
- Die Randgarnierung ist mit Schokoladenspritzglasur garniert.

Beschreibung des Tortenaufbaus

- Ein Wiener Boden wird in drei Teile geschnitten.
- Die Wiener Böden werden mit Calvados-Läuterzucker getränkt.
- Die Torte ist mit französischer Buttercreme, die mit Calvados abgeschmeckt ist, gefüllt sowie an der Oberfläche und am Rand eingestrichen.
- Der Rand der Torte ist mit einem feinen Garnierkamm (gezackter Schaber) gerieft.
- Die untere Tortenkante ist mit gehobelten, gerösteten Mandeln abgesetzt.

Motiv: Geburt

Beschreibung des Dekors an der Tortenoberfläche

- Die Kreisfläche in der Mitte besteht aus Marzipan, das gelblich mit Lebensmittelfarbe besprüht ist.
- Die Fadenschrift ist mit Schokoladenspritzglasur garniert.
- Der Storch und das Kind sind aufgesetzte Schmuckelemente, die aus dickflüssiger Schokoladenspritzglasur garniert sind. Die Flächen in dem Schmuckelement sind wie folgt eingelassen:
  - das weiße Federkleid des Storches mit weißer Schokolade,
  - der Schnabel, die Beine und der Zylinder mit Schokoladenspritzglasur,
  - das Windeltuch beim Kind mit Milchschokoladenkuvertüre.
- Die Wolken sind mit dickflüssiger Schokoladenspritzglasur auf das Marzipan garniert und mit bläulich eingefärbtem Fondant ausgefüllt.
- Die Ornamente am Rand der Torte sind mit dickflüssiger Schokoladenspritzglasur garniert, mit einem Punkt aus Milchkuvertüre in der Mitte.
- Die Ornamente schweben auf einem Cremetupfen.

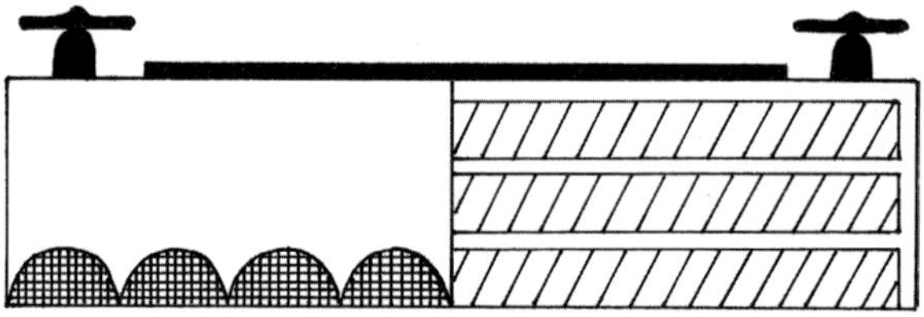

Beschreibung des Tortenaufbaus

- Ein Wiener Boden wird in drei Teile geschnitten.
- Die Wiener Böden werden mit Weinbrand-Läuterzucker getränkt.
- Die Torte ist mit deutscher Schokoladenbuttercreme gefüllt.
- Die Oberfläche und der Rand der Torte sind mit deutscher Buttercreme, die mit Weinbrand abgeschmeckt ist, glatt eingestrichen.
- Für die Ornamente sind am Rand der Torte Buttercremetupfen gespritzt.
- Die untere Tortenkante ist mit halbierten Marzipankreisen abgesetzt, die gelblich mit Lebensmittelfarbe besprüht sind. Dafür wird mit einem karierten Riefholz über ausgerolltes Marzipan gerollt. Daraus werden mit einem runden Ausstecher Kreise ausgestochen, die dann halbiert und an den Cremerand gesetzt werden.

Motiv: Verlobung

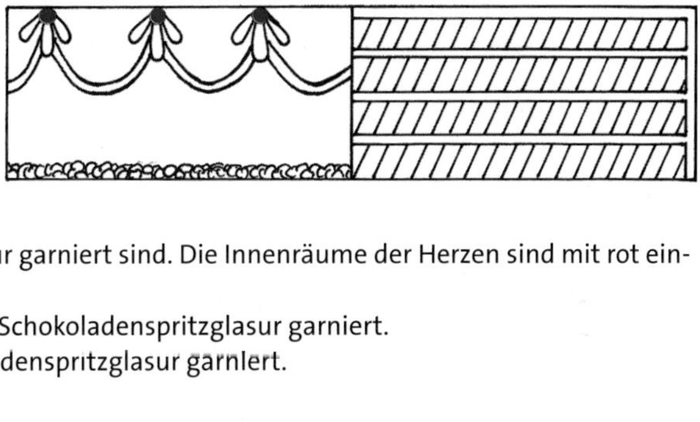

Beschreibung des Dekors an der Tortenoberfläche

- Die Schriftbänder sind aus Marzipan.
- Die Garnierschrift mit Doppellinie ist mit Schokoladenspritzglasur garniert.
- Die Zwischenräume der Doppellinien sind mit rot eingefärbter Aprikosenkonfitüre eingelassen.
- Die Herzen sind Schmuckelemente, bei denen die Ränder mit dickflüssiger Schokoladenspritzglasur garniert sind. Die Innenräume der Herzen sind mit rot eingefärbtem Fondant ausgefüllt.
- Die Namen auf den Herzen sind mit Schokoladenspritzglasur garniert.
- Die Randgarnierung ist mit Schokoladenspritzglasur garniert.

Beschreibung des Tortenaufbaus

- Ein Wiener Schokoladenboden wird in vier Teile geschnitten.
- Die Wiener Böden werden mit Champagner-Läuterzucker getränkt.
- Die Torte ist mit französischer Buttercreme, die mit Champagner-Konzentrat abgeschmeckt ist, gefüllt sowie an der Oberfläche und am Rand eingestrichen.
- Die Creme am Rand der Torte ist glatt abgezogen.
- Am oberen Rand der Torte werden mit einer 2-mm-Lochtülle girlandenartige Bögen mit Buttercreme garniert, an denen an der Oberkante jeweils drei tropfenförmige Punkte gespritzt werden.
- Der Anfangspunkt der Cremetropfen ist mit einem Tupfen rot eingefärbter Aprikosenkonfitüre überdeckt.
- Die untere Tortenkante ist mit Schokoladenspänen abgesetzt.

Warenwirtschaft, Produktionstechnik und Hygiene

1 Hygiene

1.1 Lebensmittelhygiene

1. Die Lebensmittelhygiene beschreibt die Hygienevorschriften in den Lebensmittelbetrieben.
Die Lebensmittelhygiene wird in drei Bereiche unterteilt. Nennen Sie diese.

Die drei Bereiche der Lebensmittelhygiene sind:
- Betriebshygiene
- Produkthygiene
- Personalhygiene

2. Die Lebensmittelhygiene gilt für alle Lebensmittelbetriebe. Erklären Sie, was man unter folgenden Bereichen der Lebensmittelhygiene versteht:
a) Betriebshygiene
b) Produkthygiene
c) Personalhygiene

a) Unter Betriebshygiene versteht man, dass alle Betriebsräume, Einrichtungsgegenstände, Maschinen und Geräte in stets sauberem Zustand sind.
b) Die Produkthygiene besagt, dass nur einwandfreie Lebensmittel verarbeitet werden dürfen und diese hygienisch gelagert und verkauft werden.
c) Die Personalhygiene umfasst die einwandfreie Gesundheit und die persönliche Sauberkeit der Beschäftigten.

3. Beschreiben Sie folgende bedeutende Vorschriften der Betriebshygiene:
a) Erläutern Sie den baulichen Zustand.
b) Erklären Sie die Vorschriften für die Spülbecken.
c) Was ist bei Fensterbrettern in den Betriebsräumen zu beachten?
d) Wofür dürfen Betriebsstätten nicht verwendet werden?
e) Beschreiben Sie die Vorschriften für die Toiletten.

a) Betriebsräume müssen in einem guten baulichen Zustand und leicht zu reinigen sein.
b) Spülbecken zum Reinigen von Geräten und zum Abwaschen der Lebensmittel müssen vom Handwaschbecken getrennt sein.
c) Fensterbretter sind stets sauber zu halten und dürfen deshalb nicht als Abstellflächen benutzt werden.
d) Die Betriebsräume dürfen nicht für betriebsfremde Zwecke benutzt werden.
e)
- Die Toiletten müssen mit Handwaschbecken mit Warm- und Kaltwasserzufuhr ausgestattet sein.
- Außerdem müssen Mittel zum hygienischen Waschen und Trocknen der Hände vorhanden sein.
- Die Türen der Toiletten dürfen nicht direkt in die Betriebsräume zu öffnen sein.

4. Betriebseigene Maßnahmen und Kontrollen sind wichtig, damit die Betriebshygiene eingehalten wird.
   a) Wer ist für die Hygiene im Lebensmittelbetrieb verantwortlich?
   b) Beschreiben Sie, welche fünf Punkte in einem Reinigungsplan aufgeführt werden sollen.
   c) Welche Vorteile hat ein Reinigungsplan, der von der Betriebsführung aufgestellt wird,
      - für die Beschäftigten,
      - für die Lebensmittelkontrolle?

a) Für die Hygiene im Betrieb ist der Betriebsinhaber verantwortlich.
b) Ein Reinigungsplan beinhaltet:
   - Was wird gereinigt?
   - Wann und wie oft wird gereinigt?
   - Wie wird gereinigt?
   - Womit wird gereinigt?
   - Wer ist für welche Reinigung zuständig?
c) • Ein Reinigungsplan ist eine Hilfestellung für das Personal, weil jeder Einzelne weiß, was er zu reinigen hat und in welchem Zeitraum.
   - Die Lebensmittelkontrolleure können leichter überprüfen, ob alle kritischen Punkte erfasst wurden.

5. Erklären Sie die korrekte Wareneingangskontrolle nach der Verordnung für Lebensmittelhygiene.
   a) Welche Lebensmittel dürfen bei der Lieferung vom Konditoreibetrieb nicht angenommen werden?
   b) Beschreiben Sie die Maßnahmen bei der Kontrolle von verpackten Lebensmitteln bei der Lieferung.
   c) Erklären Sie die Kontrolle bei unverpackten Lebensmitteln.
   d) Wie verfahren Sie mit Lebensmitteln, bei denen das Mindesthaltbarkeitsdatum abgelaufen ist?

a) Lebensmittel dürfen bei der Lieferung nicht angenommen werden, wenn sie durch tierische Schädlinge, Mikroorganismen oder Schmutz in einem gesundheitlich bedenklichen Zustand und deshalb für den Verzehr ungeeignet sind.
b) Bei der Lieferung wird eine optische Prüfung der Verpackung auf Beschädigungen und Verschmutzungen vorgenommen. Im Beschädigungsfall wird der Rohstoff selbst auf Verderb kontrolliert.
c) Unverpackte Lebensmittel werden stichprobenartig auf Verderb kontrolliert.
d) Bei verpackten Lebensmitteln ist grundsätzlich das Mindesthaltbarkeitsdatum zu prüfen. Abgelaufene Ware nicht annehmen.

6. Einige Lebensmittel sind nur gekühlt lagerfähig und einige werden tiefgekühlt angeliefert.
   a) Was versteht man unter „kühlpflichtigen Lebensmitteln"?
   b) Nennen Sie kühlpflichtige Lebensmittel und Erzeugnisse der Konditorei.
   c) Beschreiben Sie die Lieferung und die Annahme von kühlpflichtigen Lebensmitteln und Tiefkühlwaren.

a) Alle in kurzer Zeit leicht verderblichen Lebensmittel müssen kühl gelagert werden.
b) Kühlpflichtige Lebensmittel und Erzeugnisse sind Eier, Sahne, Milch und Milcherzeugnisse, Käse sowie Konditoreierzeugnisse aus diesen kühlpflichtigen Lebensmitteln.
c) Kühlpflichtige Lebensmittel und Tiefkühlerzeugnisse müssen gekühlt bzw. tiefgekühlt angeliefert werden und sofort nach der Prüfung im Konditoreibetrieb kühl bzw. tiefgekühlt gelagert werden.

7. Fachgerechte Lagerung der Lebensmittel schützt vor Verderb.
a) Worin sollen Rohstoffe in der Konditorei aufbewahrt werden?
b) Was muss beim Einräumen neu gelieferter Rohstoffe beachtet werden?
c) Beschreiben Sie, was Sie vor der Verarbeitung der gelagerten Rohstoffe beachten.

a) Rohstoffe müssen sauber in kühlen und trockenen Lagerräumen aufbewahrt werden, am besten in verschließbaren oder abdeckbaren Behältern, z. B. Plastikwannen.
b) Neu gelieferte, frische Rohstoffe hinten im Regal einräumen und ältere Rohstoffe nach vorne stellen, damit sie zuerst verbraucht werden.
c)
- Grundsätzlich das Mindesthaltbarkeitsdatum beachten.
- Vor der Verarbeitung die Rohstoffe sensorisch prüfen (anschauen und riechen), ob sie einwandfrei sind.

8. Die Lebensmittelhygiene-Verordnung schreibt auch den Umgang mit Abfall vor.
a) Wo dürfen Lebensmittelabfälle und andere Abfälle nicht gelagert werden?
b) Wohin werden die Abfälle, die während der Arbeit in den Produktionsstätten anfallen, gegeben und wohin wird nach Arbeitsschluss dieser Abfall zur Lagerung gebracht?
c) Beschreiben Sie, wie das Abfalllager beschaffen sein muss.

a) Lebensmittelabfälle und andere Abfälle dürfen nicht in Räumen gelagert werden, in denen Lebensmittel hergestellt und verkauft werden.
b) In den Produktionsstätten befinden sich Abfallbehälter, die nach der Arbeit in die Abfalltonnen im Abfalllager gebracht werden.
c) Das Abfalllager muss sauber und frei von tierischen Schädlingen sein.

9. Erklären Sie, worin giftige und gesundheitsschädigende Stoffe, z. B. Natronlauge und Reinigungsmittel, aufbewahrt werden.

Sie müssen in gekennzeichneten Behältern aufbewahrt werden, sodass keine Verwechslung mit Lebensmitteln möglich ist.

10. Wie muss der Laderaum der Transportfahrzeuge für Konditoreierzeugnisse beschaffen sein?

Er muss hygienisch einwandfrei und frei von Fremdgerüchen sein.

11. Das Infektionsschutzgesetz ist Grundlage der Personalhygiene.
a) Erklären Sie, was nach dem Infektionsschutzgesetz jede Person, die mit Lebensmitteln umgeht (herstellt und verkauft), erstmalig bei Arbeitsantritt benötigt.
b) Wer ist berechtigt, über das Infektionsschutzgesetz zu unterrichten und dann die Bescheinigung auszuschreiben?

a) Personen, die mit Lebensmitteln umgehen, müssen bei erstmaligem Arbeitsantritt eine maximal drei Monate alte Bescheinigung darüber vorlegen, dass sie über ansteckende Krankheiten und daraus folgende Tätigkeitsverbote unterrichtet wurden.
b) Die Unterrichtung über das Infektionsschutzgesetz und die Bescheinigung darüber erfolgt
- durch das Gesundheitsamt oder
- durch einen vom Gesundheitsamt beauftragten Arzt.

c) Geben Sie Krankheiten an, die gemäß Infektionsschutzgesetz zu einem Tätigkeitsverbot führen.

d) Das Wissen der Beschäftigten in Lebensmittelbetrieben über ansteckende Krankheiten und daraus folgendem Tätigkeitsverbot ist eine Vorbeugemaßnahme. Nennen Sie den Zweck des Infektionsschutzgesetzes.

c) Tätigkeitsverbot gemäß Infektionsschutzgesetz besteht bei:
- ansteckenden Krankheiten, z. B. Salmonellose, Hepatitis A und E, Cholera, Typhus
- infizierten Wunden oder Hautkrankheiten, bei denen die Möglichkeit besteht, dass deren Krankheitserreger auf Lebensmittel übertragen werden können.

d) Der Zweck des Infektionsschutzgesetzes ist es, durch das Wissen der Beschäftigten
- übertragbaren Krankheiten beim Menschen vorzubeugen,
- Infektionen frühzeitig zu erkennen und
- ihre Weiterverbreitung zu verhindern.

12. Jeder Mitarbeiter in der Konditorei muss persönliche, hygienische Grundsätze beachten.

a) Erklären Sie, warum Armbanduhren und Schmuck an Händen und Armen (Fingerringe und Armbänder) bei der Produktion in der Konditorei nicht getragen werden dürfen.

b) Beschreiben Sie, was nach der Lebensmittelhygiene-Verordnung zur gründlichen persönlichen Körperhygiene gehört.

c) Nennen Sie Situationen während der Arbeit, bei denen es eine Selbstverständlichkeit für jeden Konditor ist, sich gründlich die Hände zu waschen.

a) Unter Armbanduhren und Schmuck setzen sich während der Arbeit Lebensmittelreste ab und es bilden sich gesundheitsschädliche Mikroorganismen.

b) Zur persönlichen Körperhygiene gehören:
- täglich gründliche Reinigung des Körpers, z. B. durch Duschen
- täglich gründliche Mund- und Zahnpflege
- lange Haare hinten zusammenbinden
- Pflege der Fingernägel, die kurz geschnitten und frei von Schmutz unter den Fingernägeln sein müssen

c) Gründliches Händewaschen erfolgt z. B.
- unmittelbar vor Arbeitsbeginn
- nach jeder Arbeitsunterbrechung
- nach Verschmutzungen während der Arbeit
- nach dem Anfassen von schmutzigen Gegenständen und Abfällen
- nach Beendigung von Reinigungsarbeiten
- nach jedem Toilettenbesuch
- nach dem Naseputzen und nach dem Husten, wenn die Hand vor den Mund gehalten wird
- vor dem Umgang mit leicht zu infizierenden Lebensmitteln wie Eiern, Sahne, Cremes u. a.
- nach dem Aufschlagen von Eiern

13. a) Beschreiben Sie die korrekte Berufskleidung der Konditoren, die den Hygieneanforderungen entspricht. Welche Kleidung darf im Konditoreibetrieb nicht getragen werden?
b) Nennen Sie die rechtliche, hygienische Bestimmung für den Konsum von Tabak sowie für das Essen und Trinken in den Produktionsräumen.

a)
- Kochfeste Kleidung tragen: Konditorhose, weißes kurzärmeliges T-Shirt oder weiße Konditorjacke.
- Kopfbedeckung tragen.
- Straßenkleidung darf im Lebensmittelbetrieb nicht getragen werden.

b) Rauchen und Schnupfen sind in den Produktionsräumen verboten.

14. Die Beschäftigten im Lebensmittelbetrieb müssen die Notwendigkeit der Hygiene erkennen.
a) Wie nennt man die Belehrung des Betriebsinhabers über die Hygiene beim Umgang mit Lebensmitteln und wer nimmt daran teil?
b) Nennen Sie Beispiele, welche Lerninhalte eine Hygieneschulung enthält.
c) Erklären Sie, in welchem Zeitabstand eine Hygieneschulung durchgeführt werden muss.
d) Wie verhält es sich mit der Hygieneschulung bei branchenfremden, neuen Mitarbeitern?
e) Wie kann eine Hygieneschulung nachgewiesen werden?
f) Wer ist berechtigt, die Hygieneschulungen für mit Lebensmitteln Beschäftigten durchzuführen?
g) Wer ist verpflichtet, die Bestätigung über die Belehrung des Infektionsschutzgesetzes vom Gesundheitsamt und die letzte Dokumentation der Hygieneschulung aufzubewahren und warum?

a) Es ist eine „Hygieneschulung“, an der alle Beschäftigten im Betrieb teilnehmen müssen.

b) Die Hygieneschulung beinhaltet Informationen über:
- Arten der Mikroorganismen und deren Lebensbedingungen in Lebensmitteln
- das Erkennen von eiweiß- und wasserreichen Lebensmitteln und Konditoreierzeugnissen, die durch Mikroorganismen leicht verderblich sind
- die fachgerechte Lagerung der Rohstoffe und Konditoreierzeugnisse
- die Vermeidung des Infizierens der Lebensmittel durch Schimmel und Salmonellen
- Reinigungsmaßnahmen im Betrieb
- Körperhygiene
- Berufskleidung

c) Eine Hygieneschulung soll regelmäßig erfolgen, jedoch mindestens einmal jährlich.

d) Branchenfremde, neue Mitarbeiter müssen bei Arbeitsaufnahme eine Hygieneschulung erhalten.

e) Das Thema und der Zeitpunkt der Hygieneschulung werden vom Betriebsinhaber schriftlich dokumentiert und die anwesenden Beschäftigten bestätigen ihre Teilnahme durch Unterschrift.

f) Der Arbeitgeber ist berechtigt, Hygieneschulungen bei seinen Mitarbeitern durchzuführen.

g) Die Dokumente sind vom Arbeitgeber aufzubewahren, damit er diese der Lebensmittelkontrolle auf Verlangen vorlegen kann.

1.2 Mikroorganismen

1. Mikroorganismen verändern die Lebensmittel.
a) Was versteht man unter Mikroorganismen?
b) Nennen Sie die drei Arten der Mikroorganismen.
c) Erklären Sie, was man unter „Sporen" versteht.

a) Mikroorganismen sind Kleinstlebewesen (mikros = klein, Organismen = Lebewesen)
b) Bei den Mikroorganismen unterscheidet man
- Bakterien,
- Schimmelpilze,
- Hefen.

c) Sporen sind widerstandsfähige Mikroorganismen. Sie überleben sogar Hitze und Kälte sowie monatelangen Nahrungs- und Feuchtigkeitsmangel. Bei günstigen Lebensbedingungen bilden sich aus den Sporen wieder wachstumsfähige Mikroorganismen.

2. Die Ausscheidungsprodukte der Mikroorganismen verändern Lebensmittel. Nennen Sie
a) schädliche Mikroorganismen,
b) nützliche Mikroorganismen.

a) Schädliche Mikroorganismen sind:
- Salmonellen
- Schimmelpilze
- Eitererreger (Staphylokokken)
- Fäulniserreger
- Botulinusbakterien
- Kolibakterien

b) Nützliche Mikroorganismen sind:
- Backhefe, Weinhefe, Brauhefe
- Milchsäurebakterien im Sauerteig und in den gesäuerten Milcherzeugnissen
- Edelschimmel im Käse

3. Mikroorganismen finden in Lebensmitteln günstige Wachstums- und Vermehrungsbedingungen.
a) Nennen Sie die Lebensbedingungen, die Mikroorganismen unbedingt zum Wachstum und zum Leben in Lebensmitteln benötigen.
b) Wie kann der Verderb der Lebensmittel gehemmt oder verhindert werden?

a) Mikroorganismen benötigen zum Leben:
- Nahrung: Zucker, Eiweiß und Fett sind in den Lebensmitteln enthalten
- möglichst einen hohen a_w-Wert (Wassergehalt) der Lebensmittel
- warme Temperatur, ideal ist Raumtemperatur
- einen günstigen pH-Wert im Bereich 7
- Sauerstoff benötigen die meisten Mikroorganismen

b)
- Ist nur eine der Lebensbedingungen nicht gegeben, ist der Verderb der Lebensmittel nicht möglich.
- Sind die Lebensbedingungen für Mikroorganismen im Lebensmittel nicht ideal, so wird der Verderb verzögert.

4. Das Wachstum von Mikroorganismen wird durch Temperaturveränderungen bestimmt.
Beschreiben Sie die Lebensweise der meisten Mikroorganismen bei folgenden Temperaturen:
a) mindestens 120 °C (Sterilisieren)
b) 60 bis 80 °C (Pasteurisieren)
c) 20 bis 40 °C (Raumtemperatur)
d) ca. 5 °C (Kühlung)
e) –18 °C (Tiefgefrieren)

a) Bei mindestens 120 °C sterben auch die widerstandsfähigen Sporen der Mikroorganismen.
b) Bei 60 bis 80 °C sterben alle Mikroorganismen.
c) Bei Raumtemperatur von 20 bis 40 °C ist das optimale Wachstum der Mikroorganismen.
d) In der Kühlung erfolgt ein geringes, langsames Wachstum der Mikroorganismen.
e) Beim Tiefgefrieren befinden sich die Mikroorganismen im Ruhezustand, sie sterben jedoch nicht. Beim Auftauen der Lebensmittel vermehren sie sich wieder.

5. Der a_w-Wert (aktives Wasser) eines Lebensmittels gibt Auskunft über dessen Haltbarkeit.
a) Erklären Sie den „a_w-Wert“.
b) In welcher Maßeinheit wird der a_w-Wert angegeben?
c) Nennen Sie Konditoreierzeugnisse mit hohem a_w-Wert und welche mit geringem a_w-Wert, die nicht so schnell verderben.
d) Begründen Sie, warum Lebensmittel unter einem a_w-Wert von 0,6 nicht verderben können.
e) Damit Lebensmittel nicht so schnell verderben, senkt man ihren a_w-Wert. Nennen Sie hierfür einige Möglichkeiten.

a) Der a_w-Wert gibt das freie, nicht gebundene Wasser in den Lebensmitteln an.
b) Der a_w-Wert wird im Bereich von 1 bis 0 angegeben. Reines Wasser hat den a_w-Wert 1. Je mehr Wasser in dem Lebensmittel gebunden ist und somit nicht für die Mikroorganismen zur Verfügung steht, desto niedriger ist der a_w-Wert.
c)
- Einen hohen a_w-Wert und somit schnellen Verderb haben z. B. Obsttorten und Füllungen wie Vanillecreme, gebundene Sauerkirschen, Quarkfüllung.
- Einen geringen a_w-Wert haben z. B. Mürbeteiggebäcke, Sandkuchen, Blätterteiggebäcke ohne Füllung, Stollen.

d) Lebensmittel unter einem a_w-Wert von 0,6 sind trockene Lebensmittel. Den Mikroorganismen fehlt darin das nötige Wasser zum Leben.
e) Der a_w-Wert wird gesenkt durch:
- Zugabe von größeren Mengen Salz oder Zucker in Lebensmittel.
  Sie binden das freie Wasser der Lebensmittel.
- Trocknen der Lebensmittel.
- Tiefgefrieren der Lebensmittel.
  Das freie Wasser wird zu Eis.

6. Je mehr Anfangskeime auf den Lebensmitteln vorhanden sind, umso schneller verderben sie. Wie kann der Anfangskeimgehalt auf Lebensmitteln gering gehalten werden?

Durch Unsauberkeit kommen schädliche Mikroorganismen auf Lebensmittel. Diese werden durch Hygiene beim Herstellen und Verpacken von Lebensmitteln ferngehalten.

7. Der Säuregehalt im Lebensmittel beeinflusst das Wachstum der Mikroorganismen.
a) Mit welcher Messzahl wird die Stärke der Säure und Lauge gemessen?
b) In welche Maßzahlen ist der pH-Wert eingeteilt?
c) Beschreiben Sie den Mittelwert des pH-Werts und erklären Sie die Unterteilung des pH-Werts in Säure und Lauge.
d) In welchem pH-Bereich ist das Wachstum der meisten Mikroorganismen am günstigsten und in welchem pH-Bereich verderben Lebensmittel nicht so schnell?
e) Nennen Sie Beispiele von Lebensmitteln in der Konditorei mit einem sauren pH-Bereich.
f) Nennen Sie Flüssigkeiten in der Konditorei, die im laugigen pH-Bereich liegen.

a) Säuren und Laugen werden mit dem pH-Wert gemessen.
b) Der pH-Wert ist in die Zahlen von 0 bis 14 eingeteilt.
c) • Der pH-Wert 7 ist der neutrale Bereich, der weder sauer noch laugig ist. Es ist Wasser.
   • Ein pH-Wert unter 7 bis 0 liegt im sauren Bereich. Je niedriger die Zahl ist, desto stärker ist die Säure.
   • Ein pH-Wert über 7 bis 14 liegt im laugigen Bereich. Je größer die Zahl ist, desto stärker ist die Lauge.
d) • Um den pH-Wert 7 ist das Wachstum der Mikroorganismen am günstigsten.
   • Je weiter der pH-Wert von 7 nach unten in den sauren Bereich abweicht, desto geringer ist der Verderb.
e) Lebensmittel im sauren Bereich sind:
   • Zitronensaft
   • Sauerteig, Roggenbrot
   • Sauermilch, saure Sahne
   • Essig, Marinade
f) Laugige Flüssigkeiten sind:
   • Brezellauge und Natronlauge
   • Flüssigseife und Spülmittel

8. Staphylokokken sind gesundheitsschädliche Eitererreger.
a) Beschreiben Sie, wo Staphylokokken vorkommen.
b) Nennen Sie zwei Möglichkeiten, wie Staphylokokken auf Lebensmittel übertragen werden, und beschreiben Sie, wie man dagegen vorbeugen kann.
c) Erklären Sie, warum Staphylokokken gefährlich sind.
d) Welche Lebensmittel sind besonders anfällig gegenüber Staphylokokken?

a) Staphylokokken befinden sich im Nasen- und Rachenraum und in Wunden.
b) Staphylokokken werden auf Lebensmittel übertragen:
   • durch Niesen und Husten auf Lebensmittel
     Beim Niesen und Husten von den Lebensmittel abwenden.
   • über offene Wunden an Händen und Armen
     Wunden dicht abdecken.
c) • Staphylokokken vermehren sich sehr schnell auf Lebensmitteln und bilden Gifte, die Erbrechen und Durchfall verursachen.
   • Befallene Lebensmittel sind nicht erkennbar.
d) Staphylokokken befallen besonders ei- und eiweißreiche Lebensmittel und Speisen wie Eier, Milch, Milcherzeugnisse, Cremes, Fisch, Fleisch.

9. Schimmelpilze sind gesundheitsschädlich.

a) Beschreiben Sie, wie Lebensmittel durch Schimmelpilze infiziert und somit gesundheitsschädlich werden.

b) Reicht es, wenn der Schimmelrasen von Lebensmitteln entfernt wird oder sollen verschimmelte Lebensmittel sofort weggeworfen und aus den Betriebsräumen entfernt werden?

c) Warum dürfen Nüsse mit dunkelbraunen Stellen im Kern nicht gegessen werden?

a)
- Schimmelpilze, die sich zu einem Schimmelrasen auf Lebensmitteln vermehren, erzeugen ein Fadengeflecht (Myzel), das tief in das Innere der Lebensmittel eindringt.
- Dieses Myzel gibt unsichtbare Pilzgifte, die sogenannten Mykotoxine, in die Lebensmittel ab.
- Beim Verzehr verschimmelter Lebensmittel schädigen die Pilzgifte (Mykotoxine) die Leber und können Krebs verursachen.

b) Nicht die Schimmelpilze auf dem Schimmelrasen sind giftig, sondern die Pilzgifte, die in die Lebensmittel eindringen. Da man nicht weiß, wie tief die Giftstoffe in die Lebensmittel vorgedrungen sind, müssen verschimmelte Lebensmittel sofort weggeworfen werden. Beim Entfernen des Schimmelrasens auf den Lebensmitteln bleiben weiterhin die Giftstoffe in den Lebensmitteln enthalten.

c) Die Nüsse enthalten besonders gesundheitsschädliche Schimmelpilzgifte (Aflatoxine) und dürfen deshalb nicht mehr gegessen werden.

10. Schimmelpilze können sowohl Rohstoffe als auch fertige Konditoreierzeugnisse verderben.

a) Beschreiben Sie zwei Möglichkeiten, wie Schimmelpilze auf Lebensmittel gelangen:
- natürliche Weise
- Übertragung von Menschen

b) Auf welchen Lebensmitteln wachsen und leben Schimmelpilze am besten?

a)
- Sporen der Schimmelpilze werden vom Luftzug getragen und gelangen so auf Lebensmittel.
- Schimmelpilze können durch Schmutz auf Händen und Arbeitskleidung sowie Arbeitsgeräten und Einrichtungsgegenständen auf Lebensmittel übertragen werden.

b) Schimmelpilze bevorzugen feuchte Lebensmittel, z. B. Füllungen, Konfitüren.

11. Durch Vorbeugemaßnahmen kann der Schimmelbefall bekämpft werden.

a) Worauf muss bei der Verwendung von Teigtüchern geachtet werden?

b) Welche Lagerbedingungen sind für Lebensmittel und Konditoreierzeugnisse einzuhalten?

c) Erklären Sie, wodurch die Vermehrung der Schimmelpilze gehemmt wird.

a) Feucht gewordene Teigtücher werden nach Arbeitsschluss in einem gut belüfteten Raum getrocknet.

b) Lebensmittel und Konditoreierzeugnisse müssen kühl und trocken gelagert werden.

c) Säure hemmt die Vermehrung der Schimmelpilze.

d) Warum schimmeln ungesäuerte Weizenbrote schneller als Roggenbrote?

e) Erläutern Sie, warum durch luftdichtes Verpacken und Vakuumieren das Schimmeln verzögert bzw. verhindert wird.

d) Der hohe Säuregehalt des Sauerteigs im Roggenbrot hemmt das Wachstum der Schimmelpilze. Säurearme Brote verschimmeln deshalb schneller.

e) In luftdicht verpackten und vakuumierten Lebensmitteln fehlt den Mikroorganismen der lebensnotwendige Sauerstoff.

12. Bei gewölbten Deckeln der Konservendosen ist Vorsicht geboten.

a) Geben Sie Auskunft über Konservendosen mit gewölbtem Deckel.

b) Erklären Sie, warum sich der Deckel der Konservendosen wölbt.

c) Wie wird ein gewölbter Deckel einer Konservendose bezeichnet?

a) Bei gewölbtem Dosendeckel ist meist der Inhalt durch Botulinusbakterien verdorben und giftig.

b) Durch unsachgemäßes Sterilisieren überleben Botulinusbakterien, die giftige Gase erzeugen, die den Deckel wölben.

c) Gewölbte Dosendeckel werden als Bombage bezeichnet.

13. Durch Salmonellen verdorbene Lebensmittel verursachen schwere Erkrankungen.

a) Nennen Sie Lebensmittel, die gefährliche Salmonellenträger sind.

b) Welchen Nährstoff enthalten die Lebensmittel, in denen sich die Salmonellen besonders schnell vermehren?

c) Warum werden Lebensmittel, die mit Salmonellen verdorben sind, trotz der Gesundheitsgefahr gegessen?

d) Wie können Salmonellen in Lebensmitteln zerstört werden?

e) Beschreiben Sie, wie man die Salmonellengefahr durch Eier, die im Erzeugnis nicht erhitzt oder gebacken werden, verhindert.

f) Nennen Sie die Krankheitserscheinungen, wenn ein Mensch mit Salmonellen infiziert ist.

g) Beschreiben Sie die Pflicht eines Konditors, der durch Salmonellen erkrankt ist.

a) Gefährliche Salmonellenträger sind
- Eier,
- Geflügel,
- Hackfleisch,
- Fisch.

Deshalb sind in der Konditorei eihaltige Speisen mit rohen Eiern gefährdet.

b) Salmonellen vermehren sich vor allem in eihaltigen Lebensmitteln sehr schnell.

c) Salmonellenbehaftete Lebensmittel sind nicht erkennbar. Sie verändern weder das Aussehen, noch haben sie einen unangenehmen Geruch oder Geschmack.

d) Salmonellen werden vollständig durch Hitze zerstört. Entweder
- beim Kochen der Lebensmittel oder
- beim Erhitzen der Lebensmittel auf 80 °C, 10 Minuten lang, z. B. beim Pasteurisieren der Eier.

e) Werden eihaltige Erzeugnisse nicht erhitzt oder gebacken, dürfen entweder
- nur frische Eier (bis ca. 1 Woche alt) oder
- pasteurisierte Eier verwendet werden.

f) Es treten Brechdurchfall und grippeähnliche Krankheitserscheinungen auf.

g) Die Salmonellenerkrankung muss sofort dem Betriebsinhaber und dem Gesundheitsamt gemeldet werden. Es besteht sofort Tätigkeitsverbot bis zur vollständigen Gesundung, um eine Übertragung auszuschließen.

14. Kolibakterien können schwere Durchfallerkrankungen verursachen.
a) Beschreiben Sie, wo Kolibakterien (Coli-Bakterien) vorkommen.
b) Wie kann es zur Verunreinigung und Infizierung durch Kolibakterien kommen?
c) Erklären Sie, wie man sich vor einer Infizierung durch Trinkwasser, das mit Kolibakterien belastet ist, schützen kann.
d) Viele gesundheitsschädliche Mikroorganismen werden durch den Toilettenbesuch auf Lebensmittel übertragen. Beschreiben Sie die konsequente Hygiene beim Toilettenbesuch.

a) Kolibakterien befinden sich im Darm von Mensch und Tier und sind deshalb in Fäkalien enthalten.
b) • Kolibakterien können durch mangelnde Hygiene nach dem Toilettenbesuch in Lebensmittel kommen.
• Durch starke fäkale Verunreinigung bei fehlender Kanalisation können sie in das Trinkwasser gelangen, was z. B. in einigen Urlaubsländern passieren kann.
c) Beim Kochen von Wasser sterben Kolibakterien ab.
d) • Vor dem Toilettenbesuch die Arbeitsschürze abnehmen.
• Nach dem Toilettenbesuch grundsätzlich die Hände gründlich mit Seife waschen und mit einem Einmalhandtuch trocknen.

15. Welche Lebensmittel werden von Fäulniserregern befallen und warum sind Vergiftungen dadurch selten?

Fäulniserreger sind in verfaultem Obst und Gemüse. Da diese unangenehm riechen und schmecken, sind Vergiftungen selten.

1.3 Tierische Schädlinge, Reinigen des Betriebs

1. Mehlschädlinge sind Insekten, die sich im Mehl aufhalten.
a) Nennen Sie Mehlschädlinge und beschreiben Sie diese.
b) Nennen Sie Vorbeugemaßnahmen gegen Mehlschädlinge.
c) Erklären Sie, warum Mehlschädlinge im Konditoreibetrieb nicht vorkommen dürfen.

a) Mehlschädlinge:
• Mehlmotten sind graue Falter.
• Mehlwürmer sind gelblich braune, bis zu drei Zentimeter lange Würmer.
• Mehlmilben sind mit bloßem Auge nicht erkennbar. Sie ziehen Rillen im Mehl und verursachen einen süßlichen Mehlgeschmack.
b) Ständig gründliche Reinigung der Räume, Einrichtungsgegenstände und Maschinen, damit auch Ecken und Fugen mehlfrei sind. Mehl darf nirgends so lange unbewegt liegen bleiben, dass sich die Mehlschädlinge entwickeln können.
c) • Mehlschädlinge vermehren sich sehr schnell und verunreinigen durch Ausscheidungen das Mehl.
• Sie sind ekelerregend und zeugen von Unsauberkeit im Betrieb.

2. Warum kommen Mehlkäfer nur in besonders unsauberen Betrieben vor?

Mehlkäfer haben eine längere Entwicklungszeit und können daher nur bei ständiger Unsauberkeit vorkommen.

3. Mäuse und insbesondere Ratten sind ein Zeichen großer Unsauberkeit im Betrieb.
  a) Nennen Sie Schäden, die Mäuse und Ratten im Lebensmittelbetrieb anrichten.
  b) Nennen Sie Vorbeugemaßnahmen, damit Mäuse und Ratten nicht in das Haus des Betriebs gelangen.
  c) Beschreiben Sie die Bekämpfung von Mäusen und Ratten, wenn Fraß- und Kotspuren entdeckt werden.
  d) Geben Sie einen weiteren Grund an, warum Mäuse und Ratten neben der gesundheitlichen Gefährdung sofort bekämpft werden müssen.

a) • Mäuse und Ratten verursachen Fressschäden.
   • Sie gefährden die Gesundheit der Menschen, da sie über Fell und Pfoten sowie durch Kot gesundheitsschädliche Mikroorganismen auf Lebensmittel übertragen.

b) Mäuse und Ratten werden durch Lebensmittel angezogen und kommen hauptsächlich in der kalten Jahreszeit in die Häuser.
   • Außentüren möglichst schließen und Kellerfenster vergittern, damit sie nicht ins Haus gelangen können.
   • Abfallbehälter geschlossen halten.

c) Sofort Fallen aufstellen, bis die Nager vollständig bekämpft sind.

d) Mäuse und Ratten vermehren sich schnell und sind besonders ekelerregend im Lebensmittelbetrieb.

4. Erklären Sie, warum in Lebensmittelbetrieben kein Gift gestreut oder Schädlingsbekämpfungsspray gesprüht werden soll.

Die giftigen Schädlingsbekämpfungsmittel könnten mit Lebensmitteln in Berührung kommen.

5. Schaben, auch Kakerlaken genannt, Silberfischchen und Fliegen sind weitere Insekten, die in Lebensmitteltbetrieben gute Lebensbedingungen vorfinden.
  a) Beschreiben Sie die Lebensweisen der Schaben (Kakerlaken) und Silberfischchen und nennen Sie die Lebensräume.
  b) Nennen Sie Vorbeugemaßnahmen gegen Schaben und Silberfischchen.
  c) Nennen Sie die hauptsächlichen Brutstätten der Fliegen.
  d) Nennen Sie Vorbeugemaßnahmen gegen Fliegen.
  e) Erläutern Sie, warum Schaben, Silberfischchen und Fliegen als tierische Schädlinge bezeichnet werden.

a) Schaben und Silberfischchen:
   • Sie sind nachtaktiv.
   • Sie leben tagsüber versteckt in Ritzen und Fugen.
   • Sie befinden sich an feuchten und warmen Orten, z. B. in der Nähe von Wasserleitungen und Schwadenrohren.

b) Ritzen und Spalten in Fliesen und Mauern verschließen, vor allem im Bereich von Wasserrohren, Wasserhähnen und Spülbecken, damit die Schlupfwinkel der Schaben und Silberfischchen versperrt sind.

c) Die Brutstätten der Fliegen sind Abfall und Kot.

d) Fliegen werden wie folgt bekämpft:
   • Abfallbehälter verschließen und regelmäßig reinigen.
   • Fliegengitter an den Fenstern anbringen.
   • Lebensmittel abdecken oder in geschlossenen Behältern aufbewahren.

e) • Sie laufen über Lebensmittel bzw. fliegen darauf und übertragen dabei Mikroorganismen.
   • Zudem ist ihr Anblick auf Lebensmitteln ekelerregend.

6. Das Reinigen gehört zur täglichen Arbeit in der Konditorei.
   a) Erklären Sie, warum grundsätzlich mit warmem Wasser gespült und geputzt werden muss.
   b) Beschreiben Sie, warum Reinigungsmittel in das Wasser zum Saubermachen gegeben wird.
   c) Womit müssen Spülmittelreste auf dem Abwasch nach dem Reinigen entfernt werden?
   d) Nennen Sie Hilfsmittel zum Reinigen von fest sitzendem Schmutz.

a) • In warmem Wasser löst sich der Schmutz leichter.
   • Nur in warmem Wasser lösen sich die Fettstoffe.

b) • Das Reinigungsmittel zerstört die Oberflächenspannung des Wassers. „Entspanntes Wasser“ kann in den Schmutz eindringen und ihn entfernen.
   • Außerdem wird das Fett im Wasser feinst verteilt und weggespült.

c) Nach dem Reinigen werden die Spülmittelreste auf dem Abwasch mit ausreichend klarem Wasser abgespült.

d) • Spülbürste
   • Scheuerschwamm
   • Edelstahlspirale

7. Umweltbelastende Desinfektionsmittel sind in der Konditorei nur in bestimmten Fällen erforderlich.
   a) Erklären Sie die Wirkung von Desinfektionsmitteln beim Reinigen.
   b) Warum sind Desinfektionsmittel sehr umweltbelastend?
   c) Wofür werden Desinfektionsmittel in der Konditorei verwendet?
   d) Beschreiben Sie, womit ein Reinigungsvorgang mit Desinfektionsmittel grundsätzlich beendet wird.

a) Desinfektionsmittel enthalten Giftstoffe, die alle Mikroorganismen töten und somit keimfrei reinigen.

b) Die Giftstoffe in Desinfektionsmitteln können schlecht vom Abwasser getrennt werden und belasten deshalb das Grundwasser.

c) In der Konditorei werden nur spezielle Desinfektionsmittel zum Reinigen der Speiseeismaschine und zum Reinigen des Sahneautomaten verwendet, damit die Zapfleitungen keimfrei werden.

d) Nach dem Reinigen mit Desinfektionsmittel werden die Maschinen gründlich mit ausreichend klarem Wasser nachgespült, um sämtliche chemische Mittel zu entfernen.

8. Falsches Reinigen belastet die Umwelt und kann zur Keimvermehrung beitragen.
   a) Erklären Sie, warum Reinigungsmittel bei der Verwendung sparsam dosiert werden.
   b) Beschreiben Sie, wie Putztücher und Schwämme nach dem Gebrauch behandelt werden.
   c) Erläutern Sie, was geschieht, wenn mit unsauberen Putztüchern, Schwämmen und Spülbürsten gereinigt wird.

a) Nicht mehr Reinigungsmittel als nötig verwenden. Reinigungsmittel sind teuer und belasten das Grundwasser, da sie schlecht vom Abwasser getrennt werden können.

b) Putztücher und Schwämme werden nach jedem Gebrauch unter fließend warmem Wasser ausgewaschen und bei Bedarf erneuert.

c) Wird mit unsauberen Hilfsmitteln gereinigt, werden Keime auf die Gegenstände verbreitet und vermehren sich dann dort.

1.4 Fachmathematische Berechnungen (Multiplizieren, Dreisatz)

1. Salmonellen verdoppeln sich bei Zimmertemperatur schon nach zwanzig Minuten. Im Kühlschrank bei +5 °C findet die Verdoppelung nur alle 60 Minuten statt. Berechnen Sie die Keimzahl eines Tiramisus, das 500 Salmonellen enthält und 3 Stunden gelagert wird.

a) bei Zimmertemperatur
b) im Kühlschrank

a)

0 Minuten:	500 Keime	
20 Minuten:	500 K. · 2 =	1 000 K.
40 Minuten:	1 000 K. · 2 =	2 000 K.
60 Minuten:	2 000 K. · 2 =	4 000 K.
80 Minuten:	4 000 K. · 2 =	8 000 K.
100 Minuten:	8 000 K. · 2 =	16 000 K.
120 Minuten:	16 000 K. · 2 =	32 000 K.
140 Minuten:	32 000 K. · 2 =	64 000 K.
160 Minuten:	64 000 K. · 2 =	128 000 K.
180 Minuten:	128 000 K. · 2 =	256 000 K.

b)

0 Minuten:	500 Keime
60 Minuten:	500 K. · 2 = 1 000 K.
120 Minuten:	1 000 K. · 2 = 2 000 K.
180 Minuten:	2 000 K. · 2 = 4 000 K.

2. In einer großen Konditorei werden im Monat 3,600 t Weizenmehl der Type 405 und 5,500 t der Type 550 verarbeitet. 1 % des Gesamtmehlverbrauchs geht durch Staubmehl verloren. Berechnen Sie die Verluste in €, wenn 100 kg Weizenmehl, Type 550, 41,00 € und 1 dt Weizenmehl, Type 405, 42,00 € kosten.

Verluste in kg
Weizenmehl, Type 405:
100 % ≙ 3 600 kg
1 % ≙ 36 kg

Weizenmehl, Type 550:
100 % ≙ 5 500 kg
1 % ≙ 55 kg

Verluste in €
Weizenmehl, Type 405:
100 kg ≙ 42,00 €
36 kg ≙ x €

$$x = \frac{42{,}00\text{ €} \cdot 36}{100} = 15{,}12\text{ €}$$

Weizenmehl, Type 550:
100 kg ≙ 41,00 €
55 kg ≙ x €

$$x = \frac{41{,}00\text{ €} \cdot 55}{100} = 22{,}55\text{ €}$$

15,12 € + 22,55 € = 37,67 €
Gesamtverlust: 37,67 €

3. Ein Teigschaber hat die Maße von 12 cm × 15 cm. Pro cm^2 hat die Lebensmittelkontrolle 48 Mikroorganismen festgestellt. Berechnen Sie die Anzahl der Mikroorganismen auf dem gesamten Schaber.

$12\text{ cm} \cdot 15\text{ cm} = 180\text{ cm}^2$

Fläche der Vorder- und Rückseite:
$180\text{ cm}^2 \cdot 2 = 360\text{ cm}^2$

Anzahl der Mikroorganismen (MO):
$360\text{ cm}^2 \cdot 40\text{ MO/cm}^2 = 17\,280\text{ MO}$

2 Rohstoffe

2.1 Getreide und Mahlerzeugnisse

1. Getreide ist nicht nur das wichtigste Grundnahrungsmittel, sondern auch Hauptbestandteil vieler Backwaren.
a) Nennen Sie fünf Brotgetreide.
b) Warum werden diese Getreidearten als Brotgetreide bezeichnet?
c) Nennen Sie die fünf sonstigen Getreide, die kein Brotgetreide sind.
d) Warum zählen die „sonstigen Getreide“ nicht zum Brotgetreide und wofür werden sie in der Konditorei verwendet?
e) Nennen Sie drei Pseudogetreide.
f) Woraus wird Pseudogetreide gewonnen?
g) Für welche Gebäcke wird Pseudogetreide verwendet, die für zöliakiekranke Menschen geeignet sind?

a) Weizen, Roggen, Dinkel, Emmer, Einkorn
b) Die Brotgetreide sind alleine backfähig, d. h., die Bestandteile der Mehle dieser Getreidearten können die Lockerungsgase der Teige und Massen zu Poren festhalten und zu verdaulichen Gebäcken lockern.
c) Gerste, Hafer, Mais, Reis, Hirse
d) Die sonstigen Getreide enthalten keinen Kleber, sodass die Gebäcke nicht gelockert werden können. Sie lassen sich nur als Zugabe zum Brotgetreide verarbeiten.
e) Amaranth, Buchweizen, Quinoa
f) Pseudogetreide wird aus Samen von Pflanzen gewonnen, die nicht zum Getreide gehören, jedoch wie Getreide zu Backwaren verarbeitet werden.
g) Pseudogetreide wird für glutenfreie Gebäcke verwendet. Da Pseudogetreide keinen Kleber und somit kein Gluten enthält, sind diese Gebäcke für Menschen mit Zöliakie geeignet.

2. Ölsamen zählen nicht zu den Getreidearten, obwohl sie diesen oft zugeordnet werden.
a) Erklären Sie den Unterschied nach der Zusammensetzung.
b) Nennen Sie einige Ölsamen.

a) Getreidekörner bestehen aus Mehl und Schalen. Ölsamen sind die Samenkerne verschiedener Pflanzen, die sehr ölhaltig sind.
b) Mohn, Sesam, Leinsamen, Sonnenblumenkerne, Kürbiskerne

3. Dinkel, Emmer und Einkorn sind die ältesten Weizenarten mit hohem Gesundheitswert.
a) Worin unterscheiden sich Dinkel, Emmer und Einkorn in Bezug auf die Nährstoffe hauptsächlich von Weizen?
b) Für welche Backwaren können Dinkel, Emmer und Einkorn in der Konditorei verwendet werden?
c) Welche Backwaren werden in der Bäckerei aus Dinkel, Emmer und Einkorn hergestellt, die in der Konditorei zum Frühstück und im Café als Beilagen für Speisen angeboten werden?

a) Dinkel, Emmer und Einkorn enthalten besonders viel gesundes, biologisch hochwertiges Eiweiß, das dem Körpereiweiß gleich ist. Sie sind sehr reich an Mineralstoffen.
b) Dinkel, Emmer und Einkorn können in der Konditorei für alle Gebäcke anstelle von Weizen verwendet werden.
c)
- für Brote und Brötchen
- als eine der Getreidearten für Mehrkornbrote und Mehrkornbrötchen

4. Die Zusammensetzung des Getreidekorns ist bei allen Getreidearten ähnlich.
a) Nennen Sie die Bestandteile der Getreidekörner.
b) Nennen Sie die hauptsächlichen Nährstoffe, die die drei Bestandteile der Getreidekörner beinhalten.
c) Welcher Bestandteil des Getreidekorns macht das Mehl dunkler?

a)
- Frucht- und Samenschale } Schalenteile
- Aleuronschicht } Schalenteile
- Mehlkern
- Keimling

b)
- Die Schalenteile bestehen vorwiegend aus Ballaststoffen, Mineralstoffen und Vitaminen.
- Der Mehlkern besteht zu ca. 70 % aus Stärke und ca. 13 % Eiweiß, beim Weizenmehl Klebereiweiß.
- Der Keimling hat von Natur aus alle Nährstoffe, die für das Aussamen von neuem Getreide notwendig sind. Er enthält ungesättigte Fettsäuren, Eiweiß, Vitamine und Mineralstoffe.

c) Die Samenschalen machen das Mehl dunkler. Je mehr Schalenteile im Mehl sind, desto dunkler ist das Mehl.

5. Kleie ist Bestandteil einer vollwertigen Ernährung.
a) Was versteht man unter „Kleie" und warum hat Kleie einen hohen Gesundheitswert?
b) Wofür wird Kleie verwendet und warum?

a)
- Kleie sind die Schalenteile der Getreidekörner: Frucht- und Samenschale sowie Aleuronschicht.
- Sie ist sehr reich an Ballaststoffen, Mineralstoffen und Vitaminen.

b) Wegen der vielen Ballast- und Mineralstoffe und Vitamine wird Kleie für Kleiebrote verwendet und in Müsli gegeben.

6. Mahlerzeugnisse entstehen durch das Vermahlen von Getreide.
a) Beschreiben Sie, was man unter Vermahlen des Getreides versteht.
b) Nennen und beschreiben Sie drei Feinheitsgrade der Mahlerzeugnisse, die im Plansichter durch Siebe mit verschieden groben Bespannungen erzielt werden.

a) Getreidekörner werden beim Vermahlen zwischen zwei Walzen zerkleinert. Es folgen mehrere Durchläufe durch die Walzen, wobei der Walzenabstand immer weiter verringert wird, um die Schalenteile zu zerkleinern.

b)
- Mehl mit sehr feinen Schalenteilen.
- Dunst ist Mehl mit griffigen, kleinkörnigen Schalenteilen. Es wird auch als „doppelgriffiges Mehl" bezeichnet.
- Grieß ist Mehl mit grobkörnigen Schalenteilen.

7. Erklären Sie die Besonderheiten von Hartweizen und wofür sich diese Weizenart besonders gut eignet.

Hartweizen ist eine besondere Weizensorte mit hohem Anteil an Klebereiweiß und gelblicher Farbe. Er wird als Hartweizengrieß vor allem für die Herstellung von Nudeln verwendet, damit diese bissfest bleiben und eine schöne gelbe Farbe erhalten.

8. Der Ausmahlungsgrad gibt Auskunft über die Zusammensetzung des Mehls.
a) Erklären Sie, was man unter dem „Ausmahlungsgrad" versteht.
b) Beschreiben Sie z. B. den Ausmahlungsgrad 0 – 65 % bei 100 kg vermahlenem Getreide.
c) Welche Aussagen können Sie über „Mehl mit hohem Ausmahlungsgrad" treffen?

a) Der Ausmahlungsgrad gibt die Mehlmenge an, die man aus 100 Teilen gereinigtem Getreide bei der Vermahlung erhält.
b) Aus 100 kg Getreide erhält man 65 kg Mehl sowie 35 kg Schalenteile und Keimlinge. Das Mehl enthält die inneren 65 % der Getreidekörner, was 0 – 65 % bedeutet.
c)
- Das Mehl hat eine hohe Mehltype.
- Es ist schalenreiches, dunkles Mehl.
- Es ist Mehl mit einem hohen Anteil an Ballaststoffen, Mineralstoffen und Vitaminen.

9. Backfähige Mehle werden in Mehltypen unterteilt.
a) Was besagt die Mehltype?
b) Erklären Sie, wie die Mehltype 550 festgestellt wird.
c) Welche Getreidearten werden in Mehltypen eingeteilt?
d) Nennen Sie die Weizenmehltypen und geben Sie jeweils die Verwendungsmöglichkeiten dieser Mehle an.
e) Nennen Sie die Roggenmehltypen und geben Sie Verwendungsbeispiele für Roggenmehl.
f) Welche Mahlerzeugnisse haben keine Mehltype? Begründen Sie dies.

a) Die Mehltype gibt an, wie viel g Mineralstoffe in 100 kg wasserfreiem Mehl enthalten sind.
b) Wenn 100 g wasserfreies Mehl verbrannt wird, bleiben ca. 550 mg Asche übrig. Mineralstoffe sind die einzigen Bestandteile des Mehls, die nicht verbrennen, sie bleiben in Form von Asche übrig.
c) Nur die Mehle der Brotgetreidearten wie Weizen, Roggen sowie Dinkel, Emmer und Einkorn werden in Typen eingeteilt.
d)
- 405: Mürbeteige, Massen
- 550: Hefeteige, Blätterteige, aber auch für Mürbeteige und Massen, für Brötchen und Weizenbrote
- 812:, 1050:, 1600: } Lebkuchenteige, roggenhaltige Kleingebäcke und Brote
- 1700 = Weizenbackschrot für Schrotbrote und Schrotbrötchen

e)
- 815:, 997:, 1150:, 1370:, 1740: } Lebkuchenteige, Früchtebrote, Brote
- 1800 = Roggenbackschrot

f) Vollkornmehle und Vollkornschrote haben keine Mehltype, weil in diesen Mahlerzeugnissen sämtliche Kornbestandteile enthalten sind.

10. Eine Mehlsorte wird als „Auszugsmehl" oder „Weißmehl" bezeichnet.

a) Nennen Sie die Mehltype und erklären Sie die Begriffe Auszugsmehl und Weißmehl.

b) Für welche Backwaren eignet sich Auszugsmehl besonders gut? Begründen Sie dies.

a)
- Es ist Weizenmehl mit der Type 405.
- Es hat den niedrigsten Ausmahlungsgrad (0 – 40 %). Es wird sozusagen aus dem Inneren des Getreidekorns herausgezogen = Auszugsmehl.
- Es ist das Mehl mit dem geringsten Schalenanteil und somit das hellste Mehl = Weißmehl.

b) Auszugsmehl ist das feinste, schalenärmste Mehl mit dem größten Stärkeanteil. Dies ist ideal für Mürbeteige und Massen.

11. In der Konditorei wird überwiegend Weizenmehl der Type 550 und für bestimmte Backwaren Weizenmehl der Type 405 verwendet. Da sie unterschiedliche backtechnische Eigenschaften haben, werden sie für verschiedene Backwaren verwendet.

a) Nennen Sie das kleberstärkste Mehl.

b) Begründen Sie, warum dieses Mehl das kleberstärkste ist.

c) Warum ist das Mehl der Type 405 das stärkereichste Mehl?

d) Für welche Backwaren eignet sich das kleberstärkste Mehl? Begründen Sie die Verwendung dieses Mehls.

e) Nennen Sie die drei mengenmäßig größten Bestandteile vom Mehl der Type 550 mit ihren prozentualen Anteilen.

a) Das kleberstärkste Mehl ist Weizenmehl der Type 550.

b) In der Mitte des Mehlkörpers befindet sich hauptsächlich die Stärke, zu den Schalen hin überwiegend das Klebereiweiß. Mehl der Type 550 enthält das Mehl des Mehlkörpers bis zu den Schalen.

c) Weil Mehl der Type 405 vom Innenbereich des Mehlkörpers gewonnen wird, in dem überwiegend die Stärke liegt, besitzt es den höchsten Stärkeanteil.

d) Das Mehl der Type 550 wird verwendet für:
- Feine Backwaren wie Hefeteige und Blätterteige, aber auch für Mürbeteige und Massen
- Brötchen, Weizenbrote

Diese Backwaren erfordern einen großen Kleberanteil zur guten Lockerung. Außerdem ist das Mehl der Type 550 nach dem Mehl der Type 405 das feinste, schalenärmste und somit hellste Mehl, das für diese feinschmeckenden Backwaren erforderlich ist.

e) Das Mehl der Type 550 enthält
- 70 % Stärke,
- 13 % Klebereiweiß,
- 14 % Wasser.

12. Je nach Typenzahl verändern sich die Nährstoffanteile der Mehle.

a) Welche Nährstoffe nehmen bei steigender Typenzahl zu?

b) Warum sind Mehle mit hoher Typenzahl dunkler als Mehle mit niedriger Typenzahl?

a) Je höher die Typenzahl der Mehle, desto höher ist der Anteil an Ballaststoffen, Mineralstoffen und Vitaminen.

b) Die Schalen des Getreidekorns machen das Mehl dunkler. Je höher die Typenzahl, desto mehr Schalenanteile sind im Mehl.

13. Beschreiben Sie folgende Mahlerzeugnisse:
a) Vollkornmehl, Vollkornschrot
b) Backschrot

a) Die vollen, ganzen Getreidekörner mit den Schalen und den Keimlingen werden beim Vermahlen in feine Bruchstücke zu Vollkornmehl oder in grobe Bruchstücke zu Vollkornschrot zerkleinert.
b) Von den Getreidekörnern werden in der Mühle die Keimlinge entfernt. Die Getreidekörner ohne Keimlinge, mit den Schalen und dem Mehl, werden beim Vermahlen zerkleinert und als Backschrot bezeichnet.

14. Nennen Sie die verschiedenen Getreidemahlerzeugnisse.

- Mehle der verschiedenen Mehltypen
- Backschrot
- Vollkornmehl und Vollkornschrot

15. Wie sollte Mehl im Mehllager sowie im Mehlsilo gelagert werden? Begründen Sie dies.

- kühl, 15 bis 20 °C, damit die Enzymtätigkeit verlangsamt wird
- trocken, denn Mehl nimmt Feuchtigkeit auf, was zur Klumpenbildung führt und die Enzymtätigkeit verstärkt
- gut belüftet, Mehlsäcke nicht zu hoch stapeln, denn Mehl muss atmen können, sonst entsteht ein nachteiliger Geschmack; im Mehlsilo befindet sich deshalb eine Umwälzlüftung

2.2 Convenience-Produkte

1. Erläutern Sie den Begriff „Convenience-Produkte".

Convenience-Produkte sind gebrauchsfertige Produkte, die die Herstellung der Konditoreierzeugnisse erleichtern und die Herstellungszeit verkürzen.

2. Zu den Convenience-Produkten gehören die Backmischungen. Erklären Sie, was Backmischungen sind.

Backmischungen sind backfähige Fertigmehle, die neben dem Mehl die weiteren Zutaten für die Backwaren in Pulverform enthalten.

3. Convenience-Produkte werden in drei Gruppen unterteilt. Nennen Sie jeweils einige Verwendungsbeispiele in der Konditorei.
a) Backmischungen

a) Backmischungen für:
- Hefeteige
- Hefeteige für Berliner
- Biskuit- und Wiener Massen
- Sandmassen
- Blätterteige
- Vollkorn- und Mehrkornbrote sowie -brötchen
- Weizenteige für Pizzas, Baguettes, Ciabattas

b) Fertigprodukte
c) tiefgefrorene Fertigerzeugnisse

b) Fertigprodukte für:
- Brandmasse
- Käsekuchen, Käsetorten
- Füllungen wie Kaltcreme, Mohn-, Nuss-, Quarkfüllung
- Sahneerzeugnisse wie Käsesahne, Joghurtsahne
- Fettcremes
- Dekormittel, z. B. Krokantstreusel, Schokoladenornamente

c) Tiefgefrorene Fertigerzeugnisse:
- Blätterteigstückchen
- Plunderteigstückchen, Croissants
- Donuts, Muffins
- Berliner
- Snacks, z. B. Pizza, Zwiebelkuchen
- Laugenbrezeln und Laugengebäcke
- Ciabattas, Bagels

4. Konditoreien verwenden teilweise Convenience-Produkte.
a) Nennen Sie ihre Vorteile.
b) Nennen Sie ihre Nachteile.

a)
- schnelle Herstellung
- einfache Herstellung
- sichere Herstellung
- bessere Schnittfähigkeit der Erzeugnisse
- bequeme Sortimentserweiterung
- Bestimmungen der Leitsätze werden eingehalten.

b)
- im Geschmack und Aussehen einheitliche Erzeugnisse in vielen Konditoreien
- schneller Alterungsprozess der Backwaren
- hoher Einkaufspreis der Convenience-Produkte
- In den Convenience-Produkten befinden sich Lebensmittelzusatzstoffe, die viele Kunden ablehnen.
- Imageverlust des Konditorberufs, da auch Nichtfachkräfte die gleichen Erzeugnisse herstellen können wie Konditoren.

2.3 Milch und Milcherzeugnisse

1. Unter der einfachen Bezeichnung „Milch" darf nach dem Milchgesetz nur eine Milchsorte in den Handel gebracht werden.
a) Nennen Sie diese Milchsorte.
b) Nennen Sie andere Milchsorten, die den Namen der Tiere führen, von denen sie gewonnen wurden.

a) Nur Kuhmilch darf als Milch bezeichnet werden.

b)
- Ziegenmilch
- Schafsmilch

2. Milch ist ein besonders wertvolles Lebensmittel.
a) Warum ist Milch gesundheitsfördernd?
b) Nennen Sie die Bestandteile der Vollmilch mit den prozentualen Anteilen.

a) Milch enthält alle Nährstoffe, die der Körper benötigt, insbesondere viel Kalzium für den Knochenaufbau und unentbehrliche (essenzielle) Aminosäuren für den Aufbau der Körperzellen.
b)
- 87 % Wasser
- 5 % Milchzucker
- 3,5 % Milchfett
- 3,5 % Milcheiweiß
- 1 % Mineralstoffe und Vitamine

3. Nennen Sie die Bestimmungen der Leitsätze des Mindestanteils von Vollmilch auf 100 kg Mehl für
a) Hefeteige,
b) Milchbrötchen.

a) Hefeteige enthalten auf 100 kg Mehl mindestens 40 l Vollmilch.
b) Milchbrötchen enthalten auf 100 kg Mehl mindestens 50 l Vollmilch.

4. Nennen Sie den Einfluss von Milch gegenüber Wasser auf Hefeteiggebäcke in Bezug auf Kruste, Krume und Geschmack.

- weiche Kruste
- weiche, feinporige Krume
- feiner Milchgeschmack

5. Milch wird in der Molkerei in luftdichte Behälter verpackt und dann mit Wärme behandelt, um die Lagerfähigkeit zu verlängern. Beschreiben Sie folgende Methoden und geben Sie die Haltbarkeitsdauer der Milch nach den Wärmebehandlungen an:
a) Pasteurisieren
b) Ultrahocherhitzen
c) Sterilisieren

a) Beim Pasteurisieren wird die Milch auf 72 bis 75 °C erhitzt. Sie bleibt so einige Tage länger haltbar.
b) Beim Ultrahocherhitzen wird die Milch in luftdicht verschlossenen Tetrapaks auf 135 bis 150 °C erhitzt. Diese H-Milch (haltbar gemachte Milch) ist verschlossen mindestens sechs Wochen ohne Kühlung haltbar.
c) Beim Sterilisieren wird die Milch in luftdicht verschlossenen Behältern auf 110 bis 120 °C erhitzt. Im verschlossenen Behälter bleibt sie mindestens ein Jahr haltbar.

6. Milch und Sahne werden in der Molkerei homogenisiert.
Beschreiben Sie das Homogenisieren.

Weil Fett leichter ist als Wasser, steigen die großen Fettkügelchen der Rohmilch (unbehandelte Milch) nach oben.
Beim Homogenisieren werden diese Fettkügelchen durch feine Düsen gepresst und dabei zu winzigen Fetttröpfchen zerkleinert. Dadurch werden sie in der Milch gleichmäßig verteilt, sie schweben und können nicht mehr aufrahmen (aufsteigen).

7. Beschreiben Sie, wie „Kondensmilch" in der Molkerei hergestellt wird und nennen Sie deren hauptsächliche Verwendung.

Milch wird eingedickt, d. h., der Milch wird ca. 60 % Wasser entzogen. Kondensmilch mit unterschiedlichem Fettgehalt bis 15 % wird häufig als Zugabe für Kaffee verwendet.

8. In der Konditorei können einige Erzeugnisse mit Milchpulver hergestellt werden.
a) Erklären Sie die Herstellung von Milchpulver.
b) Wofür kann Vollmilchpulver in der Konditorei verwendet werden?
c) Warum wird Milchpulver in der Konditorei nicht für Milchgetränke oder für Vanillecremes verwendet?
d) Wie wird Vollmilchpulver verarbeitet?
e) Nennen Sie die Vorteile für die Verwendung von Milchpulver in der Konditorei.

a) Der Milch wird durch Verdampfen fast das gesamte Wasser entzogen. Dabei bleiben die Nährstoffe der Milch in Pulverform übrig.
b) Vollmilchpulver kann für Hefeteige und Füllungen, z. B. Mohn- und Nussfüllung, verwendet werden. Das Milchpulver hat in diesen Erzeugnissen kaum einen geschmacklichen Nachteil gegenüber Vollmilch.
c) Milch mit Vollmilchpulver hergestellt, ist geschmacklich nicht gut und deshalb für den direkten Verzehr ungeeignet.
d) Bei der Verarbeitung wird Vollmilchpulver einfach unter die Zutaten gemischt und braucht nicht vorher in Wasser aufgelöst zu werden.
e)
- Weil Milchpulver höchstens 5 % Wasser enthält, ist es lange lagerfähig.
- Milchpulver ist preisgünstiger als Milch.

9. Erklären Sie das Säuern der Milch in der Molkerei bei Sauermilcherzeugnissen wie Sauermilch, saure Sahne und Buttermilch.

In die Milch werden Milchsäurebakterien gegeben. Diese vergären den Milchzucker, wobei Milchsäure entsteht. Durch die Milchsäure gerinnt das Milcheiweiß Kasein.
Die saure Milch wird somit dicker und wirkt erfrischend.

10. Erklären Sie folgende Milchsorten und Milcherzeugnisse:
a) Frischmilch
b) H-Milch
c) Buttermilch
d) Schmand und Crème fraîche
e) Joghurt

a) Frischmilch ist pasteurisierte Milch.
b) H-Milch ist durch Ultrahocherhitzen lange haltbar gemacht.
c) Bei der Butterherstellung entsteht aus dem Milchfett der Milch Butter. Übrig bleibt die fast fettfreie Milch mit höchstens 1 % Milchfett. Diese Buttermilch wird mit Milchsäure leicht gesäuert.
Sie ist daher ein gesundes, sehr fettarmes und erfrischendes Getränk.
d) Schmand und Crème fraîche sind mit Milchsäure gesäuerte Sahneerzeugnisse. Schmand enthält mindestens 20 % Fett und Crème fraîche mindestens 30 % Fett.
e) Milch wird durch Joghurtkulturen (spezielle Milchsäurebakterien) gesäuert. Der Milchzucker wird dabei zu Säure vergärt.

11. Milcherzeugnisse werden mit unterschiedlichem Fettgehalt angeboten. Nennen Sie den Fettgehalt von
a) Vollmilch
b) fettarmer (teilentrahmter) Milch
c) entrahmter Milch (Magermilch)
d) Schlagsahne
e) Kaffeesahne
f) saurer Sahne
g) Schmand
h) Crème fraîche

a) mindestens 3,5 %
b) 1,5 bis 1,8 %
c) höchstens 0,5 %
d) mindestens 30 %
e) mindestens 10 %
f) mindestens 10 %
g) mindestens 20 % bis 29 %
h) mindestens 30 %

12. a) Wie wird der Fettgehalt im Käse angegeben?
b) Nennen Sie den Frischkäse, der in der Konditorei häufig verwendet wird.
c) Nennen Sie den italienischen Frischkäse, der für Tiramisu verwendet wird.
d) Erklären Sie, warum bei der Verarbeitung von Quark für Gebäcke fettarmer Quark, z. B. Magerquark mit 10 % Fett, verwendet wird.

a) Der Fettgehalt im Käse wird in Prozent der Trockenmasse angegeben, z. B. 50 % Fett i. Tr. (Fett in der Trockenmasse).
b) Quark ist Frischkäse, der in der Konditorei häufig verwendet wird.
c) Mascarpone ist der italienischer Frischkäse für Tiramisu mit mindestens 80 % Fett i. Tr.
d) Die Backwaren enthalten selbst in der Rezeptur Fett, sodass es geschmacklich nur auf die anderen Bestandteile des Quarks und nicht auf den Fettanteil ankommt.

13. Warum ist fettreicher Käse geschmackvoller als fettarmer Käse?

Fett ist Geschmacksträger, weil es Geschmacksstoffe bindet.

14. Nennen Sie die Käsesorten, die für folgende Erzeugnisse verwendet werden:
a) Käsesahnetorte, Käsetorte, Käsekuchen, Quarkfüllung
b) Tiramisudesserts
c) Käsestangen, Käsegebäcke aus Mürbeteig und Blätterteig, Pizzas
d) Salate und Snacks

a) Quark
b) Mascarpone
c) Emmentaler, Edamer, Gouda, Parmesan
d) Schafskäse, Emmentaler, Camembert, Mozzarella

15. Der Geschmack von Käse hängt entscheidend von den Lager- und Servierbedingungen ab.
a) Wie soll Käse gelagert werden?
b) Was ist beim Servieren einer Käseplatte zu beachten, damit der Käse sein volles Aroma entfaltet?
c) Warum soll überbackener Käse auf überbackenen Snacks oder Pizzas frisch verzehrt werden?

a) Käse sollte folgendermaßen gelagert werden:
   - kühl: im Kühlschrank bzw. Kühlraum
   - luftgeschützt verpackt: Käse trocknet schnell aus und verliert dabei an Aroma.
   - Schnittstellen sollten mit selbstklebender Folie abgedeckt sein.
b) Der Käse soll Zimmertemperatur haben, damit er sein volles Aroma entfaltet.
c) Zerlaufener Käse wird beim Abkühlen schnell zäh.

2.4 Speisefette

1. Butter ist ein häufig verwendeter Rohstoff in der Konditorei.
a) Woraus wird Butter gewonnen?
b) Beschreiben Sie, woraus sich Butter zusammensetzt und geben Sie die prozentualen Anteile an.
c) Nennen und beschreiben Sie die drei Geschmackssorten nach der Butterverordnung.
d) Butter von der Molkerei wird nach einer Qualitätsprüfung in zwei Handelsklassen eingeteilt. Nennen Sie diese.

a) Butter wird aus dem Milchfett, dem Rahm der Milch gewonnen, der sich beim Zentrifugieren (Schleudern) zusammenballt.
b) • mindestens 82 % Milchfett
• höchstens 16 % Wasser
• höchstens 2 % Milcheiweiß, Milchzucker, Mineralstoffe, fettlösliche Vitamine
c) • Sauerrahmbutter: Der Rahm wurde mit Milchsäure gesäuert.
• Mild gesäuerte Butter: Der Rahm wurde leicht gesäuert.
• Süßrahmbutter: Der Rahm wurde nicht gesäuert.
d) • Deutsche Markenbutter: beste Qualität
• Deutsche Molkereibutter: etwas geringere Qualität

2. Butter wird in der Konditorei für Qualitätswaren verwendet, weil sie den Erzeugnissen einen hervorragenden Geschmack gibt.
a) Geben Sie einige Konditoreierzeugnisse an, die mit Butter hergestellt werden.
b) Nennen Sie die gesetzliche Bestimmung für die Erzeugnisse, die das Wort „Butter" in der Warenbezeichnung haben.

a) • Buttercreme
• Buttergebäcke (Mürbeteiggebäcke)
• Butterkuchen (Hefeteiggebäck)
• Butterstollen
• Butterblätterteiggebäcke
• Butterplundergebäcke
• Buttercroissants
• Baumkuchen
b) Für diese Erzeugnisse darf bei der Herstellung außer Butter kein anderes Fett verwendet werden.

3. Statt Butter kann auch Butterreinfett und Butterfett verwendet werden.
a) Erklären Sie, wie Butterreinfett, auch Butterschmalz genannt, und Butterfett hergestellt werden.
b) Nennen Sie den Mindestfettgehalt von
• Butterreinfett oder Butterschmalz,
• Butterfett.
c) Wofür werden Butterreinfett und Butterfett verwendet?
d) Wie viel Gramm Butterreinfett bzw. Butterfett ersetzen 100 g Butter?
e) Erläutern Sie, warum sich Butterreinfett und Butterfett hauptsächlich für Teige und Massen und nicht z. B. für Buttercreme eignen.

a) Der Butter werden Wasser, Milcheiweiß und Milchzucker entzogen.
b) • Butterreinfett oder Butterschmalz ist reines Milchfett, das mindestens 99,8 % Milchfett enthält.
• Butterfett enthält mindestens 96 % Milchfett.
c) Butterreinfett und Butterfett dürfen in Backwaren anstelle von Butter verwendet werden.
d) 82 g Butterreinfett oder 85 g Butterfett ersetzen den Fettgehalt von 100 g Butter.
e) Butterreinfett und Butterfett sind geschmacklich nicht so gut wie Butter. Der Geschmack reicht jedoch für Backwaren aus Teigen und Massen.

4. Nennen Sie Verwendungsmöglichkeiten folgender Spezialmargarinesorten und erklären Sie deren Vorzüge.
a) Backmargarine
b) Ziehmargarine
c) Crememargarine

a) Backmargarine eignet sich für Teige und Massen, die geknetet und gerührt werden wie Hefeteige, Mürbeteige und Sandmassen. Emulgatoren in der Backmargarine ermöglichen ein schnelles Verkneten und Verrühren des Fetts mit den anderen Zutaten.
b) Ziehmargarine wird zum Tourieren von Blätter- und Plunderteigen verwendet, weil sie geschmeidig ist und beim Ausrollen nicht schmiert und nicht reißt.
c) Crememargarine wird für Fettcreme verwendet und eignet sich für Torten und Desserts.
Sie ist weich und lässt sich besonders locker aufschlagen, sie ist glatt und geschmeidig und somit zum Einstreichen und Garnieren geeignet.

5. Für die Herstellung von Siedegebäcken muss spezielles Fett verwendet werden.
a) Welche Voraussetzung muss Siedefett erfüllen?
b) Erklären Sie, welche Eigenschaften Siedefette haben müssen, in Bezug auf
- den Rauchpunkt,
- den Geschmack.

a) Es muss einen wesentlich höheren Rauchpunkt haben als die Backtemperatur von 175 °C für z. B. Berliner.
b)
- Pflanzliche Fette werden gehärtet, sodass sie hitzebeständig sind und somit durch die Backtemperatur nicht geschädigt, d. h. gesundheitsschädlich werden.
- Siedefette haben einen neutralen Fettgeschmack, damit die Siedegebäcke keinen Fremdgeschmack annehmen.

6. Speiseöle sind geschmacklich sehr gute Fette, die für bestimmte Backwaren und für kleine Gerichte verwendet werden.
a) Nennen Sie bekannte Speiseöle.
b) Wofür wird Speiseöl in der Konditorei und in der Café-Küche verwendet?

a) Olivenöl, Sonnenblumenöl, Weizenkeimöl, Rapsöl
b) Speiseöl wird verwendet
- für Kuchen aus Sandmasse, statt Butter oder Margarine,
- für Strudel- und Pizzateige,
- für Salate,
- in Pfannen zum Braten.

7. Der Fettanteil im Teig hat einen wesentlichen Einfluss auf die Teig- und Gebäckbeschaffenheit.
a) Beschreiben Sie, wie eine geringe Menge Fett die Bearbeitung des Teigs verbessert, bis ca. 10 % auf das Mehl berechnet. Geben Sie auch Beispiele an.
b) Erklären Sie die Auswirkungen einer geringen Menge Fett im Teig auf die Gebäcke.

a) Durch eine geringe Menge Fett wird der Teig elastischer, rollfähiger und formbarer, z. B. Hefeteig, Strudelteig.
b) Eine geringe Menge Fett bewirkt
- eine feine, gleichmäßige Porung, weil der Kleber im Teig gestärkt wird,
- eine weiche, zarte Krume,
- einen feinen, milden Geschmack.

c) Erläutern Sie die Wirkungen größerer Mengen Fett in schweren Hefeteigen auf
   - die Teigfestigkeit,
   - die Hefe.

d) Beschreiben Sie die Wirkungen auf die Hefeteiggebäcke, je höher der Fettanteil im Teig ist.

e) Je mehr Fett im Gebäck ist, desto länger ist die Frischhaltung. Erklären Sie dies.

c)
   - Je mehr Fett im Teig ist, desto weicher wird er.
   - Schwere, fettreiche Hefeteige enthalten zu wenig Milch, die zu einer geringen Hefegärung führt. Diese Hefeteige erfordern einen Vorteig, in dem sich eine triebkräftige Hefe bildet.

d) Je höher der Fettanteil im Hefeteiggebäck, desto
   - mürber die Krume (weich, zart),
   - aromatischer das Gebäck,
   - länger die Frischhaltung.

e) Beim Altern der Backwaren verdunstet Wasser aus den Gebäcken und sie werden trockener. Fettreiche Gebäcke werden mit wenig Wasser hergestellt, weil der hohe Fettanteil den Teig weich macht. Es kann somit wenig Wasser verdunsten und durch den hohen Fettanteil bleiben die Gebäcke auch bei längerer Lagerung weich und somit frisch.

2.5 Zucker und Honig

1. a) Nennen Sie die zwei Pflanzen, aus denen Zucker gewonnen wird.

b) Erklären Sie, was man unter Raffinadezucker versteht.

a) Zucker wird aus Zuckerrohr und Zuckerrüben gewonnen.

b) Raffinadezucker ist reiner Zucker, der durch die besonders starke Reinigung die weiße Farbe erhält.

2. Zucker wird in verschiedenen Formen und unterschiedlich bearbeitet im Handel angeboten. Beschreiben Sie folgende Zuckerarten und geben Sie Verwendungsbeispiele an:

a) Kristallzucker

b) Puderzucker

c) Süßer Schnee

d) Hagelzucker

a) Kristallzucker ist feinkörniger Zucker, der für die Erzeugnisse der Konditorei und zum Süßen von Getränken verwendet wird.

b) Puderzucker ist fein vermahlener Kristallzucker, z. B. zum Bestauben von Backwaren.

c) Süßer Schnee ist fein vermahlener Kristallzucker, der mit einer Wasser abweisenden Schicht umgeben ist. Er schmilzt deshalb nicht auf heißen oder feuchten Backwaren, z. B. auf Berlinern und Käsekuchen in der Kühlung.

d) Hagelzucker ist grobkörniger, hagelkornähnlicher Zucker, bei dem mehrere Zuckerkristalle durch Anfeuchten aneinander haften. Er schmilzt somit nicht beim Backen und wird als Dekor z. B. auf Mürbeteiggebäcke gestreut.

3. Beschreiben Sie folgende spezielle Zuckerarten und geben Sie Verwendungsbeispiele an:
a) Würfelzucker
b) brauner Zucker
c) Kandis, weiß und braun
d) Glukosesirup

a) Würfelzucker ist angefeuchteter Zucker. Die Zuckerkristalle werden beim Pressen zu Platten zusammengeklebt und zu Würfel geschnitten.
b) Brauner Zucker ist feinkörniger Zucker, der noch nicht vollständig gereinigt ist. An den Zuckerkristallen haftet noch gelbbrauner Sirup. Er hat einen malzig-karamellartigen Geschmack, der z. B. bei Lebkuchen erwünscht ist.
c) Kandis sind große, harte Zuckerkristalle, die durch Auskristallisieren einer Zuckerlösung entstehen. Bei braunem Kandis wird die Zuckerlösung mit Karamell gefärbt. Kandis eignet sich zum langsamen Süßen von Tee.
d) Glukosesirup ist klarer, zäher Sirup von geringer Süßkraft aus mindestens 70 % Zucker (Traubenzucker und Dextrine) und der Rest Wasser. Er wird zur Frischhaltung bei der Herstellung z. B. in Marzipan, Trüffelmasse für Trüffelpralinen und Lebkuchen gegeben.

4. Beschreiben Sie folgende Zuckerarten und geben Sie Verwendungsbeispiele an.
a) Läuterzucker
b) Vanillezucker, Zimtzucker
c) Gelierzucker

a) Zucker und Wasser werden zu Läuterzucker gekocht. Der abgekühlte Läuterzucker wird mit Spirituosen verfeinert, z. B. mit Rum, und als Rumtränke zum Tränken von Tortenböden verwendet.
b)
- Für Vanillezucker wird Kristallzucker mit pulverförmiger, natürlicher Vanille gemischt, z. B. zum Zuckern für Vanillekipferl und Stollen.
- Kristallzucker wird mit Zimt zum Zimtzucker gemischt. Manche Siedegebäcke werden z. B. sofort nach dem Backen in Zimtzucker gewälzt.

c) Gelierzucker ist Kristallzucker mit Pektinen, einem Bindemittel und etwas Zitronensäure. Gelierzucker wird mit Früchten bzw. Fruchtsaft bei der Herstellung von Konfitüren, Gelees und Marmeladen gekocht. Der Fruchtsaft wird durch die Bindemittel nach dem Abkühlen streichfähig.

5. Erläutern Sie, warum Glukosesirup in Konditoreierzeugnisse gegeben wird, z. B. in Marzipan, Füllungen, Lebkuchen.

Glukosesirup wird zur längeren Frischhaltung der Erzeugnisse verwendet. Er ist stark hygroskopisch (wasseranziehend), sodass die Erzeugnisse länger frisch bleiben.

6. Die Löslichkeit und Rückkristallisierung von Zucker muss in der Konditorei beachtet werden.
a) Worin kann Zucker nur gelöst werden?
b) Welche Zuckerart wird deshalb für wasserarme Teige verwendet, die frisch verarbeitet werden, z. B. Spritzmürbeteig?
c) Beschreiben Sie das Auskristallisieren des Zuckers.
d) Welche Kohlenhydratart kann nicht kristallisieren?
e) Erklären Sie, warum Läuterzucker gekocht wird.

a) Zucker kann nur in Wasser gelöst werden. Je kleiner die Zuckerkristalle sind, desto schneller lösen sie sich auf.
b) Da sich Kristallzucker in wasserarmen Teigen nicht lösen kann, wird Puderzucker verwendet.
c) Zucker, der sich im Wasser gelöst hat, wird nach einiger Zeit wieder kristallförmig und setzt sich am Boden der Zuckerlösung ab, z. B. im Honig oder Läuterzucker.
d) Einfachzucker wie Trauben- und Fruchtzucker kann nicht kristallisieren.
e) Je wärmer das Wasser ist, desto mehr Zucker kann in einer Zuckerlösung gelöst werden. Deshalb wird Läuterzucker gekocht, damit der Zucker darin längere Zeit nicht auskristallisiert.

7. Fondant ist eine Zuckerglasur. Beschreiben Sie die Herstellung von Fondant.

- Eine Zuckerlösung aus Zucker, Glukosesirup und Wasser wird auf 117 °C erhitzt (Zuckerstufe: starker Flug).
- Beim Abkühlen bilden sich winzige Zuckerkristalle, die eine milchig weiße Zuckermasse mit zartem Schmelz ergeben.

8. Zucker süßt. Die Süßkraft der Kohlenhydratarten ist recht unterschiedlich und muss bei der Verwendung beachtet werden.
a) Welche Süßkraft hat Traubenzucker im Vergleich zum Rüben- bzw. Rohrzucker (Kristallzucker)?
b) Welchen Nutzen hat die geringere Süßkraft z. B. in Energieriegeln mit hohem Traubenzuckeranteil?
c) Beschreiben Sie die Süßkraft von Milchzucker (Laktose), Milch enthält 5 % Milchzucker.

a) Traubenzucker hat nur ca. die Hälfte der Süßkraft von Rüben- bzw. Rohrzucker (Kristallzucker).
b) Energieriegel haben wegen des hohen Traubenzuckeranteils einen großen Anteil an energieliefernden Zucker, der jedoch nicht „übersüß" schmeckt.
c) Milchzucker besitzt ca. 1/3 der Süßkraft von Rüben- bzw. Rohrzucker (Kristallzucker). Deshalb schmeckt Milch nicht süß.

9. Größere Mengen Zucker in den Lebensmitteln wirken konservierend. Diese Eigenschaft des Zuckers kann genutzt werden.
a) Erklären Sie die konservierende Wirkung von Zucker.
b) Nennen Sie Lebensmittel- und Warenbeispiele aus der Konditorei, die durch Zucker lange haltbar sind.

a) Durch die wasseranziehende Eigenschaft bindet Zucker das freie Wasser in den Lebensmitteln, das den Mikroorganismen dann zum Leben fehlt. Je höher der Zuckeranteil in den Lebensmitteln ist, umso länger bleiben sie haltbar.
b) Dickzuckerfrüchte, Konfitüren, Lebkuchen, getrocknete Baisererzeugnisse, Marzipan

10. Zucker ist bei Raumtemperatur fest. Er verändert seine Konsistenz und Farbe bei steigenden Temperaturen.
a) Beschreiben Sie die Veränderungen bei
- ca. 100 °C,
- 145 bis 180 °C,
- ca. 200 °C.

b) Welche Festigkeit hat Zucker mit diesen Temperaturen nach dem Abkühlen?
c) Wie wirkt Zucker
- beim Backen auf der Gebäckkruste,
- bei der Lagerung in Dauerbackwaren?

a)
- Bei ca. 100 °C schmilzt der Zucker und ist durchsichtig.
- Ab 145 °C wird der Zucker gelblich. Bis 180 °C wird er immer brauner. Der braune Zucker bei 180 °C wird als Karamell bezeichnet, der den typischen Karamellgeschmack besitzt.
- Bei ca. 200 °C verbrennt der Zucker. Er wird dunkelbraun bis schwarz und wird als Zuckercouleur bezeichnet, der zum Färben von z. B. Cola und Soßen verwendet wird.

b) Der erhitzte Zucker wird nach dem Abkühlen hart.
c)
- Zucker karamellisiert beim Backen auf der Kruste und verstärkt die Gebäckbräunung.
- Zucker wird beim Backen in den Gebäcken flüssig und nach dem Abkühlen fest. Deshalb sind zuckerreiche Backwaren nach dem Abkühlen etwas knusprig. Bei der Lagerung wird der Zucker weich, sodass Dauerbackwaren erst nach einiger Zeit ihre gewünschte weiche Beschaffenheit erhalten, z. B. Braune Lebkuchen.

11. a) Erklären Sie, warum Zucker zu den gespaltenen Äpfeln erst unmittelbar vor der Verarbeitung der Apfelfüllung gegeben wird.
b) Erläutern Sie die Lagerung von Zucker.

a) Zucker zieht Wasser an. Er entzieht den Apfelspalten das Wasser, sodass die Apfelfüllung wässrig wird.
b) Weil Zucker auch Luftfeuchtigkeit anzieht, muss er in einem trockenen Raum gelagert werden, am besten in einem verschlossenen Behälter.

12. Honig besteht hauptsächlich aus Zucker mit einem hohen Anteil Invertzucker und Wasser.
a) Wie viel Prozent der Bestandteile sind in etwa im Honig enthalten?
b) Erklären Sie, woraus Invertzucker besteht und geben Sie die Wirkung bei der Ernährung an.

a) Honig besteht zu
- ca. 80 % aus Zucker, davon ca. 70 % Invertzucker und ca. 10 % Malz- und Rübenzucker,
- ca. 20 % aus Wasser.

b) Invertzucker besteht aus Trauben- und Fruchtzucker und zählt zu den Einfachzuckern. Trauben- und Fruchtzucker gehen bei der Ernährung direkt in die Blutbahn über und geben dem Körper sofort Energie.

13. Honig verändert sich bei der Lagerung.
a) Beschreiben Sie, wie sich der zähflüssige Honig bei längerer Lagerung verändert.
b) Erklären Sie, wie man bei dem veränderten Honig wieder die ursprüngliche zähflüssige Beschaffenheit des Honigs ohne Qualitätsverlust erhält.

a) Malz- und Rübenzucker im Honig kristallisieren nach längerer Lagerung. Der Honig wird dabei körnig und trüb, er kandiert. Dies ist jedoch kein Qualitätsverlust.
b) Durch Erwärmen im Wasserbad lösen sich die Zuckerkristalle wieder. Dabei sollte der Honig nicht über 40 °C erwärmt werden, da sonst Aromastoffe verloren gehen.

14. Beschreiben Sie die Wirkung von Honig auf Honiglebkuchen in Bezug auf
a) die Gebäckfärbung,
b) den Geschmack,
c) die Frischhaltung.

a) Durch den hohen Zuckergehalt bräunen Honiglebkuchen beim Backen besonders intensiv.
b) Honig süßt die Gebäcke und gibt ihnen den typischen Honiggeschmack und Honiggeruch.
c) Honiglebkuchen trocknen nicht wie andere Gebäcke bei der Lagerung aus, da die Teigbildung durch den flüssigen Honig erfolgt, also ohne Wasser. Honiglebkuchen bleiben weich, da der hohe Anteil an Invertzucker nicht kristallisiert und weich bleibt. Deshalb zählen Honiglebkuchen zu den Dauerbackwaren.

15. Invertzuckercreme wird als „Honigersatz" bezeichnet.
a) Was versteht man unter „Invertzuckercreme"?
b) Nennen Sie den geschmacklichen Unterschied zwischen Honig und Invertzuckercreme.
c) Wofür kann Invertzuckercreme in der Konditorei verwendet werden?

a) Invertzuckercreme ist ein von der Industrie künstlich hergestellter Honig, der früher als Kunsthonig bezeichnet wurde.
b) Invertzuckercreme schmeckt wegen des hohen Zuckeranteils nur süß, es fehlt das Honigaroma.
c) Invertzuckercreme kann als Zuckerart für Braune Lebkuchen verwendet werden.

2.6 Speisesalz

1. Aus welchen Mineralstoffen setzt sich Speisesalz zusammen und wie lautet die chemische Formel?

Speisesalz ist eine Verbindung aus Natrium und Chlor, Natriumchlorid genannt, mit der chemischen Formel NaCl.

2. Erklären Sie Jodsalz und beschreiben Sie seine gesundheitliche Wirkung.

Für Jodsalz, auch jodiertes Speisesalz genannt, wird Speisesalz der Mineralstoff Jod zugesetzt.
Jod ist für die Funktion der Schilddrüse wichtig und beugt einer Kropfbildung (Vergrößerung der Schilddrüse) vor.

3. Nennen Sie die drei Salzsorten und beschreiben Sie deren Gewinnung.

- Siedesalz: Wasser wird auf das Salzgestein gepumpt. Das Wasser löst das Steinsalz. Die dabei entstandene Salzlösung, die Sole, wird in Salinen verdampft (gesiedet). Kristallisiertes Salz bleibt übrig.
- Steinsalz: Es wird aus versteinerten Salzschichten im Salzbergwerk abgebaut.
- Meersalz: Meerwasser, das ca. 3,5 % Salz enthält, wird in flache Becken geleitet. In diesen Salzgärten verdunstet das Wasser, wobei Salz übrig bleibt.

4. a) Beschreiben Sie „Brezelsalz“. Wofür wird es überwiegend verwendet?
b) Erläutern Sie, wie Brezelsalz hergestellt wird.

a) Brezelsalz ist grobkörniges Salz, das auf Laugengebäcke und Salzbrötchen gestreut wird. Die Salzkörner verändern sich auch beim Backen nicht.
b) Die feinen Salzkristalle des Speisesalzes werden unter hohem Druck zu hagelähnlichen Körnern gepresst.

5. Welche geschmacksgebenden Stoffe zählen nicht zu den Gewürzen?

Salz,
Zucker und
Säuren zählen nicht zu den Gewürzen.

6. a) Welche Eigenschaft hat Speisesalz bei der Lagerung?
b) Beschreiben Sie die Lagerung und Lagerfähigkeit von Speisesalz.

a) Speisesalz ist stark hygroskopisch, d. h., es zieht Wasser an und bindet es.
b) Wegen der wasseranziehenden Eigenschaft sollte Salz in einem trockenen Raum, am besten in verschließbaren Plastikbehältern, gelagert werden. Bei trockener Lagerung verdirbt Speisesalz nicht. Entstehen Salzklumpen durch Luftfeuchtigkeit, lösen sie sich im Wasser wieder auf.

7. Nennen Sie die richtige Salzmenge im Teig auf 1 kg Weizenmehl bei folgenden Gebäcken:
a) Blätterteige
b) Hefeteige
c) Mürbeteige

a) 20 g
b) 10 g
c) 5 g

8. Nennen Sie die Regel für die Salzzugabe auf 1 kg Massen, Füllungen und andere süße Erzeugnisse.

Alle süßschmeckenden Erzeugnisse werden mit einer Prise Salz, das sind ca. 2 g, hergestellt. Die geringe Salzmenge rundet den Geschmack ab.

9. Beschreiben Sie die Wirkungen folgender Salzmengen auf den Geschmack in Backwaren:
a) richtige Salzmenge
b) zu wenig Salz
c) zu viel Salz

a) Die richtige Salzmenge rundet den Geschmack angenehm ab. Salz darf nicht vorschmecken.
b) Zu wenig Salz ergibt einen faden, leeren Geschmack.
c) Zu viel Salz übertönt den eigentlichen Geschmack der Gebäcke und schmeckt unangenehm salzig.

10. Salz beeinflusst die Hefetätigkeit in den Hefeteigen.
a) Erklären Sie die Wirkung von Speisesalz auf die Hefetätigkeit im Teig.
b) Wie erkennt man bei der Gare, wenn Hefeteige ungesalzen oder zu wenig gesalzen sind?
c) Wie beeinflusst Salz die Hefeteigtätigkeit bei der Gare in zu stark gesalzenem Hefeteig?

a) Speisesalz hemmt die Hefegärung, da es durch die wasseranziehende Eigenschaft den Hefezellen Wasser entzieht. Je höher der Salzanteil im Hefeteig, desto mehr Wasser verlieren die Hefezellen.
b) Ein Hefeteig mit zu wenig Salz gärt zu schnell, wegen der starken Hefetätigkeit.
c) Ein Hefeteig mit zu viel Salz gärt zu langsam und auch ungenügend, weil die Hefetätigkeit stark gehemmt ist.

11. Salz übt backtechnische Wirkungen in Teigen aus.
a) Erläutern Sie die Wirkung der richtigen Menge Speisesalz im Teig auf den Kleber.
b) Beschreiben Sie die Auswirkungen des gestärkten, gut dehnbaren Klebers auf das Gebäck.

a) Salz macht den Kleber stabiler und dehnbarer. Dadurch wird das Gashaltevermögen des Klebers im Teig verbessert und die Teiglinge haben einen schönen Stand.
b) Durch den gestärkten Kleber erhalten die Gebäcke eine elastische Krume mit gleichmäßiger Porung und eine schöne Gebäckform.

12. Beschreiben Sie den Stand und die Form der Teiglinge eines Hefeteigs im Gärraum sowie die Form der Hefeteiggebäcke
a) bei ungesalzenem oder zu wenig gesalzenem Hefeteig,
b) bei Hefeteig mit zu viel Salz.

a) In einem Hefeteig mit zu wenig Salz ist der Kleber zu schwach und kann daher die Gärgase nur ungenügend festhalten. Die Teiglinge laufen breit, das ergibt eine flache Form der Hefeteiggebäcke.
b) Durch die schwache Hefetätigkeit können die wenigen entstandenen Gärgase den stabilen Kleber nicht ausreichend dehnen. Die Teiglinge bleiben klein und beim Abtasten zu widerstandsfähig. Es ergibt kleine und zu runde Hefeteiggebäcke.

13. Wie ist die Porung und Lockerung der Hefeteiggebäcke
a) bei ungesalzenem oder zu wenig gesalzenem Hefeteig,
b) bei Hefeteig mit zu viel Salz?

a) Da der schwache Kleber die Gärgase durch die starke Hefetätigkeit schlecht festhalten kann, besitzen die Hefeteiggebäcke eine unregelmäßige, zu grobe Porung.
b) Hefeteiggebäcke mit zu viel Salz haben eine zu kleine Porung mit einer zu festen, unelastischen Krume.

14. Salz wirkt auf die Eiweiße im Eiklar beim Aufschlagen von Eischnee.
a) Warum gibt man beim Aufschlagen von Eischnee grundsätzlich eine große Prise Salz in das Eiklar?
b) Erklären Sie, warum man beim Herstellen von Eistreiche etwas Salz zu den Eiern gibt und diese dann verrührt.

a) Salz macht die zähen Eiweiße elastischer und dehnfähiger. Sie können beim Aufschlagen des Eiklars zu Eischnee die eingeschlagene Luft besser festhalten. Dadurch wird der Eischnee lockerer und stabiler und bekommt ein größeres Volumen.
b) Salz zerstört die Schalen- und Dotterhaut sowie die Hagelschnur des Eies, sodass die Eistreiche streichfähiger wird.

2.7 Gewürze, Aromen, Ölsamen

1. Gewürze runden viele Konditoreierzeugnisse geschmacklich ab.
a) Was sind Gewürze?
b) Nennen Sie die drei Bestandteile der Gewürze und geben Sie an, wie sie geschmacklich in den Gewürzen wirken.
c) Beschreiben Sie die Eigenschaften der ätherischen Öle.
d) Wie sollen Gewürze gelagert werden, damit sie die ätherischen Öle als Geschmacks- und Geruchsstoffe nicht verlieren? Begründen Sie dies.

a) Gewürze sind getrocknete Teile bestimmter Pflanzen, die besonders viele Geruchs- und Geschmacksstoffe enthalten.
b)
- Ätherische Öle sind die hauptsächlichen Geschmacks- und Geruchsstoffe in den Gewürzen und beinhalten das typische Aroma der einzelnen Gewürze.
- Gerbstoffe schmecken bitter.
- Harze schmecken scharf.

c)
- Ätherische Öle sind fettlöslich und werden deshalb in den Fetten gebunden. Dadurch schmecken fetthaltige Lebensmittel aromatischer als fettarme.
- Ätherische Öle sind flüchtige Öle, d. h., sie verflüchtigen sich in die Luft.
  – Dadurch kann man Gewürze riechen und beim Kauen im Mund schmecken.
  – Bei der Lagerung der Gewürze verflüchtigen sich die ätherischen Öle, sodass die Gewürze vor allem unverschlossen gelagert nach einiger Zeit ihr Aroma verlieren.

d) Gewürze werden luftdicht, in gut schließenden Behältern gelagert, weil sich die ätherischen Öle sonst verflüchtigen. Sobald die Luft im Behälter mit ätherischen Ölen gesättigt ist, bleiben die weiteren ätherischen Öle in den Gewürzen.

2. Nennen Sie die drei hauptsächlichen Wirkungen der Gewürze in Lebensmitteln beim Verzehr.

- Gewürze verbessern den Geruch und Geschmack der Lebensmittel und erhöhen somit deren Genusswert.
- Sie regen den Appetit an.
- Sie fördern die Verdauung und verbessern somit die Bekömmlichkeit der Speisen.

3. Nennen Sie Gewürze, die aus folgenden Pflanzenteilen stammen:
a) Blüten
b) Früchte und Samen von Früchten
c) Blätter
d) Rinde
e) Wurzeln
f) Zwiebeln

a) Gewürznelken, Kapern
b) Vanille, Zitrone, Koriander, Piment, Pfeffer, Kümmel, Fenchel, Wacholderbeeren, Paprika, Anis, Kardamom, Muskatnuss, Macis
c) Lorbeer, Majoran, Thymian, Salbei, Zitronenmelisse, Oregano, Basilikum
d) Zimt
e) Ingwer
f) Zwiebel, Knoblauch

4. Richtiges Würzen verlangt „Fingerspitzengefühl" und Erfahrung des Konditors.
a) Beschreiben Sie, wie Konditoreierzeugnisse gewürzt werden sollen, damit die Gewürze die beste Wirkung erzielen.
b) Was bewirken in den Waren
- zu wenig Gewürze,
- zu viel Gewürze?

c) Nennen Sie Backwaren, bei denen ein einzelnes Gewürz geschmacklich dominieren (hervorschmecken) soll.

a) Nur die richtige Gewürzmenge verbessert die Konditoreierzeugnisse. Deshalb werden Gewürze genau abgewogen oder dosiert. Einzelne Gewürze dürfen beim Verzehr der Waren nicht vorschmecken. Sie sollen ein abgestimmtes, feinwürziges Aroma ergeben.
b)
- Zu wenig Gewürze bewirken einen leeren, faden Geschmack der Waren.
- Zu viel Gewürze übertönen den Eigengeschmack der Konditoreierzeugnisse und schmecken unangenehm aufdringlich.

c) Bei Backwaren, die den Namen des Gewürzes beinhalten, z. B. Zimtsterne, Anisplätzchen, Zitronenkuchen, Vanillekipferl.

5. Nennen Sie typische Gewürze für folgende Erzeugnisse:
a) Gebäcke und Füllungen mit Nüssen
b) Käsegebäcke aus Mürbe- und Blätterteig, Zwiebelkuchen, Quiche
c) Pizzas

a) Zimt, da er den Nussgeschmack hervorhebt.
b) Gebäcke mit Käse werden gewürzt mit süßem Paprika (Edelpaprika) und Pfeffer.
c) Paprika, Pfeffer und Oregano

6. Im Handel werden für bestimmte Konditoreierzeugnisse passende Gewürzmischungen angeboten.
a) Erklären Sie den Begriff „Gewürzmischung".
b) Nennen Sie Gewürzmischungen, die in der Konditorei verwendet werden.
c) Beschreiben Sie die Vorteile der Gewürzmischungen.

a) Für bestimmte Backwaren werden von der Gewürzindustrie passende Gewürze mengenmäßig abgestimmt und gemischt angeboten.
b) Die Gewürzmischungen werden nach ihrem Verwendungszweck benannt, z. B.
- Lebkuchengewürz
- Stollengewürz
- Spekulatiusgewürz

c)
- Die Backwaren sind immer gleichbleibend gut gewürzt.
- Das zeitaufwendige Abwiegen der einzelnen Gewürze entfällt.
- Der Einkauf vieler verschiedener Gewürze sowie deren Lagerung erübrigen sich.

7. In welcher Form werden Gewürze für Teige und Massen in der Konditorei hauptsächlich gekauft und verarbeitet?

Gewürze werden überwiegend getrocknet und vermahlen verarbeitet.

8. Der Geschmack vieler Konditoreierzeugnisse lässt sich mit Aromen verfeinern.
a) • Was versteht man unter dem Begriff „Aroma", z. B. das Aroma frischer Backwaren?
• Was besagt die Aussage „aromatische Backwaren"?
b) Erklären Sie den Begriff „Aromen" bzw. „Aromastoffe" und beschreiben Sie deren Verwendung.
c) In welcher Form werden Aromen im Handel angeboten und in der Konditorei verarbeitet?
d) Welche geschmacksgebenden Stoffe in Lebensmitteln zählen nicht zu den Aromen und Gewürzen?

a) • Das Aroma sind die Geruchs- und Geschmacksstoffe von Lebensmitteln und den Erzeugnissen aus Lebensmitteln, z. B. Backwaren, Speisen, Käse, Kaffee, Spirituosen.
• Aromatische Backwaren besitzen einen besonders intensiven Geruch und Geschmack.
b) Es sind konzentrierte Geruchs- und Geschmacksstoffe. Sie werden bei der Herstellung von z. B. Konditoreierzeugnissen und Speisen zugegeben, um ihnen einen besonderen Geschmack und Geruch zu geben.
c) • Flüssige Aromen in Tropfflaschen, z. B. für Teige und Massen
• Pulverförmige Aromen, z. B. für Vanillezucker
• Pastenförmige Aromen, z. B. für Schlagsahne und Cremes
d) • Salz,
• Zucker,
• Säuren und
• alkoholische Getränke wie Spirituosen
zählen nicht zu den Aromen und Gewürzen.

9. Unterscheiden Sie folgende Begriffe nach der Aromaverordnung:
a) „natürliche Aromen" oder „natürliche Aromastoffe"
b) „Aromen" oder „Aromastoffe"

a) Natürliche Aromen bzw. natürliche Aromastoffe werden aus natürlichen Pflanzen und Früchten gewonnen.
b) Aromen bzw. Aromastoffe sind künstliche Aromen, die chemisch hergestellt werden.

10. Die Aromaverordnung schreibt die Begriffe bei der Deklaration der Aromen vor.
a) Erklären Sie die gesetzliche Bestimmung, wenn ein natürliches Aroma den Namen aus dem es hergestellt wird enthält, z. B. natürliches Vanillearoma.
b) Was besagt eine Warenbezeichnung, in der der Name eines Aromas enthalten ist, z. B. Zitronenkuchen, Vanilleeis, Eierlikörsahne?

a) Dieses natürliche Aroma muss mindestens 95 % aus Vanille stammen, bis zu 5 % andere natürliche Aromen, die nicht aus Vanille stammen, sind erlaubt.
b) Für diese Erzeugnisse dürfen nur natürliche Aromen verwendet werden.

c) Erläutern Sie die Bedeutung, wenn Aroma auf einer Ware wie folgt gekennzeichnet ist: „natürliches Aroma".
Bei der Kennzeichnung wird kein bestimmtes Aroma mit dem Geschmacksnamen benannt.

d) Was besagt die Deklaration „natürliches Aroma mit anderen Aromen", z. B. natürliches Himbeeraroma mit anderen Aromen?

c) Dieses Aroma besteht aus einem Gemisch aus natürlichen Aromen.

d) Über 50 % des Aromas muss aus Himbeeren stammen und der Rest besteht aus anderen natürlichen Aromen, z. B. Brombeeren und Äpfel. Der Geschmack der Himbeeren muss in diesem Aroma jedoch deutlich zu schmecken sein.

11. Nennen Sie die Standardaromen, die in fast alle Teige und Massen für Feine Backwaren gegeben werden.

Die Standardaromen sind Zitronen- und Vanillearoma

12. Beschreiben Sie die Deklaration der Aromen bei
a) vorverpackten Waren
b) unverpackten Waren im Ladenverkauf

a) Die Aromen müssen im Zutatenverzeichnis auf der Verpackung angegeben werden.
b) Aromen in unverpackten Waren müssen nicht angegeben werden.

13. Ölsamen werden als Füllungen und als aufgestreuten Dekor von Konditoreierzeugnissen verwendet.
a) Nennen Sie Ölsamen, die in der Konditorei verwendet werden.
b) Erklären Sie den Begriff „Ölsamen".

a) Ölsamen sind Nüsse, Mandeln, Mohn, Sesam, Leinsamen, Sonnenblumenkerne, Kürbiskerne.
b) Ölsamen sind fetthaltige Samen verschiedener Pflanzen. Sie besitzen einen hohen Anteil an gesunden, ungesättigten Fettsäuren.

14. Beschreiben Sie, wie aus den Mohnsamen die Mohnfüllung hergestellt wird, damit der Mohngeschmack zur Geltung kommt.

- Die blauen Mohnsamen (Mohnkügelchen) werden in einer Mohnmühle vermahlen, d. h. zerquetscht, sodass die Geschmacksstoffe und der hohe Anteil an ungesättigten Fettsäuren frei werden.
- In den gemahlenen Mohn wird kochende Milch gerührt. Durch das kochende Wasser der Milch werden alle Geschmacksstoffe im Mohn freigesetzt.

15. Nüsse und Mandeln gehören zu den Ölsamen, die sich in Schalenfrüchten befinden. Wie werden sie vor der Verarbeitung bearbeitet, damit sie am besten schmecken?

Nüsse und Mandeln werden vor der Verarbeitung im Ofen leicht angeröstet.

16. Erklären Sie, wofür Sesam, ungemahlener Mohn und Leinsamen in der Konditorei verwendet werden.

Diese Ölsamen können auf Käsegebäcke aus Mürbeteig und Blätterteig verwendet werden.

2.8 Eier

1. Welche Eier werden nach den gesetzlichen Bestimmungen im Lebensmittelbetrieb verwendet?

Nur Hühnereier dürfen unter der Bezeichnung „Eier" in den Handel gebracht werden.

2. Erklären Sie, warum in der Konditorei keine Eier anderer Tiere verwendet werden.

Bei anderen Eiern ist die Gefahr einer Infektion durch Salmonellen zu groß. Die Verwendung z. B. von Enteneiern ist deshalb verboten.

3. Eier bestehen aus verschiedenen Bestandteilen, die in den Rezepturen nach Gewicht angegeben werden.
   a) Benennen Sie die drei bei der Verarbeitung bedeutenden Bestandteile eines Eies von außen nach innen.
   b) Erklären Sie, was man fachlich unter folgenden Begriffen versteht:
   - Ei
   - Vollei

   c) In den Rezepturen wird das Gewicht des Volleies angegeben. Wie viel Gramm berechnet man in der Praxis in etwa für ein Ei mittlerer Größe für Vollei, Eiklar und Eigelb?
   d) Geben Sie die Größenangaben der Eier auf der Verpackung nach den vier Gewichtsklassen an:
   - 73 g und darüber
   - 63 bis unter 72 g
   - 53 bis unter 62 g
   - unter 53 g

a)
- Das Ei ist mit einer porösen Kalkschale umgeben, die luftdurchlässig ist. Darunter befindet sich eine dünne Schalenhaut, die vor dem Eindringen von Mikroorganismen schützt.
- Eiklar, in der Umgangssprache auch als Eiweiß bezeichnet.
- Eigelb, auch als Eidotter bezeichnet. Das Eigelb ist von einer dünnen Dotterhaut umgeben, damit das Eigelb nicht in das Eiklar überläuft. Aufgrund der Dotterhaut kann das Eiklar vom Eigelb bei der Verarbeitung getrennt werden.

b)
- Unter „Ei" versteht man das ganze Ei mit Schale.
- Das Vollei ist das Eiklar und Eigelb ohne Schale.

c)
- Vollei = 50 g
- Eiklar = 30 g
- Eigelb = 20 g

d)
- XL = sehr groß
- L = groß
- M = mittel
- S = klein

4. Eier enthalten Fett.
   a) In welchem Teil des Eies befindet sich das Fett und welcher Teil enthält kein Fett?
   b) Nennen Sie die drei bedeutenden fettähnlichen Stoffe, die sich im Eigelb befinden:
   - Emulgator
   - natürlicher Farbstoff
   - beeinflusst den Fettgehalt im Blut

a) Fett befindet sich nur im Eigelb des Eies. Eigelb besteht aus 32 % Fett. Eiklar enthält kein Fett.

b) Im Fett des Eigelbs befinden sich
- Lezithin,
- Karotin,
- Cholesterin.

c) Beschreiben Sie die Auswirkungen, die Eigelb auf das Gebäck hat.
   - Geschmack
   - Gebäckkrume
   - Gebäckkruste
   - Frischhaltung

c) Das Eigelb hat folgende Auswirkungen auf die Gebäcke:
   - feiner Geschmack durch den hohen Fettanteil,
   - appetitlich gelbe Gebäckkrume durch die Farbe des Eigelbs,
   - eine schöne Bräunung der Gebäckkruste durch das Bestreichen der Teiglinge mit Eistreiche,
   - eine feinporige und weiche Gebäckkrume durch das Lezithin und den hohen Fettanteil,
   - eine etwas längere Frischhaltung der Gebäcke durch den hohen Fettanteil.

5. Beschreiben Sie die Wirkungen von Eischnee und Eiklar auf die Gebäcke.

- Durch Eischnee werden Gebäcke lockerer.
- Durch Eischnee bekommen Gebäcke ein größeres Volumen.
- Je höher der Anteil an Eiklar bzw. Eischnee ist, desto schneller trocknen Gebäcke wegen der großporigen Krume aus.

6. Beim Aufschlagen von Eiern sind Hygieneregeln zu beachten, um einer Salmonellengefahr vorzubeugen.
Sie beziehen sich auf:
a) Eiklarreste im Inneren der Schalen nach dem Aufschlagen
b) Entfernen von Eigelb, das beim Trennen in das Eiklar gelangt
c) Eierschalen nach dem Aufschlagen
d) Hände und Arbeitstisch nach dem Aufschlagen

a) Eierschalen nach dem Aufschlagen nicht mit den Fingern auskratzen, weil sonst die Mikroorganismen an der Schalenhaut in die Eier gelangen.
b) Das Eigelb nicht mit einer Eierschalenhälfte aus dem Eiklar entfernen, sondern mit einem Löffel, weil sonst die Salmonellen an den Eierschalen in das Eiklar gelangen.
c) Die Eierschalen sofort nach dem Aufschlagen vom Arbeitstisch entfernen und in den Biobehälter geben.
d) Sofort nach dem Aufschlagen der Eier den Arbeitstisch säubern und die Hände gründlich reinigen, um eine Verschleppung von Salmonellen innerhalb des Betriebs zu verhindern.

7. Erklären Sie, worin Eier vor der Zugabe für Teige und Massen aufgeschlagen werden. Begründen Sie dies hinsichtlich der Eierschalen und des Trennens der Eier.

Eier in ein separates Gefäß, z. B. Messbecher oder Schüssel einschlagen,
- damit hineingefallene Eierschalen leicht entfernt werden können,
- damit Eigelbreste beim Trennen der Eier mit einem Löffel aus dem Eiklar entnommen werden können.

8. Beim Einkauf und bei der Verwendung von Eiern muss insbesondere darauf geachtet werden, dass sie frisch sind.
  a) Erklären Sie die Güteklasse A auf der Verpackung der Eier.
  b) Beschreiben Sie, warum nur frische Eier verwendet werden sollen.

a) Die Güteklasse A sagt aus, dass die Eier besonders frisch und die Schalen sauber und unverletzt sind.
b) • Nur frische Eier haben das gewünschte volle Aroma der Eier, das bei längerer Lagerung zunehmend geringer wird.
  • Bei frischen Eiern besteht bis zum Mindesthaltbarkeitsdatum keine Gefahr einer Salmonellenvergiftung.

9. Eier sollten richtig gelagert werden, damit sie sich nicht so schnell verändern.
  a) Beschreiben Sie, wie Eier gelagert werden sollen.
  b) Nennen Sie fünf Veränderungen, die in Eiern bei längerer Lagerung auftreten. Beachten Sie dabei
    • den Geschmack,
    • die Luftkammer,
    • die Veränderungen der Eierbestandteile,
    • die Gesundheitsgefahr.
  c) Wie erkennt man, ob es sich um frische oder ältere Eier handelt
    • beim Aufschlagen der Eier,
    • beim Trennen der Eier.

a) Eier sollen nur kurze Zeit in der Kühlung (Kühlschrank/Kühlraum) bei 5 bis 8 °C gelagert werden.
b) Eier verändern sich bei längerer Lagerung:
  • Der Geschmack der Eier verringert sich, weil beim Verdunsten des Wassers durch die poröse Kalkschale Aromastoffe verloren gehen.
  • Die Luftkammer vergrößert sich durch die Wasserverdunstung.
  • Das zähflüssige Eiklar verflüssigt sich zunehmend.
  • Die Dotterhaut löst sich langsam auf.
  • Die Salmonellengefahr steigt.
c) Bei frischen Eiern ist die Dotterhaut stabil, die sich bei älteren Eiern zunehmend auflöst.
  • Bei frischen Eiern ist das Eigelb rund gewölbt, weil es von der Dotterhaut zusammengehalten wird. Bei älteren Eiern läuft wegen der aufgelösten Dotterhaut das Eigelb beim Aufschlagen breit.
  • Bei frischen Eiern trennt sich durch die stabile Dotterhaut das Eigelb sauber vom Eiklar. Bei älteren Eiern fließt beim Trennen das Eigelb in das Eiklar über.

10. Nennen Sie die Eikonserven, d. h. haltbar gemachte Eier, die in der Konditorei verwendet werden können, und geben Sie deren Lagerfähigkeit an:
  a) erhitzte Eier
  b) Eiweißpulver
  c) gefrorene Eier

a) • Pasteurisierte Eier sind in einer luftdicht verschlossenen Verpackung längere Zeit lagerfähig, bis zum Mindesthaltbarkeitsdatum.
  • Nach dem Öffnen der Verpackung sind sie sofort zu verarbeiten.
b) Eiweißpulver ist bei trockener und kühler Lagerung fast unbegrenzt haltbar.
c) Gefriereier sind bei –18 °C zu lagern und nach dem Auftauen sofort zu verarbeiten.

2.9 Obst (Früchte)

1. Nennen Sie die fünf Obstgruppen anhand der folgenden Begriffserklärungen und geben Sie jeweils Früchte dazu an:
a) Obst, deren Samen Kerne sind
b) Obst, deren Samen Steine sind
c) Obst, umgangssprachlicher Sammelbegriff für kleine runde Früchte
d) Obst, deren essbare Samen in einer harten Schale sind
e) Obst, das nur in warmen, südlichen Gebieten wächst

a) Kernobst: Äpfel, Birnen, Quitten
b) Steinobst: Kirschen, Pflaumen, Zwetschgen, Aprikosen, Pfirsiche
c) Beerenobst: Erd-, Him-, Johannis-, Heidel-, Stachel-, Preiselbeeren, Weintrauben (Weinbeeren)
d) Schalenobst: Mandeln, Pistazien, Hasel-, Wal-, Erd-, Kokosnüsse
e) Südfrüchte: Ananas, Bananen, Zitrusfrüchte, Feigen, Datteln, exotische Früchte wie Kiwis

2. Nur bestimmte Apfelsorten eignen sich zum Backen.
a) Beschreiben Sie die Beschaffenheit von backfähigen Äpfeln und deren Geschmack.
b) Wie verändern sich geschälte, geschnittene Äpfel und wie kann man die unerwünschte Veränderung verhindern?

a) Geeignet sind nur Apfelsorten mit festem Fruchtfleisch und säuerlichem Geschmack, die nach dem Backen noch einen weichen Biss und den typischen Apfelgeschmack haben.
b) Geschälte und geschnittene Äpfel werden durch ein Enzym und Sauerstoff der Luft braun. Um dies zu verhindern, gibt man etwas Säure, z. B. Zitronensaft, über die geschnittenen Äpfel.

3. Äpfel werden auch als Convenience-Produkt angeboten.
a) In welcher Form bietet die Industrie haltbar gemachte Äpfel an?
b) Nennen Sie den großen Nachteil und den Vorteil von industriell haltbar gemachten Äpfeln.

a)
- Dunstäpfel in Dosen
- Trockenäpfel in Ringen, Spalten und Würfeln
- vakuumverpackte Frischäpfel in Scheiben, Spalten und Würfeln

b) Industriell haltbar gemachte Äpfel haben nicht den Geschmack und den Biss von frisch geschälten Äpfeln. Sie sind jedoch zeitsparend bei der Verarbeitung.

4. Wofür werden Birnen in der Konditorei und im Café verwendet?

Birnen werden überwiegend als Kompottbirnen aus der Dose verwendet, für z. B. Obsttorten, Birnensahnetorten, Eisbecher, Obstsalate.

5. Beschreiben Sie den typischen Geschmack der Birnen.

Birnen sind säurearme Früchte mit mildem Fruchtgeschmack.

6. Beschreiben Sie Quitten
a) im Aussehen und Geschmack.
b) Wofür werden Quitten verwendet?

a) Es gibt apfel- und birnenförmige Quitten. Wegen des sehr festen und bitteren Fruchtfleisches sind sie roh nicht essbar.
b) Quitten werden vor allem zu Quittengelee und auch Quittenkonfitüre verarbeitet.

7. In der Konditorei werden verschiedene Kirsch- und Pflaumensorten verwendet.
a) Nennen Sie die zwei Kirschsorten, die sich besonders vom Geschmack her unterscheiden und geben Sie deren Verwendung in der Konditorei an.
b) Warum werden nur Zwetschgen, die zur Gattung der Pflaumen gehören, als Belag für Pflaumenkuchen bzw. Zwetschgenkuchen verwendet?
c) Pflaumen und Zwetschgen finden in der Konditorei in eingekochter Form als Füllung Verwendung. Geben Sie Beispiele an.

a)
- Süßkirschen und Sauerkirschen werden nur in der Erntezeit als Frischfrüchte verwendet, ansonsten überwiegend als Dosenfrüchte.
- Süßkirschen eignen sich zum Belegen von Obsttorten und Obstschnitten, als Dekor für Sahnetorten und für Obstsalate.
- Sauerkirschen werden wegen des säuerlichen Geschmacks für Kirschkuchen und gebundene Sauerkirschen als Füllung verwendet.

b) Pflaumenkuchen kann nur mit Zwetschgen hergestellt werden, weil sie im Gegensatz zu Pflaumen ein festes Fruchtfleisch besitzen, das sich leicht entsteinen lässt und backfähig ist.

c) Pflaumen und Zwetschgen werden als Pflaumenmus als Füllung von Backwaren verwendet, z. B. für Berliner, Rohrnudeln und Germknödel (Dampfnudeln).

8. a) Wie erkennt man reife Bananen und warum sollen sie nur in reifem Zustand verarbeitet werden?
b) Für welche Erzeugnisse werden Bananen in der Konditorei verwendet?
c) Beschreiben Sie, wie das Braunwerden von geschälten und geschnittenen Bananen verhindert werden kann.

a) Reife Bananen haben eine gelbe Schale mit hellbraunen sommersprossenartigen Tupfen. Nur reife Bananen haben den vollen, süßlichen Bananengeschmack. Unreife Bananen sind weitgehend geschmacklos.

b) Bananen eignen sich zum Belegen von Obsttorten, für Sahneerzeugnisse, vor allem mit Schokosahne, und Obstsalat.

c) Auf geschälte und geschnittene Bananen wird wie bei den Äpfeln Zitronensaft darüber gegeben.

9. Nennen Sie Zitrusfrüchte und ihre Verwendungsmöglichkeiten in der Konditorei und im Café.

- Orangen werden z. B. für Orangensahne und Orangeneis verwendet.
- Mandarinen werden als Dosenfrüchte für Obsttorten und Obstdesserts sowie für Mandarinensahne verwendet.
- Zitronensaft wird für Zitroneneis und als erfrischende Zugabe für Fruchteis verwendet.
- Frischer Orangen- und Grapefruitsaft wird im Café serviert.
- Orangen- und Mandarinenspalten werden zum Obstsalat gegeben.
- Orangen- und Zitronenscheiben eignen sich als Dekoration für Eisbecher und Getränke.

10. Nennen Sie bekannte exotische Früchte.

Exotische Früchte sind z. B. Kiwi, Mango, Maracuja, Kaki, Granatapfel, Karambole, Physalis.

11. Aus Gründen der Zeitersparnis und außerhalb der Saison wird häufig tiefgefrorenes Obst verwendet.
a) Nennen Sie die Früchte, die sich zum Tiefgefrieren eignen.
b) Beschreiben Sie das richtige Tiefgefrieren.
c) Wie werden tiefgefrorene Beeren z. B. für Obsttorten verarbeitet?

a) Zum Tiefgefrieren eignet sich hauptsächlich Beerenobst, weil die anderen Obstsorten nach dem Auftauen matschig werden.
b) Die Beeren einzeln auf Bleche legen und bei ca. –35 °C schockfrosten. In gefrorenem Zustand portionsweise in Folie verpacken und im Froster bei –18 °C lagern.
c) Die Beeren werden in gefrorenem Zustand auf den Tortenboden gelegt und mit Geleeguss abgedeckt.

12. a) Nennen Sie die zwei Nusssorten, die nach den Bestimmungen der Leitsätze als „Nüsse“ bezeichnet werden. Geben Sie Erzeugnisse an, für die nur Nüsse verwendet werden dürfen.
b) In welchen Formen werden Mandeln in der Konditorei verwendet?
c) Erklären Sie Kokosraspeln oder Kokosflocken.
d) Warum ist Schalenobst sehr nährreich?
Erklären Sie den Gesundheitswert von Schalenobst.

a) Mit dem Begriff „Nüsse“ dürfen nur Hasel- und Walnüsse bezeichnet werden. Dies bezieht sich auch auf die Erzeugnisse, die das Wort Nuss im Namen haben, z. B. Nusskuchen, Nussmakronen, Nussstollen, Nussfüllung, Nusseis.
b)
- halbierte Mandeln
- gehobelte Mandeln
- gestiftelte Mandeln
- geriebene Mandeln

c) Für Kokosraspeln, auch Kokosflocken genannt, wird das weiße Kokosnussfruchtfleisch getrocknet und geraspelt.
d) Schalenobst besteht in etwa zur Hälfte aus Fett (40 bis 65 %). Gesund ist der hohe Anteil an Ballaststoffen, Mineralstoffen, B-Vitaminen und ungesättigten Fettsäuren.

13. Getrocknete Weintrauben verbessern viele Füllungen und Backwaren.
a) Was versteht man unter dem Begriff „Rosinen“?
b) Unterscheiden Sie
- Rosinen,
- Sultaninen,
- Korinthen.

a) Der Begriff „Rosinen“ ist für alle getrockneten Weintrauben gebräuchlich.
b)
- Rosinen sind die getrockneten Früchte einer hellen Weintraubensorte. Sie sind kernreich, dunkelbraun und sehr süß.
- Sultaninen sind eine getrocknete helle Weintraubensorte. Sie sind kernlos, hellbraun und süßlich.
- Korinthen sind getrocknete blaue Weintrauben. Sie sind kernlos, blauschwarz und herb-süß.

14. a) Wie werden Sultaninen aus hygienischen Gründen vor der Verarbeitung bearbeitet? Erklären Sie das richtige Vorgehen dabei.
b) Beschreiben Sie, wie Sultaninen vor der Verarbeitung zu Stollen, Früchtebrote, Osterfladen (Osterbrote) u. a. behandelt werden.

a) Sultaninen werden vor der Verarbeitung grundsätzlich gewaschen, um den Staub von den Trockenfrüchten abzuwaschen. Die Früchte kurz in kaltem Wasser waschen und sofort absieben, damit sich der Fruchtzucker nicht im Wasser löst, das dann weggeschüttet wird.
b) Sie werden mindestens einen Tag vor der Verarbeitung abgewaschen und mit Rum vermischt. Die Sultaninen nehmen in dieser Zeit das Rumaroma auf. Sie werden in einem warmen Raum aufbewahrt und in temperiertem Zustand in den Teig gemischt.

15. Dickzuckerfrüchte sind sehr süße Früchte.
a) Erläutern Sie, was man unter Dickzuckerfrüchten versteht.
b) Nennen Sie Dickzuckerfrüchte, die in der Konditorei verwendet werden.
c) Erklären Sie, woraus Orangeat und Zitronat (Sukkade) bestehen und nennen Sie die Früchte, aus denen sie gewonnen werden.
d) Wofür werden Orangeat und Zitronat in der Konditorei verwendet?

a) Dickzuckerfrüchte sind Früchte, die durchgehend Zucker enthalten. Die Früchte werden mehrere Tage in Zuckerlösungen gelegt, in denen sich die Zellen durch und durch mit Zucker anreichern.
b)
- Belegkirschen
- Zitronat und Orangeat
- kandierte Früchte für Pralinen
- Angelika als Dekormittel

c) Orangeat und Zitronat sind die dicken Schalen von
- Pomeranzen (Bitterorangen) für Orangeat und
- Zedratzitronen für Zitronat.

d) Orangeat und Zitronat werden in Teige und Massen gegeben, z. B. für Stollen, Osterfladen (Osterbrote), Napfkuchen (Gugelhupf), Lebkuchen.

16. Ist bei Konditoreierzeugnissen nur der Fruchtgeschmack erforderlich, werden die Früchte zerkleinert.
a) Erklären Sie Fruchtmark und dessen Herstellung.
b) Wofür wird Fruchtmark in der Konditorei verwendet?

a) Früchte werden mit dem Pürierstab (Mixstab) zu einem feinen Fruchtbrei püriert. Befinden sich darin störende Samenkörnchen und Schalen, z. B. bei Himbeeren oder Johannisbeeren, wird das Fruchtmark durch ein Sieb passiert.
b) Fruchtmark wird verwendet für:
- Sahnetorten und Sahnedesserts, z. B. Erdbeersahne, Kirschjoghurtsahne
- Speiseeis
- Fruchtsoßen, z. B. Himbeersoße

17. Vor allem außerhalb der Saison muss teilweise Dosenobst verwendet werden.
a) Erklären Sie, was man unter „Dosenobst“ versteht.
b) Nennen Sie Nachteile von Dosenobst.
c) Nennen Sie die Vorteile von Dosenobst.

a) Obst wird verarbeitungsfähig geschält, entkernt bzw. entsteint und in Dosen in Zuckerwasser gegeben, luftdicht verschlossen und sterilisiert.
b) • Dosenobst verliert zum Teil seinen typischen Geschmack und die erfrischende Fruchtsäure.
• Den aufgeweichten Früchten fehlt zum Teil der natürliche Biss, z. B. bei Dunstäpfeln.
• Beim Sterilisieren gehen durch Erhitzen die Vitamine verloren und die Mineralstoffe werden zum Teil vom Wasser ausgelaugt.
c) • Dosenobst ist zu jeder Jahreszeit vorhanden.
• Dosenobst ist sofort verarbeitungsfähig und somit zeitsparend, weil das Schälen und Entkernen bzw. Entsteinen entfällt.

18. Obst wird als Dekor auf z. B. Sahnetorten, Desserts und Plundergebäcke gegeben. Wie kann man das Austrocknen dieser Früchte verhindern?

Sie werden grundsätzlich mit Geleeguss überzogen, damit sie ihr frisches Aussehen behalten.

2.10 Fachmathematische Berechnungen (Dreisatz, Prozentrechnen, Verteilungsrechnen, Ausmahlungsgradberechnung, Mischungsrechnen, Grundrechnen)

1. 200 kg Mehl enthalten 810 g Mineralstoffe (Asche). Welche Mehltype hat das Mehl?

200 kg Mehl ≙ 810 g Mineralstoffe
100 kg Mehl ≙ 405 g Mineralstoffe
Mehltype 405

2. 8 g getrocknetes Mehl ergaben nach dem Verbrennen 44 mg Asche. Berechnen Sie die Mehltype, die den Mineralstoffgehalt in mg von 100 g Mehl angibt.

8 g Mehl ≙ 44 mg Mineralstoffe
1 g Mehl ≙ 44 mg : 8
= 5,5 mg Mineralstoffe
100 g Mehl ≙ 5,5 mg · 100
= 550 mg Mineralstoffe
Mehltype 550

3. Wie viel g Mineralstoffe enthalten 5 kg Roggenmehl der Type 1740?

100 kg Mehl ≙ 1 740 g Mineralstoffe
1 kg Mehl ≙ 17,40 g Mineralstoffe
5 kg Mehl ≙ 17,40 g · 5 = 87 g

4. Eine 5 g schwere Roggenmehlprobe wurde verbrannt und ergab 49,85 mg Asche. Stellen Sie die Mehltype fest.

5 g Mehl ≙ 49,85 mg Mineralstoffe
1 g Mehl ≙ 49,85 g : 5
= 9,97 mg Mineralstoffe
100 g Mehl ≙ 9,97 mg · 100
= 997 mg Mineralstoffe
= Mehltype 997

5. Aus 100 kg gereinigtem Getreide wurden beim Vermahlen 60 kg Mehl gewonnen. Berechnen Sie den Ausmahlungsgrad in %.

100 kg Getreide ≙ 100 %
60 kg Getreide ≙ x %

$$x = \frac{100\,\% \cdot 60}{100} = 60\,\%$$

6. 24,400 t Getreide ergeben 18,300 t Mehl. Wie hoch ist der Ausmahlungsgrad in %?

24,400 t Getreide ≙ 100 %
18,300 t Getreide ≙ x %

$$x = \frac{100\,\% \cdot 18{,}300}{24{,}400} = 75\,\%$$

7. 150 t Getreide werden mit einem Ausmahlungsgrad von 75 % vermahlen. Wie viel t Mehl ergibt dies?

100 % ≙ 150 t Mehl
1 % ≙ 1,500 t Mehl
75 % ≙ 1,500 t · 75 = 112,500 t

8. Getreide wurde mit einem Ausmahlungsgrad von 80 % vermahlen und ergab 52 t Mehl. Wie viel t Getreide wurden vermahlen?

80 % ≙ 52 t Mehl
100 % ≙ x t

$$x = \frac{52\,t \cdot 100}{80} = 65\,t$$

9. Magermilchpulver besteht zu 52 % aus Milchzucker und 2 % aus anderen Milchbestandteilen. Der Rest ist Milcheiweiß. Wie viel g Milcheiweiß enthält 2,500 kg Magermilchpulver?

100 % – 52 % – 2 % = 46 % Milcheiweiß
100 % ≙ 2 500 g
46 % ≙ x g

$$x = \frac{2\,500\,g \cdot 46}{100} = 1\,150\text{ g Milcheiweiß}$$

10. Ein Convenience-Produkt erlaubt die Herstellung einer Brandmasse innerhalb von zwei Minuten.
Das gebrauchsfertige Produkt braucht nur noch mit 20 Eiern (Gewicht je Ei 50 g) und 1,500 l Wasser je kg Fertigmehl verrührt werden.

a) Berechnen Sie die nötigen Rohstoffe, wenn 1 750 g Fertigmehl verarbeitet werden.
b) Berechnen Sie das Gesamtgewicht der Brandmasse.

a) Wasserzugabe:
1 kg Fertigmehl ≙ 1,500 l Wasser
1,750 kg ≙ x l

$$x = \frac{1{,}500\ l \cdot 1{,}750}{1} = 2{,}625\text{ l Wasser}$$

Benötigte Eier:
1 kg Fertigmehl ≙ 20 Eier
1,750 kg ≙ x Eier

$$x = \frac{20\text{ Eier} \cdot 1{,}750\text{ kg}}{1} = 35\text{ Eier}$$

b) Teiggewicht

Fertigmehl	1 000 g
Wasser	2 625 g
35 Eier (35 × 50 g)	+1 750 g
	6 125 g

11. Eine Haselnussmasse besteht zu 40 % aus Haselnüssen, zu 30 % aus Zucker und Fett und zu 28,5 % aus Mehlbestandteilen. Die restlichen Bestandteile sind Zusatzstoffe wie Stabilisatoren und Verdickungsmittel. Berechnen Sie die Zusammensetzung eines Behältnisses, das 5 kg Nussfüllmasse enthält.

100 % ≙ 5 000 g
1 % ≙ 50 g
40 % ≙ 50 g · 40 = 2 000 g Nüsse
30 % ≙ 50 g · 30 = 1 500 g Zucker + Fett
28,5 % ≙ 50 g · 28,5 = 1 425 g Mehlbestandteile
1,5 % ≙ 50 g · 1,5 = 75 g Stabilisatoren und Verdickungsmittel

12. Vollmilch muss einen Fettgehalt von mindestens 3,5 % aufweisen. Wie viel g Fett enthalten 2,500 l Vollmilch (1 l Vollmilch ≙ 1 kg)?

100 % ≙ 1 000 g
1 % ≙ 10 g Fett
3,5 % ≙ 10 g · 3,5 = 35 g Fett/Liter Milch
35 g Fett · 2,5 = 87,5 g Fett in 2,500 l Milch

13. Für Hefeteige müssen auf 100 kg Mehl mindestens 40 l Vollmilch verarbeitet werden. Berechnen Sie die Mindestzugabe an Vollmilch, wenn aus 65 kg Weizenmehl Hefeteige zubereitet werden.

100 kg Mehl ≙ 40 l Vollmilch
1 kg Mehl ≙ 0,400 l Vollmilch
65 kg Mehl ≙ 0,400 l · 65 = 26 l Milch

14. Bei der Herstellung von Vollmilch aus Milchpulver werden Milchpulver und Wasser im Verhältnis 1 : 6 gemischt.
a) Wie viel Milchpulver und Wasser braucht man für 3,500 l Vollmilch?
b) Es sind noch 1 270 g Milchpulver vorhanden. Wie viel l Wasser dürfen zugegeben werden?

a) 3,500 l = 3 500 g
3 500 g : 7 Teile = 500 g/Teil
Milchpulver: 500 g · 1 = 500 g
Wasser: 500 g · 6 = 3 000 g (3 l)

b) 1 Teil ≙ 1 270 g
6 Teile Wasser ≙ 1 270 g · 6 = 7 620 g (7,620 l)

15. Berechnen Sie den Fettgehalt einer Packung Camembert (125 g). Der Käse enthält 50 % Fett in der Trockenmasse, die Trockenmasse macht 48,4 % aus.

100 % ≙ 125 g
1 % ≙ 1,25 g
48,4 % ≙ 1,25 g · 48,4 = 60,5 g Trockenmasse
100 % ≙ 60,50 g
1 % ≙ 0,605 g Fett
50 % ≙ 0,605 g · 50 = 30,25 g Fett

16. Ein Konditormeister kauft 25 kg Vollmilchpulver mit einem Milchfettgehalt von 25 % zum Preis von 116,08 €. Berechnen Sie
a) die Milchpulvermenge in g, die zur Herstellung von 1 l Vollmilch (3,5 % Fett) erforderlich ist.
b) den Preis für das Milchpulver, das für 1 l Milch benötigt wird.

a)

				erweitern · 2
Vollmilchp.	25 %		3,5	7 Teile
Vollmilch		3,5		
Wasser	0 %		21,5	43 Teile
				50 Teile

1 000 ml : 50 Teile = 20 ml/Teil (g/Teil)
20 g · 7 Teile = 140 g Milchpulver

b) 25 000 g = 116,08 €
140 g = x €

$$x = \frac{116{,}08\ € \cdot 140}{25\,000} = 0{,}65\ €$$

Aufgabe	Lösung
17. Ein Vollei (Gewicht 50 g) besteht aus 3 Teilen Eiklar und 2 Teilen Eigelb. Das Eigelb enthält 30 % Fett. Berechnen Sie den Fettgehalt eines Volleis in g.	50 g : 5 Teile = 10 g/Teil Eigelb: 10 g/Teil · 2 Teile = 20 g 100 % ≙ 20 g 10 % ≙ 0,2 g 30 % = 0,2 g · 30 = 15 g
18. Butter setzt sich zusammen aus: • mindestens 82 % Milchfett • höchstens 16 % Wasser • höchstens 2 % Eiweiß, Milchzucker, Mineralstoffe, Vitamine Berechnen Sie die Bestandteile von einem Stück Butter mit einem Gewicht von 250 g.	100 % ≙ 250 g 1 % ≙ 2,5 g 82 % ≙ 2,50 g · 82 = 205 g Milchfett 16 % ≙ 2,50 g · 16 = 40 g Wasser 2 % ≙ 2,50 g · 2 = 5 g übrige Bestandteile
19. Butterreinfett mit 100 % Milchfett wird in der Konditorei zuweilen anstelle von Butter verwendet. Wegen des hohen Fettgehalts ist Butterreinfett (Butterschmalz) sehr viel ergiebiger als Butter mit 82 % Milchfett. Ein Stollenrezept enthält auf 100 Teile Mehl mindestens 40 Teile Butter. Wie viel kg Butterschmalz können 40 kg Butter ersetzen?	100 Teile Butter ≙ 82 Teile Fett 1 Teil Butter ≙ 0,82 Teile Fett 40 Teile Butter ≙ 0,82 · 40 = 32,8 Teile Fett 32,800 kg Butterreinfett haben den gleichen Fettgehalt wie 40 kg Butter.
20. Deutsche Buttercreme besteht zu einem Teil aus Butter und zu zwei Teilen aus Vanillecreme. Wie viel Stück Butter zu jeweils 250 g benötigt man für 4,500 kg Deutsche Buttercreme?	4,5 kg : 3 Teile = 1,500 kg/Teil 1,500 kg : 0,250 kg/Butterstück = 6 Butterstücke
21. Für Hefeteige gibt man auf das Weizenmehl bezogen 12 % Zucker zu. Für die Herstellung von Rohrnudeln benötigt man insgesamt 11,500 kg Mehl. Berechnen Sie die erforderliche Zuckermenge für das Rezept.	100 % ≙ 11,500 kg 1 % ≙ 0,115 kg 12 % ≙ 0,115 kg · 12 = 1,380 kg
22. Zur Herstellung von Läuterzucker werden Zucker und Wasser im Verhältnis 1 : 2 gekocht und dann abgekühlt. Berechnen Sie die notwendigen Mengen an Zucker und Wasser für 2,400 l Läuterzucker.	2,400 l : 3 Teile = 0,800 l/Teil Zucker (1 Teil) ≙ 0,8 kg Wasser (2 Teile) ≙ 1,600 l

23. Honig besteht etwa zu 80 % aus Zucker. Einem Gast wird zum Frühstück im Café eine Portion Honig (20 g) serviert. Wie viel kJ enthält diese Portion Honig?

100 % ≙ 20 g
1 % ≙ 0,2 g
80 % ≙ 0,20 g · 80 = 16 g Zucker in 20 g Honig
1 g Zucker ≙ 17 kJ
16 g Zucker ≙ 17 kJ · 16 = 272 kJ je Portion Honig

24. Wie viel kg Kochsalz kann aus 500 l Meerwasser mit 3,5 % Kochsalzgehalt gewonnen werden?

100 % ≙ 500 kg
1 % ≙ 5 kg
3,5 % ≙ 5 kg · 3,5 = 17,500 kg

25. Die richtige Salzzugabe beträgt für
Blätterteige 2 %
Hefeteige 1 %
Mürbeteige 0,5 %
jeweils bezogen auf den Mehlanteil.
Berechnen Sie die Salzzugabe in g:
a) für Blätterteig aus 1,500 kg Mehl
b) für Hefeteig aus 4,000 kg Mehl
c) für Mürbeteig aus 3,200 kg Mehl

a) 100 % ≙ 1 500 g
1 % ≙ 15 g
2 % ≙ 30 g

b) 100 % ≙ 4 000 g
1 % ≙ 40 g

c) 100 % ≙ 3 200 g
1 % ≙ 32 g
0,5 % ≙ 32 g · 0,5 = 16 g

26. Das Kilorezept für einen leichten Hefeteig lautet:
1 000 g Weizenmehl
400 g Vollmilch
60 g Hefe
120 g Zucker
150 g Butter
100 g Vollei (2 Stück)
10 g Salz
Berechnen Sie die Menge an Salz in g, wenn 1 l Vollmilch als Teigzutat verarbeitet wird.

400 g Wasser ≙ 10 g Salz
1 000 g Wasser ≙ x g

$$x = \frac{10\text{ g} \cdot 1\,000\text{ g}}{400} = 25\text{ g Salz}$$

27. Honig besteht zu 7 Teilen aus Frucht- und Traubenzucker, 2 Teilen Wasser und 1 Teil Malz- und Rübenzucker. Berechnen Sie die Mengen der jeweiligen Bestandteile mit einem Inhalt von 500 g.

10 Teile = 500 g
1 Teil = 50 g

7 Teile = 350 g Frucht- und Traubenzucker
2 Teile = 100 g Wasser
1 Teil = 50 g Malz- und Rübenzucker

28. Das Grundrezept für Vanillekipferl (95 Stück) verlangt 200 g Vanillezucker. Der Vanillezucker enthält 5 % Vanille. Wie viel g Vanille sind für 380 Vanillekipferl erforderlich?

95 Vanillekipferl ≙ 200 g Vanillezucker
380 Vanillekipferl ≙ x g

$$x = \frac{200\text{ g} \cdot 380}{95} = 800\text{ g}$$

100 % ≙ 800 g
1 % ≙ 8 g
5 % ≙ 8 g · 5 = 40 g

29. Mohnstollen müssen mindestens 30 % Margarine und mindestens 20 % Mohn enthalten. Berechnungsgrundlage ist die verarbeitete Mehlmenge. Es werden 950 g Margarine verarbeitet.
Berechnen Sie
a) die abzuwiegende Mehlmenge,
b) die Mindestmenge an Mohn.

a) 30 % ≙ 950 g
1 % ≙ x $\quad x = \frac{1 \cdot 950\text{ g}}{30} = 31{,}66$ g Mehl
100 % = 31,66 g · 100 = 3 166 g Mehl

b) 100 % ≙ 3 166 g
1 % ≙ x $\quad x = \frac{1 \cdot 3166\text{ g}}{100} = 31{,}66$ g Mohn
20 % = 31,66 g · 20 = 633,33 g

30. Für eine Masse müssen insgesamt 30 Eier aufgeschlagen werden. Die Menge kann auch mit einem Literbecher abgemessen werden. 1 Vollei entspricht 50 g (50 ml). Wie oft muss der Literbecher gefüllt werden?

1 Ei ≙ 50 ml
30 Eier ≙ 50 ml · 30 = 1 500 ml
1 500 ml : 1 000 ml = 1,5
Der Literbecher muss 1,5-mal gefüllt werden.

31. Eiklar soll zu Eischnee aufgeschlagen werden. Für ein Eiklar sind 30 g (30 ml) zu veranschlagen. Wählen Sie die Kesselgröße (5 l oder 10 l) zum Aufschlagen von Eiklar aus 64 Eiern aus. Zu berücksichtigen ist, dass die Volumenzunahme beim Aufschlagen 400 % beträgt.

30 ml · 64 = 1 920 ml Eiklar
100 % ≙ 1 920 ml Eiklar
1 % ≙ 19,20 ml
400 % ≙ 19,20 ml · 400 = 7 680 ml Volumenzunahme
Volumen insgesamt:
1 920 ml + 7 680 ml = 9 600 ml
Es wird ein 10-l-Kessel benötigt.

32. Ein Eigelb enthält 49 % Wasser, 16 % Eiweiß, 32 % Fett und 3 % Mineralstoffe und Vitamine. Wie viel g getrocknetes Eigelb erhält man aus 4 000 g frischem Eigelb?

100 % ≙ 4 000 g
1 % ≙ 40 g
49 % = 40 g · 49 = 1 960 g Wasseranteil
getrocknetes Eigelb:
4 000 g – 1 960 g = 2 040 g

33. Für Kiwi-Törtchen werden für den Belag insgesamt 2 100 g geputzte und geschälte Kiwis benötigt. Der Verlust durch deren Putzen und Schälen macht 15 % aus. Wie viel Kiwis sind einzukaufen, wenn eine Kiwi 60 g wiegt?

85 % ≙ 2 100 g
100 % ≙ x g
$x = \frac{2\,100\text{ g} \cdot 100}{85} = 2\,470{,}588$ g
2 470,588 g : 60 g/Stück = 41,18 Stück
42 Kiwis müssen gekauft werden.

34. Sultaninen sind getrocknete Weintrauben. Sie verlieren beim Trocknen rund $\frac{3}{4}$ ihres Frischegewichts.
Berechnen Sie, wie viel g Sultaninen aus 2,5 kg frischen Weintrauben gewonnen werden können.

$\frac{1}{4}$ ≙ 2 500 g : 4 = 625 g

35. 1 200 g Strudelteig werden aus 750 g Weizenmehl hergestellt. Wie viel kg Weizenmehl werden für 7 800 g Strudelteig benötigt?

1,200 kg ≙ 0,750 kg WM
7,800 kg ≙ x kg WM
$x = \frac{0{,}750\text{ kg} \cdot 7{,}800}{1{,}200} = 4{,}875$ kg WM

36. Für einen Frühstückstisch werden pro Gast 150 ml frisch gepresster Orangensaft veranschlagt. Im Hotel wohnen derzeit 20 Personen. Wie viel kg Orangen sind einzukaufen, wenn man aus 3,500 kg Orangen 1 900 ml Saft pressen kann?

Benötigter Orangensaft:
150 ml · 20 = 3 000 ml
1 900 ml Saft ≙ 3,500 kg Orangen
3 000 ml Saft ≙ x kg

$$x = \frac{3{,}500\text{ kg} \cdot 3\,000}{1\,900} = 5{,}526\text{ kg}$$

5,500 kg Orangen sind einzukaufen.

37. Zur Herstellung von Dickzuckerfrüchten werden Früchte 6 Tage in eine Zuckerlösung gegeben, deren Dichte sich jeden Tag erhöht. Am 1. Tag werden für die Zuckerlösung 825 g Zucker in 1 l Wasser gegeben, das eine Dichte von 12 Bé ergibt.

a) Berechnen Sie, wie viel kg Zucker in 1 l Wasser für die Zuckerlösung am 2. Tag gegeben wird, die eine Dichte von 16 Bé enthält.
b) 6 Tage lang wird täglich eine neue Zuckerlösung mit 1 l Wasser hergestellt, deren Dichte sich jeden Tag erhöht.
3. Tag: 20 Bé, 4. Tag: 24 Bé,
5. Tag: 28 Bé, 6. Tag: 32 Bé.
Um wie viel g Zucker erhöht sich täglich der Zuckergehalt in den Zuckerlösungen?
c) Ermitteln Sie den Zuckergehalt in kg am 6. Tag, wenn die Zuckerlösung mit 4,5 l Wasser hergestellt wird.

a) 12 Bé ≙ 825 g Zucker
16 Bé ≙ x g Zucker

$$x = \frac{825\text{ g} \cdot 16}{12} = 1\,100\text{ g} = 1{,}100\text{ kg}$$

Die Zuckerlösung für den 2. Tag enthält 1,100 kg Zucker.

b) 12 Bé ≙ 825 g Zucker
4 Bé ≙ x g Zucker

$$x = \frac{825\text{ g} \cdot 4}{12} = 275\text{ g}$$

Der Zuckergehalt der Zuckerlösungen erhöht sich täglich um 275 g.

c) 12 Bé ≙ 825 g Zucker/l
32 Bé ≙ x g Zucker/l

$$x = \frac{825\text{ g} \cdot 32}{12} = 2\,200\text{ g} = 2{,}200\text{ kg/l}$$

2,200 kg · 4,5 l = 9,900 kg Zucker
In der Zuckerlösung mit 4,5 l befinden sich 9,900 kg Zucker.

3 Haltbarmachen und Lagern der Lebensmittel

3.1 Konservierungsverfahren

1. Damit Lebensmittel nicht verderben, werden sie vielfach haltbar gemacht.

a) Nennen Sie den allgemeinen, internationalen Begriff für das Haltbarmachen von Lebensmitteln.
b) Warum sind diese Lebensmittel lange haltbar?
c) Nennen Sie bekannte Möglichkeiten der Haltbarmachung für Lebensmittel in der Konditorei.

a) Die Haltbarmachung der Lebensmittel wird als Konservierung bezeichnet.
b) Beim Konservieren werden Mikroorganismen in den Lebensmitteln entweder
- abgetötet oder
- ihre Tätigkeit wird durch verschlechterte Lebensbedingungen gehemmt oder eingestellt.

c) Konservierungsmöglichkeiten sind
- Kälte,
- Hitze,
- Feuchtigkeitsentzug durch Trocknen,
- Verpackung.

2. Nennen Sie zwei physikalische Konservierungsverfahren in der Konditorei durch Kälte.

Physikalische Konservierungsverfahren durch Kälte sind
- Kühlen,
- Tiefgefrieren (Frosten).

3. Leicht verderbliche Lebensmittel müssen in der Konditorei kühl gelagert werden.
a) Geben Sie die zwei Möglichkeiten der Kühlung in der Konditorei an und nennen Sie den Temperaturbereich bei der Kühlung.
b) Warum sind Lebensmittel in der Kühlung nur kurze Zeit lagerfähig?

a) Kühlmöglichkeiten in der Konditorei sind
- Kühlschrank und
- Kühlraum.

Darin kann die Temperatur auf 2 bis 10 °C eingestellt werden.

b) Bei diesen kühlen Temperaturen wird das Wachstum der Mikroorganismen nur verlangsamt, aber nicht verhindert.

4. Das Tiefgefrieren, auch Frosten genannt, von z. B. Lebensmitteln, Teiglingen und Backwaren, soll in zwei Abschnitten erfolgen.
a) Beschreiben Sie den ersten Abschnitt beim Tiefgefrieren, das Schockfrosten.
b) Nennen Sie die Temperatur, bei der die Waren nach dem Schockfrosten im Froster weiter gelagert werden. Begründen Sie die Lagertemperatur.
c) Erläutern Sie die Wichtigkeit des Schockfrostens.
d) Erklären Sie, was geschieht, wenn Lebensmittel, Teiglinge und Gebäcke nicht schockgefrostet, sondern langsam tiefgefroren wird.
e) Zu welchem Zeitpunkt sollen gebackene Waren tiefgefroren werden?
f) Wie werden Teiglinge und Backwaren grundsätzlich in den Froster gegeben?
g) Nennen Sie die Nachteile, wenn Backwaren zu lange im Froster gelagert werden.

a) Beim Schockfrosten werden Lebensmittel, Teiglinge und Backwaren bei ca. –35 °C schockartig schnell gefroren, damit es möglichst schnell im Inneren –7 °C erreicht.
b) Nachdem im Kern –7 °C erreicht sind, werden Lebensmittel, Teiglinge und Gebäcke bei gleichbleibender Temperatur von –18 °C während der gesamten weiteren Tiefgefrierdauer gelagert. Bei dieser Temperatur bleiben die Eiskristalle im Gefrorenen so winzig klein wie nach dem Schockfrosten.
c) Beim schnellen Tiefgefrieren des Schockfrostens entstehen winzig kleine Eiskristalle, die die Zellen der Lebensmittel nicht beschädigen können. Die Lebensmittel und Backwaren trocknen nicht aus.
d)
- Beim langsamen Tiefgefrieren entstehen große Eiskristalle in den Zellzwischenräumen, die scharfe Kanten aufweisen. Diese großen Eiskristalle dehnen sich bei Kälte noch aus und beschädigen die Zellwände der Lebensmittel.
- Beim Auftauen läuft dann Wasser aus den beschädigten Zellen, sodass die Lebensmittel trockener werden.

e) Die Backwaren sollen heiß bei 60 bis 70 °C schockgefrostet werden. So wird das Austrocknen verhindert.
f) Die Teiglinge und Gebäcke werden mit einer Folie eng abgedeckt oder in Gefrierfolie verpackt, damit sie im Froster nicht austrocknen.
g) Bei zu langer Lagerung im Froster trocknen die Gebäcke aus.

5. Nennen Sie Backwaren, die sich nicht zum Tiefgefrieren eignen und begründen Sie dies.

- Backwaren mit Obst, weil Obst nach dem Auftauen viel Flüssigkeit abgibt und matschig wird.
- Mit Fondant glasierte und mit Schokoladenkuvertüre und Fettglasur überzogene Waren werden nach dem Auftauen unansehnlich.
- Gebackene Plunder- und Blätterteigstücke blättern nach dem Auftauen beim Glasieren ab und werden unansehnlich.

6. Nehmen Sie Stellung zu folgenden Aussagen:
a) Aufgetaute Lebensmittel und Backwaren wieder tiefgefrieren.
b) Die Oberfläche von tiefgefrorenen Lebensmitteln und Waren ist vereist.
c) Lebensmittel oder Waren werden ohne Folie oder mit beschädigter Folie gefrostet.

a)
- Aufgetaute Waren dürfen nicht wieder tiefgefroren werden, da sie trockener werden.
- Bei feuchten Lebensmitteln vermehren sich außerdem bei jedem Auftauen die Mikroorganismen sehr stark, die gesundheitsschädlich sein können.

b) Vereiste Ware ist schon einmal leicht angetaut, wobei sich große Eiskristalle bildeten.
c) Waren, die beim Tiefgefrieren nicht mit Folie bedeckt sind, trocknen an den Randschichten aus. Die unbedeckten und somit ausgetrockneten Stellen sind deutlich heller. Diese Stellen nennt man „Gefrierbrand“.

7. Durch Kälte wird die Hefetätigkeit der fertig aufgearbeiteten Teiglinge in der Konditorei beeinflusst.
a) Erklären Sie den Sinn der Gärverzögerung und Gärunterbrechung.
b) Nennen Sie die Vorteile der Gärverzögerung und Gärunterbrechung für den Konditoreibetrieb.

a) Bei aufgearbeiteten Teiglingen mit Hefe wird durch Kälte die Hefegärung verlangsamt oder eingestellt. Die Enzyme können die Nährstoffe nicht mehr abbauen.
b)
- Die Teiglinge können zu beliebigen Betriebszeiten hergestellt werden. Die Teiglinge können in gekühltem Zustand in die Filialen gebracht werden.
- Es sind immer Teiglinge vorhanden, sodass der Betrieb jederzeit frische Gebäcke backen und anbieten kann.

8. Beschreiben Sie die Gärverzögerung in Bezug auf
a) Lagertemperatur,
b) relative Luftfeuchtigkeit bei der Lagerung,
c) Lagerzeit.

a) Die Gärverzögerung erfolgt in Kühlzellen bei +5 bis −5 °C.
b) Bei einer relativen Luftfeuchtigkeit von 90 bis 95 % trocknen die Teiglinge nicht aus.
c) Die Teiglinge können bis zu 24 Stunden in der Kühlzelle gelagert werden.

9. Beschreiben Sie die Gärunterbrechung in Bezug auf
   a) Lagertemperatur,
   b) relative Luftfeuchtigkeit bei der Lagerung,
   c) Lagerzeit.

a) Bei einer Lagerzeit bis zu einem Tag reicht eine Temperatur von –10 °C.
   Bei 1 bis 3 Tagen Lagerzeit werden sie in Folie verpackt und bei –18 °C gelagert.
b) Bei einer relativen Luftfeuchtigkeit von 90 bis 95 % trocknen die Teiglinge nicht aus.
c) Die gefrorenen Teiglinge können bis zu 72 Stunden in der Kühlzelle gelagert werden.

10. Physikalische Konservierungsverfahren durch Hitze werden in der Industrie angewandt beim
   a) Pasteurisieren
   b) Sterilisieren
   c) Ultrahocherhitzen

   Beschreiben Sie die Konservierungsverfahren hinsichtlich
   - des Temperaturbereichs,
   - des Einflusses auf die Mikroorganismen
   - und der Lagerdauer der Lebensmittel.

   Geben Sie außerdem Lebensmittelbeispiele an, die in der Konditorei verwendet werden.

a)
- Beim Pasteurisieren werden die Lebensmittel luftdicht verpackt und auf 72 bis 75 °C erhitzt.
- Dabei sterben die meisten Mikroorganismen und alle Enzyme ab, jedoch nicht die hartnäckigen Sporen.
- In der Konditorei werden pasteurisierte Milch und Sahne verwendet, die in der Kühlung einige Tage lagerfähig sind.

b)
- Beim Sterilisieren werden Lebensmittel luftdicht in Konserven verschlossen und auf mindestens 110 bis 120 °C erhitzt.
- Weil dabei alle Mikroorganismen absterben und die Enzyme völlig zerstört werden, sind sterilisierte Lebensmittel keimfrei und als verschlossene Konserve mindestens ein Jahr lagerfähig, z. B. Obst in Konservendosen.

c)
- Beim Ultrahocherhitzen werden Milch und Sahne luftdicht in Tetrapaks oder Flaschen verpackt und auf 135 bis 150 °C erhitzt.
- Die Mikroorganismen und Enzyme sterben dabei ab, sodass die verschlossene H-Milch und H-Sahne ungekühlt mindestens sechs Wochen lagerfähig ist.

11. Nennen Sie Rohstoffe in der Konditorei, die durch Feuchtigkeitsentzug beim Trocknen haltbar gemacht werden.

Getrocknete Rohstoffe in der Konditorei sind
- Trockenobst, z. B. Sultaninen, Äpfel, Feigen, Birnen,
- Milchpulver,
- Eiweißpulver,
- gefriergetrocknete Convenience-Produkte in Pulverform, z. B. für Käsesahne, Bienenstichaufstrich,
- wasserlöslicher Kaffee.

12. Das Verpacken in Folie ist eine häufige Verpackungsart für Konditoreierzeugnisse. Beschreiben Sie das
a) Einschweißen der Backwaren,
b) Vakuumverpacken (Vakuumieren) von Rohstoffen.
c) Nennen Sie die Vorteile der eingeschweißten Waren.
d) Erklären Sie die Vorteile des Vakuumierens für die Lebensmittel.

a) • Beim Einschweißen werden die Waren in einer Verpackungsmaschine mit Folie umgeben und mit Luftabschluss versiegelt (verschlossen).
• In einer abgeschlossenen Haube wird Hitze eingebracht. Dabei schrumpft die Folie, die sich zusammenzieht und sich direkt an die Ware straff anlegt.
b) • Die Rohstoffe werden in Folienbeutel gegeben.
• Im Vakuumiergerät wird die Luft aus dem Folienbeutel herausgesaugt und der Beutel sofort verschlossen, sodass sich in der Verpackung kein Sauerstoff mehr befindet.
• Der Folienbeutel zieht sich dabei zusammen und umschließt die Rohstoffe ganz eng.
c) Eingeschweißte Waren sind gut sichtbar, hygienisch verpackt und trocknen durch den Luftabschluss nicht so schnell aus.
d) In der sauerstofffreien Verpackung sind die Lebensmittel lange lagerfähig, weil die meisten Mikroorganismen ohne Sauerstoff nicht leben können.

3.2 Chemische Konservierungsstoffe

1. Beschreiben Sie die konservierende Wirkung folgender chemischer Konservierungsstoffe und geben Sie Lebensmittelbeispiele an:
a) Säuren
b) Schwefeldioxid
c) Oberflächenbehandlungsmittel
d) Antioxidantien

a) Säuren verzögern die Schimmelbildung in Lebensmitteln und verlängern die Haltbarkeit, z. B. bei Schnittbroten, Fruchtsaftgetränken, Limonaden, Mayonnaisen, Salaten und Fruchtjoghurts.
b) Schwefeldioxid sorgt dafür, dass Früchte und Fruchtzubereitungen ihre helle, appetitliche Farbe behalten und nicht nachdunkeln, z. B. bei Sultaninen, Zitronat, Orangeat, Konfitüren.
c) Oberflächenbehandlungsmittel verhindern, dass die Schalen der Zitrusfrüchte und Bananen Flecken und braune Stellen bekommen bzw. faulen.
d) Antioxidantien in Lebensmitteln verhindern den Verderb der Lebensmittel durch Sauerstoff, z. B. bei Marzipanrohmasse, Nugatmasse, Knabbergebäcken und Kaugummis.

2. Backwaren aus dem Supermarkt enthalten manchmal chemische Zusatzstoffe.
   a) Wie werden im Lebensmittel- und Futtermittelgesetzbuch (LFGB) die chemischen Konservierungsstoffe bezeichnet, die künstlich hergestellt werden?
   b) Nennen Sie die Gründe für die Verwendung chemischer Konservierungsstoffe, vor allem der Lebensmittelindustrie.
   c) Wie kann der Verbraucher erkennen, dass chemische Konservierungsstoffe in Lebensmitteln enthalten sind?
   d) Beschreiben Sie die Kennzeichnung der chemischen Konservierungsstoffe
      - bei unverpackten Konditoreiwaren,
      - in vorverpackten Waren,
      - bei Waren, die im Café angeboten werden.
   e) Warum werden im Fachbetrieb der Konditorei chemische Konservierungsstoffe nicht verwendet, z. B. Speisen im Café?

a) Chemische Konservierungsstoffe sind „Lebensmittelzusatzstoffe".
b) • Chemische Konservierungsstoffe verlängern die Haltbarkeit der Lebensmittel.
   • Sie erhalten das schöne Aussehen der Lebensmittel bei der Lagerung.
c) Chemische Konservierungsstoffe in Lebensmitteln müssen deklariert (gekennzeichnet) werden, und zwar mit dem Wort „Konservierungsstoff" und mit dem Namen oder der E-Nummer, z. B. „mit Konservierungsstoff Sorbinsäure" oder „Antioxidationsmittel E 320".
d) • Bei unverpackten Waren erfolgt die Deklaration auf den Preisschildern neben den Waren.
   • Bei vorverpackten Waren stehen die Angaben im Zutatenverzeichnis auf der Verpackung.
   • Im Café müssen Speisen mit chemischen Konservierungsstoffen in der Speisekarte gekennzeichnet sein.
e) Die Kunden lehnen chemische Konservierungsstoffe wegen der gesundheitlichen Bedenklichkeit weitgehend ab.

3. Schnittbrote, verpackte Wurst, Marinaden, Salate für Snacks u. a. dürfen mit Säuren länger haltbar gemacht werden.
   a) Nennen Sie chemische Säuren, die Waren zugesetzt werden.
   b) Welche Wirkung haben diese Säuren in Lebensmitteln?

a) Chemisch hergestellte Säuren zur Konservierung der Waren sind
   - Sorbinsäure,
   - Benzoesäure,
   - PHB-Ester,
   - Propionsäure.
b) Chemische Säuren sind Schimmelschutzmittel und verzögern somit die Schimmelbildung auf den Waren.

4. Oberflächenbehandlungsmittel sind gesundheitsschädlich. Deshalb ist es wichtig, sich die Hände nach der Berührung der Früchte zu waschen.
   a) Nennen Sie die Früchte, die mit chemischen Oberflächenbehandlungsmitteln konserviert werden.
   b) Erklären Sie die Verwendung von Zitronen- und Orangenschalen als Gewürze oder Zitronen- und Orangenscheiben für Getränke und als Dekor für Eisbecher.

a) Die Schalen der Bananen und der Zitrusfrüchte wie Orangen und Zitronen werden mit chemischen Oberflächenbehandlungsmitteln besprüht.
b) Werden die Schalen als Gewürze abgerieben oder kommen die Schalen in Getränke oder mit anderen Lebensmitteln in Berührung, z. B. im Eisbecher, müssen unbehandelte Orangen und Zitronen verwendet werden.

5. Schwefel ist ein chemischer Konservierungsstoff, der manchmal von der Industrie für Rohstoffe der Konditorei verwendet wird.
a) Nennen Sie Rohstoffe in der Konditorei, die von der Industrie geschwefelt werden.
b) Erklären Sie, warum diese Früchte mit Schwefeldioxid behandelt werden.
c) Wie verhält es sich mit der Deklaration von geschwefelten Zutaten in Backwaren, z. B. geschwefelte Sultaninen in Hefezöpfe?

a) Geschwefelt werden folgende Rohstoffe für die Konditorei:
- Trockenfrüchte wie Sultaninen, Trockenäpfel, Feigen
- Zitronat, Orangeat

b) Diese lagerfähigen Früchte werden während der Lagerung zunehmend dunkler und sehen dann nicht mehr schön aus. Geschwefelte Früchte behalten auch bei der Lagerung ihre helle, appetitliche Farbe und dunkeln nicht nach.
c) Die Kennzeichnung kann entfallen, wenn die geschwefelten Zutaten keine konservierende Wirkung auf die Backwaren haben.

3.3 Lagerung und Alterung der Backwaren

1. Die Frische ist ein wichtiges Qualitätsmerkmal für Konditoreierzeugnisse. Wie lange werden Backwaren als „frisch" bezeichnet?

Backwaren werden als frisch bezeichnet, solange sie alle typischen Frischeeigenschaften aufweisen, z. B. weiche Krume, aromatischer Geruch und Geschmack, frisches Aussehen.

2. Ein Lagerraum für Backwaren dient zur kurzzeitigen Aufbewahrung verkaufsfertiger Backwaren. Nennen Sie die Anforderungen an einen Lagerraum für Backwaren.

Bedingungen an einen Lagerraum für Backwaren sind:
- 15 bis 20 °C Raumtemperatur
- normale Luftfeuchtigkeit, 50 bis 60 %, sonst trocknen die Backwaren aus
- nur Lebensmittel darin aufbewahren, sodass keine Fremdgerüche entstehen
- durch ein Fenster gut belüftbar
- vor Sonnenlicht geschützt
- stets sauber

3. Werden ofenheiße Backwaren unsachgemäß behandelt, entstehen Qualitätsverluste.
a) Wie müssen ofenheiße Backwaren nach dem Ausbacken abgestellt werden?
b) Warum dürfen frische Backwaren, die noch nicht abgekühlt sind, nicht in Folie verpackt werden?

a) Ofenheiße Backwaren müssen von jeder Seite ausdampfen und auskühlen können, damit der Wasserdampf entweichen kann.
b)
- Backwaren geben bis zum völligen Abkühlen nicht sichtbaren Wasserdampf ab.
- Werden die Backwaren zu früh in Folie verpackt, entwickelt sich Feuchtigkeit in der Verpackung, sodass die Kruste weich wird und sogar Schimmelgefahr besteht.
- Deshalb die Backwaren gründlich auskühlen lassen, bevor sie luftdicht in Folie verpackt werden.

4. Gebäcke altern bei der Lagerung. Erklären Sie den komplexen Vorgang der Alterung von Backwaren
a) in der Krume,
b) in der Kruste,
c) beim Aroma (Geruch und Geschmack).

a) Die Krume wird zunehmend trockener.
- Die trockene Kruste nimmt das freie Wasser der feuchten Krume auf, das dann in die Luft übergeht.
- Zudem erfolgt die „Retrogradation“, d. h. die Entquellung der Stärke. Dabei gibt die Stärke das im Ofen bei der Verkleisterung gebundene Wasser langsam wieder ab. Auch dieses Wasser wandert zur Kruste, sodass die Krume trocken und später hart wird.

b) Die Kruste wird zunehmend weicher und zäh. Die trockene Kruste nimmt das freie Wasser der feuchten Krume und das Wasser der entquellenden Stärke auf. Die Kruste von z. B. Croissants und Blätterteiggebäcken sowie Brötchen und Brezeln verliert dadurch die gewünschte Rösche und wird weicher. Später verdunstet das Wasser auf der Kruste, die dann hart wird.

c) Mit dem Austrocknen der Krume verlieren die Backwaren zunehmend Geruchs- und Geschmacksstoffe.
Die Aromastoffe verflüchtigen sich mit dem Wasser. Deshalb schmecken alternde Gebäcke nicht mehr so gut.

5. Nennen Sie drei hauptsächliche Qualitätsverluste der Backwaren, wenn sie alt werden.

- Gebäcke werden trockener.
- Der Geschmack wird geringer.
- Das frische Aussehen geht verloren.

6. Nennen Sie Maßnahmen, bei denen durch eine lange Teigführung der Hefeteige eine intensive Quellung und Bindung des Teigwassers möglich ist und somit das Altbackenwerden der Hefeteiggebäcke verzögert wird.

Backwaren bleiben länger frisch
- bei Hefeteigen, die mit Vorteig hergestellt werden,
- bei Verwendung von kühler Milch bei der Teigherstellung,
- bei der Zugabe einer geringen Hefemenge in den Hefeteig,
- bei ausreichender Teigruhe nach dem Kneten.

7. Je mehr Fett in den Backwaren ist, desto länger bleiben sie frisch.
a) Erklären Sie diese Aussage.

a) Fett macht Teige weich. Somit benötigen diese bei der Herstellung wenig Wasser. Dadurch kann bei der Lagerung nur wenig Wasser aus der Krume entweichen. Durch den hohen Fettanteil bleiben die Gebäcke weiterhin weich und mürbe.

b) Warum erhöht die Zugabe von Eigelben in Teige und Massen die Frischhaltung der Backwaren?

b)
- Eigelbe besitzen viel Fett, das die Gebäcke weich macht.
- Außerdem befinden sich im Fett der Eigelbe Emulgatoren (Lezithin), die Wasser und Fett binden. Somit wird Wasser in den Gebäcken stärker gebunden.

8. Erklären Sie, warum Kuchen aus Sandmasse sowie Brot nicht im Kühlschrank bzw. Kühlraum gelagert werden sollen.

Backwaren altern am schnellsten in der Kühlung, weil die Stärke bei dieser kühlen Temperatur das Wasser am schlechtesten halten kann und so die schnellste Entquellung der Stärke erfolgt.

9. Warum fördert eine Gärverzögerung von Teiglingen für Kleingebäcke, z. B. Plundergebäcke, etwas die Frischhaltung der Backwaren?

Die Mehlbestandteile der kühl gestellten Teiglinge quellen während der langen Stehzeit das Wasser des Teigs und binden es, sodass es in den Gebäcken nicht so schnell entweichen kann.

3.4 Fachmathematische Berechnungen (Grundrechnen, Prozentrechnen, Dreisatz)

1. Ein Froster verbraucht bei –18 °C 1,15 kWh. Beim Schockfrosten von Kleingebäcken, das 30 Minuten dauert, erhöht sich der Energieverbrauch um 0,9 kW in der Stunde. Nach dem Schockfrosten werden die Kleingebäcke 72 Stunden bei –18 °C gelagert. Berechnen Sie die Energiekosten für das Tiefgefrieren der Kleingebäcke, wenn 1 kWh 0,49 € kostet.

Schockfrosten:
$0{,}9\ \text{kW} \cdot 0{,}5\ \text{h} = 0{,}45\ \text{kWh}$
Lagerzeit:
$1{,}15\ \text{kWh} \cdot 72\ \text{h} = 82{,}80\ \text{kWh}$
$0{,}45\ \text{kWh} + 82{,}80\ \text{kWh} = 83{,}25\ \text{kWh}$
Kosten:
$0{,}49\ \text{€/kWh} \cdot 83{,}25\ \text{kWh} = 40{,}79\ \text{€}$

2. Eine Tiefkühlanlage verbraucht in der Stunde 1,5 kW. 1 kWh kostet 0,52 €. Berechnen Sie die jährlichen Energiekosten.

$1{,}5\ \text{kW} \cdot 24\ \text{h} = 36\ \text{kWh}$
$36\ \text{kWh} \cdot 365\ \text{Tage} = 13\,140\ \text{kWh/Jahr}$
$0{,}52\ \text{€/kWh} \cdot 13\,140\ \text{kWh} = 6\,832{,}80\ \text{€}$

3. Ein Eigelb (20 g) enthält 49 % Wasser, 16 % Eiweiß, 32 % Fett und 3 % Vitamine/Mineralstoffe. Durch Sprühtrocknung kann dem Eigelb das Wasser entzogen werden. Wie viele Eigelbe sind zur Herstellung von 4,000 kg Trockeneigelb erforderlich?

Trockenmasse 1 Eigelb:
$100\,\% \mathrel{\hat=} 20\ \text{g}$
$51\,\% \mathrel{\hat=} x\ \text{g}$
$$x = \frac{20\ \text{g} \cdot 51}{100} = 10{,}20\ \text{g}$$
$4\,000\ \text{g} : 10{,}20\ \text{g} = 392{,}15$ Stück Eigelb
≈ 393 Eigelbe

4. Eine Fertigmasse für Nussfüllung darf 2 g Sorbinsäure pro kg als Schimmelschutz enthalten. Wie viel g Sorbinsäure darf eine Fertigmasse mit 750 g höchstens beinhalten?

$1\,000\ \text{g} \mathrel{\hat=} 2\ \text{g}$ Sorbinsäure
$750\ \text{g} \mathrel{\hat=} x\ \text{g}$
$$x = \frac{2\ \text{g} \cdot 750}{1\,000} = 1{,}5\ \text{g}$$

5. Beim Kandieren von Orangeat werden Pomeranzenschalen 6 Tage in eine Zuckerlösung mit täglich steigender Konzentration gelegt. Jede Zuckerlösung wird mit 1 l Wasser täglich neu hergestellt.
Tag 1: 82,5 % Zucker
Tag 2: 110 % Zucker
Tag 3: 137,5 % Zucker
Tag 4: 165 % Zucker
Tag 5: 192,5 % Zucker
Tag 6: 220 % Zucker
Berechnen Sie die notwendige Zuckermenge für den gesamten Kandierungsvorgang.

Summe der Prozentzahlen:
82,5 %
110,0 %
137,5 %
165,0 %
192,5 %
220,0 %
907,5 %

Zuckergehalt der Lösungen:
100 % ≙ 1 000 g
907,5 % ≙ x g

$$x = \frac{1\,000\text{ g} \cdot 907{,}5}{100} = 9\,075\text{ g}$$

6. Trockenfrüchte werden zur Haltbarmachung häufig geschwefelt. Es dürfen allerdings ohne Kennzeichnung nicht mehr als 50 mg Schwefeldioxid pro kg Frucht enthalten sein.
Ihre Konditorei bekommt 12,500 kg Sultaninen (ohne Kennzeichnung) geliefert.
Wie hoch darf der mengenmäßige Anteil an Schwefeldioxid maximal sein? Geben Sie den Höchstwert in g an.

50 mg · 12 500 = 625 mg
625 mg ≙ 0,625 g

4 Lockerung von Teigen und Massen

1. Nennen Sie die Lockerungsmittel für folgende Arten der Lockerung:
a) biologische Lockerung
b) chemische Lockerung
c) physikalische Lockerung

a) Biologische Lockerungsmittel sind
- Hefe,
- Sauerteig.

b) Zu den chemischen Lockerungsmitteln gehören
- Backpulver,
- Hirschhornsalz,
- Pottasche.

c) Physikalische Lockerungsmittel sind
- Luft,
- Wasserdampf.

2. Nennen Sie die vier wichtigsten Auswirkungen der Lockerung auf die Backwaren.

- großes Gebäckvolumen
- verdauliche, bekömmliche Gebäcke
- schnitt- und bestreichfähige Krume
- guter Geruch und Geschmack der Gebäcke

3. Die Qualität der Backwaren hängt entscheidend von der Lockerung ab.
   a) Beschreiben Sie, was bei der Lockerung in Teigen und Massen geschieht.
   b) Erklären Sie, warum nur bei gelockerten Teigen und Massen eine verdauliche Gebäckkrume und ein gutes Aroma beim Backen entstehen.

a) Die Lockerungsmittel erzeugen in Teigen und Massen Gase. Diese werden als Poren festgehalten, die die Backwaren lockern.
b) Durch die Poren kann die Backhitze beim Backen in das Innere der Teige und Massen eindringen und die Krume ausbacken. Die entstehenden Aromastoffe können sich durch die Poren im Gebäck verteilen.

4.1 Lockerung mit Hefe

1. Erklären Sie, warum die in der Hefefabrik gezüchtete Hefe zu den biologischen Lockerungsmitteln gehört.

Hefen sind Pilze. Jeder Hefepilz ist ein selbstständiges Lebewesen, das sich bei günstigen Lebensbedingungen vermehrt und gärt.

2. Hefe sorgt für die Porung und verbessert den Geschmack der Hefegebäcke.
   a) Erklären Sie den Vorgang der Hefegärung.
   b) Wozu dienen die Gärprodukte in den Backwaren?

a) Die Hefe nimmt den Traubenzucker als Nahrung auf und vergärt ihn, d. h., die Enzyme der Hefe spalten den Traubenzucker in Kohlenstoffdioxid und Alkohol und geben diese Gärprodukte in den Teig ab.
b) Kohlenstoffdioxid (CO_2) dient im Teig zur Lockerung, und Alkohol verbessert den Geschmack der Backwaren.

3. Damit die Hefe gut gären und sich auch vermehren kann, benötigt die Hefe die besten Lebensbedingungen.
   a) Erklären Sie, welche Nahrung die Hefe benötigt und woher sie diese im Teig bekommt.
   b) Wie wird aus der Stärke des Mehls Hefenahrung?
   c) Warum kann der Milchzucker im Hefeteig nicht von der Hefe vergärt werden?
   d) Erläutern Sie, warum Hefe Wasser benötigt.

a) Die Hefe benötigt Traubenzucker als Nahrung, den sie aus der Stärke des Mehls bekommt.
b) Die Stärke wird durch Enzyme zu Malzzucker und dann zu Traubenzucker abgebaut, der von der Hefe vergärt wird.
c) Im Mehl und somit auch im Hefeteig fehlen die Enzyme, die den Milchzucker abbauen können. Der Milchzucker, ein Doppelzucker, kann nicht von der Hefe vergärt werden.
d) Traubenzucker löst sich im Wasser. Nur wenn Traubenzucker im Wasser gelöst ist, kann er von der Hefe aufgenommen werden. Je weicher der Teig, desto stärker ist die Hefetätigkeit.

4. Die Hefe kann mit und ohne Sauerstoff leben.
   Beschreiben Sie die Hefetätigkeit
   a) mit Sauerstoff,
   b) ohne Sauerstoff.

a) Sauerstoff benötigt die Hefe nur zur Vermehrung. Die Vermehrung erfolgt erst nach ca. zwei Stunden Stehzeit des Teigs.
b) Hat die Hefe keinen Sauerstoff im Teig zur Verfügung, gärt sie. Der Sauerstoff ist im Hefeteig schnell verbraucht und die Hefe vergärt den Traubenzucker.

5. Beschreiben Sie die Hefetätigkeit im Hefeteig bei folgenden Temperaturen:
- 55 bis 60 °C im Ofen
- 40 bis 50 °C im Ofen
- 30 bis 35 °C im Gärraum und anfangs im Ofen
- 20 bis 25 °C in der Backstube
- 2 bis 5 °C in der Kühlung
- 0 bis –18 °C bei der Gärverzögerung und Gärunterbrechung

- Bei 55 °C stellt die Hefe ihre Tätigkeit ein und stirbt dann bis 60 °C.
- Bei 40 bis 50 °C gärt die Hefe kaum noch.
- Bei 30 bis 35 °C im Gärraum und zu Beginn des Backens gärt die Hefe am besten.
- Bei 20 bis 25 °C gärt die Hefe langsam.
- In der Kühlung bei 2 bis 5 °C stellt die Hefe ihre Tätigkeit fast ein und gärt nur ganz langsam.
- Bei 0 bis –18 °C ist die Hefe in völligem Ruhestand und gärt nicht; sie stirbt jedoch nicht.

6. Nur frische Hefe ist triebkräftig und gewährleistet eine ausreichende Lockerung der Backwaren.

a) Nennen Sie die idealen Lagerbedingungen der Presshefe.

b) Wie erkennt man
- frische Hefe,
- alte Hefe?

a)
- In der Kühlung bei 2 bis 5 °C,
- luftgeschützt, im luftundurchlässigen Originalverpackungspapier, damit die Hefe nicht austrocknet,
- frei von Fremdgerüchen, da die Hefe schnell andere Gerüche aufnimmt.

b)
- Frische Hefe ist hellgrau, mit glatter Oberfläche und muschelartigem, kompaktem Bruch.
- Alte Hefe erkennt man an einer braunen, rissigen Oberfläche. Die Hefe bröckelt beim Aufbrechen sofort auseinander.

7. Die richtige Hefemenge im Teig ergibt ein optimales Backergebnis.

a) Erläutern Sie, warum eine optimale Hefemenge im Teig den Geschmack und die Frischhaltung der Backwaren fördert.

b) Welchen Nachteil hat eine erhöhte Hefemenge im Teig auf die Gebäcke?

c) Warum benötigen fettreiche Hefeteige einen Vorteig?

a) Während der langsamen Gare der Teiglinge haben die Mehlbestandteile ausreichend Zeit zu quellen und das Wasser des Teigs zu binden.
Das gebundene Wasser in den Gebäcken verdunstet langsamer und verlängert somit etwas die Frischhaltung der Gebäcke.

b) Bei einer zu großen Hefemenge haben die Mehlbestandteile keine ausreichende Zeit zu quellen und das Wasser des Teigs zu binden.
Das Wasser verdunstet deshalb in den Gebäcken schneller, sodass diese etwas schneller altern.

c) Fettreiche Hefeteige enthalten wenig Milch. Folglich ist die Wassermenge für die Gärtätigkeit zu gering, wodurch die Gebäcke zu wenig gelockert werden. Im Vorteig wird eine triebkräftige Hefe für den Hauptteig gebildet, die die Gebäcke ausreichend lockert.

4.2 Chemische und physikalische Lockerung

1. Backpulver ist für viele Feine Backwaren ein wichtiges chemisches Lockerungsmittel.
a) Für welche Backwaren wird Backpulver verwendet?
b) Erklären Sie, warum diese Gebäcke Backpulver benötigen und das Aufschlagen der Massen sowie die Hefegärung der Teige eine ungenügende Lockerung ergibt.

a) Backpulver wird für alle fett- und zuckerreichen Massen und Teige verwendet, z. B. Kuchen aus Sandmasse, Donuts, Spekulatius.
b)
- Diese Massen können durch den hohen Fett- und Zuckeranteil beim Aufschlagen nicht genügend Luft für eine ausreichende Lockerung festhalten.
- Die Wassermenge dieser fett- und zuckerreichen Teige ist für eine Hefegärung zu gering.

2. Nennen Sie das Gas, das bei allen chemischen Lockerungsmitteln Teige und Massen lockert.

Bei allen chemischen Lockerungsmitteln entsteht Kohlenstoffdioxid (CO_2) als Lockerungsgas.

3. Ein großes Volumen und eine optimale Lockerung der Gebäcke hängen von der richtigen Verarbeitung des Backpulvers ab.
a) Beschreiben Sie die Verarbeitung von Backpulver.
b) Beschreiben Sie, wodurch die Lockerung durch Backpulver in den Massen und Teigen einsetzt.
c) Erklären Sie, warum Massen und Teige mit Backpulver sofort in den Backofen geschoben werden sollen.
d) Die Backpulvermenge muss in Massen genau stimmen. Beschreiben Sie die Wirkung von
- zu viel Backpulver,
- zu wenig Backpulver.

a) Backpulver wird bei der Verarbeitung zum Mehl gegeben und mitgesiebt.
b) Durch die Feuchtigkeit in den Massen und Teigen und vor allem durch die Hitze beim Backen erzeugt Backpulver CO_2.
c) Backpulver setzt bereits in Verbindung mit der Feuchtigkeit der Massen und Teige etwas Kohlenstoffdioxid frei, das dann zur vollständigen Lockerung im Ofen fehlt.
d)
- Bei zu viel Backpulver kommt es zu einer zu kräftigen CO_2-Entwicklung, sodass die Masse zu stark gehoben wird und dann durch den übergroßen Gasdruck einfällt. Die eingefallenen Gebäcke haben durch die fehlende Lockerung einen Wasserstreifen in der Krume.
- Die zu geringe Triebwirkung von zu wenig Backpulver ergibt ein zu kleines Gebäckvolumen und eine ungenügende Lockerung der Backwaren.

4. Hirschhornsalz ist ein chemisches Lockerungsmittel, das nur für bestimmte Backwaren verwendet wird.
a) Nennen Sie weitere Bezeichnungen für Hirschhornsalz.
b) Beschreiben Sie die Wirkung von Hirschhornsalz bei der Lockerung.

a)
- Ammonium
- ABC-Trieb (Ammoniumbicarbonat)
- AHC-Trieb (Ammoniumhydrogencarbonat)

b) Hirschhornsalz zerfällt in den Teigen durch die Backhitze in drei Gase:
- Ammoniak ergibt den stechenden Geruch und Geschmack.
- Kohlenstoffdioxid, das Lockerungsgas,
- Wasserdampf.

5. a) Beschreiben Sie, wie Hirschhornsalz bei der Zugabe in den Teig verwendet wird.
b) Welcher optische Gebäckfehler entsteht, wenn Hirschhornsalz mit zu wenig Flüssigkeit aufgelöst wird?
c) Für welche Backwaren darf Hirschhornsalz nur verwendet werden? Begründen Sie die Verwendung.
d) Welche Fehler würde Hirschhornsalz in hohen und wasserhaltigen Gebäcken verursachen?

a) Hirschhornsalz in ausreichend kaltem Wasser oder kalter Milch auflösen, damit es sich im Teig gleichmäßig verteilt.
b) Ungelöste Kristalle des Hirschhornsalzes bilden auf den Gebäcken dunkle, unschöne Punkte.
c)
- Hirschhornsalz darf nur für wasserarme flache Gebäcke verwendet werden, z. B. Lebkuchen und Kekse.
- Aus den flachen, ausgebackenen Gebäcken kann sich das Ammoniak verflüchtigen.

d) In hohen und feuchten Gebäcken bleibt das Ammoniak in den Gebäcken, das unangenehm schmeckt und riecht sowie gesundheitlich bedenklich ist.

6. Pottasche wird als Lockerungsmittel nur für bestimmte Weihnachtsgebäcke verwendet.
a) Wofür wird Pottasche verwendet?
b) Beschreiben Sie die Wirkung von Pottasche bei der Lockerung.
c) Warum kann Pottasche in Lebkuchenteigen wirksam werden und diese lockern?
d) Wie wird Pottasche verarbeitet?

a) Pottasche wird nur zur Lockerung von Lebkuchenteigen für Braune Lebkuchen verwendet.
b) Durch die Backhitze erfolgt eine leichte Kohlenstoffdioxidbildung im Teig. Doch erst durch die Teigsäuren erfolgt die vollständige CO_2-Bildung und somit die volle Triebkraft.
c) Lebkuchenteige besitzen Honigsäure und Milchsäure. Bei Frischteigen mit zu wenig Säure, kann etwas Säure zugegeben werden.
d) Die körnchenförmige Pottasche wird in kaltem Wasser oder kalter Milch aufgelöst, damit sie sich gleichmäßig im Teig verteilt.

7. Lebkuchenteige werden mit zwei Lockerungsmittel gelockert.
a) Warum werden Lebkuchenteige mit Hirschhornsalz und mit Pottasche gelockert?
b) Beschreiben Sie die Verarbeitung, wenn Hirschhornsalz und Pottasche in den Lebkuchenteig gegeben werden.

a)
- Hirschhornsalz lockert die Gebäcke großporig und treibt sie deshalb etwas hoch.
- Die Pottasche schwächt etwas den Kleber, sodass breite, flache Poren entstehen und somit die Lebkuchen dadurch leicht breit laufen.

b) Hirschhornsalz und Pottasche getrennt voneinander auflösen und einzeln nacheinander in den Teig geben.
Werden beide Triebmittel gemeinsam aufgelöst oder zusammen in den Teig gegeben, reagieren sie sofort und verlieren ihre Triebkraft.

8. Einige Rohstoffe werden in der Konditorei durch Luft gelockert. Nennen Sie die Rohstoffe, die mit den verschiedenen Methoden gelockert werden:
a) schaumig schlagen
b) aufschlagen
c) aufblasen bzw. aufschlagen

a) Butter und Margarine werden schaumig geschlagen, wobei Fette wenig Luft festhalten können.
b) Eier und Eiklar (Eischnee) werden aufgeschlagen und haben dabei eine starke Luftaufnahmefähigkeit.
c) • Schlagsahne wird in der Konditorei im Sahnebläser aufgeblasen. Trotzdem spricht man noch vom „Aufschlagen der Sahne".
• Milch wird für Kaffeegetränke aufgeblasen, z. B. für Cappuccino und Latte macchiato.

9. Zu welcher Lockerungsart gehört die Lockerung durch Luft?

Luft als Lockerungsmittel zählt zur physikalischen Lockerung.

10. Erklären Sie die Lockerung der Schlagsahne und Milch beim Aufschlagen bzw. Aufblasen.

Das Eiweiß in der Schlagsahne und der Milch ist viskos, d. h., es ist zähfließend und dehnfähig. Es kann deshalb eingeschlagene oder eingeblasene Luft gut festhalten. Das elastische Fett umschließt die Luftbläschen, die somit stabilisiert werden und einen guten Stand der Schlagsahne bzw. der aufgeschäumten Milch ergeben.

11. Blätterteig wird physikalisch gelockert.
a) Beschreiben Sie die Lockerung des Blätterteigs beim Backen.
b) Wodurch erhalten Blätterteiggebäcke ihre splittrige Beschaffenheit?

a) Blätterteig besteht aus vielen dünnen Teig- und Ziehfettschichten.
• Das tourierte Ziehfett wird im Ofen durch die Backhitze flüssig und isoliert die einzelnen Teigschichten voneinander.
• Die Backhitze gelangt so zwischen die Teigschichten, sodass das Teigwasser verdampft. Der Wasserdampf drückt die vielen hauchdünnen Teigschichten einzeln nach oben, wodurch die lockere Blätterung entsteht.
b) In die locker übereinanderliegenden Teigschichten kann die Backhitze eindringen und die einzelnen Schichten rösch ausbacken.

12. Nennen Sie die zwei Lockerungsarten der Plundergebäcke.

• Plunderteige werden durch die Hefe im Hefeteig gelockert und
• beim Backen wie beim Blätterteig durch den Wasserdampf, der die einzelnen tourierten Teigschichten hochhebt.

13. Bei Brandmasse erfolgt eine besonders kräftige physikalische Lockerung. Beschreiben Sie die Lockerung der Brandmassegebäcke.

Brandmassegebäcke werden durch Wasserdampf gelockert.
- Beim Backen verdampft der hohe Wasseranteil der Brandmasse.
- Der starke Druck des Wasserdampfs drückt nach oben und die zähe, elastische Brandmasse hält den Wasserdampf im Inneren der Brandmassestücke fest.
- Das Volumen der Brandmassestücke vergrößert sich, bis sich eine stabile Kruste gebildet hat.
- Durch die Ausdehnung des Wasserdampfs entstehen große Hohlräume, die von weichen, dünnen Zwischenwänden umgeben sind.

4.3 Fachmathematische Berechnungen (Dreisatz, Prozentrechnen, Verlustberechnung, Rezeptberechnung, Grundrechnen)

1. Das Rezeptgewicht für leichten Hefeteig beträgt 9,500 kg. Es ist mit einem Gär- und Einwiegeverlust von 2 % zu rechnen. Wie schwer ist der aufgearbeitete Teig nach der Gare und vor dem Einschieben in den Ofen?

100 % ≙ 9 500 g
98 % ≙ x g

$$x = \frac{9\,500\text{ g} \cdot 98}{100} = 9\,310\text{ g}$$

2. Aus einer Presse Hefeteig mit einem Teiggewicht von 3 000 g werden 10 Zöpfe geflochten. Die Zöpfe wiegen unmittelbar vor dem Einschießen nur noch je 291 g. Berechnen Sie die Gär- und Einwiegeverluste in g und %.

3 000 g : 10 Zöpfe = 300 g/Zopf
Gär- und Einwiegeverluste in g:
300 g – 291 g = 9 g
Gär- und Einwiegeverluste in %:
300 g ≙ 100 %
9 g ≙ x %

$$x = \frac{100\,\% \cdot 9}{300} = 3\,\%$$

3. Berliner haben ein Teiggewicht von 47,5 g je Stück. Berechnen Sie das Teiggewicht für eine Presse (Ballen) von 30 Teiglingen, wenn von 5 % Gär- und Verarbeitungsverlusten ausgegangen werden muss.

95 % ≙ 47,5 g
100 % ≙ x g

$$x = \frac{47{,}5\text{ g} \cdot 100}{95} = 50\text{ g}$$

Teiggewicht pro Presse:
1 Presse entspricht 30 Teiglingen
50 g · 30 = 1 500 g

4. Das Teiggewicht für eine Presse Hefeteig (30 Stück) ist 1 860 g. Der Gär- und Einwiegeverlust ist erfahrungsgemäß 2 %. Wie viel kg Teig muss der Geselle für 1 500 Teigstücke herstellen?

1 500 Stück : 30 St./Presse = 50 Pressen
1 860 g/Presse · 50 Pressen = 93 000 g
98 % ≙ 93 000 g
100 % ≙ x g

$$x = \frac{93\,000\text{ g} \cdot 100}{98} = 94\,898\text{ g} = 94{,}898\text{ kg}$$

5. Durch die Volumenzunahme beim Backen einer Sandkuchenmasse dürfen die Formen nur zu $\frac{3}{4}$ gefüllt werden.
Das Fassungsvermögen einer voll gefüllten Form beträgt ca. 540 g Sandmasse.
a) Wie viele Formen können gefüllt werden, wenn insgesamt 12 400 g Sandmasse hergestellt worden sind?
b) Wie viel g Sandmasse bleiben übrig?

a) 100 % ≙ 540 g
75 % ≙ x g
$x = \frac{540\text{ g} \cdot 75}{100} = 405\text{ g}$ Füllgewicht je Form

12 400 g : 405 g/Form = 30,61 Formen
≈ 30 Formen

b) 30 · 405 g = 12 150 g
12 400 g – 12 150 g = 250 g

6. Lebkuchenteigen werden zur Lockerung Hirschhornsalz und Pottasche zugegeben.
Rezeptbeispiel: Honigkuchenteig
Lagerteig: 750 g Weizenmehl
250 g Roggenmehl
1 000 g Honig
Zum Lagerteig werden bei der Hauptteigbereitung 40 g Lebkuchengewürz sowie Hirschhornsalz (1 % der Mehlmenge) und Pottasche (0,5 % der Mehlmenge) gegeben.
Berechnen Sie das Gewicht des Lebkuchenteigs.

Lagerteig:
750 g Weizenmehl
250 g Roggenmehl
1 000 g Honig
2 000 g Lagerteig

Hauptteig:
2 000 g Lagerteig
40 g Lebkuchengewürz
10 g Hirschhornsalz (1 % von 1 000 g)
5 g Pottasche (0,5 % von 1 000 g)
2 055 g Lebkuchenteig

7. Schlagsahne hat nach dem Aufschlagen ein Volumen von 8 l. Dies entspricht einer Volumenzunahme von 300 %.
a) Wie viele l Schlagsahne wurden aufgeschlagen?
b) Wie viele Tetra-Paks Sahne wurden verwendet? Ein Tetra-Pak enthält 1 l Sahne.

a) 400 % ≙ 8 l
100 % ≙ 8 l : 4 = 2 l
b) 2 l : 1 l/Tetra-Pak = 2 Tetra-Paks

8. Schlagsahne wird mit einer Volumenausbeute von 380 aufgeschlagen. Wie viel cm^3 aufgeschlagene Sahne erhält man aus 6 Tetra-Paks Sahne mit einem Inhalt von je 5 l?

5 l/Tetra-Pak · 6 Tetra-Paks = 30 l Sahne

100 ml Sahne ≙ 380 cm^3
5 000 ml Sahne ≙ x cm^3
$x = \frac{380\text{ cm}^3 \cdot 5\,000}{100} = 19\,000\text{ cm}^3$

9. Durch Zusatz von Zucker kann der Konditor die Volumenausbeute von Eischnee deutlich verbessern. Nach der Zugabe von Zucker zu 350 g Eiklar wird ein Volumen von 1 575 cm^3 Eischnee festgestellt. Wie hoch ist die Volumenausbeute?

350 g ≙ 1 575 cm^3
100 g ≙ x cm^3
$x = \frac{1\,575\text{ cm}^3 \cdot 100}{350} = 450\text{ cm}^3$
Volumenausbeute 450

10. Das Grundrezept für Blechkuchen aus Hefeteig hat ein Teiggewicht von 1970 g. Das Rezept beinhaltet 60 g Hefe. Berechnen Sie die Hefemenge, die für einen Blechkuchenteig mit einem Gesamtgewicht von 11820 g benötigt wird.

1970 g Teig ≙ 60 g Hefe
11820 g Teig ≙ x g

$$x = \frac{60\text{ g} \cdot 11820}{1970} = 360\text{ g Hefe}$$

5 Backen

5.1 Backöfen

1. Nennen Sie die Backofenarten im Konditoreibetrieb:
a) die zwei in der Produktion der Konditorei üblichen Backofenarten
b) Backofen im Laden

a) • Etagenbacköfen
• Stikkenöfen
b) Im Laden wird mit einem kleinen Ladenbackofen gebacken, in dem die Fachverkäuferinnen den ganzen Tag über nach Bedarf kleine Gebäcke backen.

2. Backöfen werden unterschiedlich beheizt.
a) Erklären Sie die direkte Beheizung in Backöfen.
b) Geben Sie Backwaren an, die bei direkter Beheizung gebacken werden:
• Brote
• flache Teigspeisen
c) Erklären Sie die indirekte Beheizung in Backöfen und geben Sie Öfen an, die indirekt beheizt werden.

a) Die direkte Beheizung erfolgt nur im Holzbackofen. Das Holz wird direkt im Ofen auf der Backfläche verbrannt, bis die gewünscht hohe Backhitze erreicht ist. Die Teiglinge werden auf die gesäuberte Backfläche geschoben und gebacken.
b) • Holzofenbrote
• Pizzas
c) Bei der indirekten Beheizung sind der Backofen und der Heizraum getrennt. Die Hitze zum Backen wird außerhalb des Backofens erzeugt. Etagenofen, Stikkenofen und Ladenbackofen werden indirekt beheizt.

5.2 Vorgänge beim Backen (Backprozess)

1. Zu Beginn des Backprozesses erfolgt eine starke Lockerung in den Teiglingen mit Hefe.
a) Erklären Sie den Begriff „Ofentrieb“ der Teiglinge mit Hefe.
b) Beschreiben Sie die Vorgänge in den Hefeteigen beim Ofentrieb bei folgenden Temperaturen:
• 30 bis 45 °C (Hefe)
• 35 bis 60 °C (Gase in den Poren)
• 55 bis 60 °C (Hefe)

a) Als Ofentrieb bezeichnet man die sofortige Volumenzunahme nach dem Einschieben der Teiglinge mit Hefe in den Backofen.
b) • Bei 30 bis 45 °C erfolgt eine starke Hefegärung.
• Bei 35 bis 60 °C entsteht eine starke Ausdehnung der Gärgase in den Poren der Teiglinge, was die Lockerung verstärkt und das Volumen der Teiglinge vergrößert.
• Bei 55 bis 60 °C stirbt die Hefe ab.

Aufgabe	Lösung
2. Beim Backen steigt die Temperatur im Inneren der Teiglinge und Massen langsam an. Es bildet sich die Krume in den Backwaren. a) Beschreiben Sie die Vorgänge bei der Krumenbildung bei folgenden Temperaturen: • 55 bis 70 °C (Eiweiß) • 60 bis 90 °C (Weizenstärke) • ab 78 °C (Alkohol) b) Erklären Sie, was aus Teigen und Massen bei der Krumenbildung geschieht. c) Wann ist die Krumenbildung beendet?	a) • Bei 55 bis 70 °C gerinnt das Eiweiß. • Bei 60 bis ca. 90 °C verkleistert die Weizenstärke. • Ab 78 °C verdampft der Alkohol der Hefegärung. Der Alkoholdampf bildet mit den Teigsäuren „Ester", die Geschmacksstoffe. b) Aus dem klebrigen Teig und der weichen Masse wird durch die Backhitze eine verdauliche sowie schnitt- und bestreichfähige Krume mit gutem Geruch und Geschmack. c) Die Krumenbildung ist erst zum Ende des Ausbackens beendet.
3. Beschreiben Sie die Vorgänge bei der Krustenbildung auf der Oberfläche der Backwaren bei folgenden Temperaturen: a) 100 °C (Wasser) b) ab 100 °C (Aminosäuren und Zucker) c) 120 bis 140 °C (Braunfärbung) d) ab 150 °C (Zucker) e) 150 bis 180 °C (Aromastoffe) f) 200 °C (Bitterstoffe)	a) Bei 100 °C verdampft das Wasser an der Oberfläche der Gebäcke, die somit austrocknet und fester wird. b) Ab 100 °C entstehen Melanoidine aus Aminosäuren (Eiweiße) und Zucker. Melanoidine sind Aroma- und Farbstoffe, von denen bei steigender Temperatur immer mehr auf der Kruste gebildet werden. c) Bei 120 bis 140 °C spaltet sich die weiße Stärke zuerst zu hellbraunen und dann zu braunen Dextrinen. Die Kruste beginnt dadurch zu bräunen. d) Ab 150 °C karamellisiert der Zucker an der Kruste, der bei zunehmender Hitze brauner wird und die Krustenfärbung verstärkt. e) Bei 150 bis 180 °C bilden sich aus Eiweiß und Zucker dunkelbraune geschmacksintensive Röstbitterstoffe. f) Bei 200 °C bildet sich schwarzfärbender Zuckercouleur und die Röstbitterstoffe verkohlen (verbrennen), was einen bitteren Geschmack zur Folge hat. Die Kruste darf deshalb 200 °C nicht erreichen.
4. Erklären Sie, was bei der Krustenbildung beim Backen auf den Gebäcken geschieht.	• Bei der Krustenbildung verdunstet das Wasser an der Oberfläche der Teige und Massen durch die Backhitze. Es entsteht eine trockene, stabile Randschicht. • Bei steigender Temperatur der Kruste färbt sie sich zunehmend braun. • Auf der Kruste bilden sich die intensiven Geschmacksstoffe der Gebäcke.

5. Nennen Sie die richtige Backtemperatur folgender Gebäcke:
   a) Mürbeteiggebäcke
   b) Hefezöpfe, Stollen, Osterfladen, Kuchen aus Sandmasse, Tortenböden
   c) Plunder- und Blätterteiggebäcke
   d) Kapseln

a) 180 bis 190 °C
b) 190 bis 200 °C
c) 210 bis 220 °C
d) 220 °C

6. Das Gewicht der Teiglinge und Massen beim Einschieben in den Ofen ist wesentlich höher als das der gebackenen Gebäcke.
   a) Erklären Sie den „Backverlust" bei Backwaren.
   b) Wodurch entsteht der Backverlust?

a) Der Backverlust ist der Gewichtsverlust der Teiglinge und Massen beim Backen.
b) Der Backverlust entsteht durch das Verdampfen des Wassers beim Backen, vor allem an der Kruste.

7. Beim Errechnen der Arbeitsrezepte wird die Gebäckausbeute berücksichtigt, um die gewünschte Anzahl der Gebäcke mit den entsprechenden Gewichten zu erhalten.
   a) Erklären Sie die Gebäckausbeute, auch Backausbeute genannt.
   b) Nennen Sie zwei Beispiele, die die Gebäckausbeute erhöhen.

a) Die Gebäckausbeute gibt das Gebäckgewicht an, das man aus 100 Teilen Mehl erzielt.
b) • Teige mit hoher Teigausbeute erzielen eine höhere Gebäckausbeute.
   • Je größer die Backwaren sind, desto höher ist die Gebäckausbeute, weil der Backverlust geringer ist.

8. Nennen Sie die Backzeit von
   • Tortenböden und
   • Kuchen aus Sandmasse in Formen.

• Tortenböden: ca. 30 Minuten
• Kuchen aus Sandmasse: 45 bis 50 Minuten, je nach Größe

5.3 Schwaden beim Backen

1. Die Schwadengabe ist entscheidend für die Qualität und das schöne Aussehen der Backwaren.
   a) Was versteht man unter „Schwaden" und „Schwadengeben" beim Einschieben der Teiglinge in den Backofen?
   b) Beschreiben Sie, was geschieht, wenn nach dem Einschieben Schwaden auf die Hefeteiglinge im Ofen trifft.
   c) Erklären Sie, warum die Schwadengabe für Teiglinge mit Hefe beim Ofentrieb wichtig ist.

a) Schwaden ist Wasserdampf im Ofen oder im Gärraum. Beim Schwadengeben wird 100 °C heißes Wasser als Wasserdampf in den Backofen gespritzt, sodass feuchte Hitze entsteht. Vor dem Schwadengeben muss der Zug geschlossen werden.
b) Der 100 °C heiße Wasserdampf (Schwaden) kühlt auf der ca. 30 °C warmen Teigoberfläche ab und bildet darauf Kondenswasser, sodass die Teighaut feucht und elastisch bleibt.
c) Durch starke Hefegärung und die Ausweitung der Gase beim Ofentrieb entsteht vom Teiginneren her ein starker Druck. Durch die Schwadengabe bleibt die Teigoberfläche feucht und elastisch und kann somit dem Gasdruck nachgeben. Dadurch vergrößert sich das Volumen der Teiglinge durch die Vergrößerung der Poren.

2. Vor allem Hefeteiggebäcke enthalten durch die Schwadengabe eine glänzende Gebäckkruste.
Erläutern Sie, wie es dazu kommt.

Beim Backen werden auf der Gebäckkruste aus der Stärke Dextrine. Diese glänzen nur in Verbindung mit Wasser, sodass das Kondenswasser des Schwadens einen schönen Glanz bewirkt.

3. Die Teiglinge mit Hefe müssen mit Schwaden gebacken werden.
a) Beschreiben Sie das negative Backergebnis, wenn sich die Teigoberfläche bei fehlender Schwadengabe zu schnell verfestigt.
b) Nennen Sie die Gebäckfehler, wenn Teiglinge mit Hefe ohne oder mit zu wenig Schwaden in den Ofen geschoben werden.

a) Ohne Schwaden im Ofen entwickeln sich schnell eine trockene Teighaut und eine stabile Kruste. Diese können den sich ausbreitenden Lockerungsgasen nicht nachgeben. Die Teiglinge bleiben klein und reißen mehrmals an der Oberfläche auf.
b) Durch fehlenden Schwaden entstehen:
- kleines Gebäckvolumen,
- rissige Gebäckkruste,
- matte, glanzlose Kruste.

4. Welche positiven Wirkungen hat die Schwadengabe beim Einschieben der Teiglinge in den Backofen auf die Backwaren?

Durch die Schwadengabe in den Backofen
- bekommen die Gebäcke ein großes Volumen,
- werden die Gebäcke ausreichend gelockert,
- glänzt die Gebäckkruste.

5. Die in den Backofen gegebene Schwadenmenge kann bei nicht einwandfreier Gärreife der Teiglinge Gebäckfehler vermeiden. Erklären Sie die Schwadenmenge bei
a) zu knapper Gare,
b) zu voller Gare (Übergare).

a) Bei zu knapper Gare viel Schwaden geben, damit die Teigoberfläche längere Zeit feucht und elastisch bleibt.
b) Bei zu voller Gare weniger Schwaden geben, damit schnell eine trockene, stabile Teighaut entsteht und somit die Teiglinge nicht breit laufen.

6. Nennen Sie Teiglinge, die ohne Schwaden gebacken werden, und begründen Sie dies.

Teiglinge, die mit Eistreiche bestrichen werden wie Hefezöpfe, Blätterteiggebäcke und Croissants. Diese Teiglinge sind an der Oberfläche beim Einschieben in den Backofen bereits feucht und somit elastisch.

7. Mit dem „Zug" (Abzugskanal) kann im Backofen eine trockene oder feuchte Backhitze erzeugt werden.
Erklären Sie
a) den „Zug" im Backofen,
b) das Backen bei geschlossenem Zug,
c) das Backen bei offenem Zug.

a) In jedem Backofen und Stikkenofen befindet sich eine kleine Öffnung, die durch einen Kanal nach außen führt. Durch diesen „Zug" kann der Wasserdampf aus dem Ofen abziehen.
b) Dieser Abzugskanal kann mit einer Klappe geschlossen werden, sodass der Wasserdampf im Backofen bleibt. Gibt man Schwaden in den Ofen, wird der Zug geschlossen.
c) Möchte man eine trockene Backhitze, wird der Zug geöffnet, damit der Wasserdampf durch den Abzugskanal entweichen kann.

8. a) Beschreiben Sie, warum einige Gebäcke mit offenem Zug gebacken werden müssen.
b) Nennen Sie Gebäcke, die mit offenem Zug gebacken werden.

a) Durch die trockene Backhitze bildet sich schnell eine stabile Gebäckhaut, sodass die Gebäcke nicht breit laufen und ihre schöne Form verlieren.
b) • Makronengebäcke
• Spritzgebäcke
• Löffelbiskuits
• Oblatenlebkuchen (Elisenlebkuchen)
• Braune Lebkuchen
• Laugengebäcke

9. a) Erklären Sie, warum z. B. Makronengebäcke, Löffelbiskuits, Elisenlebkuchen und getrocknete Baisererzeugnisse mit offenem Zug gebacken werden.
b) Was geschieht mit diesen Backwaren, wenn sie bei geschlossenem Zug gebacken werden?

a) • Es sind weiche Massen, die bei niedriger Backhitze gebacken werden.
• Wegen des geöffneten Zugs entsteht eine trockene Backhitze, durch diese die Oberflächen der Gebäcke schnell eine Kruste bekommen.
• Die Gebäcke haben dadurch eine schöne Gebäckform mit glatter Kruste.
b) Bei feuchter Backhitze mit geschlossenem Zug laufen die Massen der Gebäcke breit, sodass die Kruste Risse bekommt.

5.4 Fachmathematische Berechnungen (Dreisatz, Prozentrechnen, Grundrechnen, Verlustberechnung, Gebäckausbeuteberechnung)

1. Zum Backen von 20 Stollen wird ein Backofen mit einer Leistung von 18 kW beschickt. Es sind dafür 60 % der Maximalleistung erforderlich. Berechnen Sie die Energiekosten, die auf einen Stollen entfallen, wenn 1 kWh 0,50 € kostet und die Backzeit 30 Minuten beträgt.

100 % ≙ 18 kW
10 % ≙ 1,8 kW
60 % ≙ 1,8 kW · 6 = 10,8 kW
Energieverbrauch für 20 Stollen:
10,8 kW · 0,5 h = 5,4 kWh
Energiekosten für 1 Stollen:
5,4 kWh : 20 Stollen = 0,27 kWh/Stollen
0,50 €/kWh · 0,27 kWh = 0,14 €

2. An 276 Arbeitstagen eines Jahres werden in einer Großkonditorei je Arbeitstag 270 kg Mehl verarbeitet. In einer Woche werden für den Backofen 250 l Heizöl benötigt.
a) Errechnen Sie, wie viele Wochen pro Jahr gearbeitet wird, wenn 1 Woche 6 Arbeitstage hat.
b) Ermitteln Sie den Mehlverbrauch in t je Woche und Jahr.
c) Wie viel Liter Heizöl werden je kg Mehl verbrannt?
d) Berechnen Sie die Jahresheizkosten, wenn 1 l Heizöl 01,04 € kostet.

a) 276 : 6 Tage/Woche = 46 Wochen/Jahr

b) 270 kg Mehl/Tag · 6 Tage
= 1 620 kg/Woche = 1,620 t/Woche
46 Wochen · 1 620 kg = 74 520 kg/Jahr
= 74,520 t/Jahr

c) 250 l : 1 620 kg = 0,154 l/kg

d) 250 l/Wo. · 46 Wochen = 11 500 l/Jahr
1,04 €/l · 11 500 l = 1 1960,00€

Aufgabe	Lösung
3. Je Woche werden in einer Konditorei 1,6 t Mehl verarbeitet. Nach Jahresabschluss wurde ein Gesamtverbrauch in Höhe von 12 500 m^3 Gas festgestellt. 1 m^3 Gas kostet ohne Umsatzsteuer 1,70 €. a) Berechnen Sie die Energiekosten einschließlich Umsatzsteuer. b) Berechnen Sie die Energiekosten je 100 kg Mehl. Im Berechnungsjahr wurde insgesamt 48 Wochen gearbeitet.	a) $1{,}70\ €/m^3 \cdot 12\,500\ m^3 = 21\,250{,}00\ €$ $100\,\% \mathrel{\hat=} 21\,250\ €$ $119\,\% \mathrel{\hat=} x\ €$ $x = \frac{21\,250\ € \cdot 119}{100} = 25\,287{,}50\ €$ b) 1,6 t Mehl · 48 Wochen = 76,8 t Mehl/Jahr $76\,800\ kg \mathrel{\hat=} 25\,287{,}50\ €$ $100\ kg \mathrel{\hat=} x\ €$ $x = \frac{25\,287{,}50\ € \cdot 100}{76\,800} = 32{,}93\ €$
4. Sandkuchen in Kastenform haben ein Massengewicht von 540 g. Nach dem Backen wiegt der Sandkuchen nur noch 459 g. Berechnen Sie den Backverlust in %.	Massengewicht – Backverlust Gebäckgewicht 540 g – 459 g = 81 g Backverlust $540\ g \mathrel{\hat=} 100\,\%$ $81\ g \mathrel{\hat=} x\,\%$ $x = \frac{100\,\% \cdot 81}{540} = 15\,\%$
5. Es werden 63 Hefezöpfe mit einem Gebäckgewicht von jeweils 300 g benötigt. Der Backverlust beträgt 13 %. a) Wie viel Hefeteig muss hergestellt werden? b) Berechnen Sie die Teigeinlage in g für jeden Hefezopf.	a) $87\,\% \mathrel{\hat=} 18\,900\ g$ $100\,\% \mathrel{\hat=} x\ g$ $x = \frac{18\,900\ g \cdot 100}{87} = 21\,724{,}138$ g Teig NR: 63 · 300 g = 18 900 g b) 21 724,138 g : 63 = 344,828 g
6. Aus 4,500 kg Spritzmürbeteig wurden 11 Linzer Torten mit einem Gebäckgewicht von je 350 g hergestellt. Berechnen Sie den Backverlust in %.	350 g · 11 = 3 850 g 4 500 g – 3 850 g = 650 g Backverlust $4\,500\ g \mathrel{\hat=} 100\,\%$ $650\ g \mathrel{\hat=} x\,\%$ $x = \frac{100\,\% \cdot 650}{4\,500} = 14{,}4\,\%$
7. Herzustellen sind 450 Rosinenbrötchen aus Hefeteig mit einem Gebäckgewicht von jeweils 80 g. Wie viel kg Hefeteig benötigt man bei einem Backverlust von 9 %?	80 g · 450 = 36 000 g Gebäckgewicht $91\,\% \mathrel{\hat=} 36\,000\ g$ $100\,\% \mathrel{\hat=} x\ g$ $x = \frac{36\,000\ g \cdot 100}{91} = 39\,560{,}439\ g \approx 39\,560\ g = 39{,}560\ kg$
8. Aus 7,5 kg zuckerarmem Hefeteig werden bei einem Gärverlust von 2 % sowie 10 % Backverlust Croissants gefertigt. a) Berechnen Sie das Gebäckgewicht. b) Wie viele Croissants können hergestellt werden, wenn das Gebäckgewicht eines Croissants 35 g beträgt?	a) $100\,\% \mathrel{\hat=} 7\,500\ g$ $1\,\% \mathrel{\hat=} 75\ g$ $98\,\% \mathrel{\hat=} 75\ g \cdot 98 = 7\,350\ g$ $100\,\% \mathrel{\hat=} 7\,350\ g$ $1\,\% \mathrel{\hat=} 73{,}50\ g$ $90\,\% \mathrel{\hat=} 73{,}50\ g \cdot 90 = 6\,615\ g$ b) 6 615 g : 35 g = 189 Croissants

Der Begriff Gebäckausbeute (GA) ist gleichzusetzen mit dem Begriff Backausbeute (BA). Sie besagt, wie viel Gebäck aus 100 kg Mehl gewonnen werden kann.

9. 40 kg Mehl ergeben 58 kg Hefeteiggebäcke. Berechnen Sie die Gebäckausbeute (GA).

40 kg ≘ 100 %
58 kg ≘ x %
$$x = \frac{100\,\% \cdot 58}{40} = 145\,\%$$
GA = 145

10. Aus 20 kg Weizenmehl werden 55 Osterfladen mit einem Gebäckgewicht von 500 g hergestellt. Berechnen Sie die Gebäckausbeute in %.

55 · 500 g = 27 500 g
20 000 g ≘ 100 %
27 500 g ≘ x %
$$x = \frac{27\,500 \cdot 100\,\%}{20\,000} = 137{,}5\,\%$$
GA = 137,5

11. In einer Konditorei wurden in einem Monat 470 kg Mehl zu Berlinern mit einem Durchschnittsgewicht von 47,5 g verarbeitet. Wie viel Berliner wurden in diesem Zeitraum hergestellt, wenn die Gebäckausbeute 135 betrug?

100 % ≘ 470 kg
135 % ≘ x kg
$$x = \frac{470\text{ kg} \cdot 135}{100} = 634{,}5\text{ kg}$$
634 500 g : 47,5 g = 13 357,9 Berliner
≈ 13 357 Berliner

12. Wie viel kg Mehl benötigt man für 180 Stücke Bienenstich mit einem Gebäckgewicht von je 75 g und einer Gebäckausbeute von 159?

75 g · 180 = 13 500 g Gebäckgewicht
159 % ≘ 13 500 g
100 % ≘ x g
$$x = \frac{13\,500\text{ g} \cdot 100}{159} = 8\,490{,}566\text{ g} \approx 8\,491\text{ g} = 8{,}491\text{ kg}$$

13. Eine Konditorei liefert für eine 10-tägige Messe täglich 240 Blätterteigpasteten mit einem Gebäckgewicht von je 30 g. Die Gebäckausbeute beträgt 128. Wie viel kg Mehl wird für die Blätterteigpasteten insgesamt benötigt?

30 g · 240 = 7 200 g
128 % ≘ 7,200 kg
100 % ≘ x kg
$$x = \frac{7{,}200\text{ kg} \cdot 100}{128} = 5{,}625\text{ kg Mehl/Tag}$$
5,625 kg · 10 Tage = 56,250 kg

14. Aus 12,500 kg Weizenmehl werden Berliner mit einem Gebäckgewicht von insgesamt 20,250 kg hergestellt. Berechnen Sie die Gebäckausbeute.

12,500 kg ≘ 100 %
20,250 kg ≘ x %
$$x = \frac{100 \cdot 20{,}500}{12{,}500} = 162\,\%$$

15. „Süße Brötchen" haben ein Gebäckgewicht von 70 g (GA = 160). Berechnen Sie die Mehlmenge in kg für 300 Stück.

70 g · 300 = 21 000 g Gebäckgewicht
160 % = 21 000 g = 21 kg
$$x = \frac{21\text{ kg} \cdot 100}{160} = 13{,}125\text{ kg Mehlmenge}$$

6 Feine Backwaren aus Teigen

6.1 Feine Backwaren aus Hefeteig

1. Nennen Sie die drei Hefeteigarten, die nach dem Fettanteil im Teig unterschieden werden und geben Sie in etwa den Fettgehalt auf 1 kg Mehl an. Die Mengenangaben der Fettanteile sind Erfahrungswerte, also nicht vorgeschrieben.

- Leichter Hefeteig enthält 100 bis 150 g Fett.
- Mittelschwerer Hefeteig enthält 150 bis 250 g Fett.
- Schwerer Hefeteig enthält 250 bis 500 g Fett.

2. Nennen Sie Gebäcke aus leichtem und mittelschwerem Hefeteig.

Hefezöpfe, Rohrnudeln, Rosinenbrötchen, Kolatschen, Berliner, Zwieback, Rosinenstuten, Blechkuchen, z. B. Bienenstich, Streusel-, Butter-, Mohn-, Quark-, Pflaumenkuchen, Eierschecke

3. Warum werden Hefezöpfe und Blechkuchen aus Hefeteig mit mittelschwerem Hefeteig hergestellt?

Durch den etwas höheren Fettgehalt sind die Hefeteiggebäcke weicher und trocknen nicht so schnell aus.

4. Nennen Sie ein Grundrezept für leichten Hefeteig, ausgehend von 1 kg Weizenmehl.

1 000 g Weizenmehl
400 g Milch
60 g Hefe
120 g Zucker
120 g Butter oder Backmargarine
150 g Vollei (3 Stück)
10 g Salz
5 g Zitronen- und 5 g Vanillearoma
―――――――――――
1 870 g Teiggewicht

5. Nennen Sie die Verkaufsargumente für Gebäcke aus leichtem und mittelschwerem Hefeteig in Bezug auf
a) Qualitätsmerkmale,
b) Frischhaltung,
c) besondere Eignung.

a) Die Gebäcke
- sind fettarm und somit gut bekömmlich (gut verdaulich),
- haben eine lockere, weiche Krume,
- haben einen feinen, milden Hefeteiggeschmack.

b) Die Gebäcke schmecken frisch am besten. Sie sollen möglichst am Tag der Herstellung gegessen werden.

c) Hefeteiggebäcke sind Kaffeegebäcke, die sich auch zum Frühstück eignen.

6. Bei welcher Gärreife soll der Hefeteig auf Blechen für Blechkuchen aus dem Gärraum genommen und in den Backofen geschoben werden?
Begründen Sie Ihre Antwort.

Den mittelschweren Hefeteig auf dem Backblech bei knapper Gare in den Ofen schieben. Bei zu voller Gare wird der Hefeteig zu grobporig und trocken.

7. Bei welcher Temperatur werden Blechkuchen aus Hefeteig gebacken und wie erkennt man den fertig gebackenen Hefeteig?

Blechkuchen werden bei 210 °C gebacken. Sie sind fertig gebacken, wenn sie an der Unterseite hellbraun sind.

8. Nennen Sie bekannte Blechkuchen aus Hefeteig.

- Streuselkuchen
- Butterkuchen
- Bienenstich
- Pflaumenkuchen, Apfelkuchen
- Mohnkuchen, Quarkkuchen

9. a) Warum werden unglasierte Hefezöpfe vor dem Backen mit Eistreiche bestrichen?
b) Geben Sie ein Beispiel an, mit welchen Zutaten eine Eistreiche hergestellt wird.

a) Durch die Eistreiche bekommen Hefezöpfe eine schöne, glänzende Krustenbräune.
b) Für eine Eistreiche werden Volleier mit einer Prise Salz verrührt.

10. Bienenstich enthält oben einen dünnen knusprigen Belag. Erklären Sie, aus welcher Masse und aus welchen Zutaten der dünne Bienenstichaufstrich hergestellt wird.

Der Bienenstichaufstrich besteht aus einer Röstmasse aus Zucker, Honig, Butter, Sahne und gehobelten Mandeln. Es ist ein dünner und knuspriger nach Karamell schmeckender Mandelbelag.

11. Nennen Sie Möglichkeiten der Füllungen für Bienenstich (keine Fertigfüllcremes).

Es werden lockere, leichte Füllungen verwendet:
- Vanillecreme
- leichte Vanillecreme (Vanillecreme mit Eischnee)
- Vanillecreme und Schlagsahne zu gleichen Teilen (Sahnecreme)

12. Siedegebäcke werden schwimmend in heißem Fett gebacken.
a) Erläutern Sie die Besonderheit des Hefeteigs für Siedegebäcke wie Berliner.
b) Erklären Sie, wie sich der hohe Eier- und Eigelbanteil im Hefeteig auf die Siedegebäcke auswirkt:
- auf die Krume der Gebäcke,
- auf die Menge der Siedefettaufnahme beim Backen .

c) Welcher Gebäckfehler entsteht bei zu geringem Eigelbanteil im Hefeteig für Siedegebäcke?

a) Der Hefeteig für Siedegebäcke ist ein leichter, fettarmer Hefeteig mit hohem Eier- und Eigelbanteil.
b)
- Durch das Eigelb entsteht eine feine, weiche Krume mit gleichmäßiger Porung.
- Durch die emulgierende Wirkung des Lezithins der Eigelbe entsteht eine geschlossene Oberflächenstruktur auf den Teiglingen. Dadurch kann das Siedefett nicht in die Teiglinge eindringen. Die Gebäcke nehmen somit beim Backen nur an der dünnen Kruste eine geringe Menge Fett auf.

c) Bei zu geringem Eigelbanteil saugt das Gebäck mehr Siedefett auf, das die Gebäcke fettig macht.

13. Die richtige Gare ist entscheidend für die Qualität der Siedegebäcke.
a) Bei welcher Gärreife werden die Teiglinge für Siedegebäcke gebacken? Begründen Sie dies.
b) Was geschieht beim Backen der Teiglinge für Siedegebäcke, wenn sie bei voller Gare gebacken werden?
c) Warum lässt man die Teiglinge nach der Gare vor dem Backen kurz absteifen?

a) Die Teiglinge bei knapper Gare, ca. $\frac{3}{4}$ Gärreife, aus dem Gärraum nehmen. Die restliche Gare erfolgt beim Backen im Siedefett. Dadurch entstehen der weiße Mittelring und das große Gebäckvolumen.
b) Werden die Teiglinge bei voller Gare gebacken, erfolgt beim Backen eine Übergare. Die Gebäcke fallen ein, werden runzlig und saugen Fett auf.
c) Durch das Absteifen in kühler Umgebung entsteht an der Teigoberfläche eine leichte Haut. Somit behalten die lockeren Teiglinge beim Einlegen in das Siedefett ihre schöne Form.

14. a) Erklären Sie, warum man bei der ersten Backphase nach dem Einlegen der Teiglinge in das Siedefett das Fettbackgerät mit einem Deckel abdeckt.
b) Wie erreicht man, dass die dünne Kruste der Siedegebäcke beim Backen ausreichend Stabilität erhält, damit die Gebäcke ihre Form behalten und glatt bleiben?
c) Bei welcher Fetttemperatur werden Siedegebäcke gebacken?

a) Der sich beim Backen bildende Dampf wird festgehalten, sodass die Teigoberfläche der Teiglinge über dem Fett geschmeidig bleibt und sich ausdehnen kann. Das Volumen vergrößert sich und ein schöner heller Rand entsteht.
b) Durch zweimaliges Backen jeder Seite erhält die Kruste eine bessere Stabilität.
c) Siedegebäcke werden bei 175 °C gebacken.

15. Nennen Sie Beispiele von Füllungen für Berliner.

- Konfitüre, z. B. Aprikosen-, Johannisbeer-, Mehrfruchtkonfitüre
- Hiffenmark (Hagebutten)
- Vanillecreme, Schokovanillecreme
- Vanillecreme mit Likör, z. B. Eierlikör, Baileys

16. Nennen Sie bekannte Siedegebäcke aus Hefeteig.

Berliner, Ausgezogene, Zimtnudeln, Apfelkrapfen (Apfelschnecken)

17. Der Teig für Donuts unterscheidet sich von anderen Siedegebäcken durch das Lockerungsmittel. Warum wird dieser Teig anders gelockert?

Donuts werden aus demselben Teig wie Berliner hergestellt, der jedoch mit Backpulver statt mit Hefe gelockert wird.
Aus dem ausgerollten Teig für Donuts werden Ringe ausgestochen und sofort im Siedefett gebacken.
Das Backpulver ist notwendig, weil bei einem Hefeteig nach der Gare der Ring nicht mehr erkennbar wäre.

18. „Fettgebäck" ist eine irreführende Bezeichnung für Siedegebäcke. Nennen Sie die Verkaufsargumente für Siedegebäcke aus Hefeteig in Bezug auf
a) Qualitätsmerkmale,
b) Frischhaltung,
c) besondere Eignung.

a)
- Siedegebäcke werden aus einem leichten, fettarmen Hefeteig mit einem hohen Anteil an Eiern und Eigelben hergestellt.
- Die fettarmen Gebäcke sind gut bekömmlich, da sie nur beim Backen an der dünnen Kruste etwas Fett aufnehmen.
- Siedegebäcke sind lockere und weiche Gebäcke.

b) Je frischer Siedegebäcke gegessen werden, desto besser schmecken sie. Sie sollten möglichst am Tag der Herstellung gegessen werden.

c)
- Siedegebäcke passen gut zu Kaffee.
- Sie sind auch sehr beliebt bei Kindern.
- Traditionelle Saisongebäcke sind sie beim Karneval und zu Silvester.

19. Nennen Sie Gebäcke aus schwerem Hefeteig.

- Stollen
- Osterfladen (Osterbrote)
- Gugelhupf (Napfkuchen)
- Nussbeugel
- Brioches

20. Stollen und Osterfladen enthalten viele Früchte.
a) Erklären Sie, wie Sultaninen für Stollen und Osterfladen vorbereitet werden.
b) Beschreiben Sie, wie Früchte in den Teig für Stollen und Osterfladen eingearbeitet werden.

a)
- Einen Tag vor der Verarbeitung die Sultaninen waschen und dann mit Rum vermischen.
- Die Früchte in einem verschließbaren Behälter bei warmer Temperatur ziehen lassen.
- Die Sultaninen nehmen während der stundenlangen Stehzeit das Rumaroma auf.

b) Die temperierten Früchte werden in den fertigen Hefeteig im Langsamgang untergearbeitet, bis sie gleichmäßig vermischt sind. Im Schnellgang würden die Sultaninen in kleine Stückchen zerkleinert werden.

21. Schwere Hefeteige erfordern eine indirekte Teigführung.
Warum wird bei der Herstellung von schweren Hefeteigen, z. B. für Stollen und Osterfladen, ein Vorteig hergestellt?

Die geringe Wassermenge in den schweren Hefeteigen ist der Hefe für eine ausreichende Gärung zu wenig. Der Vorteig enthält genügend Wasser, sodass darin die Hefe aktiviert wird und dann der Hefeteig eine triebkräftige Hefe hat.

22. Erklären Sie, warum aufgearbeitete Stollen im Gegensatz zu anderen Hefeteigen kaum eine Gare benötigen.

Wegen der geringen Wassermenge und des hohen Fettgehalts befindet sich in Stollenteigen nur ein schwacher Kleber. Deshalb haben diese Teige ein geringes Gashaltevermögen, was eine Gare erübrigt.

23. Stollen werden überwiegend nur noch in Formen gebacken.
Beschreiben Sie, wie Stollen nach dem Backen fertiggestellt werden.

- Die noch ca. 50 °C warmen Stollen werden mit flüssiger Butter kräftig bestrichen oder in flüssige Butter getaucht.
- Die gefetteten Stollen werden in Vanillezucker gewälzt.
- Am nächsten Tag werden die abgekühlten Stollen mit Puderzucker bestäubt. Damit keine puderzuckerfreien Stellen sichtbar werden, die Stollen zuerst leicht mit süßem Schnee bestauben, weil dieser nicht schmilzt.
- Die bestaubten Stollen werden verpackt, z. B. eingeschweißt oder in Stollenschläuche.

24. Stollen werden nach dem Backen eingefettet und gezuckert.
Nennen Sie den Sinn dieser zwei Schritte beim Fertigstellen der Stollen.

- Die nach dem Bestreichen fest werdende Butter schließt die Poren der Gebäckkruste und verhindert das Austrocknen der Stollen.
- Die flüssige Butter weicht die Kruste etwas auf und macht sie mürbe.
- Die anhaftenden Zuckerkristalle an der Stollenoberfläche ziehen bei der Aufbewahrung Feuchtigkeit an, sodass die Kruste mürbe bleibt und nicht hart wird.

25. Beschreiben Sie, wie Stollen aufbewahrt werden und wie ihre Lagerfähigkeit ist.

- Stollen sind Dauerbackwaren und bei nicht zu warmer Raumtemperatur lange lagerfähig.
- Sie werden mit wenig Milch hergestellt, sodass kaum Wasser verdunsten kann. Durch den hohen Butteranteil bleiben Stollen lange weich.

26. a) Was besagt die Bezeichnung „Dresdner Stollen“ ?
b) Wie verhält es sich mit der Bezeichnung „Stollen nach Dresdner Art“?

a) „Dresdner Stollen“ ist eine Herkunftsbezeichnung, d. h. eine geschützte geografische Angabe. Sie dürfen nur so bezeichnet werden, wenn sie in der Region von Dresden hergestellt werden.
b) Auch der Begriff „Stollen nach Dresdner Art“ ist eine Herkunftsbezeichnung, damit dies für Verbraucher nicht irreführend ist.

27. Plundergebäcke gehören zum Standardsortiment der Konditoreien.
a) Erklären Sie „Plunderteig".
b) Welche Fette werden als Ziehfett verwendet?
c) Beschreiben und erklären Sie, wie der Hefeteig und das Ziehfett zum Tourieren beschaffen sein sollen.

a) Plunderteig ist ein leichter Hefeteig, in den schichtweise Ziehfett touriert wird.
b) Als Ziehfett eignen sich Ziehmargarine und Butter.
c) • Der Hefeteig muss kühl sein, deutlich unter dem Schmelzpunkt des Ziehfetts.
• Die Festigkeit des Ziehfetts sollte in etwa der Teigfestigkeit entsprechen, damit gleichmäßige Hefeteig- und Ziehfettschichten entstehen.

28. Plundergebäcke erhalten ihre lockere Beschaffenheit neben der Hefegärung durch das Tourieren.
a) Beschreiben Sie die Grundsätze beim Tourieren:
- Walzenabstand beim Ausrollen in der Ausrollmaschine
- die Ausrollstärke zum Zusammenlegen des Teigs
- vor dem Übereinanderlegen des Teigs

b) Was geschieht mit dem Plunderteig nach dem Tourieren bis zum Aufarbeiten?

a) • Den Teig in der Ausrollmaschine in geringen Millimeterabständen ausrollen, damit die Teig- und Ziehfettschichten nicht zusammenkleben und das Ziehfett nicht auseinanderreißt.
• Die Ausrollstärke beträgt ca. 8 mm.
• Vor dem Übereinanderlegen des Teigs das Staubmehl gründlich abkehren. Staubmehl isoliert die einzelnen Teigschichten voneinander und macht die Plundergebäcke trocken.
b) • Dem Plunderteig nach dem Tourieren mindestens 15 Minuten Teigruhe geben, damit er sich entspannen kann und wieder ausrollfähig wird.
• Während der Teigruhe den Plunderteig in Folie einschlagen, damit er nicht austrocknet und in die Kühlung geben, damit das Ziehfett nicht zu weich wird.

29. Die Ziehfettmenge bestimmt die zwei Plunderarten, die in den Leitsätzen vorgegeben sind.
a) Nennen Sie die zwei Plunderarten, die nach den Bestimmungen der Leitsätze unterschieden werden. Geben Sie dabei die Mindestfettmenge auf 1 kg Mehl des Hefeteigs an.
b) Wie viel Touren werden jeweils bei folgenden Ziehfettmengen in 1 kg Hefeteig touriert?
- 150 bis 200 g
- 250 bis 300 g
- 350 bis 500 g

a) Die zwei Plunderarten sind:
- Plunder: enthält mindestens 300 g Fett auf 1 kg Mehl des Hefeteigs
- Dänischer oder Kopenhagener Plunder ist Plunder mit besonders viel Ziehfett und enthält mindestens 600 g Fett auf 1 kg Mehl des Hefeteigs

Der Mindestfettgehalt bezieht sich auf den Fettgehalt des Hefeteigs und die Ziehfettmenge zusammen.
b) • 1 einfache und 1 doppelte Tour
• 3 einfache Touren
• 2 einfache und 1 doppelte Tour

c) Warum ist die Anzahl der Touren verschieden?
d) Beschreiben Sie die Gärreife von Plunder und Dänischem Plunder beim Einschieben in den Ofen. Begründen Sie dies.
e) Nennen Sie die Temperatur und die relative Luftfeuchtigkeit im Gärraum für Plunderteige.
f) Mit welchen zwei Lockerungsmitteln werden Plundergebäcke gelockert?

c) Je höher die Ziehfettmenge ist, die in den Hefeteig touriert wird, desto mehr Ziehfettschichten müssen in den Plunderteig touriert werden. Zu viele Ziehfettschichten sind im Plunderteig zu dünn, sie ergeben eine unzureichende Lockerung. Zu wenig Ziehfettschichten sind im Plunderteig zu dick und laufen beim Backen aus den Gebäcken.
d) Plunderteiglinge bei knapper Gare in den Ofen schieben. Dänischen Plunder erhält etwas weniger Gare. Je mehr Ziehfett in den Plunder touriert wird, desto geringer soll die Gärreife sein, da die Lockerung wegen des hohen Ziehfettanteils zwischen den Teigschichten stärker ist.
e) Gärraumtemperatur: ca. 30 °C, relative Luftfeuchtigkeit: 70 %
f) Plundergebäcke werden durch Hefe und Wasserdampf gelockert.

30. Croissants werden in der Konditorei ohne und mit Füllungen angeboten.
a) Nennen Sie die zwei Unterschiede von Croissants zu den anderen Plundergebäcken in Bezug auf den Hefeteig und auf die Ziehfettmenge.
b) Nennen Sie eine beliebte Füllung in Croissants.
c) Beschreiben Sie die Qualitätsmerkmale der Croissants.
d) Geben Sie Auskunft über die Frischhaltung von Croissants.
e) Wofür eignen sich Croissants besonders gut?

a)
- Croissants werden aus zuckerarmem Hefeteig hergestellt.
- Bei Croissants wird eine geringe Menge Ziehfett touriert.

b) Schokolade für Schokoladencroissants
c) Croissants sind besonders lockere, gut bekömmliche Hörnchen mit einem röschen, feinsplittrigen Biss.
d) Croissants sollen frisch verzehrt werden, da sie ihre feinsplittrige Beschaffenheit nur in frischem Zustand besitzen. Je frischer sie sind, desto besser schmecken sie.
e) Croissants werden bevorzugt zum Frühstuck gegessen. Sie sind auch beliebte Kaffeegebäcke.

31. Nennen Sie die Verkaufsargumente für Plundergebäcke in Bezug auf
a) Qualitätsmerkmale,
b) Frischhaltung,
c) besondere Eignung.

a) Plundergebäcke sind lockere und feinsplittrige Gebäcke, die durch die Füllungen besonders frisch sind. Der Geschmack der Plundergebäcke wird durch die entsprechende Füllung beeinflusst.
b) Plundergebäcke schmecken frisch am besten, da sie schnell ihre feinsplittrige Beschaffenheit verlieren.
c) Plundergebäcke eignen sich zu jeder Kaffeepause.

6.2 Feine Backwaren aus Blätterteig und Strudelteig

1. Die lockere, blättrige Beschaffenheit der Gebäcke gibt dem Blätterteig seinen Namen.
a) Erklären Sie, aus welchen Zutaten Blätterteig hergestellt wird.
b) Nennen Sie die Faustregel für die Ziehfettmenge im Blätterteig.
c) Welche Fette werden als Ziehfett für Blätterteig verwendet?

a) Blätterteig besteht aus einem
- Weizenteig (Grundteig), hauptsächlich aus Weizenmehl, Wasser und Salz,
- in den ein hoher Anteil Ziehfett schichtweise touriert wird.

b) Die Ziehfettmenge ist der Mehlmenge im Grundteig gleich, z. B. in einen Grundteig, der aus 1 kg Weizenmehl hergestellt wird, wird 1 kg Ziehfett touriert.
c) Als Ziehfett eignen sich Ziehmargarine und Butter.

2. Beschreiben Sie die Unterschiede zwischen Blätterteig und Plunderteig in Bezug auf
- den Teig und
- die Ziehfettmenge.

- Blätterteig besteht aus einem Weizenteig (Grundteig aus Weizenmehl, Wasser und Salz) und Plunderteig aus einem leichten Hefeteig.
- In den Blätterteig wird eine wesentlich höhere Menge Ziehfett touriert als in den Plunderteig.

3. Nennen Sie die drei Blätterteigarten und unterscheiden Sie diese in Bezug auf die Verarbeitung des Ziehfetts.

- Deutscher Blätterteig: Der Weizenteig wird um das Ziehfett geschlagen; der Teig ist außen, das Ziehfett innen.
- Französischer Blätterteig: Das Ziehfett wird um den Weizenteig geschlagen; das Ziehfett ist außen, der Teig ist innen.
- Holländischer Blätterteig: Das Ziehfett wird in groben Würfeln mit den anderen Zutaten zu einem Blätterteig vermischt, sodass sich die Ziehfettwürfel noch im Teig befinden.

4. Die Blätterteigarten eignen sich für bestimmte Gebäcke.
a) Nennen Sie die Blätterteigarten, die sich für Blätterteiggebäcke eignen, die hochziehen sollen.
b) Für welche Blätterteiggebäcke kann holländischer Blätterteig nur verwendet werden?

a) Deutscher und französischer Blätterteig kann für alle Blätterteiggebäcke verwendet werden, da er gleich gut locker und hoch wird.
b) Holländischer Blätterteig ist nur für flache Blätterteiggebäcke geeignet, da er wegen der unterbrochenen Ziehfettschichten nicht so gut hochzieht.

5. Die Touren bestimmen die Anzahl der Ziehfettschichten im Blätterteig. Wie viel Touren erhalten Blätterteige und in welcher Reihenfolge?

Blätterteige erhalten 2 einfache und 2 doppelte Touren, die abwechselnd gegeben werden. Zuerst eine einfache Tour, dann eine doppelte Tour, wieder eine einfache Tour und abschließend eine doppelte Tour.

6. Der Weizenteig (Grundteig) und das Ziehfett müssen bestimmte Anforderungen erfüllen, damit das Tourieren gelingt.
a) Erklären Sie, warum ein fester Weizenteig, TA 150, zum Tourieren für Blätterteig hergestellt wird.
b) Was erfolgt mit dem Weizenteig (Grundteig) nach dem Kneten, damit er beim Tourieren ausrollfähig ist?

a) Zum Tourieren für Blätterteig wird kühles Ziehfett verwendet, das relativ hart ist. Teig und Ziehfett sollten zum Tourieren die gleiche Festigkeit haben, deshalb wird ein fester Weizenteig hergestellt.
b) Nach dem Kneten wird der Weizenteig in Folie eingeschlagen und in einem kühlen Raum mindestens 30 Minuten zur Teigruhe gestellt. Die Teigruhe kann auch über Nacht im Kühlraum erfolgen.

7. Beschreiben Sie die Grundsätze beim Tourieren von Blätterteig in Bezug auf
a) Ausrollstärke,
b) Walzenabstand beim Ausrollen in der Ausrollmaschine,
c) das Staubmehl vor dem Zusammenlegen des Teigs,
d) genaues Zusammenlegen,
e) die Ruhepausen.

a) Die Ausrollstärke soll beim Tourieren des Blätterteigs ca. 8 mm betragen.
b) Den Walzenabstand beim Ausrollen nur in kleinen Abständen verringern, damit durch den Druck die hauchdünnen Teig-Ziehfett-Schichten nicht beschädigt werden.
c) Vor dem Zusammenlegen des Teigs beim Tourieren das Staubmehl gründlich abkehren, damit die Blätterteiggebäcke nicht trocken werden.
d) • Den Teig beim Tourieren genau bis in die Ecken zusammenlegen und dabei ein Ziehen und Drücken vermeiden.
• Durch ungenaues Zusammenlegen entstehen stellenweise fehlende Ziehfettschichten, die ein ungleichmäßiges Hochziehen der Blätterteiggebäcke ergeben.
e) Nach einer einfachen und einer doppelten Tour eine ausreichende Ruhepause einlegen, damit sich der zähe, straffe Kleber im Teig wieder entspannen kann. Beim holländischen Blätterteig entfällt die Ruhepause.

8. Beim Backen erfolgt eine kräftige Lockerung der Blätterteiggebäcke.
a) Erklären Sie, womit Blätterteiggebäcke gelockert werden und wie diese Lockerungsart heißt.
b) Bei welcher Temperatur werden Blätterteiggebäcke gebacken?
c) Wie verhält es sich mit der Schwadengabe beim Backen von Blätterteig? Begründen Sie dies.

a) Blätterteiggebäcke werden mit Wasserdampf gelockert, eine physikalische Lockerungsart.
b) Blätterteige mit Füllungen werden bei 210 °C gebacken, ungefüllte und flache Blätterteige bei 220 °C.
c) Die Teiglinge werden ohne Schwadengabe gebacken, weil der Wasserdampf bei der Lockerung die Gebäcke von innen hochhebt und die Gebäckfarbe durch die Eistreiche entsteht.

9. Erklären Sie, warum Blätterteiggebäcke zart-splittrig im Biss sind und beim Verzehr die einzelnen Schichten bröckeln.

Die einzelnen Teigschichten werden bei der Lockerung durch Wasserdampf im Ofen nach oben gehoben. Somit kann die Backhitze bis ins Innere gelangen und die einzelnen dünnen Teigschichten rösch ausbacken.

10. Geben Sie die Ursache an, wenn sich in den Blätterteiggebäcken leicht speckige Schichten befinden.

Die Backzeit war zu kurz, sodass die Blätterteiggebäcke noch nicht ausgebacken sind.

11. Nennen Sie Beispiele folgender Blätterteiggebäcke:

a) süße Blätterteigstückchen mit Füllung
b) süßer Blätterteig in Zucker gerollt bzw. karamellisiert
c) Blätterteigböden für Torten und Desserts
d) pikante Blätterteiggebäcke

a) • Quarktaschen, Kirschtaschen, Apfel-, Quark-, Kirschblätterteiggebäcke
   • Sahnerollen, Schaumrollen
b) • Teeblätter
   • Schweinsohren
c) • Holländer Kirschsahnetorte, Holländer Kirschsahneschnitten
   • Cremeschnitten mit Vanillecreme
d) Käsestangen, Schinken- und Käsehörnchen, Käsegebäcke aus Blätterteig zum Knabbern, Würstchen im Blätterteig, Pasteten

12. Nennen Sie die Verkaufsargumente für Blätterteiggebäcke in Bezug auf

a) Qualitätsmerkmale,
b) Frischhaltung,
c) besondere Eignung:
   • süß schmeckende Blätterteiggebäcke
   • pikante Blätterteiggebäcke

a) Blätterteiggebäcke sind lockere und zartsplittrige Gebäcke, deren Geschmack von den süßen Füllungen bzw. pikanten Zutaten bestimmt wird.
b) • Blätterteiggebäcke schmecken frisch am besten. Sie sind so lange frisch, solange das Ziehfett weich ist und die Schichten splittrig im Biss sind.
   • Empfehlenswert ist es, wenn der Kunde die Blätterteiggebäcke vor dem Essen kurz aufbackt, um die Frischeeigenschaften wiederzuerhalten.
c) • Blätterteiggebäcke mit süß schmeckenden Füllungen sind ideale Kaffeegebäcke.
   • Pikante Blätterteiggebäcke wie Käsestangen und Käsegebäcke sind Knabbergebäcke, die sich auch für Partys eignen.

13. Strudelteig ist ein geschmeidiger Weizenteig mit verschiedenen Füllungen.

a) Nennen Sie die Zutaten für einen Strudelteig, z. B. für einen Apfelstrudel.

a) Der Strudelteig ist ein ölhaltiger Weizenteig aus Weizenmehl, Wasser, Eiern, Salz und Öl.

b) Beschreiben Sie die Behandlung des Strudelteigs nach dem Kneten bis zum Ausrollen.
c) Erklären Sie das Ausrollen eines Strudelteigs vor dem Füllen.
d) Beschreiben Sie das Füllen und Aufrollen eines Strudels, z. B. eines Apfelstrudels.
e) Beschreiben Sie die Behandlung des Strudels nach dem Einlegen in Reinen und nennen Sie die Backtemperatur.

b) Den abgewogenen Strudelteig in Folie einschlagen und mindestens 30 Minuten bei der Teigruhe entspannen lassen. Die Teigruhe kann auch über Stunden oder über Nacht in der Kühlung erfolgen.
c) Den Strudelteig nach der Teigruhe so dünn wie möglich ausrollen und dann mit den Handflächen bzw. Handrücken hauchdünn ausziehen.
d) • Den ausgerollten Strudelteig mit flüssiger Butter bestreichen.
 • Die Apfelfüllung gleichmäßig darauf verteilen.
 • Den Strudel aufrollen und mit dem Schluss nach unten in eine Rein legen.
e) Den Strudel mit flüssiger Butter bestreichen und bei 200 °C ca. 60 Minuten backen.

6.3 Feine Backwaren aus Mürbeteig

1. Die mürbe Gebäckbeschaffenheit gibt dem Mürbeteig den Namen.
a) Was versteht man unter einem mürben Gebäck?
b) Wodurch erhalten die Gebäcke ihre mürbe Beschaffenheit?
c) Nennen Sie die drei Grundzutaten der Mürbeteige und die teigverbessernden Zutaten.
d) Geben Sie die drei Mürbeteigarten an, die nach der Verarbeitung oder der Herstellung benannt werden.

a) Mürbe Gebäcke sind weich und zart, die im Mund leicht in viele kleine Stücke brechen.
b) Durch den sehr hohen Fettanteil erhalten die Gebäcke die mürbe Beschaffenheit.
c) • Die drei Grundzutaten der Mürbeteige sind Weizenmehl, Fett und Zucker.
 • Mürbeteige werden verbessert durch Eier und/oder Eigelbe, Salz und natürliche Aromen wie Zitrone und Vanille.
d) • ausrollfähiger Mürbeteig
 • Spritzmürbeteig
 • Streusel

2. 1-2-3-Mürbeteig ist ausrollfähiger Mürbeteig.
a) Nennen Sie die Zutaten und das Mengenverhältnis eines 1-2-3-Mürbeteigs.
b) Erklären Sie, warum der 1-2-3-Mürbeteig kein Triebmittel wie Backpulver benötigt.

a) Dieser Mürbeteig besteht aus:
 • 1 Teil Zucker
 • 2 Teile Fett (Butter oder Backmargarine)
 • 3 Teile Weizenmehl
 Zur Verbesserung werden noch Eier, Eigelbe, Salz sowie Zitronen- und Vanillearoma zugegeben.
b) Im 1-2-3-Mürbeteig kann sich wegen des fehlenden Wassers kein Kleber bilden, der die Lockerungsgase des Backpulvers festhalten kann. Der geringe Wasseranteil der Eier wird von der hohen Zuckermenge gebunden.

3. Beschreiben Sie die Herstellung von 1-2-3-Mürbeteig.

- Fett, Zucker, Eier, Eigelbe, Salz und Aromen in der Knetmaschine glatt arbeiten.
- Das gesiebte Weizenmehl zum Schluss kurz unterarbeiten, bis es nicht mehr sichtbar ist und der Mürbeteig glatt ist.

4. Erklären Sie, welcher Rohstoff verändert werden muss, wenn ein 1-2-3-Mürbeteig frisch, am Tag der Herstellung, verarbeitet werden soll.

Wird der Mürbeteig frisch verarbeitet, verwendet man Puderzucker statt Kristallzucker, da der feine Puderzucker sich sofort mit den anderen Zutaten verbindet und Kristallzucker sich erst über Nacht auflöst.

5. a) Beschreiben Sie die Merkmale von „brandigem Mürbeteig."
b) Erklären Sie, wie brandiger Mürbeteig zustande kommt.

a) Brandiger Mürbeteig ist schlecht ausrollfähig, da er beim Ausrollen reißt. Die Gebäcke sind hart statt mürbe.
b) Wird der Mürbeteig zu lange geknetet, erwärmt sich das Fett und wird ölig. Fett- und Mehlteilchen trennen sich, sodass der Mürbeteig seine Bindigkeit verliert. Der Mürbeteig kann auch brandig werden, wenn bei der Herstellung zu warmes Fett verwendet wird.

6. Mürbeteig lässt sich gut auf Vorrat zubereiten.
a) Zu welchem Zeitpunkt vor der Verarbeitung soll der ausrollfähige Mürbeteig hergestellt und wie soll er aufbewahrt werden?
b) Wie lange ist der Mürbeteig lagerfähig?

a) Den Mürbeteig mindestens einen Tag vor der Verarbeitung herstellen und sofort kühl stellen. In dieser Zeit löst sich der Zucker völlig auf und der Teig bekommt eine stabile Bindung und ist ausrollfähig.
b) Der Mürbeteig kann bei kühler Lagerung in einem Behälter bis zu einer Woche auf Vorrat hergestellt werden.

7. a) Bei welcher Temperatur wird 1-2-3-Mürbeteig gebacken?
b) Beschreiben Sie, wie man erkennt, wann Mürbeteiggebäcke fertig gebacken sind.
c) Erläutern Sie, wie zu stark gebräunte Mürbeteiggebäcke schmecken.

a) 1-2-3-Mürbeteig wird bei 180 bis 190 °C gebacken, bei offenem Zug.
b) Mürbeteiggebäcke sind richtig ausgebacken, wenn der Gebäckrand und der Gebäckboden hellbraun sind.
c) Zu stark gebräunte Mürbeteiggebäcke schmecken bitter und sind unverkäuflich.

8. Beschreiben Sie die Besonderheit von Schwarz-Weiß-Gebäcken.

Ein Teil des 1-2-3-Mürbeteigs wird mit Kakaopulver zu Schokoladenmürbeteig eingefärbt. Heller und dunkler Mürbeteig werden im Wechsel zu verschiedenen Mustern zusammengesetzt, sodass in den Gebäcken der Farbkontrast entsteht.

9. a) Erklären Sie Nuss- und Mandelmürbeteiggebäcke.
b) Nennen Sie bekannte Gebäcke aus Nuss- bzw. Mandelmürbeteig.

a) Nuss- und Mandelmürbeteiggebäcke werden aus Mürbeteig mit geriebenen Nüssen bzw. Mandeln hergestellt.
b) Vanillekipferl, Spitzbuben

10. Beschreiben Sie das Besondere folgender Mürbeteiggebäcke, bei denen in der Rezeptur der Zucker- und Fettanteil geändert ist:
a) Spekulatius
b) Mutzenmandeln und Mutzen
c) Käsemürbeteig

a) Spekulatius sind flache weihnachtliche Figurengebäcke aus zuckerreichem und fettärmerem Mürbeteig:
3 Teile Weizenmehl
2 Teile Zucker
1,5 Teile Fett
Aufgrund des hohen Zucker- und geringeren Fettanteils sind Spekulatius sehr knusprige Gebäcke.
b) Mutzenmandeln und Mutzen werden aus einem Mürbeteig mit geringem Fettanteil und hohem Eiergehalt hergestellt. Diese speziellen Mürbeteiggebäcke werden im Siedefett gebacken.
c) Käsemürbeteig ist Mürbeteig ohne Zucker, dafür mit viel geriebenem Käse.

11. Spritzgebäcke werden aus einem spritzfähigen Mürbeteig hergestellt.
a) Beschreiben Sie die Beschaffenheit von Spritzmürbeteig und in welcher Maschine er hergestellt wird.
b) Erklären Sie den Unterschied zwischen Spritzmürbeteig und 1-2-3-Mürbeteig in Bezug auf die Rezeptur.

a) Spritzmürbeteig ist ein weicher, massenähnlicher Mürbeteig, der in der Rührmaschine hergestellt wird.
b) Spritzmürbeteig enthält noch mehr Fett und Eier als 1-2-3-Mürbeteig. Dadurch wird er spritzfähig.

12. a) Beschreiben Sie die Herstellung von Spritzmürbeteig.
b) Welcher Zucker wird für Spritzmürbeteig verwendet? Begründen Sie dies.

a)
- Temperiertes, nicht zu kaltes Fett mit Puderzucker, Salz sowie Zitronen- und Vanillearoma in der Rührmaschine nur leicht schaumig schlagen.
- Die Eier nach und nach einrühren.
- Das gesiebte Weizenmehl nur kurz unterrühren, bis das Mehl nicht mehr sichtbar ist und ein glatter weicher Teig entsteht.
- Den Spritzmürbeteig sofort aufdressieren und backen.

b) Spritzmürbeteig wird mit Puderzucker hergestellt, weil er sich sofort im Teig auflöst. Da Spritzmürbeteig sofort nach der Herstellung aufdressiert wird, kann sich Kristallzucker im Teig nicht lösen.

13. a) Warum muss Spritzmürbeteig sofort nach der Herstellung auf Backbleche dressiert werden?
b) Wie wird Spritzmürbeteig gebacken?

a) Bei längerem Stehen verfestigt sich der Spritzmürbeteig und lässt sich nur noch schlecht aufspritzen.
b) Spritzmürbeteig wird bei 180 °C und offenem Zug hell gebacken.

14. Fehler bei der Herstellung von Spritzmürbeteig wirken sich auf die Qualität der Gebäcke aus.
a) Nennen Sie die Gebäckfehler, wenn die Fettmasse des Spritzmürbeteigs zu schaumig geschlagen wird.
b) Welcher Fehler entsteht, wenn der Spritzmürbeteig zu lange mit dem Mehl verrührt wird?

a) Bei zu schaumig geschlagener Fettmasse bindet sich das Fett nur noch schlecht mit dem Weizenmehl. Die Spritzgebäcke laufen im Ofen breit und sind besonders leicht brüchig.
b) Der Spritzmürbeteig wird zäh und lässt sich nur noch schlecht aufspritzen.

15. Der helle Spritzmürbeteig kann mit geschmacksgebenden Zutaten farblich und geschmacklich verändert werden. Nennen Sie drei Spritzgebäcke mit den geschmacksgebenden Zutaten.

- Schokoladenspritzgebäcke: mit Kakaopulver
- Nussspritzgebäcke: mit geriebenen Nüssen
- Mandelspritzgebäcke: mit geriebenen Mandeln

16. Erklären Sie den Begriff „Teegebäcke".

Als Teegebäcke werden alle kleinen Mürbeteiggebäcke, die sich für eine Gebäckmischung eignen, bezeichnet.

17. Nennen Sie Füllungen für alle Mürbeteiggebäcke.

- Konfitüre
- Nugatmasse, Nugatcreme
- Marzipanrohmasse mit Spirituosen weich gearbeitet
- Ganache (Schlagsahne, Kuvertüre, Geschmacksstoff)

18. Blechkuchen erhalten häufig einen Streuselbelag.
a) Zu welcher Teigart gehört Streusel? Begründen Sie dies.
b) Beschreiben Sie die Herstellung von Streusel.
c) Wie erhält man gleichmäßig große Streusel?

a) Streusel ist ein Mürbeteig, wegen der drei Hauptzutaten.
b)
- Zucker, Fett sowie Zitronen- und Vanillearoma glatt arbeiten.
- Weizenmehl unterarbeiten, bis Streusel entstehen.
- Streusel kühl stellen, damit er sich besser aufstreuen lässt.

c) Drückt man die gekühlten Streusel durch ein grob gespanntes Sieb, entstehen gleichmäßig große Streusel.

19. Nennen Sie bekannte Blechkuchen, die mit Streusel bestreut werden.

Streusel-, Mohn-, Quark-, Apfel- und Pflaumenkuchen

20. Nennen Sie die Verkaufsargumente der Mürbeteiggebäcke in Bezug auf
a) Qualitätsmerkmale,
b) Frischhaltung,
c) Lagerung,
d) besondere Eignung.

a) Wegen des hohen Fettgehalts sind Mürbeteiggebäcke
- besonders mürbe und leicht brüchig beim Essen und
- sehr geschmackvoll.

b)
- Durch den hohen Fettanteil und den niedrigen Wassergehalt sind Mürbeteiggebäcke lange lagerfähig und zählen zu den Dauerbackwaren, da sie ohne Kühlung einige Tage lagerfähig sind.
- Mürbeteiggebäcke sind so lange frisch, wie sie mürbe und geschmackvoll sind und eine weiche Füllung haben.

c) Mürbeteiggebäcke werden bei kühler Raumtemperatur aufbewahrt.

d)
- Mürbeteiggebäcke sind ideal geeignet zum Kaffee und Tee.
- Wegen der langen Lagerfähigkeit sind sie auch auf Reisen zu empfehlen.

6.4 Glasuren: Aprikotur und Fondant

1. Süße Blätterteigstückchen, Plunder-, Mürbeteig- und Hefeteiggebäcke werden glasiert.
a) Nennen Sie die zwei Glasuren und wie Gebäcke der Reihe nach glasiert werden.
b) Nennen Sie die Vorteile beider Glasurschichten auf den Gebäcken.

a) Gebäcke werden zuerst mit Aprikotur und dann mit Fondant glasiert.

b) Die Glasuren auf den Gebäcken
- verschönern das Aussehen,
- verbessern den Geschmack und
- verzögern etwas das Austrocknen der Gebäcke.

2. Die Aprikotur bildet die erste Glasurschicht auf Gebäcken.
a) Beschreiben Sie, wie Aprikotur hergestellt und wie Gebäcke aprikotiert werden.
b) Fondant wird auf die Aprikotur glasiert. Erklären Sie die zwei vorteilhaften Auswirkungen der Aprikotur oder des Aprikotur-Gelees (vom Handel) für den Fondant.

a)
- Glatt gerührte Aprikosenkonfitüre mit etwas Wasser verdünnen und kochen.
- Die kochende Aprikotur mit einem Pinsel oder Sprühgerät dünn auf die gesamte Oberfläche der ofenheißen Gebäcke aufstreichen bzw. aufsprühen.

b)
- Die beim Erkalten fest werdende Aprikotur bildet eine Trennschicht, sodass der Fondant nicht in das Gebäck einfließen kann.
- Auf der glatten Aprikoturschicht glänzt der Fondant weißlich und stirbt nicht ab, weil das Gebäck dem Fondant kein Wasser entziehen kann.

3. In der Konditorei wird nur noch industriell hergestellter Fondant verwendet, der zum Glasieren hergerichtet wird.
a) Beschreiben Sie das Temperieren des Fondants und das Herrichten zum Glasieren.
b) Erklären Sie
- Schokoladenfondant (Schokofondant),
- eingefärbten Fondant.

a)
- Beim Temperieren wird Fondant unter ständigem Rühren, bei nicht zu starker Hitze, auf ca. 37 °C erwärmt.
- Bei Bedarf wird der temperierte Fondant mit etwas Wasser streichfähig verdünnt.

b)
- Beim Schokofondant wird flüssige Schokoladenkuvertüre in den Fondant gerührt.
- Temperierter Fondant kann zur Farbveränderung mit Lebensmittelfarbe eingefärbt werden.

4. Erklären Sie die Auswirkung, wenn Gebäcke ohne Aprikotur, nur mit Fondant glasiert werden.

Der Fondant „stirbt ab", weil die trockene Gebäckkruste dem Fondant Wasser entzieht. Dadurch bekommt der Fondant ein stumpfes, weißes Aussehen.

5. Werden die Glasuren nicht fachgerecht hergestellt oder glasiert, ergibt das Fehler auf den Gebäcken.
a) Erklären Sie die Ursache, wenn der Fondant abgestorben ist, d. h., er ist auf den Gebäcken milchig weiß und glänzt nicht.
b) Nennen Sie die Ursache, wenn Fondant auf den Gebäcken beim Anfassen klebt, zu durchsichtig ist und seitlich von den Gebäcken abläuft.
c) Der Fondant ist zu dick auf den Gebäcken. Nennen Sie die zwei möglichen Ursachen für diesen Fondantfehler.

a) Der Fondant wurde zu warm temperiert, über 40 °C, und dann glasiert. Durch die starke Erwärmung entstehen beim Abkühlen große Zuckerkristalle, die weiß und stumpf aussehen.

b) Der Fondant wurde mit zu viel Wasser angerührt und somit zu dünn auf die Gebäcke glasiert.

c)
- Der Fondant war beim Glasieren zu dickflüssig, weil er mit zu wenig Wasser angerührt wurde.
- Der Fondant war beim Glasieren zu kühl, entweder zu kühl temperiert oder beim Glasieren zu stark abgekühlt.

6.5 Braune Lebkuchen aus Lebkuchenteig (Oblatenlebkuchen aus Lebkuchenmassen)

1. Gebäcke aus Lebkuchenteigen werden in der Konditorei hauptsächlich in der Vorweihnachtszeit angeboten, aber auch bei Volksfesten als Lebkuchenherzen.
a) Nennen Sie die Zutaten für Lebkuchenteige.
b) Lebkuchengewürz ist eine Gewürzmischung. Nennen Sie Gewürze, die darin enthalten sind.

a) Lebkuchenteige werden hergestellt aus:
- Weizenmehl, Type 812 oder 1050
- Roggenmehl, Type 997 oder 1150
- Honig und/oder Zuckerarten wie Invertzuckercreme, brauner Zucker, Sirup
- Lebkuchengewürz
- Lockerungsmittel: Hirschhornsalz und Pottasche

b) Lebkuchengewürz ist eine Gewürzmischung aus natürlichen Gewürzen: Zimt, Nelken, Piment, Macis, Muskatnuss, Ingwer, Anis, Fenchel, Kardamom, Koriander

2. Lebkuchenteig entwickelt bei der Lagerung geschmacksgebende, milde Säuren.
a) Lebkuchenteig wird in zwei Etappen hergestellt. Beschreiben Sie die Herstellung eines
- Grundteigs und
- die Weiterverarbeitung zum Lebkuchenteig.

b) Nennen Sie die zeitliche Lebkuchenherstellung
- eines Frischteigs und
- eines Lagerteigs

bis zum Verarbeiten zu Lebkuchenteig.

a)
- Der Grundteig wird aus Weizen- und Roggenmehl mit Honig und/oder Zuckerarten hergestellt und bis zur Verarbeitung gelagert.
- Der Grundteig wird vor dem Aufarbeiten mit Lebkuchengewürz und den Lockerungsmitteln Hirschhornsalz und Pottasche zum Lebkuchenteig geknetet.

b)
- Beim Frischteig wird der Grundteig ein bis drei Tage vor der Verarbeitung zum Lebkuchenteig hergestellt.
- Lagerteig ist ein Grundteig, der ein bis vier Monate vor der Verarbeitung hergestellt und bis zur Verarbeitung zum Lebkuchenteig gelagert wird.

3. Nennen Sie die Bestimmungen der Leitsätze für
a) Braune Lebkuchen,
b) Honiglebkuchen bzw. Honigkuchen.

a) Braune Lebkuchen müssen auf 100 kg Mehl mindestens 50 kg Zuckerarten enthalten.
b) Honigkuchen bzw. Honiglebkuchen sind Braune Lebkuchen, bei denen mindestens die Hälfte der Zuckerarten Honig sein muss.

4. Bei der Herstellung des Grundteigs dürfen im Honig keine Zuckerkristalle enthalten sein.
a) Beschreiben Sie die Verarbeitung von Honig für den Grundteig.
b) Warum wird der Honig vor der Grundteigherstellung erhitzt?

a) Honig wird auf ca. 70 °C erhitzt. Bei stärkerer Erhitzung verliert der Honig an Aroma. Nach dem Abkühlen auf ca. 35 °C wird der Honig mit dem Mehl zu einem Grundteig geknetet.
b) Im warmen flüssigen Honig löst sich der Zucker des Honigs.

5. Lebkuchenteige werden chemisch gelockert.
a) Erklären Sie, wie die Lockerungsmittel Hirschhornsalz und Pottasche im Lebkuchenteig verarbeitet werden.
b) Warum werden Hirschhornsalz und Pottasche getrennt aufgelöst und in den Teig gegeben?
c) Erläutern Sie, warum das Lebkuchengewürz und die Lockerungsmittel erst vor dem Aufarbeiten des Lebkuchenteigs in den Teig gegeben werden.

a) Hirschhornsalz und Pottasche getrennt voneinander mit kaltem Wasser oder kalter Milch auflösen und in den Lebkuchenteig verkneten.
b) Hirschhornsalz und Pottasche reagieren, wenn sie zusammenkommen sofort. Sie setzen Lockerungsgase frei, sodass ihre Triebkraft verloren geht.
c)
- Bei der Lagerung des Teigs würden sich die ätherischen Öle der Gewürze verflüchtigen.
- Die Lockerungsmittel würden bereits im Grundteig reagieren und die Lockerungsgase verpuffen.

6. Lebkuchen werden mit Dextringlasur bestrichen.
a) Erklären Sie, wie Dextrine hergestellt werden.
b) Beschreiben Sie die Herstellung einer Dextringlasur.
c) Zu welchem Zeitpunkt werden Lebkuchen mit Dextringlasur bestrichen?
d) Warum werden Lebkuchen mit Dextringlasur bestrichen?

a) Weizenstärke (Weizenpuder) wird in den Backofen gegeben, bis sie braun ist. Das braune Pulver sind Dextrine.
b) Mit Wasser werden die Dextrine zu einer Dextringlasur gekocht; 100 g Dextrine und 800 bis 1 000 g Wasser.
c) Sofort nach dem Backen werden die Lebkuchen mit kochender Dextringlasur bestrichen.
d) Durch die Dextringlasur glänzen die Lebkuchen und werden somit verschönert.

7. Nennen Sie Gebäcke aus Lebkuchenteig.

- Lebkuchenfiguren, Lebkuchenherzen
- Honigkuchen
- St. Gallener Biberle
- Baseler Leckerli
- Spitzkuchen
- Dominosteine
- Printen
- Pfeffernüsse

8. Beschreiben Sie die Zusammensetzung folgender Lebkuchengebäcke:
a) St. Gallener Biberle
b) Dominosteine

a) Die trapezförmigen (stumpfe Dreiecke) Lebkuchenstückchen enthalten innen Marzipan, das mit Lebkuchen umgeben ist.
b) Dominosteine sind kleine Würfel mit jeweils einer Schicht Lebkuchen, Gelee und Marzipan, die mit Schokoladenkuvertüre oder Fettglasur überzogen sind.

9. Eiweißspritzglasur verschönert einige Lebkuchen.
a) Welche Lebkuchen werden mit Eiweißspritzglasur in der Konditorei ausgarniert?
b) Beschreiben Sie die Herstellung einer Eiweißspritzglasur.

a) Eiweißspritzglasur wird verwendet
  - zum Ausgarnieren von Lebkuchenfiguren und Lebkuchenherzen,
  - zum Zusammensetzen der Lebkuchenteile und zum Ausgarnieren der Hexenhäuser.

b) Für eine Eiweißspritzglasur werden Eiklar und Puderzucker im Verhältnis von 1 : 5,5 glatt gerührt.

10. Geben Sie Auskunft über die Ortsnamen folgender Lebkuchen:
a) Nürnberger Lebkuchen
b) Lebkuchen nach Nürnberger Art

a) Nürnberger Lebkuchen ist eine Herkunftsbezeichnung mit geschützt geografischer Angabe, d. h., diese Lebkuchen dürfen nur in der Region von Nürnberg hergestellt werden.
b) Auch die Bezeichnung „Lebkuchen nach Nürnberger Art“ ist eine Herkunftsbezeichnung.

c) St. Gallener Biberle, Baseler Leckerli, Liegnitzer Bomben.

c) Die Ortsnamen in diesen Lebkuchenbezeichnungen geben nur die Lebkuchenart mit deren Besonderheiten an, z. B. St. Gallener Biberle sind kleine trapezförmige Lebkuchen mit Marzipanfüllung. Da diese Bezeichnungen sich nur auf eine spezielle Lebkuchenart beziehen, dürfen sie überall hergestellt werden.

11. Nennen Sie die Verkaufsargumente für Braune Lebkuchen und Honiglebkuchen:
a) Qualitätsmerkmale
b) Veränderung der frischen Lebkuchen bei der Lagerung
c) Frischhaltung
d) besondere Eignung

a)
- Lebkuchen sind weiche und feinwürzige Gebäcke.
- Honiglebkuchen sind feinwürzige Lebkuchen mit feinem Honiggeschmack.

b) Frische Braune Lebkuchen sind nach dem Backen hart, weil der hohe Zuckeranteil nach dem Abkühlen in den Gebäcken hart wird. Erst bei der Lagerung werden die Lebkuchen weicher, weil der Zucker weich wird.
c) Braune Lebkuchen bleiben in luftdichten Dosen oder Folienbeuteln verpackt monatelang weich und zählen zu den besonders lagerfähigen Dauerbackwaren.
d)
- Lebkuchen sind typische Weihnachtsgebäcke.
- Lebkuchenherzen werden zur Volksfestzeit angeboten.

12. Oblatenlebkuchen werden aus Lebkuchenmassen hergestellt.
a) Nennen Sie hochwertige Oblatenlebkuchen der Konditorei.
b) Warum werden Lebkuchenmassen auf Oblaten gestrichen?
c) Beschreiben Sie, woraus Oblaten hergestellt werden.
d) Nennen Sie die positiven Eigenschaften der Oblaten für die Lagerung von Oblatenlebkuchen.

a) Elisenlebkuchen und Nusslebkuchen
b) Lebkuchenmassen sind weiche Massen, die die Oblaten als Unterlage zum Backen benötigen.
c) Weizenstärke und Wasser werden zu dünnen weißen Blättern getrocknet. Oblaten sind deshalb geschmacklos.
d) Oblaten nehmen von der Lebkuchenmasse keine Feuchtigkeit auf und bleiben trocken. Sie schützen die Gebäcke unten bei der Aufbewahrung vor dem Austrocknen.

13. Nennen Sie die Bestimmungen der Leitsätze folgender Oblatenlebkuchen:
a) Elisenlebkuchen
b) Nusslebkuchen

a) Elisenlebkuchen müssen aus mindestens 25 % Mandeln und/oder Hasel- bzw. Walnüsse bestehen.
b) Nusslebkuchen enthalten mindestens 20 % Hasel- bzw. Walnüsse. Bei Nusslebkuchen überwiegt der Haselnussanteil, bei Walnusslebkuchen der Walnussanteil. Die Verwendung von nussähnlichen Arten wie Erdnüsse oder Kokosnüsse sind nicht erlaubt.

14. Nennen Sie die hauptsächlichen Zutaten, aus denen Elisen- und Nusslebkuchen hergestellt werden.

Mandeln bzw. Nüsse, Zucker, Eiklar, Zitronat und Orangeat, Lebkuchengewürz

15. Nennen Sie die Verkaufsargumente für Oblatenlebkuchen in Bezug auf
a) Qualitätsmerkmale von Elisen- und Nusslebkuchen,
b) Frischhaltung,
c) besondere Eignung.

a)
- Elisen- und Nusslebkuchen sind besonders weiche und feinwürzige Lebkuchen mit einem hohen Anteil an Mandeln bzw. Nüssen und verschiedenen Gewürzen.
- Überzogen werden sie nur mit Schokoladenkuvertüre, Fettglasur ist nicht erlaubt.

b)
- Oblatenlebkuchen sind frisch, solange sie weich sind und den vollen Geschmack besitzen.
- Sie sollen in Folienbeuteln oder Dosen verpackt werden, da sie unverpackt nach einiger Zeit austrocknen.

c) Oblatenlebkuchen sind typische Weihnachtsgebäcke, die auch als Geschenk dienen.

6.6 Fachmathematische Berechnungen (Dreisatz, Prozentrechnen, Arbeitsrezeptberechnung, Verteilungsrechnen, Flächenberechnung, Rezeptberechnung, Grundrechnen, Materialkostenberechnung, Verhältnisrechnen, Mischungsrechnen)

1. Blechkuchen wird aus mittelschwerem Hefeteig hergestellt.
Grundrezept:

1 000 g	Weizenmehl, Type 550
400 g	Vollmilch
60 g	Hefe
150 g	Zucker
200 g	Butter
150 g	Vollei
10 g	Salz
1970 g	Gesamtgewicht

Für ein Backblech (78 × 58 cm) werden 2 400 g Hefeteig benötigt.
a) Berechnen Sie die Zutatenmengen für ein Backblech.
b) Ermitteln Sie die Anzahl der Blechkuchenstücke, wenn von jeder Seite 1,5 cm Rand abgezogen werden. Die einzelnen Blechkuchenstücke haben ein Maß von 11 × 7,5 cm.

a) Schlüsselzahl: 2 400 g : 1970 g = 1,22

Mehl	1 000 g · 1,22 =	1 220,0 g
Milch	400 g · 1,22 =	488,0 g
Hefe	60 g · 1,22 =	73,2 g
Zucker	150 g · 1,22 =	183,0 g
Butter	200 g · 1,22 =	244,0 g
Vollei	150 g · 1,22 =	183,0 g
Salz	10 g · 1,22 =	12,2 g
Gesamtgewicht		2 403,4 g

b) Nach dem Abziehen des Randes verbleibt eine Fläche von 75 · 55 cm.
$75\ \text{cm} \cdot 55\ \text{cm} = 4\,125\ \text{cm}^2$

Maß eines Stück Blechkuchens:
$11\ \text{cm} \cdot 7{,}5\ \text{cm} = 82{,}5\ \text{cm}^2$

Anzahl der Blechkuchenstücke/Blech:
$4\,125\ \text{cm}^2 : 82{,}5\ \text{cm}^2/\text{Stück} = 50\ \text{Stück}$

2. Eine Konditorei benötigt 700 Berliner. Das Teiggewicht eines Berliners beträgt 45 g. Der Hefeteig wird mit einer Bruttoteigausbeute von 189 bereitet. Berechnen Sie die notwendige Mehlmenge für die 700 Berliner.

700 · 45 g = 31 500 g Teiggewicht
189 % ≙ 31 500 g
100 % ≙ x g

$$x = \frac{31\,500\ \text{g} \cdot 100}{189} = 16\,667\ \text{g}$$

3. Beim dänischen Plunder touriert man mit einer einfachen Tour, einer doppelten Tour und einer einfachen. Berechnen Sie die Ziehfettschichten.

erste einfache Tour: 3 Ziehfettschichten
+ doppelte Tour:
3 · 4 Ziehfettschichten = 12 Ziehfettschichten
+ zweite einfache Tour:
12 · 3 Ziehfettschichten = 36 Ziehfettschichten

4. Für Gugelhupfe wird ein Hefeteig mit 970 g Vorteig, 400 g Butter, 200 g Zucker, 300 g Vollei, 100 g Eigelb, 15 g Salz und 550 g Weizenmehl gerührt. Anschließend werden 250 g Rosinen, 70 g Zitronat und 130 g gestiftelte Mandeln eingerührt.
a) Ermitteln Sie das Gewicht des Hefeteigs und das Teiggewicht mit den Früchten.
b) Der gesamte Teig ergibt vier Gugelhupfe in Formen. Berechnen Sie das Teiggewicht für eine Form.

a) Hefeteig:

Vorteig	970 g
Butter	400 g
Zucker	200 g
Vollei	300 g
Eigelb	100 g
Salz	15 g
Weizenmehl	550 g
Hefeteiggewicht	2 535 g
Früchte(250 g +70 g +130 g)	450 g
Teiggewicht	2 985 g

b) 2 985 g : 4 Formen = 746,25 g ≈ 746 g

5. Berechnen Sie die Materialkosten für einen Blätterteig mit folgendem Rezept:

1 000 g Weizenmehl	41,00 €/100 kg
1 000 g Butter	4,60 €/kg
500 g Wasser (Preis ist in den Betriebskosten enthalten)	
50 g Zucker	0,95 €/kg
40 g Eigelb insgesamt	0,14 €
80 g Backmargarine	1,00 €/kg

Weizenmehl: 100 kg ≙ 41,00 €
1 kg ≙ x €

$$x = \frac{41{,}00\ € \cdot 1}{100} = 0{,}41\ €$$

Butter: = 4,60 €
Zucker: 1 000 g ≙ 0,95 €
50 g ≙ x €

$$x = \frac{0{,}95\ € \cdot 50}{1000} = 0{,}05\ €$$

Eigelb: 0,14 €
Backmargarine: 0,08 €
5,28 €

6. Das Rezept für einen Mürbeteig lautet: 200 g Zucker, 400 g Butter, 600 g Mehl. Berechnen Sie die Zutaten für 1,800 kg Mürbeteig.

Rezeptgewicht: 200 g
400 g
600 g
1 200 g

$$\text{Schlüsselzahl: } \frac{1\,800\ \text{g}}{1\,200\ \text{g}} = 1{,}5$$

Zucker: 200 g · 1,5 = 300 g
Butter: 400 g · 1,5 = 600 g
Mehl: 600 g · 1,5 = 900 g
} = 1 800 g (Rechenprobe)

7. Zur Herstellung von Teegebäck aus Mürbeteig werden Zucker, Fett und Mehl im Verhältnis 1 : 2 : 3 gemischt.

a) Wie viel kg je Zutat sind für 8,400 kg Mürbeteig abzuwiegen?

b) Für Spekulatius sollen 1,800 kg Mehl mit 2 Teilen Zucker und 1 Teil Fett verarbeitet werden. Wie viel kg Fett und Zucker sind erforderlich?

a) 8,400 kg : 6 Teile = 1,400 kg/Teil
Zucker: 1,400 kg · 1 = 1,400 kg
Fett: 1,400 kg · 2 = 2,800 kg
Mehl: 1,400 kg · 3 = 4,200 kg

b) 1,800 kg : 3 Teile = 0,600 kg/Teil
Fett: 0,600 kg · 1 = 0,600 kg
Zucker: 0,600 kg · 2 = 1,200 kg

8. Für eine Weihnachtsfeier liefert eine Konditorei 144 Päckchen Weihnachtsgebäck. Für jedes Päckchen sind 125 g 1-2-3-Mürbeteig vorgesehen.
1 Teil Zucker zum kg-Preis von 0,80 €
2 Teile Fett zum kg-Preis von 2,25 €
3 Teile Mehl zum kg-Preis von 0,42 €

a) Welche Zutatenmengen werden für die Lieferung benötigt?

b) Ermitteln Sie die Materialkosten für ein 125-g-Päckchen.

a) 125 g · 144 Päckchen
= 18 000 g Mürbeteig
18 000 g : 6 Teile = 3 000 g/Teil
Zucker: 3 000 g
Fett: 6 000 g
Mehl: 9 000 g

b)

Zucker	3 kg · 0,80 € =	2,40 €
Fett	6 kg · 2,25 € =	13,50 €
Mehl	9 kg · 0,42 € =	3,78 €
Preis/Gesamtteig		19,68 €

19,68 € : 144 = 0,14 €

9. Braune Lebkuchen müssen auf 100 Teile Mehl mindestens 50 Teile Zuckerarten enthalten. Ein Lebkuchengrundrezept geht von der Verwendung von 1 000 g Mehl aus. Der Zuckeranteil soll zu 50 % aus Farinzucker, zu 30 % aus Kristallzucker und zu 20 % aus Sirup bestehen. Wie setzt sich der Zuckeranteil für das Grundrezept in g zusammen (Mindestanforderungen)?

100 Teile ≙ 1 000 g
50 Teile ≙ 500 g Zuckeranteil

100 % ≙ 500 g Zucker
10 % ≙ 50 g
50 % ≙ 50 g · 5 = 250 g Farinzucker
20 % ≙ 50 g · 2 = 100 g Honig
30 % ≙ 50 g · 3 = 150 g Kristallzucker

10. Zwei Gebäcksorten zu 39,00 € und zu 35,00 € je kg sind so zu mischen, dass die Mischung zu 36,00 € je kg verkauft werden kann.

a) Berechnen Sie das Mischungsverhältnis.

b) Es sind 8 kg Gebäckmischung herzustellen. Wie viel kg sind von den jeweiligen Sorten abzuwiegen?

a)

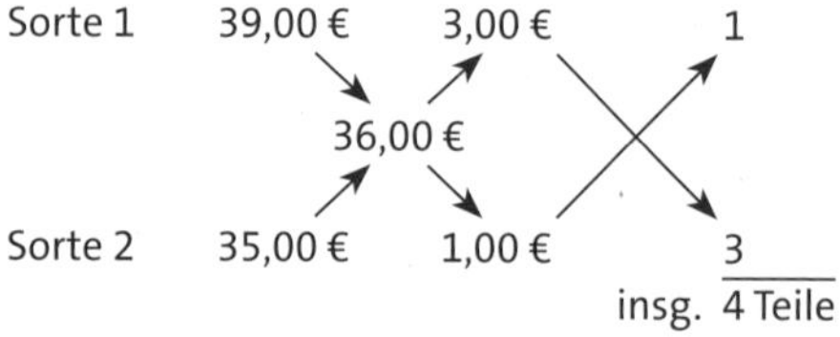

Von Sorte 1 ist ein Teil, von Sorte 2 sind drei Teile beizumischen.

b) 8 kg : 4 Teile = 2 kg/Teil
Sorte 1: 2 kg · 1 = 2 kg
Sorte 2: 2 kg · 3 = 6 kg

11. Für Streusel werden 400 g Zucker, 400 g Fett und 600 g Mehl verarbeitet. In welchem Verhältnis wurde gemischt?

400 g
400 g
600 g
1 400 g : 200 g = 7 Teile
Zucker: 2 Teile = 400 g
Fett: 2 Teile = 400 g
Mehl: 3 Teile = 600 g
} Verhältnis 2 : 2 : 3

12. Aus Gebäck 1 zu 4,50 € je 125 g und Gebäck 2 zu 3,20 € je 0,100 kg sind 2 kg Mischgebäck zu 4,30 € je 1/8 kg vorzubereiten.

a) Wie viele kg sind von jeder Sorte zu mischen?

b) Von der Sorte 1 stehen noch 3 kg zu Verfügung. Welche Menge kann man von der Sorte 2 zugeben?

a) kg-Preise
1 kg Sorte 1: 4,50 € · 8 = 36,00 €
1 kg Sorte 2: 3,20 € · 10 = 32,00 €
1 kg Mischpreis: 4,30 € · 8 = 34,40 €

Sorte 1 36,00 € → 1,60 € ≙ 2 → 3
34,40 €
Sorte 2 32,00 € → 2,40 € ≙ 3 → 2
insg. 5 Teile

2 kg : 5 Teile = 0,400 kg/Teil
Sorte 1: 0,400 kg/Teil · 3 Teile = 1,200 kg
Sorte 2: 0,400 kg/Teil · 2 Teile = 0,800 kg

b) 3 kg : 3 Teile = 1,000 kg/Teil
Sorte 2: 1,000 kg · 2 = 2,000 kg

13. Aus zwei Teegebäcksorten zu 35,00 € je kg und 39,00 € je kg soll eine Gebäckmischung zu 37,50 € je kg hergestellt werden.

a) In welchem Verhältnis sind beide Sorten zu mischen?

b) Wie viel kg sind für 16 kg Mischgebäck von jeder Sorte erforderlich?

c) Von der Sorte 2 soll der restliche Lagerbestand von 2 100 g verarbeitet werden. Wie viel g kann von Sorte 1 zugemischt werden?

a)
Sorte 1 35,00 € → 2,50 € ≙ 5 → 3
37,50 €
Sorte 2 39,00 € → 1,50 € ≙ 3 → 5
insg. 8 Teile

Verhältnis: Sorte 1 : Sorte 2 = 3 : 5

b) 16 kg : 8 Teile = 2 kg/Teil
Sorte 1: 6 kg
Sorte 2: 10 kg

c) 2 100 g : 5 = 420 g/Teil
Sorte 1: 420 g · 3 = 1 260 g

14. Wie sind drei Gebäcksorten zu 29,00 €, 28,00 € und 26,50 € je kg zu mischen, wenn der Mischpreis (MP) je kg 27,00 € ergeben soll?

kg-Preis	MP	Unterschied	Summe	Teile
S1 29,00		2,00 · 2 = 4	6	1
S2 28,00		1,00 · 2 = 2		1
	27,00			
S3 26,50		0,50 · 2 → 1		6

1 Teil von Sorte 1, 1 Teil von Sorte 2, 6 Teile von Sorte 3

15. Wie sind drei Gebäcksorten zu 34,50 €, 33,00 € und 30,00 € zu mischen, wenn 4,500 kg Gebäckmischung zu 32,00 € je kg gewünscht werden?

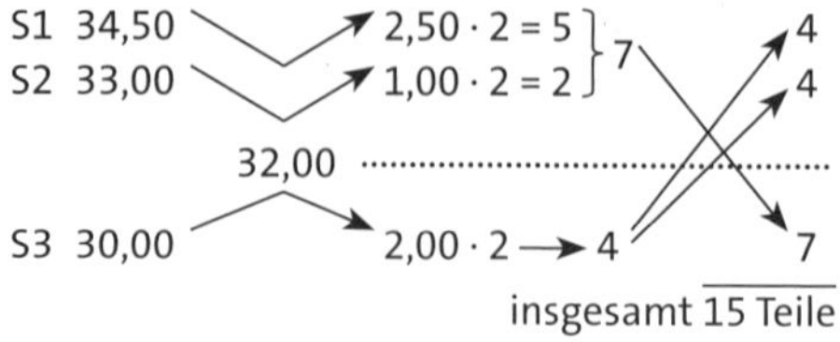

4,500 kg : 15 Teile = 0,300 kg/Teil
Sorte 1 und Sorte 2: 0,300 kg · 4 = 1,200 kg
Sorte 3: 0,300 kg · 7 = 2,100 kg

16. Zur Herstellung einer Eiweißglasur benötigt man Puderzucker und Eiklar im Verhältnis 6 : 1. Bei der Herstellung der Glasur werden zuerst $\frac{3}{4}$ des Zuckers mit dem Eiklar glatt gerührt, bevor der restliche Zucker zugegeben wird. Es werden 2,800 kg Eiweißglasur benötigt. Berechnen Sie die Zutaten. Berücksichtigen Sie dabei, dass Sie zuerst den Zucker mit dem Eiklar glatt rühren müssen.

2 800 g : 7 Teile = 400 g/Teil
Gesamtmengen:
Puderzucker: 400 · 6 = 2 400 g (6 Teile)
Eiklar: 400 g (1 Teil)

$\frac{4}{4}$ ≙ 2 400 g Zucker, $\frac{1}{4}$ ≙ 600 g Zucker

$\frac{3}{4}$ ≙ 600 g · 3 = 1 800 g

Zuerst 1 800 g Puderzucker ($\frac{3}{4}$ der Gesamtzuckermenge) mit 400 g Eiklar glatt rühren. Anschließend die restlichen 600 g Puderzucker zugeben.

17. Eine Trockenobstmischung für Früchtebrot wird aus folgenden Obstsorten hergestellt:
Pfirsiche (S1) 14,40 €/kg
Birnen (S2) 14,10€/kg
Aprikosen (S3) 13,00 €/kg
Pflaumen (S4) 11,60 €/kg
Die Mischung soll nach der Verkaufspreiskalkulation 13,50 €/kg kosten.

a) Berechnen Sie das Mischungsverhältnis.
b) Von den Aprikosen sind noch 1,200 kg auf Lager.
Welche Mengen dürfen von dem restlichen Dörrobst zugegeben werden, um den gewünschten Mischpreis von 13,50 €/kg zu erzielen?
c) Berechnen Sie den Mischpreis (Materialpreis) für 1 kg der Trockenfrüchte, wenn die Sorten im Verhältnis 1 : 1 : 2 : 4 gemischt werden.

a)

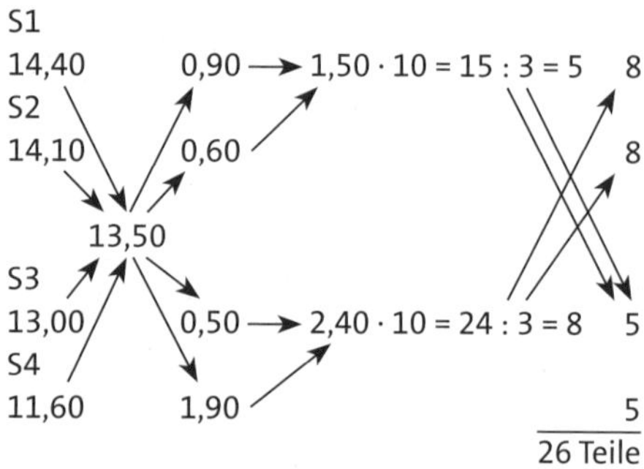

b) 5 Teile ≙ 1,200 kg
1 Teil ≙ x kg $x = \frac{1{,}200 \text{ kg} \cdot 1}{5} = 0{,}240$ kg
Sorte 1: 0,240 kg · 8 = 1,920 kg
Sorte 2: 0,240 kg · 8 = 1,920 kg
Sorte 3: 0,240 kg · 5 = 1,200 kg
Sorte 4: 0,240 kg · 5 = 1,200 kg

c) Pfirsiche: 14,40 €/kg · 1 kg = 14,40 €
Birnen: 14,10 €/kg · 1 kg = 14,10 €
Aprikosen: 13,00 €/kg · 2 kg = 26,00 €
Pflaumen: 11,60 €/kg · 4 kg = 46,40 €
100,90€

100,90 € : 8 kg = 12,61 €/kg

18. Fünf Sorten Teegebäck mit folgenden Kilopreisen werden gemischt: 28,00 €, 29,00 €, 31,00 €, 33,00 € und 35,00 €. Der Mischpreis soll 30,00 € je kg betragen.
a) In welchem Verhältnis ist zu mischen?
b) Wie viel g müssen von jeder Sorte für 27 kg Teegebäck abgewogen werden?
c) Von Sorte 3 sind nur noch 200 g vorhanden. Berechnen Sie die restlichen Mengen und das Gesamtgewicht der Mischung.

a)
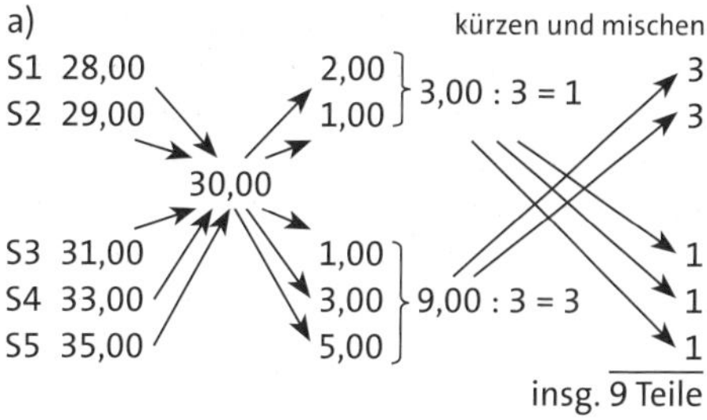

b) 27 kg : 9 Teile = 3 kg/Teil
Sorte 1 und 2: 3 kg · 3 = 9 kg
Sorte 3, 4 und 5: 3 kg · 1 = 3 kg

c)

Sorte 1:	600 g
Sorte 2:	600 g
Sorte 3:	200 g
Sorte 4:	200 g
Sorte 5:	200 g
	1800 g

7 Feine Backwaren aus Massen

7.1 Baisermasse

1. Nennen Sie die hauptsächlichen Unterschiede von Massen zu Teigen in Bezug auf die
a) Hauptrohstoffe,
b) Herstellung,
c) Beschaffenheit,
d) Lockerungsmittel.

a)
- Die Hauptrohstoffe der meisten Massen sind Eier und Zucker, manchmal auch Fett und Mehl sowie Weizenpuder.
- Teige enthalten hauptsächlich Mehl und Wasser oder Milch.

b)
- Für die Massen werden Eier aufgeschlagen oder das Fett schaumig geschlagen und einige Massen abgeröstet.
- Teige werden geknetet.

c)
- Massen sind weich und werden aufdressiert oder in Formen gefüllt.
- Teige sind formbar und ausrollfähig.

d)
- Massen werden mit eingeschlagener Luft oder mit Backpulver gelockert.
- Teige werden überwiegend mit Hefe gelockert.

2. Baisermasse wird auch als Schaummasse bezeichnet.
Nennen Sie die zwei hauptsächlichen Zutaten der Baisermasse und in etwa das Mengenverhältnis.

Baisermasse wird aus 1 Teil Eiklar und 1,5 bis 2 Teilen Zucker hergestellt.

3. Unterscheiden Sie
a) Eischnee und
b) Baisermasse.

a) Beim Eischnee wird Eiklar mit bis zur gleichen Menge Zucker aufgeschlagen. Der Eischnee wird dann sofort weiterverarbeitet, z. B. bei der Biskuitmasse.
b) Die Baisermasse ist aufgeschlagenes Eiklar mit einem sehr hohen Zuckeranteil, eineinhalbfache bis zweifache Eiklarmenge.

4. Eiklar wird zu einem cremigen, stabilen Eischnee aufgeschlagen.
a) Was geschieht beim Aufschlagen von Eiklar zu Eischnee?
b) Nennen Sie die zwei Zutaten, die das Eiweiß zum Festhalten der Luftbläschen beim Eischnee stabilisieren.
c) Welcher Rührbesen wird zum Aufschlagen von Eischnee verwendet und welche Rührgeschwindigkeit ist notwendig?

a) Das Eiweiß des Eiklars hält die eingeschlagene Luft beim Aufschlagen fest, sodass ein stabiler Eischnee mit großem Volumen entsteht.
b)
- Salz macht die zähen Eiweiße elastischer und dehnbarer.
- Zucker bindet einen Teil des Wassers vom Eiklar zur Stabilisierung des Eischnees.

c)
- Eischnee wird mit einem feindrahtigen Rührbesen aufgeschlagen, weil durch die vielen Drähte mehr Luft eingeschlagen werden kann.
- Bei hoher Rührgeschwindigkeit kann in kurzer Zeit viel Luft eingeschlagen werden.

5. Beschreiben Sie, wodurch das Aufschlagen von Eischnee behindert wird und begründen Sie dies.

Fett verhindert das Aufschlagen von Eischnee. Es zerstört die Eiweißhäute, die dann nur noch wenig Luft festhalten können. Die Folge ist ein schmieriger, nicht standhafter Eischnee mit geringem Volumen. Verursacht wird dies durch
- Eigelbreste im Eiklar oder
- unsaubere und somit fettige Kessel bzw. Rührbesen oder sie enthalten Spülmittelreste.

6. a) Zu welchem Zeitpunkt soll der Zucker beim Aufschlagen zum Eischnee in das Eiklar gegeben werden?
b) Wird eine zu große Zuckermenge in das Eiklar gegeben, entsteht ein schmieriger nicht standfester Eischnee. Wie viel Zucker kann sofort in das Eiklar gegeben werden, um einen einwandfreien Eischnee zu erzielen?
c) In der Baisermasse ist die Zuckermenge wesentlich höher als der Eiklaranteil. Wie wird der Zucker, der den Eiklaranteil übersteigt, in den Eischnee gegeben?

a) Der Zucker soll sofort zu Anfang in das Eiklar gegeben werden. Dies ergibt einen feinporigen Eischnee, der seinen stabilen Stand behält.
b) Eiklar lässt sich problemlos mit bis zur gleichen Menge Zucker zu Eischnee aufschlagen.
c) Die Zuckermenge, die die Eiklarmenge im Eischnee übersteigt, wird in Form von Puderzucker in den Eischnee gehoben.

7. Optimal aufgeschlagener Eischnee ist ausschlaggebend für die Qualität der Erzeugnisse.
a) Wie erkennt man richtig aufgeschlagenen Eischnee?
b) Beschreiben Sie die Merkmale, wenn der Eischnee zu kurz aufgeschlagen wird.
c) Beschreiben Sie die Merkmale von zu lange aufgeschlagenem Eischnee.

a) Optimal aufgeschlagener Eischnee hat
- einen stabilen Stand,
- ein großes Volumen,
- eine cremige Beschaffenheit, sodass sich beim Herausnehmen des Rührbesens Spitzen ziehen.

b) Zu kurz aufgeschlagener Eischnee ist
- weich und schmierig,
- hat einen schlechten Stand und
- ein geringes Volumen.

c) Wird der Eischnee zu lange aufgeschlagen,
- hat er eine flockige Beschaffenheit mit rauer, grober Oberfläche und
- ein großes Volumen.

8. a) Warum soll Eischnee sofort nach dem Aufschlagen weiterverarbeitet werden?
b) Erklären Sie, warum Baisermasse einen wesentlich höheren Zuckergehalt haben muss als Eischnee, z. B. die Baisermasse als Füllung in Schaumrollen.

a) Der Eischnee gibt nach einiger Zeit Flüssigkeit ab, da sich das Eiklar langsam wieder in den flüssigen Zustand zurückbildet. Die Stabilität des Eischnees geht somit verloren, das Volumen wird geringer.
b) Der hohe Zuckeranteil in der Baisermasse bindet den Wasseranteil des Eiklars, sodass die Standfestigkeit der Baisermasse lange erhalten bleibt.

9. Man unterscheidet drei Herstellungsarten der Baisermasse.
Beschreiben Sie die Herstellung von
a) kalter Baisermasse,
b) warmer Baisermasse,
c) italienischer Baisermasse.

a) Bei der kalten Baisermasse wird Eiklar mit der gleichen Menge Zucker zu einem Eischnee aufgeschlagen. Der restliche Zucker wird in Form von Puderzucker unter den Eischnee gehoben.
b) Bei der warmen Baisermasse wird das Eiklar mit der gesamten Zuckermenge zuerst auf ca. 70 °C erhitzt und dann zu einer stabilen Baisermasse aufgeschlagen.
c)
- Bei der italienischen Baisermasse wird Eiklar mit der gleichen Menge Zucker zu Eischnee geschlagen.
- Der restliche Zucker wird mit etwas Wasser zum Flug auf 117 °C gekocht.
- Den Flugzucker dann in dünnem Strahl langsam bei laufender Rührmaschine unter den Eischnee rühren und weiter zu einer stabilen Baisermasse aufschlagen.

10. Nennen Sie die Gebäcke, in die Baisermasse als Füllung gespritzt wird.

Für Schaumrollen wird Baisermasse in Blätterteigrollen gespritzt.

11. Getrocknete Baisererzeugnisse behalten die Farbe der Baisermasse.
a) Beschreiben Sie das Trocknen von Baisererzeugnissen.
b) Wie ist die Beschaffenheit und Farbe der getrockneten Baisererzeugnisse?
c) Nennen Sie getrocknete Baisererzeugnisse und Verwendungsbeispiele.

a) Baisermasse wird auf Backbleche aufdressiert und dann bei ca. 80 °C im Backofen bei geöffnetem Zug getrocknet. Um Energie zu sparen, schiebt man die Baisererzeugnisse nach Arbeitsschluss in den ausgeschalteten Ofen bei ca. 120 °C und offenem Zug und lässt sie bei sinkender Temperatur über Nacht trocknen.
b) Sie sind durch und durch trocken und bleiben weiß.
c) Getrocknete Baisererzeugnisse sind:
- Meringen (Spiralen)
- Baiserschalen zum Füllen, z. B. mit Speiseeis
- Baiserböden, z. B. für Baisertorten mit Buttercreme gefüllt
- Baiserböden als Unterlage für Eistorten
- Baiserfiguren als Dekor, z. B. für Eisbecher und zum Kindergeburtstag

12. a) Wie werden Baisererzeugnisse zum Abflämmen hergestellt?
b) Beschreiben Sie das Abflämmen der Baisermasse.
c) Nennen Sie Beispiele von abgeflämmten Baisererzeugnissen.

a) Obsttorten und Obstschnitten mit säuerlichen Früchten, z. B. Johannisbeeren, Stachelbeeren, Sauerkirschen, Rhabarber, werden mit Baisermasse eingestrichen und an der Oberfläche mit Dressierbeutel und Sterntülle ausgarniert.
b) Obstbaisertorten bzw. Obstbaiserschnitten mit offener Flamme eines Bunsenbrenners oder im Ofen bei ca. 230 °C abflämmen. Beim Abflämmen wird die Oberfläche der Baisermasse gebräunt, das Innere der Baisermasse bleibt weich.
c) Johannisbeerbaisertorten, Stachelbeerbaiserschnitten

13. Nennen Sie die Verkaufsargumente für Baisererzeugnisse in Bezug auf
a) Qualitätsmerkmale,
b) besondere Eignungen,

a)
- Baisererzeugnisse sind locker und schmecken wegen des hohen Zuckeranteils süß.
- Bei abgeflämmten Obsttorten und Obstschnitten ergänzen sich die säuerlichen Früchte gut mit der süßen Baisermasse.
- Getrocknete Baisererzeugnisse schmecken süß und sind durch und durch trocken.

b) Baisererzeugnisse werden von Kunden, die Süßes mögen, bevorzugt.

c) Frischhaltung der
- Schaumrollen und abgeflämmter Obstbaisertorten bzw. Obstbaiserschnitten sowie
- getrocknete Baisererzeugnisse.

c)
- Schaumrollen und Obstbaisertorten sowie Obstbaiserschnitten sollen am Tag der Herstellung gegessen werden, weil die Baisermasse sonst etwas zäh wird und die Poren sich verkleinern.
- Getrocknete Baisererzeugnisse sind einige Tage lagerfähig, in gut verschlossenen Behältern einige Wochen.

7.2 Biskuitmasse, Wiener Masse, Sandmasse

1. Biskuitgebäcke sind besonders locker und bekömmlich.
a) Nennen Sie die Zutaten für Biskuitmasse.
b) Welcher Rohstoff fehlt in der Rezeptur der Biskuitmasse? Deshalb sind Biskuitgebäcke besonders bekömmlich.
c) Beschreiben Sie die Herstellung der Biskuitmasse als „Zweikesselmasse“, die die gebräuchlichste Herstellungsweise ist.
d) Erklären Sie den Fachbegriff „Melieren“ bei der Herstellung der Biskuitmasse.
e) Warum müssen die Zutaten der Biskuitmasse meliert und nicht verrührt werden?

a) Biskuitmasse wird aus einem hohen Anteil an Eiern mit Zucker, Weizenmehl und Weizenstärke (Weizenpuder) hergestellt. Geschmacksverbessernd sind eine Prise Salz sowie Zitronen- und Vanillearoma.
b) Biskuitmasse enthält kein Fett.
c)
- In einem Kessel wird Eigelb mit ca. $\frac{1}{3}$ des Zuckers und den Aromen schaumig geschlagen.
- Im zweiten Kessel wird Eiklar mit ca. $\frac{2}{3}$ des Zuckers und einer Prise Salz zu Eischnee aufgeschlagen.
- Anschließend den Eischnee in das schaumige Eigelb melieren und dann das gesiebte Weizenmehl und Weizenpuder unterheben.

d) Unter Melieren versteht man das vorsichtige Unterheben von Eischnee in das schaumige Eigelb sowie das Unterheben von Zutaten in eine aufgeschlagene Eiermasse, bis die Zutaten vollständig vermischt sind.
e) Beim Melieren darf die eingeschlagene Luft nicht aus der Eiermasse herausgerührt werden, damit die Masse locker bleibt und das große Volumen behält.

2. Für Biskuitmassen wird das Eigelb schaumig geschlagen, damit es eine standfeste Biskuitmasse ergibt. Beschreiben Sie die Merkmale von schaumig aufgeschlagenem Eigelb in Bezug auf
a) die Festigkeit,
b) die Eigelbfarbe,
c) die Spuren des Rührbesens beim Aufschlagen in der Rührmaschine,
d) das Volumen.

a) Schaumiges Eigelb ist zähflüssig.
b) Es hat eine helle Eigelbfarbe.
c) Die Rillen des Rührbesens sind im schaumigen Eigelb deutlich sichtbar.
d) Das Volumen hat sich kaum vergrößert, weil das fetthaltige Eigelb die eingeschlagene Luft schlecht festhalten kann.

3. Nennen Sie Biskuitgebäcke, die bei folgenden Temperaturen gebacken werden:
a) 220 °C
b) 200 °C und
c) 180 °C und offener Zug

a) • Biskuitkapseln und
• Omeletts für Sahneomeletts sind dünne Gebäcke, die kurz bei 220 °C gebacken werden und somit biegsam sind.
b) • Biskuitböden werden bei 200 °C gebacken.
c) • Löffelbiskuits,
• Othelloschalen und
• Anisplätzchen werden bei 180 °C und offenem Zug gebacken.

4. Erklären Sie die Ursachen folgender Fehler der Biskuitgebäcke:
a) Biskuitgebäcke haben ein geringes Volumen oder sie sind etwas breit gelaufen wegen des
• Eischnees,
• Eigelbs.
b) Biskuitgebäcke sind nach dem Backen beim Abkühlen leicht eingefallen und haben eine runzlige Gebäckoberfläche.
c) Kapseln brechen beim Rollen für Rouladen.

a) • Eischnee wurde entweder zu kurz oder zu lange aufgeschlagen.
• Eigelb wurde nicht ausreichend schaumig geschlagen, sodass es beim Melieren mit dem Eischnee zu wenig Stand hatte und noch zu flüssig war.
b) Die Biskuitgebäcke wurden zu kurz gebacken, sodass das lockere Gebäckgerüst noch zu weich war.
c) • Die Kapseln wurden zu lange gebacken, sodass sie spröde werden.
• Die Kapseln wurden bei zu geringer Backhitze gebacken und sind deshalb zu trocken und nicht mehr biegsam.

5. Beschreiben Sie die Lagerung und Lagerfähigkeit der Biskuitgebäcke und geben Sie an, wofür sich die Biskuitgebäcke bei der Kundenberatung besonders gut eignen.
a) Erklären Sie die Lagerung von
• Löffelbiskuits und Anisplätzchen,
• Biskuittortenböden,
• Kapseln und Biskuitomeletts.
b) Wofür eignen sich folgende Gebäcke besonders gut?
• alle Biskuitgebäcke
• Löffelbiskuits
• Biskuitgebäcke ohne Schlagsahne und Buttercremefüllung

a) • Löffelbiskuits und Anisplätzchen sind verpackt in Folienbeutel oder eingeschweißten Gebäckschalen mehrere Tage bei Raumtemperatur lagerfähig.
• Biskuitböden bleiben in einem kühlen Raum einige Tage frisch. Ziehen sich die Tortenböden zusammen und lösen sich etwas vom Tortenring, trocknen sie aus.
• Kapseln und Biskuitomeletts ohne Füllung sollen tiefgefroren gelagert werden und sind so nach dem Auftauen gut rollfähig.
b) • Alle Biskuitgebäcke sind vorzügliche Kaffeegebäcke.
• Löffelbiskuits sind gelegentlich für Kleinkinder geeignet, da sie leicht kaubar und gut bekömmlich sind.
• Biskuitgebäcke ohne Sahne- und Buttercremefüllung sind für Menschen, die kein Fett vertragen besonders geeignet, da diese Gebäcke kein Fett enthalten und somit gut verdaulich sind.

6. Beschreiben Sie folgende Verkaufsargumente für Biskuitgebäcke:
   a) Qualitätsmerkmale
   b) Frischhaltung aller Biskuitgebäcke

a) • Biskuitgebäcke sind sehr eierreiche Gebäcke, die in der Rezeptur kein Fett enthalten.
   • Deshalb sind Biskuitgebäcke sehr locker und leicht bekömmlich.

b) Biskuitgebäcke sind frisch, solange sie innen weich sind, ausgenommen die trockenen Anisplätzchen.

7. Die Wiener Masse ist der Biskuitmasse ähnlich.
   a) Nennen Sie Rohstoffe, die in der Wiener Masse sowie in der Biskuitmasse enthalten sind, und erklären Sie den Unterschied der Massen in Bezug auf die Rezeptur.
   b) Nennen Sie Gebäcke aus Wiener Masse.
   c) Wie unterscheiden sich Wiener Böden von Biskuitböden?

a) • Die Wiener Masse ist wie die Biskuitmasse eine sehr eierreiche Masse mit Zucker sowie Weizenmehl und Weizenpuder.
   • Der Unterschied ist, dass die Biskuitmasse in der Rezeptur kein Fett enthält. Die Wiener Masse wird mit einem geringen Anteil Fett hergestellt.

b) Gebäcke aus Wiener Masse sind:
   • Wiener Böden: helle Tortenböden, Schokoladenböden, Nussböden
   • Kapseln für Rouladen und Desserts
   • Osterlämmer

c) • Wegen des geringen Fettanteils sind Wiener Böden feinporiger und etwas weicher.
   • Biskuitböden ohne Fett sind grobporiger und etwas trockener.

8. Die Wiener Masse wird für Tortenböden meist in der klassischen Art „warm und kalt“ aufgeschlagen.
   a) Beschreiben Sie die Herstellung einer Wiener Masse als „Einkesselmasse“
   b) Wie wird geprüft, ob die Wiener Masse ausreichend und fertig aufgeschlagen ist?

a) • Eier, Zucker, Salz, Zitronen- und Vanillearoma zuerst warm auf ca. 45 °C aufschlagen. Die warme Eiermasse bei hoher Geschwindigkeit so lange aufschlagen, bis sie auf 20 bis 25 °C abgekühlt ist. Dieser Vorgang dauert mind. 25 Minuten, bis die Masse einen schönen Stand und ein großes Volumen hat.
   • Gesiebtes Weizenmehl und Weizenpuder in die Eiermasse melieren.
   • Zum Schluss das flüssige Fett bei ca. 40 °C melieren.

b) Um zu prüfen, ob die Eiermasse fertig aufgeschlagen ist, nimmt man mit einem Schaber etwas Masse heraus. Zieht sich eine „Nase“, die nicht abtropft, ist die Masse fertig aufgeschlagen.

9. Beschreiben Sie
a) das Einfüllen der Wiener Masse in Tortenringe,
b) das Backen und
c) die Behandlung der Tortenböden sofort nach dem Backen.

a) Die Wiener Masse in Tortenringe bis ca. 1 cm unter den Rand der Ringe füllen.
b) Die Masse sofort in den Ofen schieben und bei 200 °C ca. 30 Minuten backen.
c) Die Wiener Böden sofort nach dem Backen umdrehen und auf Tücher oder Backpapier legen, damit die Oberfläche der Böden glatt wird und die Böden ausdampfen können.

10. Erklären Sie das „All-in-Verfahren" bei Biskuitmassen und Wiener Massen.

Convenience-Produkte sind Backmischungen, in denen die Zutaten in Pulverform enthalten sind. Der Backmischung werden Eier zugegeben und zusammen zu einer Masse gerührt.

11. a) Wodurch erfolgt die Lockerung einer Wiener Masse und Biskuitmasse?
b) Erklären Sie, wie die Tortenböden aus Wiener Masse nach dem Aufschlagen für z. B. Prinzregenten-, und Herrentorten hergestellt werden.
c) Beschreiben Sie die Herstellung von Kapseln.
d) Erklären Sie die Herstellung von Rouladen.

a) Wiener Masse und Biskuitmasse werden ausschließlich durch die eingeschlagene Luft beim Aufschlagen gelockert. Die Massen enthalten kein Backpulver.
b) Für diese Torten wird die Wiener Masse einzeln als dünne Böden auf Backbleche gestrichen und gebacken.
c) Wiener Masse oder Biskuitmasse wird 1 bis 1,5 cm dick auf ein mit Backpapier belegtes Backblech gleichmäßig aufgestrichen.
d) Kapseln werden mit einer Füllung bestrichen und zu einer Roulade zusammengerollt.

12. Verschiedene Massen haben nach dem Aufschlagen unterschiedliche Litergewichte.
a) Erklären Sie das „Litergewicht" der Massen.
b) Ein Messbehälter mit 1 Liter Inhalt wird mit einer Masse gefüllt. Erklären Sie, was man ableiten kann, je weniger 1 Liter einer Masse wiegt.

a) Das Litergewicht gibt das Gewicht von 1 Liter Volumen einer mit Eiern aufgeschlagenen Masse an.
b) Je weniger eine Masse mit 1 Liter Volumen wiegt, desto lockerer ist die Masse, weil die eingeschlagene Luft kein Gewicht hat. Mit dem Litergewicht kann die Lockerung der Masse überprüft werden.

13. Der Mindestfettanteil der Wiener Masse und Sandmasse wird in den Leitsätzen festgelegt. Nennen Sie die Leitsätze über den Fettanteil von
a) Wiener Masse,
b) Sandmasse.

a) Wiener Masse enthält auf 100 Teile Mehl und Weizenpuder mindestens 6 % Fett: Butter, Margarine oder Speiseöl.
b) Sandmasse enthält mindestens 20 % Fett: Butter, Margarine oder Speiseöl, berechnet vom gesamten Massengewicht.

14. Nennen Sie Gebäckbeispiele aus Sandmasse:
a) Kuchen
b) Blechkuchen
c) Kuchen in kleinen Förmchen
d) Symbol der Konditorei

a) Kuchen: Sand-, Marmor-, Nuss-, Eierlikör-, Schokoladenkuchen
b) Blechkuchen mit Früchten: Donauwellen, Aprikosen-, Sauerkirsch-, Stachelbeerschnitten
c) Muffins
d) Baumkuchen

15. Sandmassen werden manchmal als „Gleichschwermasse" bezeichnet, weil alle Rohstoffe in etwa das gleiche Gewicht haben.
a) Nennen Sie die Zutaten, aus denen Sandmasse hergestellt wird.
- Grundzutaten
- Lockerungsmittel
- geschmacksverbessernde Zutaten

b) Beschreiben Sie die Herstellung einer Sandmasse als Einkesselmasse.

a)
- Eier, Zucker, Butter oder Margarine, Weizenmehl und Weizenpuder gemischt
- Backpulver
- Salz, Zitronen- und Vanillearoma

b)
- Butter oder Margarine, Zucker, Salz und Aromen leicht schaumig schlagen.
- Eier nach und nach zugeben.
- Weizenmehl, Weizenstärke (Weizenpuder) und Backpulver miteinander sieben und kurz in die Masse rühren, bis das Mehlgemisch nicht mehr sichtbar ist.

16. Kuchen aus Sandmasse sind lockere und weiche Gebäcke.
a) Warum werden für Sandmassen Weizenmehl und Weizenpuder im Verhältnis 1:1 gemischt?
b) Beschreiben Sie die Auswirkung, wenn nur Weizenmehl ohne Weizenpuder für die Sandmasse verwendet wird.
c) Wie sind die Kuchen, wenn nur Weizenpuder ohne Weizenmehl verwendet wird?

a) Durch den Weizenpuder werden die Gebäcke locker, feinporig und weich.
b) Wird für die Sandmasse nur Weizenmehl ohne Weizenpuder verwendet, werden die Kuchen zu kleinporig, mit zu festem Biss und kleinem Gebäckvolumen.
c) Wird nur Weizenpuder ohne Weizenmehl verwendet, sind die Kuchen zu locker und etwas trocken.

17. a) Für Sandmasse soll Butter bei ca. 20 °C und Backmargarine bei ca. 23 °C verarbeitet werden. Erklären Sie den Gebäckfehler, wenn das Fett
- zu kalt,
- zu warm verarbeitet wird.

b) Erklären Sie die Herstellung einer Sandmasse, bei der statt Butter oder Margarine Speiseöl verwendet wird.

a)
- Zu kaltes Fett lässt sich nicht schaumig schlagen und verbindet sich schlecht mit dem Wasser der Eier, sodass die Masse grießig wird. Der Kuchen ist dann ungenügend gelockert und hat ein kleines Volumen.
- Zu warmes Fett ist zu weich, sodass beim Aufschlagen eine zu schaumige Sandmasse entsteht. Dies ergibt Kuchen mit breit gelaufener, flacher Oberfläche und ohne Ausbund.

b) Die Zutaten der Sandmasse werden mit dem Speiseöl im All-in-Verfahren zu einer glatten und weichen Masse in der Rührmaschine zusammengeschlagen.

18. Kuchen in Kastenform gebacken, sehen besonders appetitlich aus, wenn sie beim Backen einen kräftigen Ausbund bekommen.

a) Beschreiben Sie, wie man durch Einschneiden einen schönen Ausbund erreicht, z. B. bei Sandkuchen.

b) Erklären Sie eine weitere Möglichkeit einen schönen Ausbund zu erzielen.

a)
- Die Kuchen in Kastenformen bei 220 °C anbacken.
- Nach 12 bis 15 Minuten hat sich auf der Oberfläche eine feste, leicht gebräunte Haut gebildet. Die Haut mit einem in Wasser oder Öl getauchten Messer der Länge nach einschneiden.
- Die Backtemperatur auf 180 °C reduzieren und die Kuchen bei dieser Temperatur und mit offenem Zug fertig backen.

b)
- Die Masse in rechteckige Formen füllen.
- Einen Schaber in flüssiges Fett oder Öl tauchen. Diesen in der Mitte der Länge nach in die Masse leicht einstechen. Das Fett trennt die Masse, sodass die Kuchen beim Backen an dieser Stelle aufreißen.
- Die Kuchen bei 200 °C und offenem Zug backen.

19. Nennen Sie die möglichen Ursachen bei folgenden Fehlern der Kuchen aus Sandmasse:

a)
- zu kleines Volumen der Kuchen
- zu gering gelockerte Kuchen

b)
- zusammengefallene Kuchen
- speckiger, nicht gelockerter Streifen in den Kuchen

c) breit gelaufene Oberfläche der Kuchen und somit kein hochgezogener Ausbund bei Kuchen mit gewünschtem Ausbund

d)
- zu dunkle Kruste der Kuchen
- zu dicke Kruste
- zu trockene Kuchen

a)
- Durch zu kaltes Fett wurde die zu feste Masse nicht genügend schaumig geschlagen.
- Die Masse wurde zu wenig schaumig geschlagen.
- zu wenig Backpulver

b)
- zu viel Backpulver
- zu kurze Backzeit

c)
- zu schaumig geschlagene Masse
- durch zu warmes Fett wird die Masse zu schaumig beim Aufschlagen

d)
- zu lange Backzeit
- zu kühle Backtemperatur

20. Nennen Sie die Verkaufsargumente der Kuchen aus Sandmasse in Bezug auf

a) Qualitätsmerkmale,

b) Frischhaltung,

c) besondere Eignung.

a)
- Kuchen aus Sandmasse sind geschmackvolle Gebäcke, vor allem durch den hohen Eier- und Fettgehalt.
- Es sind lockere und weiche Kuchen.

b)
- Kuchen aus Sandmasse werden bei kühler Raumtemperatur gelagert.
- Sie sind einige Tage frisch, vor allem in Folie verpackte Kuchen.

c)
- Kuchen aus Sandmasse sind auf jedem Kaffeetisch beliebt.
- Wegen der langen Frischhaltung eignen sie sich auch als Vorratsgebäcke oder können auf Reisen mitgenommen werden.

21. Die Baumkuchenmasse ist eine besondere Sandmasse, die in einem speziellen Ofen mit einem besonderen Backverfahren hergestellt wird.
Nennen Sie die Bestimmungen der Leitsätze für Baumkuchen:
a) Mindestmengen von Butter und Eiern in der Baumkuchenmasse
b) Backen der Baumkuchen
c) Überzug oder Glasur der gebackenen Baumkuchen

a) Baumkuchenmassen enthalten auf 100 kg Weizenmehl und Weizenpuder mindestens 100 kg Butter und mindestens 200 kg Vollei.
b) Die Baumkuchenmasse wird in dünnen Schichten zu Baumkuchen oder Baumkuchentorten gebacken.
c) Baumkuchen werden entweder mit
- Schokoladenkuvertüre überzogen, Fettglasur ist nicht erlaubt oder
- mit Aprikotur und Fondant glasiert.

22. Beschreiben Sie das Backen der Baumkuchen im Baumkuchenofen, auch Baumkuchenmaschine genannt.

- Die Baumkuchenmasse wird in eine längliche Wanne am Baumkuchenofen gegeben.
- Eine Walze wird in die Baumkuchenmasse getaucht, an der eine dünne Schicht der Masse haften bleibt.
- Die Walze dreht sich vor den heißen Heizschlangen, wobei die dünne Schicht Baumkuchenmasse hellbraun gebacken wird.
- So werden mehrere Schichten Baumkuchenmasse aufgetragen und gebacken.
- Beim Auftragen der letzten Massenschichten wird der Baumkuchen in die Masse getaucht. Dann werden die Zähne eines Rechens an der drehenden Walze angesetzt. An diesen Zähnen des Rechens wird die Masse abgeschabt, sodass nach einigen Schichten am Baumkuchen Ringe entstehen.

23. Der Baumkuchen ist ein besonders feiner Kuchen und gilt deshalb als das Symbol der Konditorei.
Nennen Sie verschiedene Erzeugnisse aus Baumkuchen.

- Baumkuchenring: Ein ganzer Ring wird von einem Baumkuchen geschnitten.
- halber Baumkuchenring: Der Baumkuchenring wird halbiert und mit Kuvertüre überzogen.
- Baumkuchenspitzen: Aus einem Baumkuchenring werden kleine trapezförmige Stücke geschnitten und diese mit Schokoladenkuvertüre überzogen.
- ganzer Baumkuchen: Ein Baumkuchen mit beliebig vielen Ringen.
- Baumkuchentorte: Die Baumkuchenmasse wird in Tortenringen Schicht für Schicht bei starker Oberhitze im Ofen gebacken, bis eine Tortenhöhe entsteht. Diese ungefüllte Baumkuchentorte wird mit Schokoladenkuvertüre überzogen.

24. Woher hat der Baumkuchen seinen Namen?

- Der fertig gebackene Baumkuchen sieht aus wie ein Baumstamm.
- Bei einem angeschnittenen Baumkuchen sind die einzeln gebackenen Masseschichten sichtbar, die den Jahresringen eines Baums ähnlich sind.

25. Beschreiben Sie die Verkaufsargumente der Baumkuchenerzeugnisse:
a) Qualitätsmerkmale
b) Frischhaltung
c) besondere Eignung

a) Baumkuchenerzeugnisse sind hochwertig. Sie werden mit einem hohen Anteil an Eiern hergestellt, als Fett wird nur Butter verwendet und sie werden mit Marzipanrohmasse verbessert.
Baumkuchenerzeugnisse sind mit Schokoladenkuvertüre überzogen, nicht mit Fettglasur, oder sie werden mit Aprikotur und Fondant glasiert.

b)
- Baumkuchenerzeugnisse sind so lange frisch, so lange sie weich und somit gut im Geschmack sind.
- Sie werden bei kühler Raumtemperatur gelagert und bleiben so einige Tage frisch.
- Damit die Baumkuchenerzeugnisse nicht so schnell austrocknen, werden sie mit Folie verpackt und Baumkuchenspitzen in Folientütchen.

c)
- Baumkuchenerzeugnisse sind besonders feine Gebäcke zu Kaffee und Tee.
- Sie eignen sich auch als Geschenk.

7.3 Brandmasse, Röstmasse, Makronenmasse, Hippenmasse

1. Beschreiben Sie die Herstellung von Brandmasse aus folgenden Zutaten:
1 Teil Fett (Butter oder Margarine)
2 Teile Weizenmehl
2,5 Teile Eier
4 Teile Wasser und Milch, je zur Hälfte
etwas Zucker, 1 Prise Salz, Zitronen- und Vanillearoma

- Milch, Wasser, Fett, Zucker und Salz kochen.
- Gesiebtes Weizenmehl in die kochende Flüssigkeit geben und unter ständigem Rühren mit einem Rührlöffel gut abrösten, bis ein glatter Ballen entsteht.
- Die Masse auf ca. 40 °C abkühlen.
- Zitronen- und Vanillearoma zugeben.
- Die Eier in der Rührmaschine nach und nach in die Masse einrühren, bis sie glatt ist. Das Verrühren der Eier erfolgt mit einem grobdrahtigen Rührbesen in der langsam laufenden Maschine. Die Masse dabei nicht schaumig schlagen, weil sich sonst das Gashaltevermögen verringert.

2. Durch das richtige Backen erhalten die Gebäcke aus Brandmasse die gewünschte Lockerung und die rösche Kruste.
a) Beschreiben Sie das fachgerechte Backen der Brandmassegebäcke im Ofen nach dem Aufdressieren auf Backbleche.
b) Begründen Sie die starke Schwadengabe beim Einschieben der aufdressierten Stücke in den Ofen.
c) Warum werden Brandmassegebäcke kräftig ausgebacken?
d) Wie werden Spritzkuchen (Strauben) gebacken?

a)
- Bei 210 °C backen und beim Einschieben in den Ofen viel Schwaden geben. Die Gebäcke kräftig ausbacken.
- Wenn die Gebäcke ihr endgültiges Volumen erreicht haben, den Zug ziehen, damit sich eine kräftige Kruste bilden kann.

b) Durch die starke Schwadengabe bleibt die Oberfläche der Brandmassestücke lange feucht. Eine schnelle Krustenbildung wird dadurch verhindert. So kann die elastische Kruste lange dem Wasserdampfdruck von innen nachgeben, sodass ein großes Gebäckvolumen entsteht.

c) Eine stabile Kruste verhindert das Einfallen der hohlen Brandmassegebäcke beim Abkühlen nach dem Backen.

d) Spritzkuchen (Strauben) werden wie Berliner in schwimmendem Siedefett bei 175 °C gebacken.

3. Beschreiben Sie die folgenden bekannten Brandmassegebäcke:
a) Windbeutel
b) Sahnekirschringe, auch Lucca-Augen genannt
c) Liebesknochen, auch Eclairs genannt
d) Mokkaeclairs
e) Spritzkuchen, auch Strauben genannt

a)
- Die runden Windbeutel sind mit Schlagsahne gefüllt.
- Die Deckel sind mit Puderzucker bzw. süßem Schnee bestaubt.

b)
- Bei Sahneringen sind die ringförmigen Brandmassegebäcke mit gebundenen Sauerkirschen und mit Kirschwassersahne gefüllt.
- Die Deckel sind mit Aprikotur und Fondant glasiert.

c)
- Bei Liebesknochen sind die länglichen Brandmassegebäcke mit Vanillecreme gefüllt.
- Die Deckel sind mit Schokoladenkuvertüre oder Fettglasur überzogen.

d)
- Bei Mokkaeclairs sind die länglichen Brandmassegebäcke mit Mokkasahne gefüllt.
- Die Deckel sind mit Aprikotur und Mokkafondant überzogen.

e)
- Bei Spritzkuchen wird die Brandmasse ringförmig aufdressiert und im Siedefett gebacken.
- Die obere Hälfte der Gebäcke wird nach dem Backen in Fondant getaucht oder die Spritzkuchen werden in Zimtzucker gewälzt.

4. Typisch für Brandmassegebäcke ist die starke Lockerung.
a) Erklären Sie den Lockerungsvorgang der Brandmassegebäcke beim Backen.
b) Womit werden Gebäcke aus Brandmasse gelockert und zu welcher Lockerungsart zählt deshalb diese Lockerung?

a) Die Brandmasse besitzt einen sehr hohen Wasseranteil, der beim Backen verdampft. Der Wasserdampf dehnt sich stark aus und wird von der Kruste festgehalten. Durch den Wasserdampfdruck entstehen im Inneren der Gebäcke große Hohlräume mit dünnen Zwischenwänden und die Gebäcke erhalten ein großes Volumen.
b) Brandmassegebäcke werden mit Wasserdampf gelockert. Deshalb zählt diese Lockerung zur physikalischen Lockerung.

5. Nennen Sie die Verkaufsargumente für Brandmassegebäcke in Bezug auf
a) Qualitätsmerkmale,
b) Frischhaltung,
c) Tiefgefrieren,
d) besondere Eignung.

a) Gebäcke aus Brandmasse enthalten große Hohlräume und sind deshalb sehr locker. Durch die dünnen Zwischenwände sind sie innen weich.
Die Füllung und der Überzug bestimmen den Geschmack der Gebäcke.
b) Gebäcke aus Brandmasse schmecken frisch am besten, da sie vor allem wegen der feuchten Füllungen weich und zäh werden.
c) Ungefüllte Brandmassegebäcke lassen sich in Folie verpackt gut tiefgefrieren, sodass die täglich benötigte Menge aufgetaut werden kann.
d) Erzeugnisse aus Brandmasse sind mit den verschiedenen Füllungen passende Desserts zu Kaffee und Tee.

6. Nennen Sie Gebäcke aus Röstmasse.

- Florentiner
- Nussknacker
- Mandelschnitten
- Bienenstichaufstrich

7. a) Nennen Sie die Zutaten, aus denen Röstmasse hergestellt wird:
- Grundzutaten
- Schalenfrüchte

b) Beschreiben Sie die Herstellung der Röstmasse.
c) Womit dürfen Florentiner und Nussknacker nach den Bestimmungen der Leitsätze nur überzogen werden?

a)
- Grundzutaten der Röstmasse sind: Honig, Zucker, Glukosesirup, Butter und Sahne
- gehobelte bzw. gestiftelte Mandeln oder ganze Nüssen

b)
- Honig, Zucker, Glukosesirup, Butter und Sahne auf 112 °C abrösten.
- Gehobelte bzw. gestiftelte Mandeln oder ganze Nüsse in die kochende Masse rühren.

c) Florentiner und Nussknacker dürfen nur mit Schokoladenkuvertüre überzogen werden, Fettglasur ist nicht erlaubt.

8. Nennen Sie die Verkaufsargumente für Gebäcke aus Röstmasse in Bezug auf
a) Qualitätsmerkmale,
b) Frischhaltung und Aufbewahrung,
c) besondere Eignung.

a)
- Gebäcke aus Röstmasse sind knusprige Gebäcke.
- Sie bestehen aus Mandeln bzw. Nüssen mit süßlichem Karamellgeschmack aus Honig, Sahne und Butter.
- Florentiner und Nussknacker sind an der Unterseite mit Schokoladenkuvertüre bestrichen.

b)
- Gebäcke aus Röstmasse werden bei kühler Raumtemperatur aufbewahrt. Nicht in der Kühlung aufbewahren, sonst werden sie wegen der hohen Luftfeuchtigkeit zäh und verlieren die knusprige Beschaffenheit.
- Röstmassegebäcke sind Dauerbackwaren, die mehrere Tage lagerfähig sind, ausgenommen Bienenstich. Sie gelten als frisch, solange sie die knusprige Beschaffenheit haben.

c) Gebäcke aus Röstmasse eignen sich
- zu Kaffee und Tee,
- als kleine Nascherei während des Tages,
- wegen der problemlosen Aufbewahrung als Gebäcke für Reisen.

9. Gebäcke aus Makronenmasse werden in verschiedenen Geschmacksrichtungen angeboten.
a) Aus welchen drei Grundzutaten werden Gebäcke aus Mandelmakronenmasse hergestellt?
b) Nennen Sie Gebäcke aus Makronenmasse, bei denen statt Mandeln andere Ölsamen (Schalenfrüchte) verwendet werden.
c) Erklären Sie, mit welchen Zutaten Schokoladenmakronen (Schokomakronen) hergestellt werden.
d) Unterscheiden Sie Eigelbmakronen von Mandelmakronen.

a) Makronengebäcke werden hergestellt aus
- Marzipanrohmasse oder Mandeln,
- Zucker,
- Eiklar.

b)
- Nussmakronen: geriebene Haselnüsse
- Walnussmakronen: geriebene Walnüsse
- Kokosmakronen: Kokosraspeln

c) Schokomakronen werden mit Nüssen und/oder Mandeln mit Zucker und Eiklar sowie mit Kakaopulver hergestellt.

d)
- Eigelbmakronen sind Mandelmakronen, bei denen statt Eiklar Eigelb verwendet wird.
- Sie enthalten einen geringeren Zuckeranteil und sind deshalb nicht so süß.
- Eigelbmakronen werden am Boden mit Schokoladenkuvertüre abgesetzt.

10. Nennen Sie bekannte Makronengebäcke, die stückweise angeboten werden.

Makronengebäcke sind:
- Mandelhörnchen
- Makronentörtchen (Ochsenaugen)
- Makronenschnitten
- Leipziger Lerchen

11. Beschreiben Sie folgende Makronengebäcke:
a) Nussecken
b) Zimtsterne

a) Die dreieckigen Nussecken bestehen aus einem Gebäckboden aus Mürbeteig mit Nussmakronenmasse darauf.
b) Zimtsterne bestehen aus einer Mandel- oder Nussmakronenmasse, die an der Oberfläche mit Eiweißglasur bestrichen sind.

12. Makronengebäcke werden in den Leitsätzen festgelegt.
a) Nennen Sie die Makronengebäcke, die die einfache Bezeichnung „Makronen" tragen dürfen.
b) Wie müssen die Makronengebäcke bezeichnet werden, die mit anderen Ölsamen (Schalenfrüchten) hergestellt werden?

a) Die alleinige Bezeichnung „Makronen" ist nur für Mandel- und Marzipanmakronen erlaubt, die als Ölsamen Mandeln bzw. Marzipanrohmasse enthalten.
b) Makronengebäcke, die statt Mandeln andere Ölsamen enthalten, werden mit dem Namen der Ölsamen benannt, z. B. Nuss- oder Haselnussmakronen, Walnuss-, Kokosmakronen.

13. Nennen Sie die Verkaufsargumente für Makronengebäcke:
a) Qualitätsmerkmale
b) Frischhaltung, Lagerung
c) Wie lange gelten Makronengebäcke als frisch und warum altern sie nach einiger Zeit der Lagerung?
d) besondere Eignung:
- Teegebäcke (Kleingebäcke)
- Stückgebäcke
- Lagerfähigkeit

a)
- Makronengebäcke sind weiche und süß schmeckende Gebäcke mit mit Mandel-, Nuss oder Kokosgeschmack.
- Eigelbmakronen sind wegen des geringen Zuckergehalts nur leicht süß. Sie sind am Boden mit Schokoladenkuvertüre abgesetzt.

b)
- Makronengebäcke sind bei kühler Raumtemperatur einige Tage lagerfähig.
- Etwas länger sind kleine Makronengebäcke frisch, die in Folienbeuteln oder in Gebäckschalen eingeschweißt luftdicht verpackt sind.

c)
- Makronengebäcke gelten als frisch, solange sie innen weich sind und den vollen Mandel- bzw. Nussgeschmack haben.
- Makronengebäcke trocknen wegen des hohen Eiklaranteils nach einiger Zeit aus, weil Eiklar die Feuchtigkeit nicht binden kann.

d)
- Die kleinen Mandel-, Nuss-, Kokos-, Schokoladen- und Eigelbmakronen sowie Zimtsterne eignen sich für die Weihnachtsgebäckmischung.
- Die Stückgebäcke wie Mandelhörnchen, Nussecken, Makronentörtchen u. a. sind begehrte Kaffeegebäcke.
- Wegen der Lagerfähigkeit von einigen Tagen sind Makronengebäcke auch als Gebäcke für Reisen und als Gebäckreserve geeignet.

14. Nennen und beschreiben Sie Hippengebäcke und geben Sie deren Verwendung an.

- Schlotfeger: Hippenrollen mit Schokoladenkuvertüre überzogen und mit Schlagsahne gefüllt, als Dessert zum Kaffee
- Hippenrollen: dünne Rollen zu Eisbechern oder Eisgetränken
- Eiswaffeln (Eisgebäcke): in verschiedenen Formen auf Eisbechern
- Eistüten: Speiseeiskugeln werden für den Straßenverkauf hineingegeben
- Dekorgebäcke (Schmuckauflagen): verschiedene Formen, z. B. Blüten, Blätter, Schmetterlinge als Dekor auf Torten, Desserts, Eisbomben
- Duchesse (sprich: Düschess): kleine runde Teegebäcke, jeweils zwei Duchesse werden z. B. mit Nugatmasse oder Ganache gefüllt

15. Die Hippenmasse ist ähnlich der Mandelmakronenmasse, weil sie zum Teil aus den gleichen Zutaten hergestellt wird.

a) Nennen Sie die Zutaten, aus denen die Hippenmasse hergestellt wird.
   - drei Zutaten der Mandelmakronenmasse
   - weitere Zutaten
   - geschmacksverbessernde Zutaten

b) Beschreiben Sie die Herstellung der Hippenmasse.

c) Beschreiben Sie die Verarbeitung der Hippenmasse.

d) Erklären Sie die gebräuchlichste Backmethode der Hippenmasse.

a)
   - Marzipanrohmasse, Zucker, Eiklar,
   - Weizenmehl, Milch bzw. Sahne,
   - Salz, Zitronen- und Vanillearoma

b)
   - Marzipanrohmasse mit dem Eiklar weich arbeiten.
   - Zucker, Weizenmehl, Salz und Aromen dazugeben und verrühren.
   - Milch und/oder Sahne nach und nach in der Rührmaschine einrühren, bis die Masse glatt ist. Die Hippenmasse jedoch nicht schaumig schlagen.

c)
   - Eine dünne Silikonmatte mit verschiedenen Formen als Schablone auf ein gefettetes Backblech legen.
   - Die Hippenmasse mit einer Winkelpalette in die Formen der Schablone streichen.

d) Die Hippenmasse bei 210 °C in zwei Etappen backen.
   - Zuerst die Masse anbacken und kurz vor dem Bräunen aus dem Ofen nehmen.
   - Die Gebäcke auskühlen lassen und dann fertig backen.

16. Erklären Sie die Verkaufsargumente der Hippenmasse hinsichtlich Qualitätsmerkmale und Geschmack.

- Hippengebäcke sind dünne und knusprige Gebäcke.
- Sie haben einen leichten Marzipangeschmack aufgrund des Hauptrohstoffs Marzipanrohmasse.

17. Erklären Sie weitere Verkaufsargumente der Gebäcke aus Hippenmasse.
a) Frischhaltung und Lagerung der Hippengebäcke
b) Wann werden Schlotfeger gefüllt und wie lange ist deren Frischhaltung?
c) Besondere Eignung der Hippengebäcke:
- Schlotfeger
- Hippenrollen und Eisgebäcke
- Duchesse

a)
- Hippengebäcke sind Dauerbackwaren und deshalb lange lagerfähig.
- Sie werden bei der Lagerung in Folien oder Dosen luftdicht verpackt. Unverpackt ziehen die trockenen und zuckerhaltigen Hippengebäcke bei der Lagerung Luftfeuchtigkeit an, werden weich und verlieren ihre knusprige Beschaffenheit.
- Duchesse sind lagerfähig, solange sie knusprig sind und die Füllung weich ist.

b) Bei Schlotfegern die Schlagsahne nicht allzu lange vor dem Verzehr in die Hippenrollen füllen, da sie sonst weich werden und die knusprige Beschaffenheit verloren geht.

c)
- Schlotfeger sind Sahnedesserts zum Kaffee und als Nachspeise.
- Hippenrollen und Eisgebäcke sind eine geschmackliche Ergänzung zu Speiseeis und wirken zudem sehr dekorativ.
- Duchesse sind Teegebäcke und dienen auch als kleine Nascherei.

7.4 Fachmathematische Berechnungen (Dreisatz, Prozentrechnen, Verteilungsrechnen, Arbeitsrezeptberechnung, Mischungsrechnen)

1. Für eine Hippenmasse werden Mehl, Zucker, Marzipanrohmasse, Eiklar und Sahne im Verhältnis 1 : 2 : 3 : 1,5 : 1 verarbeitet. Wie viel g der restlichen Zutaten werden benötigt, wenn 210 g Eiklar zur Verfügung stehen?

210 g : 1,5 Teile = 140 g/Teil
Mehl: $1 \cdot 140$ g = 140 g
Zucker: $2 \cdot 140$ g = 280 g
Marzipanrohmasse: $3 \cdot 140$ g = 420 g
Sahne: $1 \cdot 140$ g = 140 g

2. Das Litergewicht gibt das Gewicht von einem Liter Volumen einer aufgeschlagenen Masse an. Für Löffelbiskuit benötigt man folgende Zutaten:
240 g Eigelb, 270 g Eiklar
250 g Zucker, Vanillearoma, Salz
125 g Weizenmehl, Type 405
125 g Weizenpuder
Die aufgeschlagene Masse ergibt ein Volumen von 2,800 l. Berechnen Sie das Gewicht von 1 l der aufgeschlagenen Masse.

240 g Eigelb
270 g Eiklar
250 g Zucker, Vanille, Salz
125 g Weizenmehl, Type 405
125 g Weizenpuder
1 010 g Masse

2,800 l ≙ 1 010 g
1 l ≙ x g

$$x = \frac{1\,010\text{ g} \cdot 1}{2{,}800} = 361\text{ g}$$

3. Baumkuchenmassen enthalten auf 1 Teil Mehl mindestens 1 Teil Butter und 2 Teile Vollei. Berechnen Sie die jeweiligen Rohstoffmengen für 3,200 kg Baumkuchenmasse.

3 200 g : 4 Teile = 800 g/Teil
Mehl: 800 g
Butter: 800 g
Vollei: 1 600 g

4. Aus einer Wiener Masse mit einem Rezeptgewicht von 7 000 g können 8 Tortenringe gefüllt werden. Ein Tortenring hat ein Volumen von 2 187,5 cm³. Welches Litergewicht (in g) hat die Wiener Masse?

8 Ringe ≙ 7 000 g
1 Ring ≙ x g

$$x = \frac{7000\ \text{g} \cdot 1}{8} = 875\ \text{g}$$

2 187,5 cm³ ≙ 875 g
1 000 cm³ ≙ x g

$$x = \frac{875\ \text{g} \cdot 1000}{2187{,}5} = 400\ \text{g}$$

5. Werden Eier mit Zucker warm und kalt aufgeschlagen, ergibt die Eiermasse ein Litergewicht von 200 g. Nach dem Melieren von Weizenmehl und Weizenstärke erhöht sich das Litergewicht auf 350 g. Für Anisplätzchen werden 800 g Vollei und 1 000 g Zucker aufgeschlagen. Anschließend werden 1 100 g Weizenmehl und 30 g Anis in die Eiermasse meliert.
Berechnen Sie das Volumen
a) nach dem Aufschlagen.
b) nach dem Melieren.

a) Aufschlagen:
800 g Vollei
1 000 g Zucker
1 800 g Eiermasse

200 g ≙ 1 l
1 800 g ≙ x l

$$x = \frac{1\ \text{l} \cdot 1800}{200} = 9\ \text{l}$$

b) Melieren:
1 800 g
1 100 g Weizenmehl/Weizenstärke
30 g Anis
2 930 g Masse (Anisplätzchen)

350 g ≙ 1 l
2 930 g ≙ x l

$$x = \frac{1\ \text{l} \cdot 2930}{350} = 8{,}371\ \text{l}$$

6. Berechnen Sie den Preis für 250 g der folgenden Gebäckmischung: Sorte 1 (Nussmakronen):
1,000 kg zu 64 Cents je 100 g
Sorte 2 (Mandelmakronen):
2,000 kg zu 2,75 € je 500 g
Sorte 3 (Kokosmakronen):
2,500 kg zu 1,80 € je 250 g

1,000 kg Sorte 1: 0,64 € · 10 = 6,40 €
2,000 kg Sorte 2: 2,75 € · 4 = 11,00 €
2,500 kg Sorte 3: 1,80 € · 10 = 18,00 €
5,500 kg 35,40 €

5 500 g ≙ 35,40 €
250 g ≙ x €

$$x = \frac{35{,}40\ € \cdot 250}{5500} = 1{,}61\ €$$

7. Zimtsterne kosten 6,50 €/kg, Mandelmakronen 9,00 €/kg. Aus beiden Sorten soll eine Gebäckmischung zum Preis von 7,00 € pro kg hergestellt werden. In welchem Verhältnis ist zu mischen?

	kg-Preis	Mischp.	Unterschied	Teile mischen
Sorte 1	6,50 €		0,50 € · 2 = 1	4
		7,00 €		
Sorte 2	9,00 €		2,00 € · 2 = 4	1

Von den Zimtsternen sind 4 Teile, von den Mandelmakronen ist 1 Teil zu verwenden.

8. Aus 3 500 g Vollei, 2 000 g Zucker, 1 200 g Weizenmehl, 1 000 g Weizenstärke und 900 g Fett werden 10 Wiener Böden hergestellt. Der Backverlust beträgt 28 %. Wie schwer ist ein Wiener Boden nach dem Backen?

Rezeptgewicht:
3 500 g
2 000 g
1 200 g
1 000 g
900 g
8 600 g = 8,600 kg

100 % ≙ 8,600 kg
72 % ≙ x kg

$$x = \frac{8{,}600\ \text{kg} \cdot 72}{100} = 6{,}192\ \text{kg}$$

6,192 : 10 = 0,619 kg

9. Eine Sachermasse muss auf 100 Teile Weizenmehl mindestens 200 Teile Vollei enthalten.
Wie viel Eier mit einem Gewicht von je 50 g benötigt man für eine Sachermasse, die 3 750 g Weizenmehl enthält?

100 Teile ≙ 3 750 g
200 Teile ≙ 3 750 g · 2 = 7 500 g

7 500 g : 50 g/Ei = 150 Eier

10. Eine Rezeptur für Anisplätzchen ergibt 3 900 g. Der Backverlust beträgt 24 %. Die Verkäuferin füllt 22 Päckchen mit einem Gewicht von jeweils 125 g ab. Wie viel g Plätzchen bleiben übrig? Berechnen Sie den Rest auch in %.

100 % ≙ 3 900 g
1 % ≙ 39 g
24 % ≙ 39 g · 24 = 936 g
3 900 g – 936 g = 2 964 g
125 g/Beutel · 22 Beutel = 2 750 g
Rest in g: 2 964 g – 2 750 g = 214 g
Rest in %:
2 964 g ≙ 100 %
214 g ≙ x %

$$x = \frac{100\,\% \cdot 214}{2964} = 7{,}22\,\%$$

11. Elisenlebkuchen müssen aus mindestens 25 % Mandeln und/oder Hasel- bzw. Walnüssen bestehen. Überprüfen Sie, ob folgendes Rezept den Mindestanforderungen entspricht:
250 g geriebene Mandeln
200 g geriebene Haselnüsse
600 g Zucker
250 g Eiklar
60 g Weizenmehl
80 g Orangeat
80 g Zitronat
15 g Lebkuchengewürze
4 g Hirschhornsalz

Rezeptgewicht: 1 539 g
Mindestanforderung
100 % ≙ 1 539 g
1 % ≙ 15,39 g
25 % ≙ 15,39 g · 25 = 384,75 g
200 g Haselnüsse + 250 g Mandeln = 450 g

Die Mindestanforderungen sind erfüllt.

12. Ein Sandkuchenrezept lautet:
500 g Butter, 500 g Zucker;
500 g Weizenstärke, 8 Eier zu je 50 g.
a) Berechnen Sie die Rohstoffmengen für 16 Formen mit einem Füllgewicht von je 475 g.
b) Berechnen Sie die Mengen für 2 Formen mit je 380 g.

a) Benötigte Menge: $475\ g \cdot 16 = 7\,600\ g$
Rezeptgewicht:
$500\ g + 500\ g + 500\ g + 400\ g = 1\,900\ g$
Schlüsselzahl: $\frac{7\,600\ g}{1\,900\ g} = 4$

Butter:	$500\ g \cdot 4 = 2\,000\ g$
Zucker:	$500\ g \cdot 4 = 2\,000\ g$
Weizenstärke:	$500\ g \cdot 4 = 2\,000\ g$
Eier:	$400\ g \cdot 4 = 1\,600\ g$
	$7\,600\ g$

b) Benötigte Menge: $380\ g \cdot 2 = 760\ g$
Schlüsselzahl $= \frac{760\ g}{1\,900\ g} = 0{,}4$

Butter:	$500\ g \cdot 0{,}4 = 200\ g$
Zucker:	$500\ g \cdot 0{,}4 = 200\ g$
Weizenstärke:	$500\ g \cdot 0{,}4 = 200\ g$
Eier:	$400\ g \cdot 0{,}4 = 160\ g$
	$760\ g$

8 Füllungen, Cremes, Süßspeisen

8.1 Konfitüren, Gelees, Marmeladen

1. Nennen Sie die Zutaten, aus denen folgende Erzeugnisse gekocht werden:
a) Konfitüren
b) Gelees
c) Marmeladen

a) Für Konfitüren werden Früchte mit Gelierzucker gekocht.
b) Für Gelees wird Fruchtsaft mit Gelierzucker gekocht.
c) Für Marmeladen werden Früchte oder Fruchtsaft von Zitrusfrüchten mit Gelierzucker gekocht.

2. a) Welche Früchte dürfen nur für Marmeladen verwendet werden? Geben Sie ein Fruchtbeispiel an.
b) Bei der Herstellung für 1 000 g Konfitüren und Gelees muss nach der Konfitürenverordnung ein Mindestfruchtanteil zugegeben werden. Nennen Sie den Mindestanteil von Früchten bzw. Fruchtsaft in Prozent für
- Konfitüren,
- Konfitüren extra,
- Gelees,
- Gelees extra.

a) Für Marmelade dürfen nur Zitrusfrüchte verwendet werden, z. B. Orangen für Orangenmarmelade.
b)
- Konfitüren enthalten mindestens 35 % Früchte.
- Konfitüren extra enthalten mindestens 45 % Früchte.
- Gelees enthalten mindestens 35 % Fruchtsaft.
- Gelees extra enthalten mindestens 45 % Fruchtsaft.

3. Bei der Herstellung von Konfitüren, Gelees und Marmeladen wird Gelierzucker verwendet.
   a) Beschreiben Sie die Herstellung von
      - Konfitüre,
      - Gelee.
   b) Woraus besteht Gelierzucker?
   c) Erklären Sie, was Pektine sind und woraus sie gewonnen werden.
   d) Was bewirken die Pektine und die hohe Zuckermenge des Gelierzuckers bei der Herstellung in Konfitüren, Gelees und Marmeladen?
   e) Was bewirkt die Zitronensäure im Gelierzucker?

a) • Die geschälten, entsteinten bzw. entkernten Früchte mit Gelierzucker kochen und dann abkühlen lassen.
   • Den Fruchtsaft mit Gelierzucker kochen und dann abkühlen lassen.

b) Gelierzucker besteht aus Zucker, Pektinen und etwas Zitronensäure.

c) Pektine sind Bindemittel, die aus den Schalen und dem Saft von sauren Früchten gewonnen werden, z. B. Quitten, saure Äpfel.

d) Pektine und Zucker binden das Wasser der Früchte und des Fruchtsafts beim Kochen von Konfitüren, Gelees und Marmelade, die somit nach dem Abkühlen streichfähig sind.

e) Zitronensäure gibt den süß schmeckenden Konfitüren, Gelees und Marmeladen einen leicht säuerlichen Geschmack, der den Fruchtgeschmack etwas hervorhebt.

4. Fruchtaufstrich ist in den Leitsätzen nicht geregelt, wird jedoch im Café zum Frühstück verwendet. Erklären Sie Fruchtaufstrich.

Fruchtaufstrich ist hochwertige Konfitüre mit einem Fruchtgehalt von 50 bis 75 % und enthält somit viel Früchte und wenig Zucker.

5. Erklären Sie Mehrfruchtkonfitüre und Mehrfruchtgelee.

Diese Konfitüre bzw. dieses Gelee wird mit mehreren Früchten hergestellt.

8.2 Buttercremes und Fettcremes

1. Cremetorten werden in der Konditorei mit Buttercreme hergestellt.
   a) Nennen Sie die Bestimmungen der Leitsätze für Buttercreme.
   b) Wie wird die Creme bezeichnet, wenn
      - statt Butter Margarine verwendet wird oder
      - wenn die Creme mit Convenience-Produkten hergestellt wird?

a) Für Buttercreme darf als Fett ausschließlich Butter verwendet werden.

b) • Wird für Cremes die Butter ganz oder teilweise durch Crememargarine ersetzt, wird die Creme nach den Leitsätzen als Fettcreme bezeichnet.
   • Convenience-Produkte bestehen aus Margarine und Emulgatoren, sodass diese Cremes Fettcremes sind.

2. Nennen Sie den Vorteil von Butter in der Buttercreme gegenüber Margarine in der Fettcreme.

Buttercreme schmeckt besser als Fettcreme aus Margarine.

3. Es werden drei Buttercremearten unterschieden. Nennen Sie diese und geben Sie die typischen Zutaten an.

Die drei Buttercremearten sind:
- deutsche Buttercreme:
  Butter mit Vanillecreme
- französische Buttercreme:
  Butter mit Eiermasse, aus schaumig geschlagenen Eiern mit Zucker
- italienische Buttercreme:
  Butter mit Baisermasse

4. Beschreiben Sie die Herstellung von
a) deutscher Buttercreme,
b) französischer Buttercreme,
c) italienischer Buttercreme.

a) Deutsche Buttercreme:
  - Butter schaumig schlagen.
  - Vanillecreme kochen.

  Die abgekühlte Vanillecreme in die schaumige Butter rühren.

b) Französische Buttercreme:
  - Butter schaumig schlagen.
  - Eier, Zucker und eine Prise Salz auf ca. 45 °C erwärmen und dann zu einer stabilen Eiermasse aufschlagen.

  Die Eiermasse bei langsamer Geschwindigkeit in die schaumige Butter einrühren, bis eine glatte Creme entsteht.

c) Italienische Buttercreme:
  - Butter schaumig schlagen.
  - Eiklar und Zucker zu einem Eischnee aufschlagen.
  - Zucker und etwas Wasser zum Flug auf 117 °C kochen.

  Zuerst den Eischnee in die schaumige Butter rühren, dann den Flugzucker.

5. Erklären Sie die Vorteile jeder Buttercremeart.
a) deutsche Buttercreme
b) französische Buttercreme
c) italienische Buttercreme

a)
  - Wegen des hohen Vanillecremeanteils und des geringen Buttergehalts ist deutsche Buttercreme gut bekömmlich.
  - Deshalb ist sie die ideale Füllcreme, die in Torten und Desserts dicker eingestrichen werden kann.

b)
  - Französische Buttercreme ist wegen des hohen Buttergehalts die geschmackvollste Creme.
  - Sie ist eine sehr glatte Creme aufgrund des hohen Buttergehalts. Deshalb eignet sich französische Buttercreme besonders gut zum Einstreichen und Garnieren von Torten und Desserts.

c) Italienische Buttercreme ist wegen der Baisermasse eine sehr lockere und süßliche Creme.

6. Nennen Sie Beispiele geschmacksgebender Stoffe, die in den Buttercremes deutlich als solche wahrnehmbar sind und ihnen auch den Namen geben.
a) Aromapasten
b) Spirituosen
c) sonstige Geschmacksgeber

a) Schokoladen-, Nuss-, Cappuccino-, Eierlikör-, Champagner-, Fruchtpasten wie Ananas oder Mandarine
b) Kirschwasser, Weinbrand, Rum, Eierlikör
c) • gut erwärmte Schokoladenkuvertüre für Schokoladencreme
• wasserlöslichen Kaffee mit etwas Wasser verrühren für Mokkacreme

7. a) Nennen Sie die Zutaten von Käsebuttercreme zu den Mengenverhältnissen in der Creme:
• 1 Teil
• 1 Teil
• 1,5 Teile
• würzende Zutaten

b) Nennen Sie die Grundzutaten von Käsecreme:
• zwei mögliche weiche Käsesorten
• würzende Zutaten

c) Erklären Sie jeweils die Vorzüge von
• Käsebuttercreme
• Käsecreme
beim Verzehr.

d) Wofür wird Käsebuttercreme und Käsecreme verwendet?

a) Käsebuttercreme wird hergestellt aus:
• 1 Teil Butter, schaumig geschlagen
• 1 Teil Milchcreme: Milch, Eier und Weizenpuder zu einer Creme kochen = Pudding ohne Zucker
• 1,5 Teile Käse
• Salz, Paprika und Pfeffer

b) Käsecreme wird hergestellt aus:
• Weich- oder Frischkäse, z. B. Camembert oder Kräuterfrischkäse
• Salz, Paprika, Kümmel, Kräuter

c) • Käsebuttercreme ist wegen des Butteranteils geschmacksvoller und sättigender.
• Käsecreme enthält keine Butter und ist deshalb wesentlich leichter und bekömmlicher.

d) Diese pikanten Cremes werden verwendet:
• zum Füllen von Käsefours
• zum Bestreichen von Brötchen und Broten als Vorspeise

8.3 Schlagsahne, Sahnecreme und Ganache

1. Welche Vorschrift besteht nach den gesetzlichen Bestimmungen für Schlagsahne, auch Schlagrahm genannt, hinsichtlich des Fettgehalts?

Schlagsahne enthält mindestens 30 % Milchfett.

2. Nennen Sie die drei verschiedenen Aufschlagmöglichkeiten für Schlagsahne und beschreiben Sie jeweils die Lockerung und das Volumen.
a) herkömmliche Aufschlagart, bei geringem Schlagsahnegebrauch im Betrieb

a) • Die Schlagsahne wird mit einem Rührbesen in der Rührmaschine aufgeschlagen.
• Aufgeschlagene Schlagsahne ist im Vergleich zu aufgeblasener Sahne nicht so stark gelockert und hat ein geringeres Volumen.

b) übliche Aufschlagart in der Produktion der Konditorei
c) vorteilhafte Aufschlagart im Café

b) • Schlagsahne wird in der Konditorei im Sahnebläser aufgeschlagen. Ein Kompressor im Sahnebläser bläst Luft in die Schlagsahne. Trotzdem spricht man vom „Aufschlagen der Schlagsahne“.
• Schlagsahne vom Sahnebläser ist besonders locker und deshalb gut bekömmlich. Sie hat das größte Volumen.

c) • Schlagsahne wird im Café in einem Sahneautomat aufgeschlagen. Flüssige Schlagsahne in einem gekühlten Behälter des Sahneautomats wird über ein Röhrchen angesaugt und Luft eingeblasen.
• Sofort nach dem Einschalten kommt lockere Schlagsahne aus der Tülle, sodass zu jeder Zeit frisch aufgeschlagene Schlagsahne vorhanden ist.

3. Beschreiben Sie die Vorgänge beim Aufschlagen bzw. Aufblasen von Schlagsahne, sodass lockere und stabile Schlagsahne mit großem Volumen entsteht.

- Beim Aufschlagen in der Rührmaschine und beim Aufblasen im Sahnebläser wird Luft in die Schlagsahne eingerührt bzw. eingeblasen.
- Die Eiweiße der Schlagsahne halten die Luft zu vielen kleinen Luftbläschen fest, sodass eine lockere Sahne mit großem Volumen entsteht.
- Das Milchfett der Schlagsahne lagert sich außen um die Luftbläschen an, sodass diese nicht zusammenfallen und somit die Schlagsahne einen stabilen Stand hat.

4. Schlagsahne kann nur bei idealen Bedingungen optimal aufgeschlagen werden.
a) Wie muss die flüssige Schlagsahne nach den Vorschriften bis zum Verbrauch gelagert werden?
b) Geben Sie die ideale Temperatur der Schlagsahne zum Aufschlagen an.
c) Wie sollen Aufschlaggeräte wie Sahnebläser bzw. Kessel und Rührbesen vor dem Ausschlagen behandelt werden?
d) Nennen Sie die optimale Raumtemperatur beim Aufschlagen und Verarbeiten der Schlagsahne.

a) Schlagsahne muss im Kühlschrank bzw. Kühlraum gelagert werden.
b) Die ideale Sahnetemperatur zum Aufschlagen ist ca. 4 °C. Vorteilhaft ist deshalb, wenn Schlagsahne vor dem Aufschlagen kurz in den Froster gegeben wird.
c) Sahnebläser bzw. Kessel und Rührbesen vor dem Aufschlagen vorkühlen, damit die Schlagsahne nicht erwärmt wird.
d) Das Aufschlagen und Verarbeiten der Schlagsahne soll in einem kühlen Raum erfolgen, ideal sind ca. 20 °C.

5. Nur durch Zugabe von Bindemitteln behält aufgeschlagene Schlagsahne in den Sahneerzeugnissen ihre Beschaffenheit.

a) Was geschieht mit Schlagsahne, der kein Bindemittel zugegeben wird, in den Erzeugnissen?
b) Nennen Sie die zwei gebräuchlichsten Bindemittel, die das ungebundene Wasser in der Schlagsahne binden.
c) Wie wird pulverförmiges Sahnestandmittel in die Schlagsahne gegeben?
d) Wann erübrigt sich die Zugabe von Bindemitteln in die Schlagsahne? Geben Sie Beispiele an.

a) Die Schlagsahne gibt ca. drei Stunden nach dem Aufschlagen ungebundenes Wasser ab. Dabei verliert die Schlagsahne ihr lockeres Gefüge und ihren Stand.
b) Bindemittel für Schlagsahne sind:
   - Pulverförmiges Sahnestandmittel (Sahnesteif) ist modifizierte Stärke (bereits verkleisterte Stärke), die kaltes Wasser binden kann.
   - Blattgelatine
c) Sahnestandmittel wird in die fertig aufgeschlagene Schlagsahne gerührt.
d) Schlagsahne, die sofort nach dem Aufschlagen im Sahneautomaten verzehrt wird, benötigt kein Bindemittel, z. B. für Eisbecher, Erdbeertorten, Kaffeegetränke, heiße Schokolade.

6. Gelatine ist das einzige Bindemittel der Konditorei, das nicht aus Pflanzen gewonnen wird.

a) Erklären Sie, woraus Blattgelatine und pulverförmige Gelatine besteht und woraus sie gewonnen wird.
b) Warum wird Gelatine als Bindemittel für Schlagsahne verwendet?
c) Wie viel Blätter Gelatine werden für 1 l flüssiger Schlagsahne gerechnet? Geben Sie die Auswirkung von zu viel Gelatine in der Schlagsahne an.
d) Beschreiben Sie die Verarbeitung von Blattgelatine und das Einrühren dieser in Schlagsahne.
e) Warum darf die flüssige Blattgelatine nicht zu kühl und nicht zu warm in die Schlagsahne gerührt werden?

a) Gelatine besteht aus Kollageneiweiß und wird aus Knochen und Häuten von Tieren gewonnen.
b)
   - Gelatine bindet in kaltem Zustand Wasser und somit auch das Wasser der in der Kühlung stehenden Schlagsahne.
   - Gelatine ist geruch- und geschmacklos und beeinflusst deshalb den Geschmack der Sahneerzeugnisse nicht.
c)
   - Auf 1 l Schlagsahne werden drei bis vier Blätter Gelatine gerechnet. Ein Blatt wiegt ca. 2 g.
   - Bei zu viel Gelatine wird die Schlagsahne unangenehm zäh.
d)
   - Blattgelatine ca. zehn Minuten in kaltem Wasser einweichen, bis sie geschmeidig ist.
   - Die geschmeidige Gelatine aus dem Wasser nehmen, ausdrücken und auf ca. 50 °C erwärmen, bis sie flüssig ist.
   - Die flüssige Gelatine in etwas Schlagsahne einrühren und dann die restliche Schlagsahne unterheben.
e) Zu stark erwärmte Gelatine wird zähfließend und zu kühle Gelatine, unter 30 °C, ist ebenso zähfließend.
   Beim Einrühren in die Schlagsahne bildet die Gelatine unangenehme Fäden.

7. Geben Sie an, wie viel Gramm Zucker auf 1 l flüssige Schlagsahne gegeben wird.

Auf 1 l flüssige Schlagsahne werden 30 bis 50 g Zucker gerechnet.

8. Sahnetorten und auch Sahnecremetorten werden beide in der Praxis einfachheitshalber als Sahnetorten bezeichnet. Nennen Sie die Bestimmungen der Leitsätze für
a) Sahnetorten und
b) Sahnecremetorten.

a) Sahnetorten:
Die Füllungen und Garnierungen der Sahnetorten bestehen mindestens zu 60 % aus Schlagsahne.
b) Sahnecremetorten:
Die Füllungen und Garnierungen der Sahnecremetorten enthalten mindestens 20 bis 60 % Schlagsahne.

9. Nennen Sie bekannte Sahnecremes mit den geschmacksbestimmenden Zutaten in der Schlagsahne, die der Sahnecreme den Namen geben.

Die geschmacksbestimmenden Zutaten neben Schlagsahne sind:
- Käsesahnecreme: Quark (Frischkäse)
- Joghurtsahnecreme: Joghurt mit Früchten, z. B. Himbeerjoghurtsahne
- Fruchtsahnecreme, z. B. Heidelbeeren (pürierte Heidelbeeren)
- Weinsahnecreme: Weißwein

10. Beschreiben Sie die Herstellung einer Käsesahnecreme mit folgenden Zutaten:
150 g Milch
200 g Zucker
80 g Eigelb (4 Stück)
2 g Salz (1 Prise)
10 g Gelatine (5 Blätter)
500 g Quark
600 g Schlagsahne

- Milch, Zucker, Eigelb und Salz unter ständigem Rühren auf ca. 85 °C erhitzen – ergibt einen Fond.
- Eingeweichte Gelatine in den heißen Fond rühren, bis sie sich aufgelöst hat.
- Dann den Quark unterrühren.
- Den Fond auf 20 bis 25 °C abkühlen lassen.
- Die aufgeschlagene Schlagsahne unter den abgekühlten Fond heben.

11. a) Erklären Sie den Vorgang „einen Fond abziehen“ bei der Herstellung von Sahnecremes.
b) Wie wird das Abziehen eines Fonds in der Fachsprache bezeichnet?

a) Beim Herstellen der Sahnecremes wird als erstes ein Fond abgezogen. Das heißt, die Flüssigkeit, z. B. Milch, Weißwein oder Fruchtsaft, wird mit Eigelb und Zucker unter ständigem Rühren auf 85 °C erhitzt. Dabei quillt das Eiweiß des Eigelbs die Flüssigkeit, die somit etwas gebunden wird. Das Eiweiß gerinnt nicht, weil Zucker den Gerinnungspunkt von ca. 70 °C auf ca. 90 °C erhöht.
Den Fond nicht über 85 °C erhitzen, da sonst das Eiweiß gerinnt und dabei das gebundene Wasser wieder abgibt. Außerdem wird der Fond durch die Eiweißgerinnung grießig.
b) Das Abziehen eines Fonds wird in der Fachsprache „zur Rose abziehen“ genannt.

12. Beschreiben Sie das „Einsetzen von Sahnecremetorten bzw. Sahnecremedesserts".

- Beim Einsetzen wird die weiche Sahnecreme in Tortenringe bzw. Rahmenbleche (Schnittenbleche) gefüllt, die mit Tortenböden bzw. Kapseln ausgelegt sind.
- Die eingesetzten Sahnecremetorten oder Sahnecremedesserts werden einige Stunden, am besten über Nacht, in die Kühlung gegeben, bis die Gelatine das freie Wasser gebunden hat und die Sahnecreme schnittfähig ist.

13. Nennen Sie die möglichen Ursachen, wenn Schlagsahne nach dem Aufschlagen zu weich bzw. nicht stabil ist und ein kleines Volumen hat.

- Die Schlagsahne wurde zu kurz aufgeschlagen (aufgeblasen).
- Die Schlagsahne war beim Aufschlagen nicht ausreichend gekühlt, zu warm.
- Der Sahnebläser bzw. der Kessel ist vor dem Aufschlagen nicht vorgekühlt worden.
- Die Schlagsahne wurde in einem zu warmen Raum aufgeschlagen und verarbeitet.

14. Beschreiben Sie die Auswirkungen von zu warmer Schlagsahne beim Aufschlagen.

Das zu weiche Milchfett klebt an den Eiweißen und verschmiert miteinander. Deshalb kann das Eiweiß die eingeschlagene bzw. eingeblasene Luft nur schlecht festhalten. Die Schlagsahne ist deshalb ungenügend gelockert, bekommt keinen stabilen Stand und sieht gelblich aus.

15. Ganache (sprich: Ganasch) ist eine feine Füllcreme, die zu den Sahnecremes zählt.
a) Nennen Sie die Zutaten und das Mengenverhältnis von Ganache nach den Bestimmungen der Leitsätze.
b) Geben Sie Beispiele an, wofür Ganache in der Konditorei verwendet wird.

a) Ganache besteht aus
- 1 Teil Schlagsahne,
- 2 Teilen Schokoladenkuvertüre und
- einer geschmacksgebenden Zutat, z. B. Mokka, Vanille oder Spirituosen wie Rum, Weinbrand, Kirschwasser oder Likör.

b) Ganache wird verwendet als Füllung für
- Trüffelpralinen,
- Teegebäcke aus Mürbeteig,
- Trüffeltorten,
- Waffeln.

16. Beschreiben Sie die Herstellung von Ganache mit folgenden Zutaten:
500 g Schlagsahne
1 000 g Schokoladenkuvertüre
100 g Weinbrand (oder ein anderer Geschmacksstoff)

- Schlagsahne kochen.
- Klein gehackte Schokoladenkuvertüre mit Weinbrand mischen und in die kochende Schlagsahne rühren, bis sich die Kuvertüre aufgelöst hat.
- Die Ganache abkühlen lassen und dann zum Füllen verwenden.

8.4 Gekochte Cremes, Stärke als Bindemittel

1. Stärke wird wegen ihrer Beschaffenheit auch als Puder bezeichnet. Woraus wird Stärke gewonnen?

Stärke gewinnt man aus
- dem Mehl von Getreide wie Weizen und Mais, Mehl besteht bis zu 70 % aus Stärke, und
- Kartoffeln.

2. In der Konditorei wird Weizenstärke, genannt Weizenpuder, als Bindemittel verwendet, das sich bei steigender Wassertemperatur verändert.

a) Beschreiben Sie das Verhalten von Weizenstärke in
- warmem Wasser, bei ca. 40 °C,
- heißem Wasser, bei 60 bis 90 °C.

b) Wie nennt man den Vorgang, wenn Stärke heißes Wasser bei 90 °C vollständig bindet?

c) Nennen Sie Beispiele für die Verkleisterung der Weizenstärke in der Konditorei.

a)
- Stärke quillt in warmem Wasser auf und nimmt dabei Wasser auf.
- Die verquollene Weizenstärke platzt bei ca. 60 °C auf und bindet bis ca. 90 °C das Wasser vollständig, bis zum Zehnfachen ihres Eigengewichts.

b) Die Stärke verkleistert, wenn sie Wasser bindet. Den Vorgang nennt man Verkleisterung.

c) Weizenstärke verkleistert beim
- Binden von Milch beim Kochen von Vanillecreme,
- Binden von Fruchtsaft, z. B. gebundene Sauerkirschen, Rote Grütze,
- Andicken von Soßen.

3. a) Erklären Sie modifizierte Stärke.

b) Beschreiben Sie die Eigenschaft von modifizierter Stärke.

c) Nennen Sie zwei Convenience-Produkte aus modifizierter Stärke, die kaltes Wasser bzw. Fruchtsaft binden.

a) Stärke verkleistert (bindet) kochendes Wasser. Diese verkleisterte Stärke wird getrocknet und pulverisiert und als modifizierte Stärke bezeichnet.

b) Modifizierte Stärke quillt in kaltem Wasser auf und kann somit kaltes Wasser binden.

c)
- Kaltcremepulver für Vanillecreme
- Saftbinder zum Binden von Fruchtsaft, z. B. für gebundene Sauerkirschen

4. Gekochte Cremes sind fettfreie Cremes.

a) Nennen Sie die drei gekochten Cremes und die Flüssigkeiten, die in diesen Cremes gebunden werden.

b) Womit wird der hohe Flüssigkeitsanteil in den gekochten Cremes gebunden?

c) Vanillecreme wird meistens durch Cremepulver gebunden. Erklären Sie, woraus Cremepulver besteht.

d) Woraus besteht Puddingpulver?

e) Warum sind gekochte Cremes so gut bekömmlich?

a) Gekochte Cremes und ihre Flüssigkeiten sind:
- Vanillecreme mit Milch
- Fruchtcreme mit Fruchtsaft
- Weincreme mit Wein

b) Bei gekochten Cremes wird der hohe Flüssigkeitsanteil beim Kochen durch Stärke gebunden (verkleistert).

c) Cremepulver besteht aus Weizenstärke und Vanillearoma.

d) Puddingpulver ist Weizenstärke mit einem Geschmacksstoff, z. B. Vanillearoama, Kakaopulver, Erdbeeraroma.

e) Gekochte Cremes enthalten in der Rezeptur kein Fett und sind durch den hohen Flüssigkeitsanteil sehr erfrischend.

5. Beschreiben Sie die Herstellung von Vanillecreme mit folgendem Rezept: 1 000 g Milch 200 g Zucker 80 g Eigelb (4 Stück) 90 g Cremepulver oder Weizenpuder 2 g Salz (1 Prise) natürliches Vanillearoma	• Ca. 100 g kalte Milch mit Eigelb, Cremepulver, Salz und Vanillearoma anrühren. • Die restliche Milch mit Zucker kochen. • Das Angerührte in die kochende Milch einrühren und die Vanillecreme unter ständigem Rühren nochmals kräftig aufkochen, damit die Milch vollständig gebunden wird.
6. Weincreme wird mit den Zutaten der Vanillecreme hergestellt. Welche Flüssigkeit wird jedoch statt Milch verwendet?	Statt Milch wird Weißwein verwendet.
7. Erklären Sie die Herstellung gebundener Sauerkirschen aus 1 l Sauerkirschsaft von Sauerkirschen aus Konservendosen mit 300 g Zucker und 100 g Weizenpuder.	• 300 g Zucker und 100 g Weizenpuder mit ca. 100 g Sauerkirschsaft anrühren, damit keine Klumpen entstehen. • Den restlichen Sauerkirschsaft kochen. • Das Angerührte in den kochenden Sauerkirschsaft geben und unter ständigem Rühren kräftig aufkochen, damit die Stärke verkleistert. • Die Sauerkirschen in den gebundenen Sauerkirschsaft einrühren. • Die gebundenen Sauerkirschen kühl stellen, bis der Sauerkirschsaft angezogen hat.
8. Nennen Sie Beispiele der Verwendung für: a) Vanillecreme b) Weincreme c) Fruchtcreme	a) Vanillecreme wird als Füllung verwendet für • Plundergebäcke, • Blätterteiggebäcke, • Bienenstich, • Liebesknochen (Eclairs), • Berliner. b) Weincreme wird verwendet: • als Füllung für Herrentorten • als Nachspeise c) Fruchtcremes werden verwendet: • für gebundene Sauerkirschen • als Füllung für Fruchtcremetorten und -desserts, z. B. Orangencremetorten bzw. -desserts • für rote Grütze als Süßspeise
9. a) Erklären Sie „leichte Vanillecreme". b) Beschreiben Sie die Beschaffenheit der leichten Vanillecreme und geben Sie die Verwendung für Konditoreierzeugnisse an.	a) Leichte Vanillecreme ist eine Vanillecreme, in die nach dem Kochen Eischnee untergerührt wird. b) Leichte Vanillecreme ist besonders locker und bekömmlich und eignet sich deshalb als Füllcreme, z. B. für Bienenstich.

10. a) Erklären Sie den Unterschied zwischen Vanillesoße und Vanillecreme.
b) Nennen Sie Backwaren, die im Café mit warmer Vanillesoße bestellt werden können.
c) Wofür wird kalte Vanillesoße im Café verwendet?

a) Vanillesoße ist Vanillecreme, die mit wenig Weizenstärke leicht gebunden wird und deshalb noch fließfähig ist.
1 l Milch für Vanillecreme wird mit 90 g Cremepulver gebunden und 1 l Milch für Vanillesoße mit 30 g.
b) Warme Vanillesoße passt besonders gut zu Apfelstrudel und Rohrnudeln.
c) Kalte Vanillesoße eignet sich zu Speiseeis und für die Zubereitung von Eisbechern.

8.5 Süßspeisen, süße Soßen

1. Süßspeisen werden im Konditorei-Café und in der Patisserie (Hotelkonditorei) als Dessert oder Nachspeise serviert.
Woraus werden Süßspeisen hergestellt?

Süßspeisen sind gekochte Cremes und Sahnecremes verschiedener Geschmacksrichtungen.

2. Bayerische Creme ist eine bekömmliche Süßspeise. Erklären Sie, woraus Bayerische Creme hergestellt wird.

Die Bayerische Creme ist eine Sahnecreme aus:
- Schlagsahne
- Vanillecreme die mit Gelatine gebunden wird
- geschmacksgebende Zutat, z. B. Fruchtmark, Schokoladenkuvertüre, eine beliebige Spirituose

3. Beschreiben Sie die Herstellung von Bayerischer Creme mit folgenden Zutaten:
500 g Milch
100 g Eigelb (5 Stück)
120 g Zucker
1 Prise Salz (2 g)
natürliches Vanillearoma
12 g Gelatine (6 Blätter)
geschmacksgebende Zutat, z. B.:
- 150 g Schokoladenkuvertüre, flüssig
- 80 g Likör
- 300 g Fruchtmark

500 g Schlagsahne

- Milch, Eigelb, Zucker, Salz und Vanillearoma unter ständigem Rühren auf ca. 85 °C erhitzen – zur Rose abziehen.
- Die Gelatine in kaltem Wasser einweichen, bis sie geschmeidig ist.
- Die eingeweichte Gelatine in die heiße Vanillecreme rühren, die sich sofort auflöst.
- Eine geschmacksgebene Zutat einrühren.
- Die Milchcreme auf 20 bis 25 °C abkühlen lassen.
- Die Sahne aufschlagen und in die abgekühlte Milchcreme heben.
- Die Bayerische Creme sofort in Gläser oder Formen füllen und kühl stellen, bis sie angezogen hat.

4. a) Erklären Sie „Rote Grütze".
b) Wie wird rote Grütze hergestellt?

a) Rote Grütze ist eine Fruchtcreme mit einem hohen Anteil an roten Früchten, z. B. rote Johannisbeeren, Erdbeeren, Himbeeren, Kirschen.
b)
- Fruchtsaft wird mit Stärke gekocht und dabei gebunden.
- Verschiedene rote Früchte in den gebundenen Fruchtsaft rühren.

5. Erklären Sie folgende Süßspeisen:
a) Schüsselcremes
b) Sturzcremes
c) Charlotten

a) Sahnecremes oder gekochte Cremes werden in Stielgläser oder Dessertschalen gefüllt und nach dem Kühlstellen mit Schlagsahne und Früchten ausgarniert. Weil die Süßspeisen in den Gläsern bzw. Dessertschalen serviert werden, werden sie als Schüsselcremes bezeichnet.
b) Nach der Herstellung werden Sahnecremes oder gekochte Cremes in kleine, nicht zu hohe Formen gefüllt. Nach dem Anziehen (Festwerden) werden die Süßspeisen aus den Formen auf Dessertteller gestürzt.
c) Charlotten sind hohe, zylinderförmige Desserts aus Sahnecreme von 8 bis 10 cm Höhe und ca. 14 cm Durchmesser.

6. Mousse (sprich: Mus) ist eine schaumige Süßspeise aus Sahnecreme.
Aus welchen Zutaten wird Mousse hergestellt?

Mousse ist eine Sahnecreme aus
- aufgeschlagener Schlagsahne,
- schaumiger Eiermasse aus Eiern und Zucker,
- Gelatine als Bindemittel,
- Schokolade oder Fruchtmark.

7. a) Wie heißt die bekannte Mousse, die mit folgendem Rezept mit Schokoladenkuvertüre als geschmackliche Zutat hergestellt wird.
b) Beschreiben Sie die Herstellung von Mousse au Chocolat mit folgenden Zutaten:
100 g Vollei (2 Stück)
40 g Eigelb (2 Stück)
50 g Zucker
4 g Gelatine (2 Blätter)
200 g Schokoladenkuvertüre, dunkel
400 g Schlagsahne
c) Nennen Sie geschmackliche Zutaten für Mousse, die statt Kuvertüre verwendet werden können.
d) Wie wird die fertiggestellte Mousse angerichtet?

a) Mousse au Chocolat
(sprich: Mus o schokola)
b)
- Eier, Eigelb und Zucker schaumig schlagen.
- Die eingeweichte Gelatine auf ca. 50 °C erwärmen, bis sie dünnflüssig ist.
- Die Schokoladenkuvertüre auf ca. 50 °C erwärmen.
- Flüssige Gelatine und flüssige Schokoladenkuvertüre in die schaumige Eiermasse rühren.
- Die aufgeschlagene Schlagsahne unter die Masse heben.

c)
- Fruchtmark von jeder Frucht
- Vanille, Mokka
- beliebige Spirituose

d) Die fertiggestellte Mousse in Stielgläser oder Formen füllen und mindestens drei Stunden kühl stellen, bis sie angezogen hat. Die Mousse mit Schlagsahne, Früchte u. a. garnieren zum Servieren.

8. Nennen Sie zwei süße Soßen, die mit Stärke gebunden werden und erklären Sie diese.

- Vanillesoße ist leicht gebundene Vanillecreme, die noch fließfähig ist.
- Schokoladensoße (Schokosoße) ist Vanillesoße mit Kakaopulver.

9. a) Erklären Sie, woraus Fruchtsoßen hergestellt werden.
b) Nennen Sie Beispiele von Fruchtsoßen.
c) Warum wird in Fruchtsoßen dem Fruchtmark Zucker und etwas Zitronensaft zugegeben?
d) Womit können Fruchtsoßen geschmacklich noch abgerundet werden? Geben Sie auch Beispiele an.

a) Fruchtsoßen bestehen aus Fruchtmark, das mit Zucker und Zitronensaft geschmacklich abgerundet wird.
b)
- Erdbeersoße
- Himbeersoße
- Johannisbeersoße
- Kiwisoße
- Aprikosensoße
- Pfirsichsoße

c)
- Zucker verfeinert den Fruchtgeschmack.
- Etwas Zitronensaft verstärkt den Fruchtgeschmack und wirkt erfrischend.

d) Fruchtsoßen können auch mit etwas Spirituosen abgeschmeckt werden, z. B.
- Himbeersoße mit Himbeergeist
- Johannisbeersoße mit Cassis-Likör (aus schwarzen Johannisbeeren)
- Erdbeersoße mit Grand Marnier (Likör mit Geschmack von Bitterorangen)

10. a) Wie wird Fruchtmark hergestellt?
b) Erläutern Sie, wie Samenkörnchen, Kerne oder Schalen von Früchten aus dem Fruchtmark nach dem Pürieren entfernt werden, z. B. von Himbeeren, Kiwis, Johannisbeeren.
c) Welche Früchte haben den vollen Geschmack und werden deshalb zur Herstellung von Fruchtmark verwendet?

a) Früchte werden mit einem Mixstab (Pürierstab) zu einem Fruchtbrei püriert, der als Fruchtmark bezeichnet wird.
b) Das pürierte Fruchtmark wird durch ein Sieb passiert. So bleiben die störenden Fruchtteile auf dem Sieb und werden entfernt.
c)
- Nur reife Früchte werden verwendet, da nur sie die gewünschte Süße und den vollen Geschmack besitzen.
- Auch tiefgefrorene Früchte sind gut geeignet. Sie sind das ganze Jahr über erhältlich.

11. Geben Sie Beispiele an, wofür warme und kalte süße Soßen im Konditoreibetrieb verwendet werden.

Süße Soßen werden zur Geschmacksverbesserung und als Dekor verwendet, z. B. für:
- Apfelstrudel
- Pfannkuchen
- Palatschinken (kleine gefüllte Pfannkuchen)
- Crêpes (besonders dünne gefüllte Pfannkuchen)
- Eisbecher
- Schokoladensoße über die Schlagsahne von Eiskaffee und Eisschokolade
- Soßenspiegel auf den Tellern neben Süßspeisen oder Speiseeis

8.6 Fachmathematische Berechnungen (Dreisatz, Prozentrechnen, Nährwertberechnung, Verhältnisrechnen, Mischungsrechnen, Rezeptumstellung, Volumenberechnung)

1. Mascarpone dient zur Herstellung von Tiramisu. Er enthält 50 % Fett in der Trockenmasse. Die Trockenmasse macht 40 % des Gesamtkäses aus. Berechnen Sie den Fettgehalt von 100 g Mascarpone in g.

100 % ≙ 100 g Mascarpone
40 % ≙ x

$$x = \frac{100\text{ g} \cdot 40}{100} = 40\text{ g Trockenmasse}$$

100 % ≙ 40 g Trockenmasse
40 % ≙ x

$$x = \frac{40\text{ g} \cdot 40}{100} = 16\text{ g}$$

2. Sachertorten werden mit Aprikosenkonfitüre mit einem Fruchtanteil von mindestens 45 % Fruchtanteil hergestellt, der Rest ist Zucker. Berechnen Sie den Zuckergehalt von 250 g Aprikosenkonfitüre. Geben Sie den Energiegehalt der Zuckermenge in kJ an.

100 % ≙ 250 g
45 % ≙ x

$$x = \frac{250\text{ g} \cdot 45}{100} = 112{,}5\text{ g Zuckergehalt}$$

1 g Zucker ≙ 37 kJ
112,5 g ≙ x

$$x = \frac{37\text{ kJ} \cdot 112{,}5\text{ g}}{1\text{ g}} = 4\,162{,}5\text{ kJ}$$

3. Deutsche Buttercreme muss auf 1 Teil Butter mindestens 1,5 Teile Vanillecreme enthalten. Es werden 4 kg Butter verarbeitet. Berechnen Sie die notwendige Menge an Vanillecreme. Wie viel g jeder Zutaten brauchen Sie für die Vanillecreme?

Grundrezept: Vanillecreme
1 000 g Vollmilch
150 g Zucker
50 g Eigelb
Salz, Vanille

1 Teil Butter ≙ 4 kg
1,5 Teile ≙ x

$$x = \frac{4\text{ kg} \cdot 1{,}5\text{ Teile}}{1\text{ Teil}} = 6\text{ kg Vanillecreme}$$

Grundrezept: Vanillecreme
1 000 g Vollmilch
150 g Zucker
50 g Eigelb
Salz, Vanille
1 200 g Rezeptgewicht

$$\text{Schlüsselzahl: } \frac{6\,000\text{ g}}{1\,200\text{ g}} = 5$$

Vollmilch: 1 000 g · 5 = 5 000 g
Zucker: 150 g · 5 = 750 g
Eigelb: 50 g · 5 = 250 g

4. Aus einem Liter Sahne entsteht beim Aufschlagen 2 800 ml (cm^3) Schlagsahne. Zu einem Erdbeerkuchen werden im Café 100 cm^3 Schlagsahne gegeben. Berechnen Sie den Nährwert der Portion Schlagsahne, wenn 100 ml nicht aufgeschlagene Sahne 1 290 kJ enthalten.

2 800 ml Schlagsahne ≙ 1 000 ml Sahne
100 ml ≙ x

$$x = \frac{1\,000\text{ ml} \cdot 100\text{ ml}}{2\,800\text{ ml}} = 35{,}7\text{ ml Sahne}$$

100 ml Schlagsahne ≙ 1 290 kJ
35,7 ml ≙ x

$$x = \frac{1\,290\text{ kJ} \cdot 35{,}7\text{ ml}}{100\text{ ml}} = 460{,}5\text{ kJ}$$

5. Eine Hotelkette bestellt mehrere Trüffeltorten. Dazu braucht die Konditorei 15 300 g Ganache.
Grundrezept: Ganache
500 g Schlagsahne
100 g Glukosesirup
1 000 g Kuvertüre, klein gehackt
100 g Weinbrand
Wie viele Flaschen (je Flasche 0,5 l) Weinbrand sind einzukaufen?

Grundrezept: Ganache
500 g Schlagsahne
100 g Glukosesirup
1 000 g Kuvertüre, klein gehackt
100 g Weinbrand
1 700 g Rezeptgewicht

Schlüsselzahl: $\frac{15\,300\text{ g}}{1\,700\text{ g}} = 9$

1 Teil ≙ 100 g
9 Teile ≙ x

$x = \frac{100\text{ g} \cdot 9\text{ Teile}}{1\text{ Teil}} = 900\text{ g (ml) Weinbrand}$

500 ml Weinbrand ≙ 1 Flasche
900 ml Weinbrand ≙ x

$x = \frac{1\text{ Flasche} \cdot 900\text{ ml Weinbrand}}{500\text{ ml Weinbrand}} = 1{,}8\text{ Flaschen}$

Es müssen 2 Flaschen eingekauft werden.

6. Das folgende Rezept für Himbeer-Wein-Gelee ergibt 4 Portionen.
600 g Himbeeren
150 g Zucker
250 g Rotwein
40 g Himbeergeist
8 g Gelatine
Berechnen Sie die Zutaten für 18 Portionen.

600 g Himbeeren
150 g Zucker
250 g Rotwein
40 g Himbeergeist
8 g Gelatine
1 048 g Rezeptgewicht

Schlüsselzahl: $\frac{18}{4} = 4{,}5$

Himbeeren: 600 g · 4,5 = 2 700 g
Zucker: 150 g · 4,5 = 675 g
Rotwein: 250 g · 4,5 = 1 125 g
Himbeergeist: 40 g · 4,5 = 180 g
Gelatine: 8 g · 4,5 = 36 g

7. Für Maracuja-Mousse werden Eigelb und Eier mit Zucker schaumig gerührt. Das Rezeptgewicht beträgt 750 g. Nach dem Aufschlagen hat die Masse ein Volumen von 3,250 l.
Wie hoch ist die Volumenausbeute?

750 g ≙ 100 %
3 250 g ≙ x

$x = \frac{100 \cdot 3\,250\text{ g}}{750\text{ g}} = \text{ca. } 433\,\%$

Volumenausbeute: 433

8. Stärke kann bei der Verkleisterung bis zum Zehnfachen des Eigengewichts an Wasser binden. Berechnen Sie, wie viel g Stärke zum Binden von 2,400 l Fruchtsaft benötigt wird.

2,400 l = 2 400 g
2 400 g : 10 = 240 g

9 Entwerfen und Herstellen von Torten und Desserts

9.1 Tortenformen, Desserts und Petits Fours, Herstellen von Torten

1. Die Konditorei bietet Torten in verschiedenen Formen und Garnierungen für die entsprechenden Anlässe der Kunden an. Beschreiben Sie folgende Tortenformen:
a) Anschnitttorten
b) Festtagstorten
c) Kleintorten
d) Formtorten
e) Etagen- oder Aufsatztorten

a) Bei Anschnitttorten ist jedes Stück der Torte gleich garniert. Die Torte wird stückweise verkauft.
b) Festtagstorten sind schön ausgarnierte Torten zu bestimmten Anlässen, z. B. Geburtstag, Taufe.
c) Kleintorten haben einen kleineren Durchmesser als gewöhnliche Torten. Sie werden als ganze Torte verkauft.
d) Formtorten sind Festtagstorten mit Formen, die dem Anlass entsprechen, z. B. Herzform zum Muttertag.
e) Etagen- oder Aufsatztorten bestehen aus mehreren Torten direkt übereinander oder auf Ständern, wobei sich der Durchmesser der Torten nach oben verringert.

2. Petits Fours (sprich: Peti Furs) sind besonders feine Erzeugnisse der Konditorei.
a) Erklären Sie den Begriff „Petits Fours".
b) Beschreiben Sie, wie sich Petits Fours zusammensetzen und wie sie hergestellt werden.

a) Die französische Bezeichnung „Petits Fours" bedeutet so viel wie kleine Desserts oder kleine Backwerke.
b)
- Kapseln aus Wiener Masse oder Biskuitmasse mit Buttercreme, Konfitüre, Nugatcreme oder Marzipanrohmasse dünn füllen.
- Die Oberfläche der gefüllten Kapseln dünn mit Marzipan abdecken.
- Die eingesetzten Kapseln gut durchkühlen lassen.
- Die gekühlten und somit stabilen Kapseln in kleine, ca. 3 × 3 × 3 cm große Stücke verschiedener Formen schneiden oder ausstechen, z. B. Rechtecke, Quadrate, Dreiecke, Rauten, Trapeze, Blüten, Kreise und Halbmonde.
- Die Petits Fours mit Aprikotur und Fondant oder mit Schokoladenkuvertüre überziehen.
- Jedes Petit Four mit Spritzschokolade ausgarnieren. Die Garnierungen können mit kleinen Stücken von Belegkirschen und Angelika (Dickzuckerfrüchte) zum schönen Farbkontrast ergänzt werden.

3. Der französische Begriff „Dessert“ bedeutet eigentlich Nachtisch.
   a) Erklären Sie den Begriff „Desserts“ in der Konditorei.
   b) Nennen Sie Beispiele von Desserts in der Konditorei.

a) In der Konditorei werden als Desserts tortenähnliche Stücke mit unterschiedlichen Formen und Füllungen bezeichnet. Sie wurden früher als Nachtisch gereicht, deshalb der Begriff „Desserts“.

b)
- Schnitten und Rouladen mit Buttercreme, Schlagsahne oder Konfitüre gefüllt. Sie sind im Aufbau wie Torten. Statt Tortenböden werden Kapseln verwendet, die gefüllt werden.
- Obsttörtchen und Obstschnitten
- Gebäckstücke mit Schlagsahne gefüllt, z. B. Windbeutel, Eclairs, Mohrenköpfe, Sahneomeletts, Sahnerollen, Schlotfeger.

4. Käsefours sind spezielle Petits Fours für Festlichkeiten.
   a) Erklären sie den Begriff „Käsefours“.
   b) Nennen Sie Gebäcke, die sich zum Füllen für Käsefours eignen.
   c) Mit welchen zwei Cremes werden Käsefours gefüllt?
   d) Nennen Sie Beispiele von Garnierungsmöglichkeiten für Käsefours.
   e) Wofür eignen sich Käsefours besonders gut?

a) Käsefours sind pikante, kleine Happen, die abwechslungsreich garniert sind.

b) Als Gebäcke für Käsefours eignen sich Vollkornbrote, Knäckebrote, Kräcker, kleine Gebäcke aus Brandmasse, Mürbe- und Blätterteig.

c) Die Gebäcke werden mit Käsebuttercreme oder Käsecreme gefüllt.

d) Zur Garnierung für Käsefours eignen sich
- kleine Gemüse, z. B. Cocktailtomaten, Paprikastücke, Oliven,
- Oststücke, z. B. Erdbeeren, Weintrauben, Kiwi, Mandarinenspalten,
- Kaviar,
- Küchenkräuter, z. B. Petersilie, Schnittlauch, Dill, Zitronenmelisse.

e) Sie eignen sich besonders gut
- als Blickfang für das kalte Büfett,
- als kleine Happen zu Stehempfängen,
- für Partys.

5. Die in Scheiben geschnittenen Tortenböden werden beim Füllen der Torten getränkt, damit die Torten nicht zu trocken sind.
   a) Erklären Sie, wie Tortentränke ohne Alkohol hergestellt wird und geben Sie den Fachausdruck dieser Tränke an.
   b) Erläutern Sie die Herstellung der Tortentränke mit Alkohol.

a) Für Tortentränke wird Wasser und Zucker gekocht, z. B. 1 l Wasser und 500 bis 750 g Zucker. Diese Zuckerlösung wird als Läuterzucker bezeichnet.

b) In den Läuterzucker wird nach dem Abkühlen eine Spirituose eingerührt, die den Namen der Tränke angibt, z. B. Läuterzucker mit Rum ist Rumläuterzucker oder Rumtränke.

6. Beschreiben Sie die Arbeitsschritte bei der Herstellung von Torten.
   a) Füllen der Torten
   b) Einstreichen der Torten
   c) Absetzen der Cremetorten
   d) Einteilen der Torten
   e) Garnieren von Anschnitttorten mit Creme und Schlagsahne
      - Garnierung jedes Stücks
      - Garnierung der Cremetorten
      - Garnierung der Sahnetorten
      - Dekormaterial
      - Mittelkreis der Torten

a)
- Beim Füllen der Tortenböden zuerst jede Tortenbodenscheibe mit Läuterzucker tränken.
- Die getränkten Tortenbodenscheiben füllen und dabei Creme, Schlagsahne oder Konfitüre gleichmäßig auf die Tortenböden mit einer Palette verstreichen.

b) Nachdem die Tortenböden gefüllt und übereinander gesetzt sind, die Torten am Rand und an der Oberfläche glatt einstreichen. Den Tortenrand entweder mit einem glatten oder gezackten Schaber abziehen.

c) Häufig werden Cremetorten an der Unterkante der Torten mit Dekormaterial einige Millimeter hoch abgesetzt, um einen exakten Abschluss zu erzielen. Das Dekormaterial muss zum Geschmack der Buttercreme passen, z. B. Schokoladenstreusel, gehobelte, geröstete Mandeln, Krokantstreusel.

d) Die eingestrichene Torte mit einem Tortenteiler in meistens 16 Stücke einteilen.

e)
- Jedes Stück einer Torte gleich garnieren.
- Cremetorten mit kleiner Lochtülle cremearm garnieren, damit die Creme beim Essen nicht zu üppig ist.
- Sahnetorten mit einer Rosette oder einem Punkt garnieren.
- Am Rand auf jedes Stück der Garnierung ein Dekormaterial legen.
- Der Mittelkreis der Torte bleibt ohne Garnierung. Diese freie Mitte mit Dekormaterial bestreuen, z. B. gehobelte, geröstete Mandeln, Krokantstreusel, gehackte Pistazien, Schokoladenspäne oder Kakaopulver.

7. Torten, die mit Schokoladenkuvertüre, Fettglasur oder Fondant überzogen sind, werden häufig eingedeckt oder eingeschlagen, damit der Überzug nicht in die Torte sickern kann. Erklären Sie
   a) das Eindecken von Torten,
   b) das Einschlagen von Torten.

a) Beim Eindecken der Torten wird die Oberfläche der Torte mit dünn ausgerolltem Marzipan bedeckt, nicht der Tortenrand.

b) Beim Einschlagen wird die ganze Torte, also Oberfläche und Rand, mit dünn ausgerolltem Marzipan oder Rollfondant eingeschlagen.

9.2 Torten und Desserts

1. Beschreiben Sie, womit folgende bekannte Cremetorten hergestellt werden, weil die Verbraucher diese Zusammensetzungen erwarten. Der Aufbau dieser Torten ist jedoch nicht in den Leitsätzen festgelegt.
Nennen Sie den Aufbau folgender Cremetorten in Bezug auf Tortenböden, Füllung und Dekor:
a) Nusscremetorte
b) Schokoladencremetorte
c) Mokkacremetorte/ Cappuccinocremetorte
d) Eierlikörcremetorte

a) Nusscremetorte
- besteht aus einem Nussboden,
- gefüllt mit Nusscreme und
- die Oberfläche ist mit Milchschokoladenkuvertüre oder Nussfettglasur überzogen.
- Auf der Cremegarnierung von jedem Stück befindet sich eine geschälte Haselnuss, bei Walnusstorten eine halbe Walnuss.

b) Schokoladencremetorte ist aufgebaut aus
- einem Schokoladenboden,
- gefüllt mit Schokoladencreme und
- als Dekor Schokoladenspäne auf der Tortenoberfläche.

c)
- Mokkacremetorte bzw. Cappuccinocremetorte wird hergestellt aus
- hellem Boden und Schokoladenboden im Wechsel.
- Sie ist gefüllt mit einer Creme mit Kaffeegeschmack durch Mokka- oder Cappuccinopaste.
- Eine Mokkabohne wird auf die Cremegarnierung eines jeden Stücks gelegt.

d) Eierlikörcremetorte
- besteht aus Nussboden oder hellem und Schokoladenboden im Wechsel,
- ist gefüllt mit Eierlikörcreme sowie
- verschönert mit beliebigem Dekor, z. B. Tortenoberfläche mit Eierlikör bestrichen oder mit gehobelten, gerösteten Mandeln bzw. gehackte Pistazien bestreut.

2. Erklären Sie folgende Cremetorten nach den Verbrauchererwartungen, die mit besonderen Tortenböden hergestellt werden:
a) Prinzregententorte
b) Sarah-Bernard-Torte (Mokkabaisertorte)

a) Prinzregententorte wird hergestellt aus
- einzeln gebackenen Wiener Böden,
- gefüllt mit Schokoladencreme,
- überzogen mit Schokoladenkuvertüre oder Fettglasur.

b)
- Sarah-Bernard-Torte besteht aus Japonaisböden. Das sind getrocknete Baiserböden mit geriebenen Mandeln oder Nüssen.
- Die Baiserböden sind gefüllt mit Mokkabuttercreme.
- Die Tortenoberfläche und der Tortenrand sind häufig mit gehobelten, gerösteten Mandeln bestreut.

3. Erläutern Sie den Aufbau der Torte „Frankfurter Kranz" nach den Bestimmungen der Leitsätze.

Frankfurter Kranz besteht aus

- einem kranzförmigen Tortenboden aus Sand-, Wiener oder Biskuitmasse,
- gefüllt mit Buttercreme beliebiger Geschmacksrichtung,
- außen bestreut mit Mandel- oder Nusskrokant.
- Auf jedem Stück ein Cremetupfen mit einer halben Belegkirsche obendrauf.

4. Erklären Sie den Unterschied von Buttercremedesserts in Schnittenform und Rouladen gegenüber Buttercremetorten.

Anstelle von Tortenböden für Cremetorten werden bei Buttercremedesserts Kapseln mit Buttercreme gefüllt. Von den langen Dessertstreifen werden Schnitten oder Rouladenstücke abgeschnitten, deren Größe in etwa einem Tortenstück entspricht.

5. Nennen Sie die Verkaufsargumente für Cremetorten und Cremedesserts in Bezug auf

a) Qualitätsmerkmale,
b) Lagerung und Frischhaltung,
c) besondere Eignung.

a)
- Cremetorten und -desserts bestehen aus lockeren, getränkten Tortenböden mit geschmackvoller Buttercreme, die beim Essen einen zarten Schmelz hat.
- Cremetorten und Cremedesserts sind keine fettig schmeckenden Erzeugnisse, da die geschmackvolle Creme nur dünn eingestrichen wird.

b)
- Cremetorten und Cremedesserts werden in der Kühlung aufbewahrt.
- Sie sind frisch, solange die Tortenböden weich sind, mindestens vier Tage.

c)
- Cremetorten und Cremedesserts sind mit ihren verschiedenen Geschmacksrichtungen ein Genuss zum Nachmittagskaffee.
- Sie passen zu jeder festlichen Kaffeetafel.
- Cremetorten eignen sich besonders als Festtagstorten. Sie sind temperaturunempfindlich.

6. Erklären Sie dem Kunden, bei welcher Temperatur Cremetorten und Cremedesserts am besten schmecken.

- Werden Cremetorten und Cremedesserts direkt gegessen, wenn sie aus der Kühlung kommen, ist die Creme zu kalt, zu hart und hat zu wenig Geschmack.
- Deshalb sollen sie nach der Entnahme aus der Kühlung bei Raumtemperatur etwas erwärmen. Erst im temperierten Zustand bekommt die Creme einen zarten Schmelz und den vollen Geschmack, weil die Aromastoffe bei Wärme frei werden.

7. Beschreiben Sie die Zusammensetzung von Schwarzwälder Kirschsahnetorte nach den Bestimmungen der Leitsätze:
a) Tortenböden
b) Füllung
c) Dekor

a) Als Böden werden Schokoladenböden und/oder helle Tortenböden aus Wiener Masse oder Biskuitmasse verwendet.
b) Die Füllung besteht aus
- Schlagsahne mit Kirschwasser, das geschmacklich deutlich wahrnehmbar sein muss.
- Kirschen oder gebundene Sauerkirschen.

c) Die mit Schlagsahne eingestrichene und ausgarnierte Torte wird an der Oberfläche mit Schokoladenspänen bestreut.

8. Beschreiben Sie die Zusammensetzung folgender Sahnetorten nach den Erwartungen der Verbraucher:
a) Schokoladensahnetorte
b) Erdbeersahnetorte

a) Schokoladensahnetorte setzt sich zusammen aus
- einem Schokoladenboden,
- gefüllt und eingestrichen mit Schokoladensahne,
- garniert mit einer Sahnerosette oder einem Sahnetupfer auf jedem Stück
- und in der Tortenmitte bestreut mit Schokoladenspänen.

b) Erdbeersahnetorte ist aufgebaut aus
- einem hellen Wiener Boden und/oder einem Schokoladenboden,
- gefüllt mit Erdbeersahne und
- auf jedem Stück befindet sich eine Sahnegarnierung mit einer Erdbeere darauf.

9. Erklären Sie den Aufbau folgender Sahnetorten, die mit speziellen Tortenböden hergestellt werden:
a) Holländer Kirschsahnetorten bzw. Holländer Kirschsahneschnitten
b) Flockensahnetorten

a)
- Holländer Kirschsahnetorten bzw. -schnitten setzen sich zusammen aus drei Blätterteigböden, die gefüllt sind mit gebundenen Sauerkirschen und mit Schlagsahne. Diese ist mit Vanillearoma oder Kirschwasser abgeschmeckt.
- Der obere Blätterteigboden ist aprikotiert und mit Fondant glasiert.
- Auf jedes Tortenstück wird eine Sahnerosette oder ein Sahnepunkt dressiert und mit einer entsteinten Kirsche belegt.

b)
- Flockensahnetorte wird aus drei Brandmasseböden hergestellt, wobei der obere Brandmasseboden mit Streusel bestreut wird.
- Der untere und mittlere Brandmasseboden wird mit Preiselbeeren bestrichen.
- Die Böden werden mit Rumsahne gefüllt und eingestrichen.

10. a) Nennen Sie die Bestimmungen der Leitsätze für Sahnecreme.
b) Sahnecreme enthält neben der Schlagsahne eine geschmacksbestimmende Zutat. Nennen Sie Beispiele von Sahnecremes für Torten und Desserts mit den geschmacksbestimmenden Zutaten.

a) Sahnecreme enthält 20 bis 60 % Schlagsahne und eine geschmacksbestimmende Zutat, die der Sahnecreme den Namen gibt.
b) Bekannte Sahnecremes mit den geschmacksbestimmenden Zutaten sind:
- Käsesahne: Quark (Frischkäse)
- Joghurtsahne, z. B. Erdbeerjoghurtsahne: Naturjoghurt mit Erdbeermark
- Weinsahne: Weißwein

11. Tiramisu ist ein aus Italien stammendes Dessert.
a) Nennen Sie die geschmacksbestimmende Zutat der Tiramisumasse.
b) Beschreiben Sie die Herstellung von Tiramisudesserts.

a) Geschmacksbestimmend in der Tiramisumasse ist Mascarpone, ein fetthaltiger Frischkäse aus Italien mit 80 % Fett i. Tr.
b)
- Löffelbiskuits in eine Kaffeetränke aus Kaffee und Amaretto (italienischer Mandellikör) tauchen und als unteren Boden in einer Form auslegen.
- Die Hälfte der Tiramisumasse auf die Löffelbiskuits streichen. Darauf wieder eine Schicht getränkter Löffelbiskuits auslegen und die restliche Tiramisumasse darauf verstreichen.
- Die Tiramisudesserts im Kühlschrank oder Kühlraum gut durchkühlen lassen, bis die Desserts schnittfähig sind.
- Nach dem Schneiden der Tiramisudesserts die Oberfläche mit Kakaopulver bestauben.

12. Beschreiben Sie das Aussehen einer Charlotte.

Charlotten sind tortenähnlich mit einem kleinen Durchmesser von ca. 14 cm und ca. 10 cm Höhe. Am Tortenrand befinden sich Gebäcke, z. B. Löffelbiskuits oder Rouladenscheiben. Charlotten in Stücke geschnitten, werden als Desserts serviert.

13. a) Woraus werden Charlotten hergestellt?
b) Erklären Sie das typische Merkmal der klassischen „Charlotte à la russe“ am Rand der Charlotte.
c) Mit welcher geschmacksbestimmenden Zutat wird die Sahnecreme bzw. Bayerische Creme für folgende traditionelle Charlotten hergestellt?
- Charlotte russe au Chocolat
- Charlotte russe à la Orange

a) Charlotten werden aus Sahnecreme oder Bayerischer Creme verschiedener Geschmacksrichtungen hergestellt.
b) Der Rand von Charlotte à la russe ist mit Löffelbiskuits ausgelegt.
c)
- Charlotte russe au Chocolat erhält durch die Schokoladenkuvertüre den intensiven Schokoladengeschmack.
- Charlotte russe à la Orange ist Charlotte mit Orangensaft und deshalb der deutliche Orangengeschmack.

14. Nennen Sie die Verkaufsargumente für Sahnetorten und Sahnedesserts in Bezug auf
a) Qualitätsmerkmale,
b) Frischhaltung von Sahnetorten und Sahnecremetorten,
c) Aufbewahrung im Verkauf,
d) besondere Eignung.

a) Sahnetorten und Sahnedesserts enthalten einen hohen Anteil an lockerer und erfrischender Schlagsahne, die trotz des hohen Fettgehalts gut bekömmlich ist.
b) • Sahnetorten und Sahnedesserts schmecken am Tag der Herstellung am besten. Am nächsten Tag fallen die vielen Poren der lockeren Schlagsahne etwas zusammen. Die Schlagsahne ist dann nicht mehr so locker und wirkt etwas fettig.
• Die Sahnecreme in Sahnetorten und Sahnedesserts ist nicht so locker wie Schlagsahne. Deshalb sind Erzeugnisse mit Sahnecreme ca. zwei Tage frisch.
c) Sahnetorten und Sahnedesserts müssen im Verkauf in der Kühltheke den Kunden angeboten werden. Am besten bei hoher Luftfeuchtigkeit von 85 bis 95 %, weil dadurch eine Hautbildung an der Oberfläche der Schlagsahne verhindert wird.
d) • Sahnetorten und Sahnedesserts mit ihrer geschmacklichen Vielfalt sind stets beliebt zu Kaffee und Tee.
• Deshalb sind sie auch besonders geeignet für die Kaffeetafel bei Feierlichkeiten, z. B. Hochzeit, Taufe, Geburtstag.
• Die lockeren, erfrischenden Sahnedesserts eignen sich auch als Nachspeise, da sie gut bekömmlich sind.

15. Beschreiben Sie nach den Bestimmungen der Leitsätze:
a) Welcher Masse ist die Sachermasse zuzuordnen? Sachermasse für Sacherböden enthält auf 1 kg Weizenmehl mindestens ...
b) Sachertorte besteht aus:
- Tortenboden
- Füllung
- Überzug

a) Sachermasse ist eine schokoladenhaltige Wiener Masse, die auf 1 kg Weizenmehl
- mindestens 1 kg Schokoladenkuvertüre,
- mindestens 1 kg Butter,
- mindestens 2 kg Eier enthält.

b) Sachertorte ist eine Schokoladentorte, die mit Aprikosenkonfitüre gefüllt ist.
- Der Tortenboden muss aus Sachermasse sein.
- Die Sachertorte ist gefüllt mit Aprikosenkonfitüre extra, die einen Mindestaprikosenanteil von 45 % besitzt.
- Die Sachertorte muss mit Schokoladenkuvertüre oder Schokoladenfondant überzogen werden; Fettglasur ist nicht erlaubt.

16. Beschreiben Sie die Zusammensetzung und Herstellung einer Punschtorte. Punschdesserts werden wie Punschtorten hergestellt.
a) Tortenboden
b) Füllung
c) Tortenoberfläche und Tortenrand
d) Überzugsmasse
e) Garnierungen

a) Punschtorte wird aus einem hellen Wiener Boden hergestellt.
b) Die Torte ist gefüllt mit Aprikosenkonfitüre, die mit Rum angerührt ist.
c) Die Torte wird außen aprikotiert und die Tortenoberfläche dünn mit Marzipan eingedeckt.
d) Die Torte wird mit Fondant überzogen.
e) Jedes Tortenstück wird mit Schokoladenspritzglasur ausgarniert und mit einer halben Belegkirsche belegt.

17. Beschreiben Sie die Zusammensetzung und Herstellung einer Herrentorte in Bezug auf
- Tortenboden
- Füllung
- Tortenoberfläche und Tortenrand
- Überzugsmasse
- Garnierungen

- Eine Herrentorte wird hergestellt aus einzeln gebackenen Wiener Böden,
- die mit Weincreme gefüllt sind.
- Die ganze Torte wird dünn mit Marzipan eingeschlagen und
- mit Schokoladenkuvertüre überzogen; Fettglasur ist nicht erlaubt.
- Auf jedes Stück wird ein „H“ garniert.

18. Erklären Sie eine Mailänder Torte.

- Die Mailänder Torte wird aus einem Wiener Boden hergestellt,
- der mit Aprikosenkonfitüre gefüllt wird.
- Die Tortenoberfläche besteht aus einem Gitter aus abgeflämmter Mandelmakronenmasse.

19. Beschreiben Sie die Herstellung einer Linzer Torte.
Linzer Schnitten werden wie die Linzer Torten hergestellt.

Linzer Torte wird aus spritzfähigem Nuss- oder Mandelmürbeteig (Linzer Mürbeteig) mit Johannisbeerkonfitüre hergestellt.
- Nussspritzmürbeteig bzw. Mandelspritzmürbeteig in einen Tortenring füllen.
- Darauf Johannisbeerkonfitüre streichen.
- Obenauf ein Gitter aus dem Spritzmürbeteig dressieren.

20. Nennen Sie die Hauptzutaten für Käsetorten.

Käsetorten werden hergestellt aus
- Quark,
- Milch,
- Eier,
- Zucker.

21. Erklären Sie den Kunden, warum Käsetorten so benannt werden, obwohl der Hauptrohstoff in dieser Torte Quark ist.

Quark ist weicher Frischkäse.
Käsetorte enthält einen hohen Anteil an Quark.

22. Erklären Sie das Backen der Käsetorten:
- Backtemperaturen und Backzeiten beim Anbacken und Fertigbacken.
- Einschneiden am Ring entlang und unterbrechen des Backens beim Absetzen der Käsetorte.

- Käsetorten werden bei 210 °C ca. 15 Minuten angebacken. Bei offenem Zug backen, damit die Oberfläche nicht reißt.
- Wenn die Käsemasse nach ca. 15 Minuten Backzeit über die Ringe hochgezogen ist, die Käsetorten aus dem Ofen nehmen, bis sich die Masse wieder auf Ringhöhe abgesetzt hat.
- Die Backhitze auf 170 °C reduzieren und die Käsetorten weitere ca. 55 Minuten backen.
- Wenn die Torten während des Backens deutlich über die Ringe hochgezogen sind, werden sie aus dem Backofen genommen, um sie wieder auf Ringhöhe absetzen zu lassen. Danach werden sie wieder in den Ofen geschoben.
- Beim Absetzen fallen die Lockerungsgase ein und die Käsemasse sinkt.

23. Beschreiben Sie die Beschaffenheit einer fertig gebackenen Käsetorte.

Fertig gebackene Käsetorte besteht aus einer weichen, jedoch nicht gelockerten Käsemasse.

24. Wie soll die Oberfläche der Käsetorte aussehen und erklären Sie, was man deshalb beim Backen beachten muss?

Die Oberfläche der Käsetorte soll glatt und nicht gerissen sein.
Käsetorten bei offenem Zug backen, sonst bekommt die Oberfläche der Torte Risse.

25. Obsttorten und Obstschnitten werden entweder mit verschiedenen Sorten Obst oder nur mit einer Obstsorte belegt.
a) Beschreiben Sie die Herstellung von Obsttorten. Obstschnitten werden ebenso hergestellt.
b) Warum werden Früchte auf Obsttorten und -schnitten sowie Früchte als Dekor für Tortenstücke, Desserts sowie Plunder- und Blätterteiggebäcke mit Geleeguss abgedeckt?

a)
- Einen Mürbeteigboden mit Aprikosenkonfitüre dünn bestreichen.
- Einen halben Wiener Boden oder Biskuitboden auflegen.
- Die Oberfläche des Tortenbodens mit Vanillecreme oder mit Konfitüre bestreichen.
- Einen Tortenring um den Tortenboden stellen und die Früchte auflegen.
- Einen Geleeguss kochen und sofort auf die Früchte streichen, bis sie völlig bedeckt sind.
- Wenn der Geleeguss fest ist, den Tortenring abnehmen, den Rand der Obsttorte mit Vanillecreme oder mit Konfitüre dünn einstreichen und mit gehobelten, gerösteten Mandeln bestreuen.

b) Die mit Geleeguss abgedeckten Früchte glänzen und sie trocknen nicht aus, sodass sie ihr frisches Aussehen behalten.

26. Geleeguss deckt die Früchte ab, damit sie nicht austrocknen.

a) Erklären Sie „Geleeguss".

b) Nennen Sie Bindemittel, die im Geleepulver enthalten sind, und geben Sie jeweils die folgenden Begriffe an, aus denen die Bindemittel gewonnen werden:

- Rotalgen (Meeresalgen)
- Grün- und Braunalgen
- Samenkerne des Johannisbrotbaums
- Samen der Guarpflanze

a) Geleeguss ist Wasser mit etwas Zucker, das mit Geleepulver gebunden wird. Geleepulver ist ein Gemisch aus verschiedenen Bindemitteln mit starker Quellfähigkeit.

b)
- Agar-Agar und Carrageen aus Rotalgen
- Alginate aus Grün- und Braunalgen
- Johannisbrotkernmehl aus den Samenkernen des Johannisbrotbaums
- Guarkernmehl aus den Samen der Guarpflanze

27. a) Beschreiben Sie die Herstellung von Geleeguss.

b) In welchem Zustand wird der Geleeguss auf die Früchte aufgetragen und wann wird er schnittfest?

c) Wie kann die Fruchtfarbe der Früchte auf Erdbeer- und Himbeertorten durch den Geleeguss hervorgehoben werden?

a)
- Wasser oder Fruchtsaft der Dosenfrüchte kochen.
- Geleepulver mit etwas Zucker mischen und in die kochende Flüssigkeit einrühren und nochmals kräftig kochen lassen.

b) Der Geleeguss wird nach dem Kochen in heißem Zustand auf die Früchte aufgetragen. Er kühlt schnell ab und ist dann auf Obsttorten und Obstschnitten sofort schnittfest.

c) Geleeguss kann mit roter Lebensmittelfarbe eingefärbt werden. Da Lebensmittelfarbe künstlich ist, muss sie beim Verkauf auf dem Preisschild deklariert werden.

28. Nennen Sie die Verkaufsargumente für Obstkuchen und Obstschnitten sowie für Käsetorten.

a) Qualitätsmerkmale

b) Frischhaltung

a)
- Obsttorten und Obstschnitten sind gut bekömmliche und fruchtige Torten bzw. Desserts, die sehr erfrischend wirken. Passend dazu ist Schlagsahne.
- Die Käsetorten sind weiche, cremige Torten, die wegen des hohen Quarkanteils sehr erfrischend wirken. Die fettarmen Käsetorten sind gut bekömmlich.

b)
- Obsttorten und Obstschnitten sollten am Tag der Herstellung verkauft werden. Wegen der feuchten Früchte sind sie höchstens zwei Tage in der Kühlung lagerfähig. Das Obst weicht dann den Tortenboden durch und die Früchte verlieren an Geschmack und werden unansehnlich.
- Käsetorten sind in der Kühlung bis zu vier Tage lagerfähig. Dann geht die Bindung der gebackenen Käsekuchenmasse verloren.

c) besondere Eignung

c)
- Obsttorten und Obstschnitten sowie Käsetorten passen immer zu Kaffee und Tee.
- Die saftigen, erfrischenden Obsttorten und Obstschnitten sind vor allem in der warmen Jahreszeit beliebt.
- Auch Kinder bevorzugen die leichten Obsterzeugnisse.

29. Beschreiben Sie das fachgerechte Abschneiden von Torten und Desserts, damit sie einen glatten Schnitt bekommen.

Die Torten und Desserts
- direkt aus der Kühlung nehmen,
- mit einem Sägemesser schneiden, das in einem Messerbehälter in heißem Wasser erwärmt und feucht ist.

Beim Durchsägen mit leichtem Druck erreicht man eine glatte Schnittfläche.

9.3 Spritzglasuren zum Garnieren

1. Mit Spritzglasuren werden Torten und Desserts beschriftet und ausgarniert. Nennen Sie die zwei Spritzglasuren und geben Sie an, woraus sie hergestellt werden.

- Schokoladenspritzglasur, auch Spritzschokolade genannt, ist Schokoladenkuvertüre, die meistens mit Läuterzucker zu einer glatten Spritzglasur angerührt wird.
- Eiweißspritzglasur wird aus Eiklar und Puderzucker zu einer geschmeidigen Spritzglasur geschlagen.

2. Beschreiben Sie das Herstellen von Schokoladenspritzglasur.

- Schokoladenkuvertüre in einem kleinen Gefäß auf 40 bis 50 °C erwärmen.
- In die flüssige Schokoladenkuvertüre mit einem Löffel tropfenweise Läuterzucker nach und nach einrühren, bis die Spritzglasur zuerst verdickt und dann glatt ist.
- In 100 g Schokoladenkuvertüre werden ca. 40 ml Läuterzucker gerührt.

3. Beschreiben Sie die Herstellung und das Einlassen von Ornamenten und Schmuckauflagen aus Schokolade.

- Mit Schokoladenspritzglasur werden Ornamente oder Schmuckauflagen wie Blüten und Figuren auf Papier garniert, die als Umrandung dienen.
- Die Innenflächen der Garnierungen werden mit Milchschokoladenkuvertüre oder mit weißer Schokolade eingelassen (ausgefüllt), damit ein schöner Farbkontrast entsteht.
- Nach dem Abkühlen werden die stabilen Ornamente bzw. Schmuckauflagen vom Blatt gelöst und auf Festtagstorten gelegt.

4. a) Aus welchen Zutaten und in welchem Mengenverhältnis wird Eiweißspritzglasur hergestellt?
b) Beschreiben Sie die Herstellung der Eiweißspritzglasur.
c) Wie wird das Austrocknen von Eiweißspritzglasur nach dem Anrühren verhindert?
d) Wie kann weiße Eiweißspritzglasur farblich verändert werden?

a) Eiweißspritzglasur wird aus Eiklar und Puderzucker im Verhältnis von ca. 1 : 5,5 hergestellt. Es werden noch ein paar Tropfen Säure, z. B. Zitronensaft, zugegeben, damit die Spritzglasur geschmeidiger wird.
b)
- Eiklar in eine kleine Schüssel geben.
- Gesiebten Puderzucker nach und nach in das Eiklar rühren, damit sich Puderzucker sofort im Eiklar lösen kann.
- Einige Tropfen Säure wie Fruchtsäure oder Zitronensaft zugeben, damit die Eiweißspritzglasur geschmeidiger wird und beim Garnieren nicht reißt.
- Wenn die Eiweißspritzglasur die gewünschte Festigkeit hat, wird sie kräftig schaumig geschlagen, bis sie glatt und geschmeidig ist.

c) Die Eiweißspritzglasur mit einem feuchten Tuch abdecken, weil die Oberfläche schnell austrocknet und sich kleine Klümpchen bilden, die beim Garnieren die Öffnung der Spritztüte verstopft.
d) Sie kann leicht mit Lebensmittelfarbe eingefärbt werden.

5. Erklären Sie, wofür folgende Spritzglasuren verwendet werden.
a) Schokospritzglasur
b) Eiweißspritzglasur

a) Mit Schokospritzglasur werden garniert:
- Schriften auf Festtagstorten
- Randgarnierungen auf Festtagstorten
- Stückgarnierungen auf jedes Tortenstück, z. B. das Wort „Sacher“ auf Sachertorten, ein „H“ auf Herrentorten
- Stückgarnierungen auf jedes Stück von Desserts und Petits Fours
- Schokoladenornamente auf Torten und Desserts
- Kuvertüreaufsätze wie Gitter und Schmuckauflagen auf Festtagstorten

b) Eiweißspritzglasur wird wie folgt verwendet:
- Lebkuchenherzen aus Braunen Lebkuchen werden ausgarniert und mit Texten beschriftet.
- Weihnachtliche Figuren aus Braunen Lebkuchen werden ausgarniert.
- Torten, Desserts und Petits Fours, die mit Schokoladenkuvertüre überzogen sind, werden ausgarniert, sodass die Eiweißspritzglasur auf dunklem Untergrund einen schönen Farbkontrast ergibt.

Fortsetzung von Seite 170

- Augen von Marzipanfiguren werden dick mit Eiweißspritzglasur ausgespritzt, bevor mit Schokoladenspritzglasur die Pupillen darauf gespritzt werden.

6. Texte wie „zum Geburtstag“ oder „zur Hochzeit“ werden meist auf Schriftbänder garniert. Woraus werden die Schriftunterlagen hergestellt, die mit Schokoladenspritzglasur beschriftet werden?

Für die Schriftunterlagen wird Marzipan oder Rollfondant verwendet.

7. Beschreiben Sie, wie Marzipan bzw. Rollfondant für Schriftbänder hergestellt und nach dem Beschriften auf Festtagstorten gelegt werden.

Marzipan oder Rollfondant wird ca. 2 mm dick ausgerollt und zu länglichen Streifen von meisten 2 bis 3 cm Breite geschnitten. Nach dem Beschriften wird der Anfang und das Ende des Schriftbandes schräg oder schwalbenschwanzähnlich abgeschnitten.
Die Schriftbänder können gerade oder gebogen auf die Festtagstorten gelegt werden.

8. Rollfondant ist eine geschmeidige Zuckermasse. Nennen Sie die Zutaten
- hauptsächlicher Rohstoff
- Zutaten, damit eine geschmeidige Masse entsteht
- Bindemittel

- Rollfondant besteht hauptsächlich aus Puderzucker.
- Durch Glukosesirup und eine kleine Menge Wasser entsteht eine Zuckermasse.
- Gelatine bindet das Wasser.

9. Erklären Sie die Begriffe
a) Stückgarnierungen,
b) Randgarnierungen.

a) Bei Stückgarnierungen auf Torten wird jedes Tortenstück mit Spritzglasur ausgarniert. Bei Petits Fours wird jedes Stück mit einer beliebigen Garnierung ausgarniert.
b) Festtagstorten werden häufig mit Randgarnierung umrahmt. Eine fortlaufende Garnierung umschließt die Torten am äußeren Rand.

10. Erklären Sie einen „Aufsatz“ auf einer Festtagstorte und geben Sie Beispiele an.

Ein Aufsatz ist ein Schaustück, das auf eine Festtagstorte oder auf die obere Torte einer mehrstöckigen Torte gesetzt wird. Der Aufsatz ist ein besonderer Blickfang, der sofort auffällt, z. B.
- stehendes Hochzeitspaar mit Schokoladenspritzglasur garniert und mit Schokolade eingelassen,
- vier in der Mitte zusammengesetzte Gitter mit Schokoladen- oder Eiweißspritzglasur garniert,
- ein Schaustück aus Zucker.

9.4 Fachmathematische Berechnungen (Dreisatz, Grundrechnen, Verteilungsrechnen)

1. Für eine Geburtstagstorte mit Marzipandeckel werden Rohstoffe im Wert von 6,80 € verarbeitet. An Betriebskosten fallen 320 % an. Risiko und Gewinn machen 38 % aus. Die Mehrwertsteuer ist mit 7 % anzusetzen.

a) Berechnen Sie den Bruttoverkaufspreis der Torte.

b) Wie hoch ist Verkaufspreis für ein Stück Torte, wenn sie in 14 Stücke geteilt wird?

a)

Materialkosten	6,80 €	100 %		
Betriebskosten		320 %		
Selbstkosten		420 %	100 %	
Risiko/Gewinn			38 %	
Nettoverkaufspreis			138 %	100 %
Mehrwertsteuer				7 %
Bruttoverkaufspreis				107 %

Nebenrechnungen:

Selbstkosten:

100 % ≙ 6,80 €

420 % ≙ x

$$x = \frac{6{,}80\text{ €} \cdot 420}{100} = 28{,}56\text{ €}$$

Nettoverkaufspreis

100 % ≙ 28,56 €

138 % ≙ x

$$x = \frac{28{,}56\text{ €} \cdot 138}{100} = 39{,}41\text{ €}$$

Bruttoverkaufspreis

100 % ≙ 39,41 €

107 % ≙ x

$$x = \frac{39{,}41\text{ €} \cdot 107}{100} = 42{,}17\text{ €}$$

b) Verkaufspreis für 1 Stück Torte:

42,17 : 14 = 3,01 €

2. Ein Stück Vanillecremetorte kostet im Laden 2,80 €.
Berechnen Sie den Nettopreis im Café, wenn der Caféaufschlag 20 % beträgt.
Die Mehrwertsteuer im Laden wird mit 7 % berechnet, im Café mit 19 %.
Wie viel zahlt der Kunde für 1 Stück Vanillecremetorte im Café?

Bruttopreis (Laden)	2,80 €	107 %		
– Mehrwertsteuer		7 %		
= Nettoverkaufspreis		100 %	100 %	
+ Caféaufschlag			20 %	
Nettopreis (Café)			120 %	100 %
+ Mehrwertsteuer				19 %
= Bruttopreis (Café)				119 %

Nebenrechnungen:

Nettoverkaufspreis (Laden)

107 % ≙ 2,80 €

100 % ≙ x

$$x = \frac{2{,}80\text{ €} \cdot 100}{107} = 2{,}62\text{ €}$$

Nettopreis (Café)

100 % ≙ 2,62 €

120 % ≙ x

$$x = \frac{2{,}62 \cdot 120}{100} = 3{,}14\text{ €}$$

Fortsetzung von Seite 172

Bruttopreis (Café)

100 % ≙ 3,14 €

119 % ≙ x

$$x = \frac{3{,}14\,€ \cdot 119}{100} = 3{,}74\,€$$

3. Ein Stück Johannisbeertorte kostet im Café 3,80 €. Im Laden kostet das Stück 2,90 €. (MwSt. Laden 7 %, MwSt. Café 19 %). Wie hoch ist der Caféaufschlag in € und %?

<u>Nebenrechnungen:</u>

Nettoverkaufspreis (Café)

119 % ≙ 3,80 €

100 % ≙ x

$$x = \frac{3{,}80\,€ \cdot 100}{119} = 3{,}19\,€$$

Nettopreis (Laden)

107 % ≙ 2,90 €

100 % ≙ x

$$x = \frac{2{,}90\,€ \cdot 100}{107} = 2{,}71\,€$$

Caféaufschlag in €

3,19 € – 2,71 € = 0,48 €

Caféaufschlag in %

3,19 € ≙ 100 %

0,48 € ≙ x

$$x = \frac{100\,\% \cdot 0{,}48}{2{,}02} = 15{,}05\,\%$$

4. Kapseln für Punschdesserts werden nach folgendem Rezept hergestellt:

1 200 g Eiklar
600 g Zucker
800 g Eiklar
550 g Weizenmehl (Type 405)
250 g Weizenpuder
550 g Marzipanrohmasse
Zitrone, Rum, Vanille

Das Rezept ergibt vier Kapseln.

a) Berechnen Sie die notwendige Marzipanrohmasse für 14 Kapseln.

b) Wie viel g Zucker werden gebraucht, wenn 1 800 g Eiklar verarbeitet werden?

a) $\text{Schlüsselzahl} = \frac{14\ \text{Kapseln}}{4\ \text{Kapseln}} = 3{,}5$

Marzipanrohmasse:

550 g · 3,5 = 1 925 g

b) 1 200 g Eiklar ≙ 600 g Zucker

1 800 g ≙ x g

$$x = \frac{600\,\text{g} \cdot 1\,800\,\text{g}}{1\,200\,\text{g}} = 900\ \text{g Zucker}$$

5. Für eine Sachertorte gilt folgendes Grundrezept

140 g Butter	5,20 €/kg
300 g Vollei	4,62 €/kg
180 g Zucker	1,57 €/kg
150 g Kuvertüre	23,40 €/kg
100 g Mandeln	21,00 €/kg
130 g Weizenmehl	0,90 €/kg
Salz, Aromen	0,15 €

Berechnen Sie die Materialkosten für drei Sachertorten.

Schlüsselzahl: $\frac{3 \text{ Torten}}{1 \text{ Torte}} = 3$

Kosten für 1 Torte
140 g Butter · 3 = 420 g
300 g Vollei · 3 = 900 g
180 g Zucker · 3 = 540 g
150 g Kuvertüre · 3 = 450 g
100 g Mandeln · 3 = 300 g
130 g Weizenmehl · 3 = 390 g
Salz, Aromen (· 3)

Materialkosten:

Butter
1000 g ≙ 5,20 €
420 g ≙ x €
$x = \frac{5{,}20\,€ \cdot 420\,g}{1000\,g} = 2{,}18\,€$

Vollei
1000 g ≙ 4,62 €
900 g ≙ x €
$x = \frac{4{,}62\,€ \cdot 900\,g}{1000\,g} = 4{,}16\,€$

Zucker
1000 g ≙ 1,57 €
540 g ≙ x €
$x = \frac{1{,}57\,€ \cdot 540\,g}{1000\,g} = 0{,}85\,€$

Kuvertüre
1000 g ≙ 23,40 €
450 g ≙ x €
$x = \frac{23{,}40\,€ \cdot 450\,g}{1000\,g} = 10{,}53\,€$

Mandeln
1000 g ≙ 21,00 €
300 g ≙ x €
$x = \frac{21{,}00\,€ \cdot 300\,g}{1000\,g} = 6{,}30\,€$

Weizenmehl
1000 g ≙ 0,90 €
390 g ≙ x €
$x = \frac{0{,}90\,€ \cdot 390\,g}{1000\,g} = 0{,}35\,€$

Salz, Aromen
0,15 € x 3 = 0,45 €

Materialkosten:
2,18 € + 4,16 € + 0,85 € + 10,53 € + 6,30 € + 0,35 € + 0,45 € = 24,82 €

6. Frucht-Sahnedesserts werden nach dem Backen in 10 cm × 5 cm geschnitten. Wie viele Stücke Sahnedesserts ergibt ein Backblech mit den Maßen 60 cm × 40 cm?

Größe des Backbleches:
$60\ cm^2 \cdot 40\ cm^2 = 2\,400\ cm^2$

Größe einer Schnitte:
$10\ cm^2 \cdot 5\ cm^2 = 50\ cm^2$

Anzahl der Schnitten:
$2\,400\ cm^2 : 50\ cm^2 = 48$

7. Petits Fours werden in Quadrate von 3 cm × 3 cm oder 4 cm × 2 cm geschnitten und sind 3 cm hoch. Berechnen Sie das Volumen der beiden verschiedenen Teilchengrößen.

$3\ cm \cdot 3\ cm \cdot 3\ cm = 27\ cm^3$

$4\ cm \cdot 2\ cm \cdot 3\ cm = 24\ cm^3$

8. Für Käsefours kann man als Füllung Kräuterkäsecreme verwenden:
700 g Weichkäse mit Kräutern (35 % Fett)
40 g flüssige Schlagsahne (3,5 % Fett)
20 g Dill
10 g Kümmel
Salz
süßer Paprika
Berechnen Sie den Energiegehalt des Grundrezepts in kJ.

Fettgehalt Weichkäse
$100\,\% \mathrel{\hat{=}} 700\ g$
$35\,\% \mathrel{\hat{=}} x\ g$
$$x = \frac{700\ g \cdot 35}{100} = 245\ g$$

Fettgehalt Schlagsahne
$100\,\% \mathrel{\hat{=}} 40\ g$
$35\,\% \mathrel{\hat{=}} x\ g$
$$x = \frac{40\ g \cdot 35}{100} = 14\ g$$

Gesamtfettgehalt
$245\ g + 14\ g = 259\ g$

9. Für Füllungen von Petits Fours wird Marzipanrohmasse mit $\frac{1}{3}$ Läuterzucker streichfähig verdünnt. Es wird für die Füllung 1 800 g Marzipanrohmasse benötigt.
Wie viel Läuterzucker ist bereitzustellen?

$\frac{2}{3}$ Marzipanrohmasse = 1 800 g
$\frac{1}{3}$ Läuterzucker = 1 800 g : 2 = 900 g

10. Eine Prinzregententorte kostet im Café 51,20 €. Die Torte wird in 16 Stücke geteilt. Ein Gast bestellt im Café zusätzlich zu einem Stück dieser Torte 1 Portion Schlagsahne, die mit 0,50 € berechnet wird. Dazu trinkt er eine Tasse Kaffee zum Preis von 2,50 €. Wie hoch ist der Rechnungsbetrag des Gasts?

51,20 € : 16 = 3,20 €/Stück

Rechnungsbetrag:

1 Stück Torte	3,20 €
1 Portion Schlagsahne	0,50 €
1 Tasse Kaffee	2,50 €
	6,20 €

10 Verarbeiten von Zucker

10.1 Zuckerkochen, Erzeugnisse der Zuckerstufen

1. Beim Zuckerkochen wird eine Zuckerlösung auf die entsprechenden Zuckerstufen erhitzt.

a) Nennen Sie die Zutaten und in etwa das Mengenverhältnis einer Zuckerlösung zum Zuckerkochen.

b) Was geschieht mit einer Zuckerlösung, beim Erhitzen über 100 °C und bei steigenden Temperaturen.

c) Womit kann die Zuckertemperatur beim Zuckerkochen ermittelt werden?

a) Eine Zuckerlösung zum Zuckerkochen besteht aus ca. fünf Teilen Zucker und zwei Teilen Wasser.

b)
- Je höher die Temperatur steigt, desto mehr Wasser verdampft, sodass der Zuckergehalt der Zuckerlösung steigt und diese zunehmend dichter wird.
- Ist das gesamte Wasser verdampft, kristallisiert der Zucker, der dann durch weiteres Erhitzen flüssig wird.

c) Die Zuckertemperatur wird heute mit einem elektronischen Thermometer ermittelt, früher mit einem Zuckerthermometer.

2. Bei steigender Temperatur der Zuckerlösung beim Zuckerkochen entstehen verschiedene Zuckerstufen.

- Nennen Sie die Bezeichnung der Zuckerstufe bei folgenden Temperaturen (a–g).
- Beschreiben Sie das Aussehen und die Merkmale des Zuckers der jeweiligen Zuckerstufe.
- Geben Sie Verwendungsbeispiele jeder Zuckerstufe in der Konditorei an.

a) 107 bis 109 °C
b) 116 bis 118 °C
c) 125 °C
d) 135 °C

a) 107 bis 109 °C
- Zuckerstufe: starker Faden (Fadenzucker)
- Es ist flüssiger Zucker, der klar und durchsichtig ist.
- Der Fadenzucker wird auf Lebkuchen, z. B. Elisenlebkuchen glasiert, der dann auf den Gebäcken milchig-weiß wird.

b) 116 bis 118 °C
- Zuckerstufe: starker Flug (Kettenflug)
- Es ist ein klebriger, zähfließender Zucker.
- Der Flugzucker wird verwendet für
  - italienische Baisermasse,
  - gebrannte Mandeln,
  - die Fondantherstellung.

c) 125 °C
- Zuckerstufe: Ballen
- Der Zucker kristallisiert und die Zuckerkristalle kleben wie ein Ballen zusammen.
- Aus dem kristallisierten Zucker werden Bonbons hergestellt.

d) 135 °C
- Zuckerstufe: Bruch
- Der weiße, zusammengeballte Zucker bricht auseinander, weil er durch die hohe Temperatur trocken wird.
- Der zerbrochene Zucker sieht aus wie kleine Felsbrocken und wird deshalb als Felszucker zur Dekoration für Zuckerschaustücke verwendet.

e) 145 °C
f) 150 bis 180 °C
g) 200 °C

e) 145 °C
- Zuckerstufe: geschmolzener Zucker
- Der klare, farblose geschmolzene Zucker wird zu leicht gelblichem Karamell.
- Der schwache Karamell wird zum Überziehen von glasierten Früchten und Fruchtstücken auf Spießen verwendet.

f) 150 bis 180 °C
- Zuckerstufe: Karamell
- Karamellisierter Zucker ist braun und glänzend.
- Karamell wird verwendet z. B.
  - als Geschmacksstoff für Speiseeis, Cremes und Schlagsahne,
  - zum Überziehen von Mandeln und Nüssen für Pralinen und als Tortendekor,
  - für Krokant.

g) 200 °C
- Zuckerstufe: Zuckercouleur
- Zuckercouleur ist dunkelbrauner bis schwarzer Zucker.
- Die Zuckercouleur wird zum Färben von Lebensmitteln verwendet, z. B. für Cola, Bonbons, Rum.

3. Beschreiben Sie die Erkennung folgender Zuckerstufen durch die Handprobe und durch die optische Erkennung:
a) starker Faden (Fadenzucker)
b) starker Flug (Flugzucker)
c) Karamell

a) Um den Fadenzucker zu testen, wird der Rührlöffel in die Zuckerlösung getaucht und mit dem Zeigefinger darauf getupft. Beim Fadenzucker zieht sich die Zuckerlösung zwischen Daumen und Zeigefinger wie ein klebriger Faden.
b) Taucht man eine Drahtöse in die durch Wasserverdampfung dichte, zähfließende Zuckerlösung, bleibt ein dünnes Zuckerhäutchen im Kreis der Öse haften. Beim Hineinblasen hält das Zuckerhäutchen die Luft zu mehreren kleinen Blasen fest, die aneinanderklebend wie eine Blasenkette wegfliegen. Deshalb wird dieser Zucker auch Flugzucker oder Kettenflug genannt.
c) Karamellisierten Zucker erkennt man an der Bräunung des Zuckers beim Zuckerkochen. Karamell ist braun und glänzt.

4. Die Dichte einer Zuckerlösung, d. h. der Zuckergehalt in einer Zuckerlösung, kann gemessen werden.
   a) Erklären Sie, womit dieser Zuckergehalt ermittelt werden kann.
   b) Erklären Sie die Zuckerwaage.
   c) In welcher Maßeinheit wird der Zuckergehalt einer Zuckerlösung auf der Zuckerwaage angegeben?
   d) 1 cm^3 Wasser wiegt 1 g, 1 cm^3 Zucker wiegt 1,61 g. Erläutern Sie, warum die Zuckerwaage nicht so tief in die Zuckerlösung sinkt, und mehr °Bé angezeigt werden, je mehr Zucker sich in der Zuckerlösung befindet.
   e) Nennen Sie Beispiele in der Konditorei, bei denen der Zuckergehalt in einer Zuckerlösung gemessen wird.

a) Der Zuckergehalt einer Zuckerlösung wird mit einer Zuckerwaage gemessen.
b) Die Zuckerwaage sieht wie ein Thermometer aus, mit Bleikügelchen am unteren verdickten Ende, damit es in einer Zuckerlösung senkrecht stehen kann.
   Auf der Skala der Zuckerwaage kann man die Zuckerkonzentration ablesen.
c) Der Zuckergehalt wird in einer Skala von 0 bis 50 Grad Baumé, abgekürzt °Bé, angegeben.
d) Reines Wasser hat 0 °Bé, die Zuckerwaage sinkt tief in das Wasser. Bei steigendem Zuckergehalt wird die Zuckerlösung dichter und tragfähiger, sodass die Zuckerwaage nicht so tief eintauchen kann und sich die Baumé-Grade auf der Zuckerwaage erhöhen.
e) Der Zuckeranteil wird gemessen
   - im Läuterzucker (Tortenbodentränke).
   - Bei der Herstellung von Dickzuckerfrüchten, die ca. sechs Tage in Zuckerlösungen gelegt werden. Jeden Tag wird eine neue Zuckerlösung hergestellt, in der der Zuckergehalt täglich steigt.

10.2 Karamell, Krokant, Dickzuckerfrüchte, Schaustücke aus Zucker

1. Karamell kann durch Schmelzen von Zucker hergestellt werden.
   a) Erklären Sie das Karamellisieren von Zucker.
   b) Was geschieht mit dem Karamell, wenn er abkühlt?
   c) Beschreiben Sie, wie Weichkaramell hergestellt wird, z. B. für Bonbons.

a) Puderzucker unter ständigem Rühren erhitzen, bis er schmilzt, flüssig und dann braun wird. Durch Hitze gebräunter Zucker ist Karamell.
b) Abgekühlter Karamell ist besonders hart und bricht leicht.
c) Wird in den karamellisierten Zucker Schlagsahne und/oder Butter gerührt, bleibt der Karamell nach dem Abkühlen weich, mit zähgeschmeidiger Beschaffenheit.

2. Krokant ist ein feines, süßes Erzeugnis der Konditorei.
   a) Nennen Sie die Zutaten und erklären Sie die Herstellung von Krokant.
   b) Wie heißt Krokant, der mit Mandeln und wie heißt Krokant, der mit Nüssen hergestellt wird?

a) - Puderzucker und Glukosesirup karamellisieren.
   - Geröstete Mandeln/Nüsse, gehobelt oder gehackt, in den karamellisierten Zucker rühren.
b) - Krokant mit Mandeln: Mandelkrokant
   - Krokant mit Nüssen: Nusskrokant

3. a) Wie verändert sich der in heißem Zustand geschmeidige Krokant nach dem Abkühlen und wie wird er dann bezeichnet?
b) Nennen Sie Beispiele, wofür Hartkrokant verwendet wird und beschreiben Sie, wie diese Erzeugnisse hergestellt werden.
c) Beschreiben Sie die Herstellung von Krokantstreusel.
d) Geben Sie Verwendungsbeispiele von Krokantstreusel in der Konditorei an.
e) Nennen Sie die Qualitätsmerkmale von Hartkrokant in Bezug auf
- Geschmack und
- Beschaffenheit.

a) Der karamellisierte Zucker wird nach dem Abkühlen besonders hart. Deshalb wird dieser Krokant als „Hartkrokant" bezeichnet.
b)
- Heißer, dünn ausgerollter Hartkrokant wird in verschiedene Formen ausgestochen. Die abgekühlten Krokantteile werden als Dekorteile auf Torten gelegt.
- Für Krokanteier wird heißer Krokant ausgerollt und in Eiformen gelegt. Die abgekühlten Krokanteier aus den Formen nehmen.

c) Abgekühlter Hartkrokant wird zu kleinen streuselähnlichen Stückchen gestoßen.
d) Krokantstreusel wird verwendet für:
- Frankfurter Kranz, eine Buttercremetorte in Ringform, die außen mit Krokantstreusel bestreut wird.
- Torten, Desserts und Eisbecher werden mit Krokantstreusel als Dekor bestreut.
- Marzipan-Krokantpralinen, bei denen Krokantstreusel in Marzipanrohmasse gemischt wird.

e)
- Die Mandeln/Nüsse haben einen süßlichen Karamellgeschmack.
- Hartkrokant ist hart und knusprig im Biss.

4. Für Pralinen und Bonbons wird spezieller Krokant verwendet.
a) Erklären Sie Weichkrokant und dessen Beschaffenheit.
b) Wie wird Butterkrokant hergestellt und wie ist die Beschaffenheit?
c) Erläutern Sie die Herstellung von Früchtekrokant.

a)
- Hierfür wird Zucker karamellisiert, erst Schlagsahne und Butter, dann Mandeln oder Nüsse eingerührt.
- Weichkrokant hat nach dem Abkühlen eine weiche, geschmeidige Beschaffenheit.

b)
- Für Butterkrokant wird in den karamellisierten Zucker Butter eingerührt und anschließend Mandeln oder Nüsse zugegeben.
- Durch die Butterzugabe ist der Krokant nach dem Abkühlen geschmeidig weich.

c)
- Für Früchtekrokant wird der Zucker karamellisiert, in diesen werden mit den Mandeln bzw. Nüssen gehackte Dickzuckerfrüchte untergerührt.
- Fruchtkrokant besitzt den Geschmack und die abwechslungsreichen Farben der Dickzuckerfrüchte.

5. Beschreiben Sie die Herstellung von Blätterkrokant. Geben Sie auch die Beschaffenheit von Blätterkrokant an.

- Den heißen Hartkrokant dünn ausrollen und darauf Nugatmasse dünn aufstreichen.
- Mithilfe zweier Spachtel den Krokant mit der Nugatmasse von der Seite zur Mitte übereinander legen, wieder dünn ausrollen und übereinander legen usw.
- Dabei entstehen viele hauchdünne Schichten von Krokant und Nugatmasse im Wechsel übereinander, ähnlich wie beim Blätterteig die Teig- und Ziehfettschichten.
- Die vielen dünnen Krokantschichten ergeben den feinen, splittrigen Biss des Blätterkrokants.

6. Dickzuckerfrüchte sind mit Zucker behandelte Früchte.

a) Beschreiben Sie, was man unter „Dickzuckerfrüchten“, auch „kandierte Früchte“ genannt, versteht.

b) Beschreiben Sie die Herstellung von Dickzuckerfrüchten.

c) Nennen Sie Dickzuckerfrüchte in der Konditorei aus folgenden Früchten bzw. Pflanzenteilen:
- ganze Kirschen
- Fruchtstücke
- Fruchtschalen
- Wurzeln (Gewürzwurzeln)
- Stängel der Engelwurz

a) Dickzuckerfrüchte sind Früchte oder bestimmte Pflanzenteile, die durch und durch mit Zucker angereichert sind.

b)
- Die Früchte werden in heißes Wasser gelegt, bis sie weich sind.
- Diese Früchte werden dann ca. sechs Tage lang in eine Zuckerlösung gelegt. Die Zuckerlösung wird täglich erneuert und der Zuckergehalt täglich erhöht.
- Nach sechs Tagen in den Zuckerlösungen haben sich die Früchte durch und durch mit Zucker angereichert.

c) Dickzuckerfrüchte sind:
- Belegkirschen
- z. B. Ananas- und Aprikosenstücke, Orangen- und Zitronenscheiben
- Zitronat und Orangeat
- Ingwer
- Angelika

7. a) Beschreiben Sie, wie Dickzuckerfrüchte schmecken.

b) Geben Sie die Lagerung und Lagerfähigkeit der Dickzuckerfrüchte an.

a) Dickzuckerfrüchte schmecken sehr süß und besitzen wenig Eigengeschmack der eigentlichen Frucht.

b)
- Dickzuckerfrüchte in Folie verpacken, damit sie nicht austrocknen, und kühl lagern.
- Sie sind sehr lange lagerfähig und verderben nicht. Durch den hohen Zuckeranteil in den Früchten steht den Mikroorganismen kein freies Wasser zur Verfügung.

8. Schaustücke aus gekochtem Zucker sind künstlerische, handwerkliche Erzeugnisse der Konditorei. Erklären Sie folgende Techniken zur Herstellung von Zuckerschaustücken:
a) Zuckergießen
b) Zuckerziehen
c) Zuckerblasen

a) Gekochten und eingefärbten Zucker in ca. 4 mm dicke Schablonen verschiedener Formen gießen, z. B. Tiere, Weihnachtsmotive. Nach dem Erkalten die Schablonen von den Zuckerstücken abnehmen.
b) Den gekochten und eingefärbten Zucker auf 70 bis 80 °C abkühlen lassen. Den geschmeidigen Zucker zu verschiedenen Formen ziehen, z. B. Blumen, Blätter und Schleifen.
c) Den gekochten und eingefärbten Zucker zu einem warmen, geschmeidigen Zucker abkühlen lassen. Mit einem Blasebalg Luft in den Zucker einblasen und dabei verschiedene Hohlkörper modellieren, z. B. Figuren oder Vasen.

10.3 Fachmathematische Berechnungen (Dreisatz, Grundrechnen, Verteilungsrechnen)

1. In 1 l von 90 °C warmem Wasser können 4 kg Zucker gelöst werden.
Wie viel Prozent Zucker enthält die Lösung?

Gesamtgewicht der Lösung: 5 kg
5 kg = 100 %
4 kg = x %
$$x = \frac{100\,\% \cdot 4}{5} = 80\,\%$$

2. Die Dichte von Zuckerlösungen wird in Baumé (°Bé) gemessen. Hat eine Lösung 30 °Bé, sind 2 000 g Zucker in 1 l Wasser gelöst.
Berechnen Sie, wie viel Prozent Zucker die Lösung enthält.

Gesamtgewicht der Lösung: 3,000 kg
3,000 kg = 100 %
2,000 kg = x %
$$x = \frac{100\,\% \cdot 2{,}000}{3{,}000} = 66{,}67\,\%$$

3. Eine Zuckerlösung von insgesamt 1,5 l mit 24 °Bé enthält 750 g Wasser.
Berechnen Sie den Anteil des Zuckers in Prozent.

1,500 kg = 100 %
0,750 kg = x %
$$x = \frac{100\,\% \cdot 0{,}750}{1{,}500} = 50\,\%$$

4. Um schwachen Karamell zu erhalten, muss man eine Zuckerlösung auf über 116 °R erhitzen.
Rechnen Sie um in °C (80 °R = 100 °C).

80 °R ≙ 100 °C
116 °R ≙ x °C
$$x = \frac{100\,°C \cdot 116}{80} = 145\,°C$$

5. Für Läuterzucker wird die Zuckerlösung auf 102 °C erhitzt.
Rechnen Sie um in °R (80 °R = 100 °C).

100 °C = 80 °R
102 °C = x °R
$$x = \frac{80\,°R \cdot 102}{100} = 81{,}6\,°R$$

6. Bei der Herstellung von Dickzuckerfrüchten werden die Früchte am ersten Tag in eine Zuckerlösung aus 825 g Zucker und 1 l Wasser eingelegt. Berechnen Sie die Bé. (1 Bé entspricht 68,75 g Zucker pro Liter Wasser)

825 g : 68,75 g/Bé = 12 Bé

7. Für die Herstellung von Nusskrokant benötigt man Puderzucker, Glukosesirup und geröstete Nüsse im Verhältnis 20 : 1 : 10. Geben Sie die Rohstoffmengen für insgesamt 1 550 g Krokant an.

1 550 g : 31 Teile = 50 g/Teil
Puderzucker: 50 g · 20 = 1 000 g
Glucosesirup: 50 g · 1 = 50 g
Nüsse: 50 g · 10 = 500 g

11 Marzipan, Nugatmassen

11.1 Marzipanrohmasse, Persipanrohmasse

1. Marzipanrohmasse erhält die Konditorei von der Industrie.
a) Nennen Sie die Zusammensetzung von Marzipanrohmasse nach den Bestimmungen der Leitsätze.
b) Marzipanrohmasse wird in zwei Güteklassen im Handel angeboten. Geben Sie diese an.

a) Marzipanrohmasse besteht aus ca. $\frac{2}{3}$ Mandeln und $\frac{1}{3}$ Zucker.
b)
- MO ist beste Qualität mit feinem Mandelgeschmack, da nur süße Mandeln verwendet werden.
- MI ist geringere Qualität mit etwas herberem Mandelgeschmack, da bis zu 12 % bittere Mandeln enthalten sein dürfen, bezogen auf das Gesamtmandelgewicht.

2. Marzipanrohmasse wird für Qualitätswaren der Konditorei verwendet.
a) In welchen Erzeugnissen ist Marzipanrohmasse der Hauptbestandteil?
b) Nennen Sie Gebäckbeispiele, bei denen Marzipanrohmasse als Zugabe in Teigen und Massen die Qualität der Gebäcke verbessert.

a) Marzipanrohmasse ist Hauptbestandteil von
- Marzipan,
- Marzipanfüllung für Gebäcke,
- Mandelmakronengebäcke,
- Marzipanpralinen.

b) Marzipanrohmasse dient zur Gebäckverbesserung bei:
- Mandelmürbeteiggebäcke
- Spritzgebäcke
- Nuss- und Mandelkuchen
- Elisenlebkuchen
- Marzipanstollen
- Baumkuchen

3. Manchmal kann die preisgünstige Persipanrohmasse als Ersatz für Marzipanrohmasse verwendet werden.
a) Nennen Sie die Zusammensetzung von Persipanrohmasse nach den Bestimmungen der Leitsätze.
b) Warum enthält Persipanrohmasse etwas Stärke?
c) Geben Sie den Geschmack der Persipanrohmasse an.

a) • Persipanrohmasse besteht aus ca. $\frac{2}{3}$ entbitterten bitteren Mandeln, Aprikosen- und/oder Pfirsichkernen und $\frac{1}{3}$ Zucker.
• Es ist noch 0,5 % Stärke enthalten, bezogen auf die gesamte Persipanrohmasse.
b) Jod färbt Stärke blau. So können die Lebensmittelkontrolleure testen, ob Persipanrohmasse verwendet wurde.
c) Persipanrohmasse schmeckt ähnlich wie Marzipanrohmasse, jedoch mit einem leicht herbbitteren Geschmack.
Bittere Mandeln, Aprikosen- und Pfirsichkerne enthalten bittere Stoffe (Amygdalin), die bei der Herstellung der Persipanrohmasse weitgehend entfernt werden.

4. a) Nennen Sie Beispiele, wofür Persipanrohmasse verwendet werden kann.
b) Nennen Sie die Bestimmungen der Leitsätze, damit Stollen und Makronen mit Persipanrohmasse beim Verkauf nicht mit den Gebäcken mit Marzipanrohmasse verwechselt werden.

a) Persipanrohmasse kann als preisgünstiger Ersatz für Marzipanrohmasse verwendet werden:
• als Zugabe in Nuss- und Mohnfüllung
• für Persipanstollen
• für Persipanmakronen
b) Wird für Stollen und Makronen Persipanrohmasse verwendet, müssen sie als Persipanstollen bzw. Persipanmakronen gekennzeichnet werden.

5. Marzipan- und Persipanrohmasse sind bei richtiger Lagerung gut lagerfähig.
a) Beschreiben Sie die Lagerung von Marzipan- und Persipanrohmasse.
b) Erklären Sie, wie ein Teil der Marzipan- und Persipanrohmasse bei der Verarbeitung vom Block abgenommen und wie sie dann wieder zur Lagerung gegeben wird.

a) Lagerung von Marzipan- und Persipanrohmasse:
• kühl, ideal sind 15 bis 18 °C
• frei von Fremdgerüchen
• in Folie eingewickelt, damit die Oberfläche nicht austrocknet
b) • Marzipan- bzw. Persipanrohmasse mit einem Messer abschneiden, um eine glatte Oberfläche zu erhalten.
• Marzipan- bzw. Persipanrohmasse sofort nach dem Abschneiden wieder in Folie einschlagen, damit die Oberfläche nicht austrocknet.

6. Erklären Sie die Zusammensetzung von Persipan mit den zulässigen Mengenangaben nach den Bestimmungen der Leitsätze.

Persipan ist Persipanrohmasse mit Puderzucker. 1 Teil Persipanrohmasse darf mit höchstens bis zu 1,5 Teilen Puderzucker angewirkt werden. Es darf bis zu 5 % Glukosesirup oder Sorbit, berechnet auf das gesamte Persipangewicht, zugegeben werden.

11.2 Marzipan

1. Marzipan ist ein typisches Erzeugnis der Konditorei.
a) Nennen Sie die Zusammensetzung von Marzipan mit den zulässigen Mengenangaben nach den Bestimmungen der Leitsätze.
b) Beschreiben Sie, wie Marzipan hergestellt wird.
c) Nennen Sie den Fachausdruck für das schonende Zusammenmischen der Zutaten bei der Herstellung von Marzipan.
d) Was geschieht mit dem Marzipan bei zu starkem Kneten statt des schonenden Anwirkens bei der Marzipanherstellung?
e) Wie wird das Austrocknen der Marzipanoberfläche nach dem Anwirken bis zum Verarbeiten von Marzipan verhindert?

a)
- 1 Teil Marzipanrohmasse darf höchstens mit bis zu 1 Teil Puderzucker hergestellt werden.
- Zur längeren Frischhaltung von Marzipan kann der Zucker bis zu 3,5 % durch Glukosesirup oder durch 5 % Sorbit ersetzt werden, bezogen auf das gesamte Marzipangewicht.

b) Marzipanrohmasse, gesiebter Puderzucker und Glukosesirup bzw. Sorbit werden zusammengemischt, bis glattes Marzipan entsteht.
c) Die Zutaten werden zu Marzipan „angewirkt“. Das Zusammenmischen der Zutaten wird in der Fachsprache als „Anwirken“ bezeichnet.
d) Bei zu schnellen und zu langen Knetbewegungen während der Marzipanherstellung wird durch den Druck Wärme erzeugt, sodass der hohe Fettgehalt der Mandeln ölig wird. Dadurch ist die Bindung der Zutaten nicht mehr so gut, sodass sich Marzipan etwas ölig anfühlt. Das Öl auf der Oberfläche der Marzipanerzeugnisse wird schnell gärig.
e) Sofort nach dem Anwirken wird Marzipan in Folie eingeschlagen oder in einem luftdichten Behälter aufbewahrt.

2. a) Erklären Sie, wie die Qualität von Marzipan durch unterschiedliche Mengen der Zutaten verbessert werden kann.
b) Was besagen die Bezeichnungen „Edelmarzipan“ und „Gütemarzipan“ auf vorverpackten Marzipanerzeugnissen?

a) Je höher der Anteil an Marzipanrohmasse und somit je geringer der Puderzuckeranteil im Marzipan ist, desto intensiver ist der Mandelgeschmack und umso weicher ist das Marzipan. Je mehr Puderzucker verarbeitet ist, desto süßer und trockener ist Marzipan.
b) Edelmarzipan und Gütemarzipan werden manchmal als Qualitätsbezeichnungen angegeben. Sie besagen, dass es hochwertiges Marzipan mit niedrigem Puderzuckeranteil ist. Sie sind in den Leitsätzen nicht angegeben und haben somit keine rechtliche Bedeutung.

3. Lübecker Marzipan ist ein Qualitätsbegriff. Beschreiben Sie diese Marzipanerzeugnisse und erklären Sie die regionale Bezeichnung.

- Lübecker Marzipan sind Erzeugnisse aus hochwertigem Marzipan, mit geringem Anteil an Puderzucker.
- Lübecker Marzipan ist eine geschützte geografische Herkunftsangabe, d. h., Marzipanerzeugnisse mit dieser Deklaration müssen aus Lübeck stammen.

4. Königsberger Marzipan ist eine besondere Spezialität.
Erklären Sie diese in Bezug auf
a) Marzipanqualität,
b) typische Besonderheit der Marzipanerzeugnisse,
c) regionale Bezeichnung.
d) Womit wird gestanztes Königsberger Marzipan gefüllt?

a) Königsberger Marzipan ist hochwertiges Marzipan mit geringem Puderzuckeranteil.
b) Diese Erzeugnisse werden an der Oberfläche abgeflämmt, d. h., bei hoher Hitze z. B. mit einem Bunsenbrenner leicht gebräunt. Das Innere des Marzipans bleibt weich.
c) Königsberger Marzipan ist eine Gattungsbezeichnung, die nur auf die abgeflämmte Oberfläche der Marzipanerzeugnisse hinweist.
d) Der Hohlraum in der Mitte der Marzipanstücke wird gefüllt, z. B. mit Nugatmasse oder Fondant.

5. Marzipanerzeugnisse zeigen die Handwerkskunst der Konditorei.
a) Was versteht man unter „Modellieren" von Marzipan?
b) Von welcher Grundform geht man beim Modellieren aus?

a) Modellieren heißt „Formen" des Marzipans zu Figuren, Rosen u. a.
b) Die Grundform aller Marzipanteile beim Modellieren ist die Kugel, die zwischen den Handflächen glatt gerollt wird. Von der Kugel ausgehend können alle Formen am leichtesten geformt werden.

6. Gefärbte Marzipanerzeugnisse wirken lebhafter und ansprechender.
a) Nennen Sie den Grundsatz beim Färben von Marzipan.
b) Erklären Sie die Farbenfolge, wenn Marzipanerzeugnisse mit einem Airbrushgerät geschminkt werden, um fließende Farben zu erzielen.

a) Marzipanerzeugnisse nur leicht färben, damit sie natürlich wirken. Überfärbte Marzipanerzeugnisse wirken künstlich und nicht lebensmittelecht.
b) Das Schminken stets mit der hellsten Farbe beginnen, diese antrocknen lassen und dann mit der nächsten Farbe weiterschminken.

7. Hygienischer Umgang mit Marzipan ist besonders wichtig. Beschreiben Sie das hygienische Arbeiten mit Marzipan.

- Arbeitstisch und Arbeitsgeräte grundsätzlich sauber halten.
- Hände vor dem Arbeiten mit Marzipan gründlich reinigen.
- Hände auch während des Modellierens öfter waschen, wenn sie klebrig werden.

8. Erklären Sie, wie das Austrocknen der Marzipanerzeugnisse verzögert werden kann
- nach dem Modellieren und Schminken.
- damit sie im Verkauf nicht austrocknen, sondern weich bleiben.

- Die Marzipanerzeugnisse mit Kakaobutter oder Lebensmittellack dünn besprühen.
- Die verkaufsfertigen Marzipanerzeugnisse luftdicht in Folientütchen verpacken oder einschweißen.

9. Nennen Sie die Verkaufsargumente für Marzipanerzeugnisse in Bezug auf
a) Qualitätsmerkmale,
b) Frischhaltung,
c) besondere Eignung.

a) Marzipanerzeugnisse sind weich und besitzen einen süßlichen Mandelgeschmack. Je geringer der Puderzuckeranteil, desto höher die Qualität.
b)
- Marzipanerzeugnisse luftdicht in Folie verpackt, sind bei kühler Raumtemperatur wochenlang lagerfähig.
- Marzipan ist so lange frisch, wie es weich ist und den feinen Mandelgeschmack besitzt.

c)
- Marzipanrosen und Marzipandekor verschönern alle Festtagstorten.
- Marzipanerzeugnisse, z. B. lustige Marzipanfiguren, sind begehrte kleine Geschenke und auch bei Kindern beliebt.

11.3 Nugatmassen

1. Nugatmassen sind feine süße Erzeugnisse der Konditorei.
Aus welchen Zutaten bestehen Nugatmassen?

Nugatmassen bestehen aus:
- Mandeln und/oder Nüssen
- Zucker, höchstens 50 % auf die gesamte Nugatmasse berechnet
- Kakaoerzeugnissen:
  - Kakaobutter
  - Kakaopulver
  - Schokolade

2. Nennen Sie die zwei Nugatmassen, die nach den verwendeten Schalenfrüchten benannt werden.

- Nussnugatmasse
- Mandelnugatmasse

3. Nugaterzeugnisse aus der Konditorei werden mit Nugatmassen hergestellt. Nennen Sie Beispiele für die Verwendung von Nugatmassen.

Nugatmassen werden verwendet für:
- Nugatbuttercreme
- Nugatsahne
- Nugateis
- Nugatpralinen
- Füllung für Teegebäcke aus Mürbeteig
- Füllung für Waffeln, Crêpes und Palatschinken

4. Nusspaste gehört nach den Leitsätzen zu den Nugatmassen.
   a) Nennen Sie den Unterschied der Nusspaste zu den anderen Nugatmassen bezüglich der Zutaten.
   b) Wozu wird Nusspaste in der Konditorei verwendet?

a) Nusspaste wird aus Nüssen und Zucker hergestellt, jedoch ohne Kakaoerzeugnisse.
b) Nusspaste wird als Geschmacksgeber eingerührt in:
   - Nussbuttercreme
   - Nusssahne
   - Nusseis

5. Beschreiben Sie folgende Erzeugnisse, bei denen der Nugatmasse noch weitere Zutaten zugegeben werden.
   a) Nugat
   b) Nugatcreme

a) Nugat besteht aus Nugatmasse mit zusätzlich Zucker. Es darf vom Gewicht der Nugatmasse höchstens bis zur Hälfte Zucker zugegeben werden.
b) Nugatcreme besteht aus
   - einem geringeren Nuss- bzw. Mandelanteil, mindestens 10 % der gesamten Nugatcreme
   - einem hohen Zuckeranteil, höchstens 67 %, und
   - pflanzlichen Speisefetten und -ölen.

6. Nugatmassen, Nugat und Nugatcreme sind bei richtiger Lagerung lange lagerfähig. Beschreiben Sie die optimale Lagerung.

Die ideale Lagerung ist:
- kühl, 15 bis 18 °C
- frei von Fremdgerüchen; die fettreichen Nugatmassen nehmen sofort Fremdgerüche an
- einschlagen in Plastik- oder Alufolie; dies verhindert das Austrocknen der Oberfläche

11.4 Fachmathematische Berechnungen (Prozentrechnen, Verteilungsrechnen)

1. Zur besseren Frischhaltung darf der Puderzuckeranteil, bezogen auf das Gesamtgewicht des Marzipans, bis zu 3,5 % durch Glukosesirup ersetzt werden.
   a) Wie viel g Glukosesirup darf höchstens zugesetzt werden, wenn Marzipan mit 400 g Marzipanrohmasse und 300 g Puderzucker und Glukosesirup angewirkt werden soll?
   b) Wie viel g Puderzucker darf zugegeben werden?

a) 100 % ≙ 700 g
   1 % ≙ 7 g
   3,5 % ≙ 7 g · 3,5 = 24,5 g
b) 300 g – 24,5 g = 275,5 g

2. Bei Edelmarzipan rechnet man auf 7 Teile Marzipanrohmasse nicht mehr als 3 Teile Puderzucker.
   Wie viel g Zutaten sind beim Anwirken von 2,400 kg Edelmarzipan abzuwiegen?

10 Teile ≙ 2,400 kg
1 Teil ≙ 0,240 kg
Marzipanrohmasse: 0,240 kg · 7 = 1,680 kg
Puderzucker: 0,240 kg · 3 = 0,720 kg

3. Zur leichteren Unterscheidung von Marzipanrohmasse enthält Persipanrohmasse 0,5 % Stärke (Jodprobe). Berechnen Sie den Stärkegehalt einer Persipanrohmasse mit einem Gewicht von 6,200 kg in g.	100 % ≙ 6,200 kg 1 % ≙ 0,062 kg 0,5 % ≙ 0,062 kg · 0,5 = 0,031 kg = 31 g
4. Helle Mandelnugatmasse soll aus Mandeln und Zucker zu gleichen Teilen hergestellt werden. Dazu werden noch 8 % Kakaobutter zugegeben, bezogen auf die gesamte Nugatmasse. Berechnen Sie die Zutaten für die Herstellung von 6,500 kg heller Mandelnugatmasse in kg.	100 % ≙ 6,500 kg 8 % ≙ x kg $x = \frac{6{,}500\ \text{kg} \cdot 8}{100} = 0{,}520$ kg Kakaobutter 6,500 kg – 0,520 kg = 5,980 kg 5,980 kg : 2 = 2,990 kg jeweils für Mandeln und Zucker
5. Für Nugat wird der Nugatmasse Zucker zugegeben. Der Zuckeranteil darf höchstens 50 % vom Gewicht der Nugatmasse betragen. Berechnen Sie den Anteil von Nugatmasse und zugegebenen Zucker für 960 g Nugat in g.	1 Teil Nugatmasse + 0,5 Teile Zucker = 1,5 Teile Nugat 960 g : 1,5 Teile = 640 g Nugatmasse: 640 g Zucker: 960 g – 640 g = 320 g
6. Für Krokanttaler werden 1 560 g Krokant verarbeitet. Beim Ausstechen entsteht ein Verlust von 20 %, der zu Krokantstreusel zerrieben wird. Berechnen Sie die Menge der Krokantstreusel in g.	100 % ≙ 1 560 g 1 % ≙ 15,60 g 20 % ≙ 15,60 g · 20 = 312 g
7. Zum Tränken von Tortenböden soll 3,5 l Läuterzucker hergestellt werden. Dazu wird eine Zuckerlösung aus 5 Teilen Zucker und zwei Teilen Wasser auf 102 °C erhitzt. a) Berechnen Sie die notwendigen Mengen an Zucker und Wasser. b) Berechnen Sie die Materialkosten für 3,5 l Läuterzucker, wenn 1 kg Zucker 0,80 € kostet.	a) 7 Teile ≙ 3,5 l (kg) 1 Teil ≙ 3,5 l : 7 = 0,5 l/Teil Zucker: 0,5 kg · 5 = 2,5 kg Wasser: 0,5 l · 2 = 1,0 l b) 2,5 kg · 0,80 €/kg = 2,00 €. (Anmerkung: Die Kosten für das Wasser werden bei der Kalkulation bei den Betriebskosten verrechnet)
8. Aus 4,000 kg Marzipanrohmasse und 2,600 kg Puderzucker werden Marzipanfiguren mit einem Gewicht von je 60 g gefertigt. Berechnen Sie, wie viele Marzipanfiguren hergestellt werden.	4,000 kg + 2,600 kg 6,600 kg 6,600 kg : 0,060 kg/Figur = 110 Figuren

12 Kakaoerzeugnisse

12.1 Kakaomasse, Kakaopulver, Kakaobutter

1. Kakaoerzeugnisse werden aus den gerösteten Kakaobohnen gewonnen.
a) Nennen Sie die schwarze Masse, die beim Vermahlen der gerösteten Kakaobohnen durch erwärmte Walzen entsteht.
b) Geben Sie den Inhaltsstoff an, der mit 54 % in den Kakaobohnen bzw. in der Kakaomasse enthalten ist.
c) Welche Bedeutungen haben die Gerbstoffe, die mit 6 % in der Kakaomasse enthalten sind.

a) Durch Vermahlen der Kakaobohnen entsteht die schwarze, herb-bittere Kakaomasse, die alle Bestandteile der Kakaobohnen enthält.
b) Die Kakaomasse besteht zu 54 % aus Kakaobutter.
c) Die Gerbstoffe in der Kakaomasse
- bewirken einen bitteren Geschmack und
- wirken im Körper stopfend.

2. Nennen Sie die zwei Produkte, die durch Auspressen der Kakaomasse bei starkem Druck entstehen.

- Beim Pressen der Kakaomasse wird das Fett flüssig, das als Kakaobutter abfließt.
- Übrig bleibt Kakao, die festen Bestandteile der Kakaomasse, die zu Kakaopulver gesiebt werden. Kakaopulver besitzt nur noch wenig Kakaobutter, weil das meiste Fett beim Pressen abläuft.

3. Nennen Sie jeweils den Namen des Kakaopulvers, das folgende Bedingungen nach der Kakaoverordnung erfüllt:
a) Kakaopulver, das mindestens 20 % Kakaobutter enthält
b) Kakaopulver, das weniger als 20 % Kakaobutter enthält
c) Mischung aus Kakaopulver und Zucker, die mindestens 32 % Kakaopulver enthält
d) Mischung aus Kakaopulver und Zucker, die mindestens 25 % Kakaopulver enthält

a) Kakaopulver oder Kakao genannt
b) Fettarmes oder stark entöltes Kakaopulver (Kakao)
c) Schokoladenpulver
d) Trinkschokoladenpulver

4. Geben Sie Verwendungsbeispiele von Kakaopulver in der Konditorei an.

Kakaopulver wird verwendet für:
- Marmorkuchen
- Schokoladentortenböden
- Schokoladenspritzgebäcke
- Schwarz-Weiß-Gebäcke
- Schokoladeneis
- zum Bestauben von Torten und Desserts als Dekor
- zum Bestauben der Oberfläche von Tiramisudesserts

5. Beim Pressen der Kakaomasse wird Kakaobutter gewonnen.
   a) Welche Farbe hat Kakaobutter?
   b) Bei welcher Temperatur liegt der Schmelzbereich der Kakaobutter und welche Auswirkung hat dies in der Schokolade und Kuvertüre?
   c) Wie schmeckt Kakaobutter und warum ist die Kakaobutter in Schokoladen und Schokoladenkuvertüren so wertvoll?
   d) Wozu wird Kakaobutter verwendet?

a) Kakaobutter ist hellgelb.

b)
- Der Schmelzbereich liegt bei 32 bis 34 °C.
- Daher haben Schokolade und Kuvertüre einen zarten Schmelz, d. h., Schokolade und Kuvertüre werden im Mund schnell weich und flüssig.

c)
- Kakaobutter hat einen besonders mild-aromatischen Geschmack.
- Die bitteren Bestandteile des Kakaos erhalten nur mit Kakaobutter den typischen Schokoladengeschmack.

d)
- Kakaobutter in der Spraydose wird über modellierte Marzipanerzeugnisse gesprüht. Die dünne Kakaobutterschicht schützt die Oberfläche der Marzipanartikel etwas vor dem Austrocknen.
- Schokoladenkuvertüre wird mit Kakaobutter verdünnt, wenn Konditoreierzeugnisse dünn überzogen werden sollen.

12.2 Schokolade, Schokoladenkuvertüre und Fettglasur

1. Schokolade und Schokoladenkuvertüre unterscheiden sich nur leicht. Schokoladenkuvertüre wird in der Praxis nur als Kuvertüre bezeichnet.
   a) Nennen Sie die Bestandteile von Schokolade und Schokoladenkuvertüre.
   b) Beschreiben Sie den Unterschied zwischen Schokolade und Schokoladenkuvertüre.
   c) Warum wird in der Konditorei Kuvertüre statt Schokolade verwendet.
   d) Geben Sie Auskunft über die Zahlenkombination auf der Kuvertüreverpackung:
   - 60/40/38

a) Schokolade und Kuvertüre bestehen aus:
- Kakao und Kakaobutter
- Zucker
- Erlaubt sind bis zu 5 % pflanzliche Fette, die nicht von der Kakaofrucht stammen. Diese müssen jedoch deklariert werden.

b) Schokolade und Kuvertüre bestehen aus den gleichen Zutaten. Kuvertüre hat jedoch einen höheren Kakaobutteranteil als Schokolade.

c) Durch den hohen Kakaobutteranteil ist Kuvertüre etwas dünnflüssiger als Schokolade und deshalb besser zum Überziehen geeignet.

d)
- Die erste Zahl gibt den Anteil der Kakaobestandteile, also Kakao und Kakaobutter an.
- Die zweite Zahl gibt den Zuckergehalt an.
- Die dritte Zahl gibt den Kakaobutteranteil in der gesamten Kuvertüre an.

2. Unterscheiden Sie die Bestandteile der Schokoladen- und Kuvertüresorten in Bezug auf die Farbe und den Geschmack, die sich durch die Bestandteile ergeben.
a) Schokolade und Schokoladenkuvertüre (Kuvertüre)
b) Milchschokolade und Milchschokoladenkuvertüre (Milchkuvertüre)
c) weiße Schokolade

a)
- Schokolade und Kuvertüre besitzen einen hohen Kakaoanteil.
- Durch den hohen Kakaoanteil sind Schokolade und Kuvertüre schwarz und schmecken zartbitter.

b)
- Milchschokolade und Milchkuvertüre enthalten weniger Kakao, dafür mehr Kakaobutter. Zudem enthalten sie Milchpulver.
- Durch den geringen Kakaoanteil sind Milchschokolade und Milchkuvertüre braun und haben einen milden Schokoladengeschmack, da der bittere Geschmack des Kakaos nicht so stark zur Geltung kommt.

c)
- Weiße Schokolade besteht aus Kakaobutter, Milchpulver und einem höheren Zuckeranteil.
- Da weiße Schokolade keinen Kakao enthält, hat sie eine weiße Farbe. Sie schmeckt süßlich und hat den milden Geschmack der Kakaobutter.

3. Kuvertüre und weiße Schokolade müssen vor der Verarbeitung temperiert werden.
a) Nennen Sie die Verarbeitungstemperatur für
- Schokoladenkuvertüre,
- Milchschokoladenkuvertüre,
- weiße Schokolade.

b) Was ist neben der richtigen Temperatur der Kuvertüre und der weißen Schokolade vor der Verarbeitung besonders wichtig?
c) Beschreiben Sie, warum Kuvertüre und weiße Schokolade vor der Verarbeitung temperiert und dabei gründlich verrührt werden müssen.
d) Erklären Sie, was mit den Kristallen der Kakaobutter und dem Kakao und Zucker geschieht, wenn die Kuvertüre bei der Verarbeitung eine andere Temperatur als 30 bis 32 °C hat und wenn sie nicht direkt vor der Verarbeitung ausreichend verrührt wird.

a)
- Kuvertüre: 32 °C
- Milchkuvertüre: 31 °C
- weiße Schokolade: 30 °C

b) Temperierte Kuvertüre und weiße Schokolade müssen vor der Verarbeitung gründlich verrührt werden, damit sich alle Zutaten intensiv mischen.
c) Bei 30 bis 32 °C werden die großen ungleichmäßigen Kristalle der Kakaobutter zu kleinen, gleichmäßig großen Kristallen, die sich beim Verrühren mit dem Kakao und Zucker in der Kuvertüre verbinden und zu einer Einheit verschmelzen.
d) Die unregelmäßig großen Kristalle der Kakaobutter können sich nicht mit dem Kakao und Zucker verbinden. So setzt sich Kakao und Zucker unten ab und Kakaobutter steigt nach oben. Die Kuvertüre sieht grau aus.

4. Nennen Sie Möglichkeiten Kuvertüre beim Temperieren zu erwärmen und zu verflüssigen:
a) für stets gebrauchsfertige Kuvertüre
b) für kleinere Mengen Kuvertüre
c) Warum darf kein Wasser oder Wasserdampf in die flüssige Kuvertüre gelangen, z. B. beim Erwärmen im Wasserbad?

a) • in der Temperiermaschine mit Rührgerät
• im Temperiergerät
b) • im Wasserbad
• im Mikrowellengerät
c) Gelangt Wasser in die flüssige Kuvertüre stockt sie sofort, d. h., sie wird fest.

5. Erklären Sie das manuelle Temperieren der Kuvertüre ohne Temperiermaschine oder Temperiergerät.

- Kuvertüre auf ca. 45 °C erwärmen.
- Kuvertüre auf ca. 27 °C herunterkühlen.
- Die abgekühlte Kuvertüre auf 30 bis 32 °C erwärmen.

6. Nennen Sie die idealen Temperaturen beim Arbeiten mit Kuvertüre, damit die Zutaten in der Kuvertüre eine Einheit bleiben und sich die Kakaobutter nicht trennt.
a) Temperatur des Arbeitsraums
b) Temperatur der zu überziehenden Waren

a) Die Kuvertürearbeiten sollen in einem kühlen Raum bei ca. 20 °C erfolgen.
b) Die zu überziehende Ware soll 22 bis 25 °C haben.

7. Beschreiben Sie die Merkmale richtig temperierter Kuvertüre auf überzogenen Erzeugnissen:
a) beim Erstarren
b) nach dem Erkalten
c) Aussehen

a) Die Kuvertüre zieht schon nach ca. drei Minuten an.
b) Die Kuvertüre ist nach dem Erkalten hart. Die harte, dünne Kuvertüreschicht auf überzogenen Torten und Desserts bricht leicht beim Schneiden ab.
c) Die Kuvertüre besitzt einen schönen Glanz.

8. Wie kann das Abbrechen der harten, dünnen Kuvertüreschicht auf überzogenen Torten und Desserts verhindert werden?

Die Kuvertüre muss mit einem heißen Torteneinteiler oder Messer beim Einteilen durchtrennt werden.

9. Nach den Bestimmungen der Leitsätze dürfen bestimmte Qualitätserzeugnisse der Konditorei nur mit Schokoladenüberzug überzogen werden, nicht mit Fettglasur. Nennen Sie diese.

Nur mit Kuvertüre überzogen werden dürfen:
- Sachertorten, Herrentorten
- Mandelmakronengebäcke, Nussmakronen
- Florentiner, Nussknacker
- Spitzkuchen und Printen (Braune Lebkuchen)
- Elisen- und Nusslebkuchen
- Pralinen
- Baumkuchen

10. Fehler bei der Verarbeitung und Lagerung von Kuvertüre sind deutlich sichtbar.
a) Erklären Sie den häufigsten Kuvertürefehler, den „Fettreif".
b) Welche Ursachen kann ein Fettreif auf den Waren haben?
c) Erläutern Sie, warum zu warme Kuvertüre auf den Erzeugnissen grau wird.

a) Beim Fettreif ist die Kuvertüre auf den Erzeugnissen grau oder hat graue Streifen.
b)
- Die Kuvertüre war beim Verarbeiten zu warm, über 32 °C.
- Die zu überziehenden Gebäcke waren noch warm und nicht ausgekühlt.
- Die mit Kuvertüre überzogenen Erzeugnisse wurden zu warm gelagert.

c)
- In zu warmer Kuvertüre bildet sich die Kakaobutter zu unregelmäßig großen Kristallen, die sich vom Kakao und Zucker trennen.
- Die Kakaobutter steigt nach oben, weil sie leichter ist als Kakao und Zucker. Sie verursacht einen Grauschleier oder graue Streifen auf der Kuvertüre.

11. a) Erklären Sie den Kuvertürefehler „Zuckerreif".
b) Beschreiben Sie die Ursache eines Zuckerreifs.

a) Die Kuvertüre der überzogenen Erzeugnisse hat eine raue Oberfläche ohne Glanz.
b) Die mit Kuvertüre überzogenen Waren wurden längere Zeit zu feucht gelagert, z. B. in der Kühlung. Durch die Feuchtigkeit kristallisiert der gelöste Zucker in der Kuvertüre, er wird körnig.

12. Nennen Sie die Ursachen folgender Kuvertürefehler:
a) Welche Kuvertürefehler entstehen, wenn Erzeugnisse mit zu kühl temperierter Kuvertüre überzogen werden?
b) Erklären Sie die Ursachen von sichtbaren Fingerabdrücken auf der Kuvertüre.

a)
- Auf den Waren ist die Kuvertüreschicht zu dick, weil zu kühl temperierte Kuvertüre zu dickflüssig ist.
- Die Kuvertüre hat ein mattes, glanzloses Aussehen, manchmal mit einem Grauschimmer.

b)
- Die Ware mit Kuvertüre wurde zu lange mit den Fingern gehalten.
- Die Kuvertüre wurde mit feuchten Fingern angefasst.

13. Fettglasur wird in der Konditorei manchmal als Ersatz für Schokoladenkuvertüre verwendet.
a) Nennen Sie die Bestandteile von Fettglasur.
b) Erklären Sie den Unterschied der Fettglasur zur Schokoladenkuvertüre in Bezug auf
- Bestandteile,
- Geschmack.

a) Fettglasur besteht aus:
- Kakao ohne Kakaobutter
- kakaofremden Fetten, z. B. Erdnussfett, Kokosfett
- Zucker

b)
- Das Fett der Kuvertüre ist Kakaobutter. Bei der Fettglasur wurde die Kakaobutter der Kuvertüre entnommen und durch preisgünstige, kakaofremde Fette ersetzt.
- Der Fettglasur fehlt der mild-aromatische Schokoladengeschmack der Kakaobutter. Deshalb ist sie von geringerer Qualität.

14. Fettglasur ist im Gegensatz zur Kuvertüre leicht zu verarbeiten.
a) Wie wird Fettglasur zum Überziehen hergerichtet?
b) Erklären Sie die Konsistenz von Fettglasur auf Backwaren und wie sich Fettglasur im Gegensatz zur Kuvertüre auf Torten und Desserts schneiden lässt.
c) Beschreiben Sie, was beim Verkauf von Backwaren, die mit Fettglasur überzogen wurden, vorgeschrieben ist.

a)
- Fettglasur auf 40 bis 45 °C erwärmen.
- Die flüssige Fettglasur gut durchrühren und sofort zum Überziehen verwenden.

b) Fettglasur ist nach dem Erkalten auf Backwaren weich. Deshalb lässt sich die Fettglasur auf Torten und Desserts leicht durchschneiden.

c) Gebäcke mit Fettglasur überzogen, müssen deklariert werden, um eine Verwechslung mit der hochwertigen Schokoladenkuvertüre zu vermeiden. Bei unverpackten Waren muss die Fettglasur z. B. auf einem Preisschild gekennzeichnet werden und bei vorverpackten Waren im Zutatenverzeichnis.

15. Die Verwendung von Fettglasur auf Gebäcken, Torten und Desserts hat gegenüber der Kuvertüre Vor- und Nachteile.
a) Nennen Sie die Vorteile der Fettglasur.
b) Nennen Sie die Nachteile der Fettglasur, die gleichzeitig die Vorteile der Kuvertüre sind.

a)
- Fettglasur braucht beim Verarbeiten nur erwärmt und nicht temperiert werden.
- Fettglasur glänzt immer schön auf den Gebäcken.
- Fettglasur ist weich und lässt sich deshalb leicht durchschneiden.
- Fettglasur ist preisgünstiger als Kuvertüre.

b)
- Der Fettglasur fehlt der typische Schokoladengeschmack.
- Fettglasur darf für bestimmte Qualitätswaren der Konditorei nach den Bestimmungen der Leitsätze nicht verwendet werden.
- Waren mit Fettglasur überzogen, dürfen nicht die Bezeichnungen, die auf besondere Qualität hinweisen führen, z. B. „feinst“, „extra fein“, „beste“.
- Mit Fettglasur überzogene Gebäcke müssen deklariert werden, das ist nicht werbewirksam.

16. Wie erkennen Kunden beim Verzehr, ob Torten und Backwaren mit Kuvertüre und nicht mit Fettglasur überzogen sind?

Kuvertüre hat einen harten Biss und schmeckt deutlich nach Schokolade.

17. Wie sollen alle Kakaoerzeugnisse gelagert werden und wie ist deren Lagerfähigkeit?

Ideale Lagerbedingungen sind:
- kühl, ideal sind 15 bis 18 °C
- trocken, bei normaler Luftfeuchtigkeit
- frei von Fremdgerüchen

Kakaoerzeugnisse sind wegen des niedrigen Wassergehalts längere Zeit lagerfähig.

12.3 Pralinen

1. a) Was versteht man unter dem Begriff „Pralinen“ nach den gesetzlichen Bestimmungen der Kakaoverordnung?
   b) Wie werden in der Praxis der Konditorei die Erzeugnisse genannt, die den vorgeschriebenen Anteil der Schokolade von Pralinen nicht enthalten?

   a) Pralinen sind bissengroße Erzeugnisse, bei denen der Schokoladenanteil mindestens 25 % beträgt.
   b) Bissengroße Erzeugnisse mit weniger als 25 % Schokolade werden als Konfekt bezeichnet.

2. Die Einteilung der vielen verschiedenen Pralinen erfolgt nach den hauptsächlich enthaltenen Rohstoffen, neben der Schokolade. Nennen Sie die Pralinensorten.

   - Marzipanpralinen
   - Nugatpralinen
   - Krokantpralinen
   - Trüffelpralinen
   - Früchtepralinen
   - Likörpralinen

3. Nennen Sie den Hauptbestandteil der Marzipanpralinen und geben Sie mögliche Zutaten an, die zugegeben werden und im Pralinennamen angegeben sind.

   - Marzipanrohmasse ist der Hauptbestandteil der Marzipanpralinen.
   - Zutaten, die in die Marzipanrohmasse gemischt werden, sind eine beliebige Spirituose sowie Nüsse, Mandeln, Krokant oder Pistazien, z. B. bei Pistazien-Marzipanpralinen.

4. Erklären Sie „Schichtnugatpralinen“.

   - Nussnugatmasse mit Schokoladenkuvertüre vermischt, ergibt dunkle Nugatmasse.
   - Mandelnugatmasse mit Kakaobutter vermischt, ergibt helle Nugatmasse.
   - Schichtnugatpralinen enthalten dünne Schichten von dunkler und heller Nugatmasse im Wechsel, die einen schönen Farbkontrast ergeben. Die Pralinen sind mit Schokoladenkuvertüre überzogen.

5. Mandelsplitterpralinen zählen zu den beliebtesten Früchtepralinen. Beschreiben Sie die handwerkliche Herstellung von Mandelsplitterpralinen.

   - Gestiftelte Mandeln im Backofen leicht rösten und gut abkühlen lassen.
   - Schokoladenkuvertüre, Milchschokoladenkuvertüre oder weiße Schokolade mit den gestiftelten Mandeln verrühren; gleiche Menge an Mandeln und Kuvertüre.
   - Mit einem kleinen Löffel pralinengroße Häufchen auf ein Papier legen.

6. Erklären Sie Blätterkrokantpralinen.

   Blätterkrokantpralinen enthalten viele dünne Schichten Hartkrokant und Nugatmasse im Wechsel und sind deshalb zart-splittrig.

7. Trüffelpralinen werden manchmal auch als Ganachepralinen bezeichnet.
a) Nennen Sie die Zutaten der Trüffelmasse bzw. Ganache.
b) Beschreiben Sie die Herstellung einer Trüffelmasse die in Schokoladenhohlkörper gefüllt wird.
c) Erklären Sie die Herstellung von Trüffelpralinen in Schokoladenhohlkörper.

a) Trüffelmasse bzw. Ganache wird hergestellt aus
- Schlagsahne,
- Schokoladenkuvertüre und
- geschmacksgebende Zutaten, die im Namen der Trüffelpralinen angegeben sind, z. B. Vanille, Mokka, Champagnerkonzentrat, Eierlikör, Rum, Weinbrand, Kirschwasser.

b)
- Schlagsahne kochen.
- Schokoladenkuvertüre, Milchschokoladenkuvertüre oder weiße Schokolade in die Schlagsahne geben und verrühren, bis sich die Schokolade aufgelöst hat.
- Eine geschmacksgebende Zutat in die Trüffelmasse rühren.

c)
- Die heiße Trüffelmasse auf ca. 27 °C abkühlen lassen und in Schokoladenhohlkugeln oder andere Schokoladenhohlkörper einfüllen.
- Die gefüllten Pralinen über Nacht kühl stellen und dann die Öffnung der Schokoladenhohlkörper mit Kuvertüre oder weißer Schokolade verschließen, damit die Trüffelmasse nicht austrocknet.
- Die Trüffelpralinen beliebig ausgarnieren und fertigstellen.

8. Beschreiben Sie die Fertigstellung von Trüffelpralinen mit Trüffelmasse, die zusätzlich Butter enthält, und somit dressierfähig ist. Erklären Sie auch die Herstellung von Schokoladenplättchen, die benötigt werden.

- Dunkle Schokoladenkuvertüre dünn auf Pergamentpapier streichen.
- Kurz vor dem Festwerden der Kuvertüre mit einem runden Ausstecher von ca. 25 mm Durchmesser kleine Kuvertüreplättchen ausstechen.
- Die abgekühlte Trüffelmasse mit einem Einmaldressierbeutel mit Sterntülle punktförmig auf die Schokoladenplättchen aufdressieren.
- Nach dem Abkühlen der Trüffelmasse die Pralinen mit Kuvertüre überziehen.

9. Erklären Sie die Herstellung von Likörpralinen und geben Sie Beispiele für Füllungen an.

- Schokoladenhohlkörper, z. B. Hohlkugeln, mithilfe eines Fülltrichters mit Likör oder einer anderen Spirituose füllen.
- Die Spirituosen geben den Pralinen den Namen, z. B. Eierlikör, Cognac, Weinbrand, Kirschwasser.
- Die Öffnung der Schokoladenhohlkörper mit Kuvertüre schließen.

10. Erklären Sie im Kundengespräch die Qualitätsmerkmale der Pralinen der Konditorei, die manchmal teurer sind, wie die der Industrie.

- In der Konditorei werden für Pralinen nur beste Zutaten verwendet, was hochwertige Pralinen mit bestem Geschmack ergeben.
- Es werden nur frische Pralinen angeboten.

11. Nur bei richtiger Lagerung sind Pralinen einige Zeit lagerfähig.
a) Beschreiben Sie, wie Pralinen richtig gelagert werden.
b) Erklären Sie die Nachteile bei zu langer Lagerung der Pralinen.

a) Die optimalen Lagerbedingungen sind in speziellen Pralinenvitrinen gegeben.
- kühl, ideal sind 15 bis 18 °C
- trocken, bei geringer Luftfeuchtigkeit
- frei von Fremdgerüchen

Auch Pralinen in luftdichten Folientütchen verpackt und in einem kühlen Raum gelagert, ist eine gute Lagerbedingung.

b) Bei zu langer Lagerung
- gehen Geschmackstoffe verloren,
- werden Pralinen trocken.

12. a) Wie werden Pralinen im Verkauf angefasst, z. B. beim Belegen der Pralinen auf Tabletts, damit keine unschönen Fingerabdrücke auf den Pralinen sichtbar werden?
b) Erklären Sie, wie Pralinen beim Verkauf vor den Kunden in Folientütchen gegeben werden.
c) Erläutern Sie den Kunden, wofür sich Pralinen besonders eignen.

a) Pralinen mit Handschuhen anfassen und auf Tabletts legen. Werden Pralinen mit bloßen Händen angefasst, sind an der Kuvertüre Fingerabdrücke sichtbar.

b) Pralinen mit einer Pralinenzange anfassen und in die Tütchen geben.

c)
- Pralinen sind jederzeit ein passendes Geschenk zu Festtagen, sind eine kleine Aufmerksamkeit und ein Begrüßungsgeschenk.
- Gemischte Pralinen werden gerne den Gästen angeboten.
- Kindern sollten nur alkoholfreie Pralinen angeboten werden.

12.4 Fachmathematische Berechnungen (Prozentrechnen, Dreisatz)

1. Ein Konditor löst 4,200 kg Schokoladenkuvertüre auf. Sie enthält 70 % Kakaobestandteile. Davon sind 38 % Kakaobutter. Berechnen Sie den Zuckergehalt und den Kakaobuttergehalt der Kuvertüre in g.

$100\,\% \triangleq 4{,}200$ kg
$1\,\% \triangleq 0{,}042$ kg

Kakaobestandteile:
$70\,\% \triangleq 0{,}042 \text{ kg} \cdot 70 = 2{,}940$ kg

Zuckeranteil:
$4{,}200 \text{ kg} - 2{,}940 \text{ kg} = 1{,}260$ g

Kakaobutteranteil:
$100\,\% \triangleq 2{,}940$ kg
$38\,\% \triangleq x$ kg

$$x = \frac{2{,}940 \text{ kg} \cdot 38}{100} = 1{,}117 \text{ kg} = 1117 \text{ g}$$

2. Eine Packung stark entöltes Kakaopulver beinhaltet 8 % Kakaobutter. Die Packung enthält 250 g Kakaopulver. Berechnen Sie den Kakaobuttergehalt der Packung in g.

100 % ≙ 250 g
1 % ≙ 2,5 g
8 % ≙ 2,5 g · 8 = 20 g

3. Auf einer Kuvertürepackung steht folgende Zahlenkombination: 60/40/38. Die Lieferung beinhaltet insgesamt 12,500 kg Kuvertüre. Berechnen Sie den Zuckeranteil und den Kakaobutteranteil der gesamten Lieferung in kg.
Erklärung:
Die Zahlenkombination bedeutet, dass die Kuvertüre zu 60 % aus Kakaobestandteilen und zu 40 % aus Zucker besteht. 38 % der Kakaobestandteile entfallen auf die Kakaobutter.

100 % ≙ 12,5 kg
1 % ≙ 0,125 kg

Kakaobestandteile
60 % ≙ 0,125 kg · 60 = 7,500 kg

Zuckeranteil:
40 % ≙ 0,125 kg · 40 = 5,000 kg

Kakaobutteranteil:
100 % ≙ 7,500 kg
38 % ≙ x kg

$$x = \frac{7{,}500\ \text{kg} \cdot 38}{100} = 2{,}850\ \text{kg}$$

4. Beim Temperieren von Schokoladenkuvertüre werden 2/3 der warmen Kuvertüre auf einer Marmorplatte abgekühlt und dann wieder in die restliche Kuvertüre gerührt. Berechnen Sie, wie viel g der erwärmten Kuvertüre entnommen werden müssen, wenn 5 400 g Schokoladenkuvertüre temperiert werden.

3 Teile ≙ 5 400 g
1 Teil ≙ 5 400 g : 3 = 1 800 g
2 Teile ≙ 1 800 g · 2 = 3 600 g

13 Speiseeis

13.1 Speiseeissorten

1. Der Begriff Speiseeis und die Speiseeissorten sind in den Bestimmungen der Leitsätze festgelegt. Nennen Sie die acht Speiseeissorten.

1. Cremeeis
2. Milcheis
3. Fruchteis
4. Frucht-Sorbet oder Sorbet
5. Rahmeis, Sahneeis, Fürst-Pückler-Eis
6. Eiscreme
7. Fruchteiscreme
8. Wassereis

2. Beschreiben Sie die Mindestanforderungen der acht Speiseeissorten nach den Bestimmungen der Leitsätze.
a) Cremeeis
b) Milcheis

a) Es enthält mindestens 50 % Vollmilch. Auf 1 l Milch müssen mindestens 270 g Vollei oder 90 g Eigelb zugegeben werden. Wasser darf nicht zugegeben werden.
b) Milcheis enthält mindestens 70 % Vollmilch. Statt Milch können auch Joghurt, Sauermilch oder Buttermilch verwendet werden, z. B. beim Joghurteis.

c) Fruchteis
d) Frucht-Sorbet
e) Rahmeis, Sahneeis, Fürst-Pückler-Eis
f) Eiscreme
g) Fruchteiscreme
h) Wassereis

c)
- Fruchteis enthält mindestens 20 % Früchte.
- Bei Fruchteis aus Zitrusfrüchten und anderen sauren Früchten mit einem Zitronensäuregehalt im Saft von mindestens 2,5 %, beträgt der Fruchtanteil mindestens 10 %, z. B. Zitronen, Orangen, Maracujas, schwarze Johannisbeeren.

d)
- Frucht-Sorbet enthält mindestens 25 % Früchte.
- Bei Fruchtsorbets aus Zitrusfrüchten und anderen sauren Früchten mit einem Zitronensäuregehalt im Saft von mindestens 2,5 %, beträgt der Fruchtanteil mindestens 15 %, z. B. Zitronen, Orangen, Maracujas, schwarze Johannisbeeren.
- Milch und Milchbestandteile dürfen nicht verwendet werden.

e) Sahneeis, auch Rahmeis genannt, sowie Fürst-Pückler-Eis enthält mindestens 18 % Milchfett, das in der Sahne (dem Rahm) enthalten ist, aus dem dieses Eis hergestellt wird.
f) Sie enthält mindestens 10 % Milchfett.
g) Fruchteiscreme enthält mindestens 8 % Milchfett und einen deutlich wahrnehmbaren Fruchtgeschmack.
h) Wassereis erfüllt nicht die Anforderungen der anderen Speiseeissorten und ist somit geringwertiges Eis.

3. Vanilleeis enthält geschmacksgebende Vanille.
a) Erklären Sie, mit welchem Aroma Vanilleeis nur hergestellt werden darf.
b) Erläutern Sie „Vanilleeis mit Vanillegeschmack“ oder „Vanilleeis mit Vanillearoma“.

a) Vanilleeis muss mit natürlicher Vanille oder natürlichem Vanillearoma hergestellt werden, da es im Namen das Gewürz bzw. Aroma enthält.
b) Dieses Eis wurde mit chemisch hergestellter Vanille zubereitet. Deshalb muss der Zusatz „mit Vanillegeschmack“ oder „mit Vanillearoma“angegeben sein.

4. Die Kennzeichnung von Speiseeis ist gesetzlich in der Verordnung über Speiseeis geregelt.
a) Wie muss lose verkauftes Speiseeis aus der Eistheke gekennzeichnet werden?
b) Wie muss Speiseeis im Café gekennzeichnet werden, z. B. Eisbecher?

a) Die Speiseeissorte und der Preis müssen deutlich lesbar bei der Eistheke angegeben sein, z. B. auf einem Schild.
b) Die Speiseeissorten und die Bezeichnung des Eisbechers sowie der Preis müssen in der Speisekarte bzw. der Eiskarte angegeben sein.

5. Softeis ist keine eigenständige Speiseeissorte. Erklären Sie die Beschaffenheit von Softeis und wie diese in der Eismaschine erreicht wird.

Softeis ist ein besonders lockeres, weiches Eis. Es wird Milcheispulver (Convenience-Produkt) mit Wasser oder Milch angerührt und in der Softeismaschine bei geringer Kälte mit viel Luft gefroren.

13.2 Hygiene beim Umgang mit Speiseeis

1. Speiseeis ist ein idealer Nährboden für gesundheitsschädigende Mikroorganismen. Beschreiben Sie, welche Zutaten zur hygienischen Vorbeugung verwendet bzw. wie die Zutaten bei der Eisherstellung behandelt werden.
   a) Eier
   b) Milch und Sahne
   c) Frischobst

a) Wegen der Salmonellengefahr
   - frische Eier verwenden und
   - den Eismix pasteurisieren.

b) Entweder den Eismix
   - pasteurisieren oder
   - H-Milch und H-Sahne verwenden.

c)
   - Frischobst vor der Verarbeitung waschen.
   - Obst darf wegen der Fäulniserreger nicht angefault sein.

2. Nennen Sie die Hygienevorschriften der Personen bei der Herstellung von Speiseeis.
   a) Gesundheitszustand der Personen
   b) Arbeitskleidung
   c) Sauberkeit der Hände

a) Nur gesunde Personen dürfen Speiseeis herstellen und verkaufen. Sie dürfen keine Erkrankungen wie Schnupfen und Husten sowie keine offenen Verletzungen an den Händen und Armen haben.

b)
   - Die Arbeitskleidung muss während der gesamten Arbeitszeit sauber sein.
   - Es muss kochbare Arbeitskleidung mit Kopfbedeckung sein, keine Straßenkleidung.

c)
   - Grundsätzlich nur mit sauberen Händen arbeiten.
   - Vor dem Arbeiten mit Speiseeis und nach jeder Arbeitsunterbrechung grundsätzlich die Hände mit Flüssigseife waschen und mit Einweghandtüchern abtrocknen.

3. Eismaschinen und Geräte müssen grundsätzlich sauber sein.
   a) Beschreiben Sie die Hygienebestimmungen der täglichen Reinigung der Eismaschine.
   b) Was muss bei Spül- und Geschirrtücher für Geräte sowie bei Wischtüchern für Arbeitstische beim Reinigen beachtet werden? Begründen Sie dies.
   c) Erklären Sie den Grundsatz, der bei Geräten und Arbeitstischen für die Eisherstellung gilt.

a) Die Eismaschine und das Pasteurisiergerät vor der Eisherstellung mit einem speziellen Mittel desinfizieren und mit klarem Wasser gründlich nachspülen.

b) Nur saubere Tücher, die nach jedem Gebrauch gereinigt werden, verwenden. Unsaubere Tücher verbreiten Keime auf den Geräten und Arbeitstischen, die sich bei der Eisherstellung stark vermehren.

c) Arbeitstische aus Edelstahl müssen sauber sein. Grundsätzlich nur mit ganz sauber gereinigten Geräten arbeiten.

4. Beschreiben Sie, was mit bereits aufgetautem Speiseeis, das –4 °C überschritten hat, gemacht wird.

Aufgetautes Speiseeis muss weggeschüttet werden. Es darf nicht wieder gefroren und verkauft werden, da sich die krankheitserregenden Mikroorganismen im aufgetauten Eis besonders stark vermehren und gesundheitsschädlich sein können.

5. Die Hygiene ist auch beim Verkauf von Speiseeis von großer Bedeutung.
a) Was wird beim Herausnehmen von Speiseeis aus der Eismaschine und beim Füllen der Eisbehälter beachtet?
b) Erklären Sie, was beim Wasser in der Portionierdusche beachtet werden muss?

a) Speiseeis nur mit sauberem Schaber bearbeiten und nicht mit den Fingern berühren.
b) Das Wasser in der Portionierspüle muss immer sauber sein, mit regelmäßig zu- und ablaufendem Wasser. Mit Druck auf den Sprühknopf der Portionierdusche wird frisches Wasser über den Eisportionierer gespritzt.

6. Speiseeis mit einem zu hohen Anteil an Mikroorganismen gilt als verdorben. Erklären Sie, warum verdorbenes Speiseeis von den Kunden nicht erkannt wird und es deshalb besonders gefährlich ist.

- Verdorbenes Eis ist weder äußerlich noch am Geruch und Geschmack erkennbar.
- Bei verdorbenem Eis treten schnell Krankheiten auf, z. B. Schwäche, Übelkeit, Erbrechen oder gar Salmonellose.

13.3 Herstellung und Verkauf von Speiseeis

1. Die Rezeptur von Speiseeis muss 61 bis 65 % Wasser und 39 bis 35 % Trockenmasse enthalten, damit eine gute Eisqualität erzielt wird.
a) Nennen Sie die flüssigen Zutaten im Eisrezept.
b) Nennen Sie die Trockenbestandteile der Rezeptur im Speiseeis.
c) Was versteht man unter einem „Eismix“?
d) Erklären Sie, warum das richtige Mengenverhältnis von Wasser und Trockenbestandteilen im Eis von Bedeutung sind.

a) Die flüssigen Zutaten im Eis sind Milch und Sahne sowie bei Fruchteis Wasser.
b) Die trockenen Bestandteile im Eis sind:
- Zucker
- Dextrose (Traubenzucker)
- Magermilchpulver
- Eisbindemittel

c) Bei der Eisherstellung werden die flüssigen und trockenen Zutaten zu einer glatten, flüssigen Eismasse verrührt, die als Eismix bezeichnet wird. Der Eismix wird dann in der Eismaschine gefroren.
d)
- Das Wasser löst die trockenen Bestandteile des Speiseeises im Eismix.
- Die Trockenbestandteile binden einen Teil des Wassers im Eismix. Es muss jedoch im Eismix ausreichend freies Wasser vorhanden sein, weil nur freies Wasser in der Eismaschine gefroren werden kann. Bei zu viel freiem Wasser gefriert zu viel Wasser, das das Eis zu hart werden lässt.

2. Die Menge der Zutaten im Speiseeis muss genau berechnet werden, da sie für die Qualität des Eises entscheidend ist.
a) Nennen Sie den Rohstoff im Eis, der den größten Anteil des Wassers im Eismix bindet.
b) Erklären Sie, warum man Dextrose (Traubenzucker) oder Glukosesirup in den Eismix gibt.
c) Warum gibt man Magermilchpulver, das 46 % Milcheiweiß besitzt, zum Eismix?
d) Erläutern Sie, wie das Fett der Milch und Schlagsahne das Speiseeis verbessert. Bei Milcheis sind 4 bis 6 % Fett ideal.

a) Zucker bindet den größten Teil des Wassers. Deshalb muss ein gewisser Anteil an Zucker im Eis enthalten sein.
b)
- Bis zu 25 % Zucker im Eismix wird durch Dextrose oder Glukosesirup ersetzt, die bis zur Hälfte weniger Süßkraft besitzen.
- Dadurch wird das Eis weniger süß und Wasser im Eismix wird genauso gebunden.
- Zu viel Dextrose bzw. Glukosesirup im Eismix senkt den Gefrierpunkt und behindert das Gefrieren des Eismixes, sodass zu weiches Eis entsteht.

c)
- Milcheiweiß ist ein starker Quellstoff und bindet dabei viel Wasser im Eismix.
- Das gequollene Milcheiweiß kann außerdem beim Gefrieren des Eises Luft aufnehmen. Somit wird das Eis lockerer und cremig.

d) Das Speiseeis wird durch Fett
- geschmeidiger und cremiger,
- etwas lockerer, weil Fett die Luftbläschen im Eis umhüllt,
- im Geschmack verbessert.

3. Eisbindemittel sind eine Mischung, die vom Handel angeboten werden.
a) Woraus bestehen Eisbindemittel, die im Handel erhältlich sind?
b) Was bewirken Eisbindemittel?
c) Nennen Sie einige Bindemittel für Speiseeis.

a) Eisbindemittel sind eine Mischung aus mehreren Bindemitteln und Quellstoffen wie Magermilchpulver und Dextrose.
b) Eisbindemittel quellen im Eismix auf und binden dabei Wasser.
c) Häufige Bindemittel für Speiseeis sind:
- Johannisbrotkernmehl
- Guarkernmehl
- Tragant
- Pektine
- Carrageen
- Agar-Agar

4. Für Milcheis und Cremeeis wird ein Grundeismix hergestellt, der nur noch mit einem Geschmacksstoff wie Vanille, Kakaopulver, Nusspaste u. a. ergänzt wird.
a) Nennen sie die Zutaten für einen Grundeismix für Milcheis.
b) Welche Zutat wird für den Grundeismix für Cremeeis zum Milcheis ergänzt.

a)
- Milch
- Schlagsahne
- Zucker
- Dextrose (Traubenzucker)
- Magermilchpulver
- Eisbindemittel

b) Cremeeis enthält zusätzlich Eier oder Eigelbe.

5. a) Nennen Sie die Zutaten für Fruchteis.
b) Warum wird Fruchteis grundsätzlich Zitronensaft zugegeben?

a) Fruchteismix enthält:
- Wasser
- Fruchtmark einer Frucht
- Zucker
- Dextrose
- etwas Magermilchpulver
- Eisbindemittel
- Zitronensaft

b) Die Zitronensäure verbessert den Fruchtgeschmack und das Eis wirkt erfrischender.

6. Das beste Milcheis und Cremeeis ergibt die warme Eisherstellung. Beschreiben Sie die warme Eisherstellung.

- Die Zutaten zu einem glatten Eismix verrühren.
- Den Eismix auf ca. 85 °C pasteurisieren, damit die Mikroorganismen sterben.
- Den Eismix schnell auf ca. 4 °C abkühlen, damit sich nach dem Pasteurisieren keine Mikroorganismen vermehren können.
- Den kühlen Eismix mindestens sechs Stunden gekühlt reifen lassen, damit die Bindemittel und das Magermilchpulver ausreichend quellen können.
- Den reifen Eismix in der Eismaschine gefrieren.

7. a)
- Wodurch unterscheidet sich die kalte Eisherstellung von der warmen?
- Welche Milch und Schlagsahne wird bei der kalten Eisherstellung verwendet?
- Wie ist es mit der Verwendung von Eiern im Milcheis?

b) Beschreiben Sie die kalte Herstellung von Milcheis.

a)
- Bei der kalten Eisherstellung wird der Eismix nicht pasteurisiert.
- Deshalb wird H-Milch und H-Sahne verwendet, weil diese keimfrei sind.
- Bei Milcheis werden wegen der Salmonellengefahr keine Eier verwendet.

b)
- Die Zutaten zu einem glatten Eismix gut verrühren, am besten mit einem Mixstab.
- Den Eismix nach kurzer Quellzeit in der Eismaschine gefrieren.

8. Erläutern Sie, warum Fruchteis nur mit der kalten Methode hergestellt wird.

- Das Trinkwasser ist keimfrei und Eier werden für Fruchteis und Frucht-Sorbet nicht verwendet, sodass keine Gefahr von gesundheitsschädigenden Mikroorganismen besteht.
- Durch das Erhitzen beim Pasteurisieren würde die natürliche Fruchtfarbe verblassen und der Fruchtgeschmack würde sich durch die Hitze verringern.

9. Beschreiben Sie die Herstellung von Fruchteis und Frucht-Sorbet.

- Alle Zutaten miteinander verrühren und den Eismix mit einem Mixstab ca. zwei Minuten zu einer homogenen Einheit mischen.
- Den Eismix kurz reifen lassen und in der Eismaschine gefrieren.

10. In der Eismaschine wird der Eismix bei der Bewegung mittels eines Rührwerks gefroren.

a) Erklären Sie, wie das Gefrieren des Speiseeises in der Eismaschine erfolgt.
b) Warum muss der Eismix bei Bewegung in der Eismaschine gefroren werden?
c) Beschreiben Sie den Nachteil, wenn Speiseeis ohne Bewegung im Froster gefroren werden würde.

a)
- Das Rührwerk mit den Spateln befördert den flüssigen Eismix an die stark gefrorene Gefriertrommel.
- Die Spateln des Rührwerks schaben dann den dünn gefrorenen Eismix an der Trommelwand ab und vermischt ihn wieder mit dem übrigen Eismix.
- Der Gefriervorgang dauert so lange, bis das Eis die nötige Festigkeit hat.

b)
- Durch das schnelle Gefrieren beim ständigen Abschaben und Bewegen des Eismixes bilden sich kleine Eiskristalle.
- Während des schnellen Rührens kann der gefrierende Eismix Luftbläschen festhalten, sodass cremiges Eis entsteht und sich das Eisvolumen vergrößert.

c)
- Beim Gefrieren ohne Bewegung würde der Eismix langsam von außen nach innen gefrieren. Dabei würden große Eiskristalle entstehen, die das Eis hart machen und beim Verzehr unangenehm sind.

11. Der flüssige und der gefrorene Eismix wird unterschiedlich berechnet.

a) Mit welcher Maßeinheit wird der flüssige Eismix angegeben?
b) Mit welcher Maßeinheit wird das fertig gefrorene Speiseeis angegeben?

a) Die Zutaten werden für einen Eismix abgewogen. Deshalb wird beim flüssigen Eismix das Gewicht in g oder kg angegeben.
b) Die verschiedenen Speiseeissorten mit gleichem Gewicht des Eismixes, haben nach dem Gefrieren unterschiedliches Eisvolumen. Deshalb wird beim fertig gefrorenen Speiseeis das Volumen in ml oder Liter angegeben.

12. Eis richtig verkaufen ist entscheidend für den Verkaufserfolg.

a) Erklären Sie, wie viel Kugeln Speiseeis man theoretisch und praktisch aus einem 1/30-Eisportionierer erhält.

a)
- Wird ein 1/30-Eisportionierer mit Eis gefüllt und glatt abgestreift, lassen sich 33 Kugeln aus 1 l Eis portionieren.
- Da man in der Praxis großzügiger portioniert, erhält man jedoch nur ca. 25 Eiskugeln.

b) Erläutern Sie das psychologisch richtige Portionieren von Eis, damit die Kunden zufrieden sind.
c) Beschreiben Sie das fachgerechte Handhaben des Eisportionierers zur Entnahme des Eises.
d) Welche Temperatur sollte in der Eistheke sein, damit sich Eis gut portionieren lässt?
e) Bei wie viel °C wird Industrieeis gelagert und portioniert?

b) Kunden bevorzugen eine optisch große Eiskugel. Deshalb den Eisportionierer übervoll mit Eis füllen und den nicht abstreifen. Lieber kleinere Eisportionierer als größere verwenden.
c)
- Den Eisportionierer vor dem Portionieren in das Wasser der Portionierspüle tauchen, da nur aus einem feuchten Eisportionierer sich das Eis beim Herausnehmen leicht löst und eine glatte Eiskugel ergibt.
- Den Eisportionierer nach dem Herausnehmen aus dem Wasser auf dem Abtropfgitter in der Portionierspüle abklopfen, damit keine Wassertropfen auf das Eis gelangen, die gefrieren würden.

d) Bei –14 bis –16 °C in der Eistheke im Verkauf lässt sich das Eis der Konditorei portionieren. Eis bei –18 °C ist zu hart zum Portionieren und zum Essen.
e) Industrieeis wird bei –18 °C gelagert und portioniert.

13. Die Konditorei bietet nur Eis bester Qualität an.
a) Nennen Sie die Qualitätsmerkmale von gutem Eis.
b) Nennen Sie die Fehler von Eis, wenn es in der Eismaschine zu lange gefroren wird.
c) Wie ist Eis, wenn es zu kurz gefroren wird?
d) Auf der Oberfläche des Eises in der Eistheke sind harte, große Eiskristalle. Nennen Sie zwei mögliche Ursachen.

a)
- Das Eis ist fest gefroren, jedoch nicht zu fest und nicht zu weich.
- Das Eis ist cremig und schmilzt sofort auf der Zunge.
- Das Eis schmeckt süßlich mit intensivem Geschmack der namengebenden Geschmackszutat, z. B. Vanille, Erdbeer.

b) Zu lange gefrorenes Eis ist zu hart und zu kalt und der cremige Schmelz fehlt.
c) Zu kurz gefrorenes Eis ist zu weich und tropft schnell.
d)
- Schwankende Temperaturen in der Eistheke über –10 °C, sodass das Eis leicht angetaut ist.
- Wassertropfen gelangen vom Eisportionierer auf die Oberfläche des Eises.

14. Nur ansprechend präsentiertes Eis wirkt verkaufsfördernd. Beschreiben Sie die Präsentation von Eis in der Eistheke.
a) Optik der Eissorten nebeneinander
b) Information für die Kunden

a) Die Eissorten sollten nebeneinander farblich einen schönen Farbkontrast bilden.
b) Gut sichtbare, deutlich lesbare und einheitliche Schilder mit den Eisnamen zu den Eissorten stellen.

15. Wie sollte Eis in Eisbehältern und -schalen präsentiert werden?
a) Eisbehälter, aus denen schon Eis entnommen wurde, während des Verkaufs sauber und ansehnlich zu halten.
b) Eismenge in den Eisschalen

a) Das Eis am Rand der Eisschalen mit einem Schaber abschaben und die Eisoberfläche wieder dekorativ herrichten, z. B. mit einem gezackten Schaber wellenförmig abziehen oder mit einem Löffel Vertiefungen einkerben.
b) Möglichst gefüllte Eisschalen in die Eistheke stellen, da z. B. weniger als zur Hälfte gefüllte Eisschalen verkaufshemmend wirken.

16. Welche Eissorte eignet sich für Veganer?

Frucht-Sorbet, da keine Milch enthalten ist.

13.4 Eistorten, Eisbomben, Eisdesserts

1. Eistorten, Eisbomben und Eisdesserts sind Eisspezialitäten im Konditorei-Café.
a) Aus welcher Eissorte werden Eistorten, Eisbomben und Eisdesserts hergestellt?
b) Erklären Sie die Herstellung von Sahneeis (Rahmeis).
c) Statt Sahneeis wird häufig Parfait (sprich: Parfä) hergestellt. In den Leitsätzen wird Parfait auch als „Halbgefrorenes" bezeichnet. Beschreiben Sie die Herstellung von Parfait.
d) Erläutern Sie den Unterschied von Sahneeis zu Parfait.

a) Diese Eisspezialitäten werden aus Sahneeis, auch Rahmeis genannt, hergestellt.
b)
- Sahneeis ist aufgeschlagene Schlagsahne, in die eine Geschmackszutat gerührt wird, z. B. flüssige Schokoladenkuvertüre für Schokoladensahne oder Erdbeermark und Erdbeerpaste für Erdbeersahne.
- Diese Schlagsahne wird in Tortenringe, Eisbombenformen oder andere Formen gefüllt und zu Sahneeis tiefgefroren.

c) Parfait wird folgendermaßen hergestellt:
- Eier und/oder Eigelbe mit Zucker schaumig schlagen.
- Eine Geschmackszutat in die Eiermasse einrühren, z. B. Nusspaste für Nussparfait oder Vanille für Vanilleparfait.
- Schlagsahne aufschlagen und in die Eiermasse melieren.
- Parfait in Tortenringe oder andere Formen füllen und tiefgefrieren.

d)
- Sahneeis ist gefrorene Schlagsahne mit einer Geschmackszutat.
- Sahneeis aus Parfait ist gefrorene Schlagsahne mit einer Geschmackszutat und einer Eiermasse aus schaumig geschlagenen Eiern und Eigelben sowie Zucker.

2. Die Fürst-Pückler-Eistorte ist farblich bzw. geschmacklich festgelegt. Beschreiben Sie die Zusammensetzung einer Fürst-Pückler-Eistorte von unten nach oben.

Die Fürst-Pückler-Eistorte ist Sahneeis aus drei Farb- und Geschmacksrichtungen.
- Der untere Teil ist braun, aus Schokoladensahneeis.
- Der mittlere Teil ist weiß, aus Vanillesahneeis.
- Der obere Teil ist rot, aus Erdbeersahneeis.

3. Beschreiben Sie das Einsetzen und Fertigstellen einer Eistorte zum Verkauf.

- Schlagsahne oder Parfait in einen Tortenring füllen und die Oberfläche mit Pergamentpapier abdecken.
- Die eingesetzte Sahnetorte zu Sahneeis tiefgefrieren.
- Die gefrorene Eistorte aus dem Tortenring schneiden und auf eine Scheibe eines Tortenbodens oder auf einen Baiserboden setzen.
- Die Eistorte mit aufgeschlagener Schlagsahne wie eine Sahnetorte außen einstreichen und ausgarnieren.

4. Eisbomben sind Eisspezialitäten aus verschiedenen Eissorten.

a) In welchen Formen werden Eisbomben eingesetzt und welche Form haben somit Eisbomben?

b) Erklären Sie, aus welchen Eissorten häufig die Eisbomben von außen nach innen bestehen.

c) Beschreiben Sie das Einsetzen und Fertigstellen von Eisbomben zum Servieren.

a) Eisbomben sind halbkugelförmige Eisspezialitäten, die in halbkugelförmige Metallformen von $\frac{1}{4}$ bis 2 l Volumen eingesetzt werden.

b)
- Die äußere Schicht der Eisbomben, sie wird als Mantel bezeichnet, besteht aus Milcheis bzw. Cremeeis oder Fruchteis.
- Das Innere der Eisbomben ist Sahneeis.

c)
- Eisbombenform im Froster vorkühlen.
- Die kalte Eisbombenform ca. 15 mm mit Milcheis oder Fruchteis gleichmäßig dick ausstreichen.
- In größeren Eisbombenformen kann eine zweite Schicht Milcheis oder Fruchteis in anderer Geschmacks- und Farbrichtung als die erste eingestrichen werden.
- Das Innere der Eisbombe mit Schlagsahne oder Parfait füllen.
- Die Eisbombe im Froster tiefgefrieren.
- Die gefrorene Eisbombe aus der Form stürzen und auf einen Baiserboden oder dünnen Tortenboden setzen.
- Die Eisbombe außen mit aufgeschlagener Schlagsahne einstreichen und ausgarnieren sowie mit Dekormittel belegen.
- Eisbomben werden je nach Größe in vier oder acht Stücke geschnitten und auf Dessertteller serviert.

5. Neben Eistorten und Eisbomben wird Speiseeis für Eisdesserts in beliebige Formen gefüllt. Nennen Sie verschiedene Formen.

Formen für Eisdesserts können Kuchen- oder Dessertformen sein, z. B.
- rechteckige Kastenformen,
- glatte Ringformen,
- Gugelhupfformen (Napfkuchenformen),
- halbrunde Rehrückenformen.

6. a) Beschreiben Sie die Herstellung von „Omelette surprise".
b) Erklären Sie die Herstellung einer Soufflémasse.

a) • In eine Bombenform oder Kastenform (Ziegelform) Milcheis bzw. Cremeeis und Fruchteis im Wechsel schichtweise übereinander einstreichen und im Froster gefrieren.
• Das Eis aus der Form nehmen und mit einer Kapsel aus Wiener Masse einschlagen.
• Die Kapsel mit Soufflémasse dick einstreichen und mit Loch- oder Sterntülle ausgarnieren.
• Die Oberfläche der Soufflémasse mit einem Bunsenbrenner abflämmen.

b) Herstellung einer Soufflémasse:
• Eigelb und Zucker schaumig schlagen.
• Eiklar mit Zucker und Salz zu Eischnee aufschlagen.
• Den Eischnee in die Eigelbmasse melieren.

Die Soufflémasse wird sofort aufgestrichen, garniert und abgeflämmt.
Danach Omelette surprise servieren.

7. Erklären Sie, mit welchen Zutaten Eisdesserts auf einen Teller angerichtet werden.

• Zwei Scheiben Eisdessert auf einen Teller legen.
• Die Eisdesserts mit Schlagsahne, Eissoße und frischen Früchten garnieren.

8. Eistorten, Eisbomben und andere Eisspezialitäten sind erfrischende Desserts an warmen Tagen im Café.
a) Beschreiben Sie das Abschneiden zu Stücken.
b) Erklären Sie, in welchem Zustand Eistorten, Eisbomben und Eisdesserts serviert werden.
c) Begründen Sie, warum die Eisspezialitäten angetaut serviert werden.

a) Von den gefrorenen Eisspezialitäten mit einem glatten, angewärmten Messer ein Stück abschneiden und dies auf einen Dessertteller legen.

b) Das Stück der Eisspezialitäten ca. fünf Minuten auf dem Dessertteller leicht anschmelzen lassen und dann erst servieren und essen.

c) • In gefrorenem, aber angeschmolzenem Zustand ist Sahneeis nicht mehr so hart, sodass der Löffel ohne Mühe in das Sahneeis gleiten kann.
• Der Geschmack des temperierten Sahneeises kommt besser zur Geltung als bei zu kaltem Sahneeis.
• Das temperierte Eis ist nicht so hart und hat deshalb beim Essen einen zarten Schmelz.

13.5 Herrichten von Eisbechern und Eisgetränken

1. Eisbecher werden im Café in den unterschiedlichsten Gläserformen und verschiedensten Zusammenstellungen angeboten.
Nennen Sie die Zutaten für Eisbecher.

- Eis in verschiedenen Geschmacksrichtungen
- Früchte, möglichst Frischobst
- Eissoßen (süße Soßen)
- Liköre, aber auch alkoholhaltigere Spirituosen wie Kirschwasser
- Schlagsahne
- Eisgebäcke oder Hippenrollen

2. Beschreiben Sie allgemein das Herrichten von Eisbechern in folgenden Arbeitsschritten:
   - Vorbereiten der Gläser
   - Hauptbestandteil der Eisbecher
   - Flüssigkeiten für Geschmack und Optik
   - geschmackliche und optische Ergänzungen
   - Abschluss des Volumens der Eisbecher
   - optischer, aber auch geschmacklicher Dekor obenauf
   - geschmacklicher Abschluss

- Den Eisbecher im Froster kühlen.
- Drei bis vier Eiskugeln verschiedener Geschmacksrichtungen möglichst in der Mitte hochstapeln, damit der Eisbecher hoch und groß erscheint.
- Süße Soßen oder Liköre über das Eis gießen.
- Frische Früchte auf die Eiskugeln geben. Große Früchte, z. B. Melonenstreifen, Orangenscheiben, frische Ananasscheiben, auf den Glasrand stecken, damit der Eisbecher optisch größer erscheint.
- Schlagsahne obenauf spritzen.
- Auf die Schlagsahnehaube:
  - süße Soße bzw. Topping oder Likör überspritzen
  - Früchte oder Schokoladenspäne, gehackte Pistazien u. a. geben
- Hippenrollen oder andere Eisgebäcke in die Schlagsahne stecken.

3. Beschreiben Sie die Zubereitung eines Eisbechers, als Beispiel für alle anderen Eisbecher: Erdbeereisbecher.

- In ein gekühltes hohes Glas Erdbeersoße eingießen, sodass es an der Innenseite des Glases abfließt.
- Einen Sahnetupfen in das Glas spritzen, um die Zutaten im Eisbecher optisch zu erhöhen.
- Zwei Kugeln Erdbeereis und zwei Kugeln Vanilleeis einfüllen.
- Einige halbierte Erdbeeren einlegen.
- Erdbeersoße darüber gießen, evtl. noch Erdbeerlikör.
- Eine Schlagsahnehaube aufdressieren.
- Erdbeersoße über die Schlagsahne spritzen und halbierte Erdbeeren auflegen.
- Hippenrollen oder anderes Eisgebäck in die Schlagsahne stecken.

4. Nennen Sie die beliebteste Eissorte (Geschmacksrichtung) und den Zusammenhang beim Herrichten der Eisbecher.

Vanilleeis ist das beliebteste Eis.
Deshalb wird es für fast jeden Eisbecher verwendet.

5. Erklären Sie das Herrichten des kleinen Eisbechers „gemischtes Eis mit Sahne", der häufig gewünscht wird.

- In ein kleines Glas drei oder vier Eiskugeln verschiedener Geschmacksrichtungen geben. Meistens werden die beliebtesten Eissorten wie Vanilleeis, Schokoeis und Erdbeereis verwendet.
- Schlagsahnerosette aufdressieren und ein Eisgebäck einstecken.

6. Beschreiben Sie das Herrichten des klassischen Eisbechers „Bananensplit". Nennen Sie auch den besonderen Eisbecher.

- Eine speziell für Bananensplit flache, ovale Schale verwenden, die vorgekühlt ist.
- Drei Kugeln Eis einlegen, z. B. zwei Kugeln Vanilleeis, eine Kugel Bananeneis.
- Eine Banane der Länge nach halbieren und die zwei Hälften seitlich vom Eis anlegen.
- Schlagsahne aufdressieren.
- Schokoladensoße überspritzen.

7. Eisgetränke sind Getränke mit Speiseeis.
a) Beschreiben Sie das Zubereiten eines Eiskaffees.
- Glas
- Zubereitung der Reihe nach
- Bestandteile beim Servieren des Eiskaffees

b) Nennen Sie den Unterschied zwischen Eiskaffee und Eisschokolade.

c) Beschreiben Sie die Herstellung von Milchshakes und das Servieren, z. B. von Erdbeermilchshake. Nennen Sie die Zutaten zu folgenden Mengenangaben eines Glases:
- 200 ml
- 2 Kugeln
- 100 g

a)
- Ein hohes Eiskaffeeglas vorkühlen.
- Zwei Kugeln Vanilleeis hineingeben.
  - Das Glas mit kaltem Kaffee füllen.
  - Eine Schlagsahnehaube oben aufdressieren und mit Schokoladenstreusel bestreuen.
- Den Eiskaffee auf einem Unterteller mit Trinkhalm und langstieligem Eislöffel servieren.

b) Eisschokolade wird wie Eiskaffee zubereitet und serviert. Statt Kaffee wird jedoch Trinkschokolade verwendet.

c) Für ein Glas Erdbeermilchshake werden benötigt:
200 ml gekühlte Milch
2 Kugeln Erdbeereis
100 g Erdbeeren
- Die Erdbeeren zu Erdbeermark mixen.
- Erdbeermark, Milch und Erdbeereis mit einem Mixstab oder Mixgerät mixen und in ein Fruchtsaftglas oder Stielglas füllen.
- Den Erdbeershake mit Trinkhalm servieren.

13.6 Fachmathematische Berechnungen (Dreisatz, Grundrechnen)

1. Bei Cremeeis müssen pro l Milch mindestens 270 g Vollei oder 90 g Eigelb zugegeben werden. Berechnen Sie, wie viele Eier (50 g) beziehungsweise Stück Eigelb (20 g) zugegeben werden müssen, wenn Cremeeis aus 2,7 l Milch hergestellt werden soll.

Vollei:
1 l Milch ≙ 270 g
2,7 l Milch ≙ 270 g · 2,7 = 729 g
729 g : 50 g/Ei = 14,58 ≈ 15 Eier

Eigelb:
1 l Milch ≙ 90 g
2,7 l Milch ≙ 90 g · 2,7 = 243 g
243 g : 20 g/Eigelb = 12,15 ≈ 13 Eigelb

2. Fruchteis muss mindestens 20 % Früchte enthalten. Wie viele g Erdbeeren sind mindestens einzukaufen, wenn 4 200 g Erdbeereis zuzubereiten ist und der Putzverlust bei Erdbeeren 35 % ausmacht?

100 % ≙ 4 200 g
20 % ≙ x g

$$x = \frac{4\,200\text{ g} \cdot 20}{100} = 840\text{ g}$$

65 % ≙ 840 g
100 % ≙ x g

$$x = \frac{840\text{ g} \cdot 100}{65} = 1\,292{,}31\text{ g}$$

≈ 1 300 g frische Erdbeeren

3. Für Milcheis wird ein Eismix aus 1 000 g Vollmilch (Fettgehalt 3,5 %), 150 g Schlagsahne (Fettgehalt 30 %), 200 g Zucker, 40 g Dextrose, 45 g Magermilchpulver (Fettgehalt 1 %) und 45 g Eisbindemittel hergestellt. Berechnen Sie den Fettgehalt des Eismixes in g und %.

Gesamtgewicht des Eismixes:
1 000 g + 150 g + 200 g + 40g + 45g + 45 g = 1 480 g

Fettgehalt in der Vollmilch:
100 % ≙ 1 000 g
3,5 % ≙ x g

$$x = \frac{1\,000\text{ g} \cdot 3{,}5}{100} = 35\text{ g}$$

Fettgehalt in der Schlagsahne:
100 % ≙ 150 g
30 % ≙ x g

$$x = \frac{150\text{ g} \cdot 30}{100} = 45\text{ g}$$

Fettgehalt des Magermilchpulvers:
100 % ≙ 45 g
1 % ≙ x g

$$x = \frac{45\text{ g} \cdot 1}{100} = 0{,}45\text{ g}$$

Fettgehalt insgesamt in g:
35g + 45g + 0,45 g = 80,45 g

Fettgehalt in %:
1 480 g ≙ 100 %
80,45 g ≙ x %

$$x = \frac{100\,\% \cdot 80{,}45}{1480} = 5{,}44\,\%$$

300 g Fett ≙ 1 l Sahne
495 g Fett ≙ x l

$$x = \frac{1 \cdot 495}{300} = 1{,}65\text{ l Sahne}$$

4. Rahmeis enthält mindestens 18 % Milchfett aus der bei der Herstellung verwendeten Sahne. Wie viel l Schlagsahne mit einem Fettgehalt von 30 % müssen 3 800 g Rahmeis enthalten?	100 % ≙ 3 800 g 18 % ≙ x g $x = \frac{3\,800\text{ g} \cdot 18}{100} = 684\text{ g Fett}$ Schlagsahnebedarf 300 g ≙ 1 l 684 g ≙ x l $x = \frac{1\text{ l} \cdot 684}{300} = 2{,}28\text{ l}$
5. Bindemittel dürfen dem Speiseeis nur in begrenzten Mengen zugegeben werden. So dürfen 2,5 kg Eismix höchstens 15 g Johannisbrotkernmehl enthalten. Berechnen Sie die erlaubte Höchstmenge an Johannisbrotkernmehl in %.	2 500 g ≙ 100 % 15 g ≙ x % $x = \frac{100\,\% \cdot 15}{2\,500} = 0{,}6\,\%$
6. Wegen der hohen Salmonellengefahr dürfen bei der Herstellung von Speiseeis nur ganz frische oder pasteurisierte Eier verwendet werden. Eine Salmonelle teilt sich alle 20 Minuten. Berechnen Sie die Anzahl der Salmonellen im Speiseeis nach drei Stunden, wenn diese mit 150 Salmonellenbakterien verunreinigt ist.	0 Minuten: 150 20 Minuten: 150 · 2 = 300 40 Minuten: 300 · 2 = 600 60 Minuten: 600 · 2 = 1 200 80 Minuten: 1 200 · 2 = 2 400 100 Minuten: 2 400 · 2 = 4 800 120 Minuten: 4 800 · 2 = 9 600 140 Minuten: 9 600 · 2 = 19 200 160 Minuten: 19 200 · 2 = 38 400 180 Minuten: 38 400 · 2 = 76 800
7. Das Volumen des fertigen Walnusseises beträgt 2,275 l. Wie viel kg (l) Eismix wurde verwendet, wenn es die Volumenausbeute 125 hat?	125 % ≙ 2,275 l 100 % ≙ x l $x = \frac{2{,}275\text{ l} \cdot 100}{125} = 1{,}3\text{ l}$ (1,3 l = 1,3 kg)
8. Aus 3 980 g Eismix für Milcheis werden 5 l Speiseeis. Berechnen Sie die Volumenausbeute.	3 980 g ≙ 100 % 5 000 g ≙ x % $x = \frac{100\,\% \cdot 5\,000}{3\,980} = 125{,}63\,\%$ Volumenausbeute 125,6
9. 100 g eines Milcheises entsprechen 650 kJ, darin sind 6 g Fett enthalten. Cremeeis mit der gleichen Rezeptur enthält wegen der zusätzlichen Eigelbe 9 g Fett in 100 g. Wie viel kJ entsprechen 100 g Cremeeis?	9 g – 6 g = 3 g Fett 37 kJ/g · 3 g = 111 kJ 650 kJ + 111 kJ = 761 kJ 100 g Cremeeis entsprechen 761 kJ.

14 Kleine Gerichte

14.1 Frühstück, Salate, Suppen

1. Müsli werden geschmacklich abwechslungsreich angeboten. Beschreiben Sie, mit welchen Zutaten Sie dem Gast Müsli anbieten können.
- Basismöglichkeiten für Müsli
- mögliche Zugaben zur Basis

Die Basis für Müsli können sein:
- Joghurt
- Quark
- Milch

Diese Zutaten können gemischt werden mit:
- Cornflakes
- Haferflocken
- Trockenobst
- Frischobst in Stückchen geschnitten

2. Viele Gäste im Café bevorzugen Eier zum Frühstück. Beschreiben Sie das Zubereiten von weich gekochten Frühstückseiern.

- Frische Eier am stumpfen Ende, an der Luftkammer, mit einem Eierpikser einstechen, damit die Schale beim Kochen nicht platzt.
- Die Eier vorsichtig in kochendes Wasser einlegen.
- Weichgekochte Eier ca. sechs Minuten kochen lassen.
- Nach dem Kochen die Eier mit kaltem Wasser „abschrecken", damit die Eier sich leicht von der Schale lösen.

3. Das vielseitige Frühstück im gemütlichen Café gehört zu den Annehmlichkeiten vieler Gäste.
Nennen Sie die möglichen Bestandteile eines Frühstücksgedecks:
a) Getränke
b) Backwaren und in welchem Zustand sie serviert werden
c) Grundaufstrich auf Backwaren und mögliche Aufstriche sowie Beläge
d) weitere geeignete Zugaben zum Frühstück

a) Getränke für das Frühstück sind Kaffee, Tee, Früchte- oder Kräutertee, Kakaogetränk, Trinkschokolade (heiße Schokolade) oder Milch.
b) Backwaren zum Frühstück sind Brötchen, Vollkornbrötchen, Brezeln, Brotscheiben, getoastete Toastbrotscheiben. Grundsätzlich werden frische Backwaren serviert.
c) Butter wird grundsätzlich serviert. Als Aufstrich auf die Backwaren eignen sich Konfitüre, Honig, Nugatcreme und als Belag Schinken, Wurst, Käse.
d) Weitere geeignete Zugaben sind weich gekochte Eier, Croissants, Müsli, Hefezopfscheiben, Orangensaft.

4. Salate liegen im Trend der gesunden Ernährung und werden deshalb gerne im Café bestellt.
Erklären Sie, warum nur frische Salate und Gemüse verwendet werden.

Nur frische Salate und Gemüse haben den besten Geschmack und sehen appetitlich aus. Sie haben
- den gewünschten Biss,
- den erfrischenden Geschmack,
- den natürlich hohen Vitamingehalt,
- die frische, natürliche Farbe.

5. a) Welche Mengen Salate und Gemüse sollten Sie aus Gründen der Qualität im Betrieb nur kaufen?
b) Beschreiben Sie, wie Salate und Gemüse am besten kurzfristig gelagert werden.

a) Nur so viel Salate und Gemüse kaufen, wie kurzfristig verwendet werden. Je frischer sie sind, desto besser schmecken sie.
b) Salate und Gemüse sollen in der Kühlung am besten bei 1 bis 4 °C gelagert werden.

6. Nennen Sie Beispiele für folgende Salatzutaten:
a) Blattsalate
b) rohes Gemüse
c) gegartes Gemüse
d) geschmacksgebende Zugaben für spezielle Salate
e) Würzstoffe

a) Als Blattsalate eignen sich Kopfsalat, Feldsalat, Eisbergsalat, Endiviensalat, Radicchio, Chicorée, Chinakohl, Lollo bionda, Lollo rosso, Rucola.
b) Gemüse, das roh verwendet wird, sind Tomaten, Gurken, Radieschen, Rettich, Karotten, Paprika (grün, gelb, rot), Kohlrabi, Oliven.
c) Gemüse, das gegart werden muss, ist Blumenkohl, Spargel, Bohnen, Erbsen, Sellerie, Weißkohl.
d) Für bestimmte Salate können zugegeben werden:
- gekochte Eier, geviertelt oder in Scheiben
- Schinken
- Puten- und Hühnerfleisch in Streifen geschnitten
- Krabben, Thunfisch, Sardellen, Meeresfrüchte
- Pilze, z. B. Champignons
- Käse, z. B. Emmentaler, Edamer, Gouda, Parmesan, Schafskäse
- Zwiebeln
- Peperoni

e) Würzstoffe zur Geschmacksverbesserung sind:
- Salz
- Gewürze, z. B. Pfeffer, Oregano, Thymian
- Kräuter, z. B. Schnittlauch, Petersilie, Dill, Estragon, Borretsch, Zitronenmelisse, Kerbel
- Zitronensaft

7. a) Beschreiben Sie das fachgerechte Waschen und Putzen der Blattsalate.
b) Wie werden die Salatblätter nach dem Waschen für Salate hergerichtet?

a)
- Blattsalate in viel kaltem Wasser waschen, aber nicht im Wasser liegen lassen.
- Die äußeren ungenießbaren und welken Blätter entfernen.
- Die Salatblätter nach dem Waschen gründlich abtropfen lassen.

b) Salatblätter in mundgerechte Stücke zerpflücken.

8. Salate werden mit Salatsoßen (Salatsaucen) mariniert.

a) Nennen Sie die Zutaten einer Essig-Öl-Salatsoße, auch als Vinaigrette (spricht: Vinägret) bezeichnet, die sich für alle Salate eignet. Geben Sie die Zutaten zu folgenden Angaben an:
100 ml
200 ml
ca. 3 g
verbessernde Zutaten

b) Erklären Sie den Begriff „Salate marinieren".

c) Dressings sind dickflüssige Salatsoßen mit den Zutaten einer Vinaigrette, jedoch mit einer geschmacksgebenden Hauptzutat. Nennen Sie mögliche Hauptzutaten für Dressings.

d) Nennen Sie die Zutaten für Dressings, z. B. Joghurtdressing, mit folgenden Mengen:
200 g
40 g
20 g
verbessernde Zutaten

e) Wann wird Dressing auf die Salate gegeben?

f) Nennen Sie Backwaren, die als Beilage zum Salatteller serviert werden.

Eine Essig-Öl-Soße wird hergestellt aus:

a) 100 ml Essig
200 ml Salatöl
ca. 3 g Salz
abschmecken mit Pfeffer, Salatkräutern und etwas Zucker

b) Alle Salatzutaten in eine große Schüssel geben, die Essig-Öl-Soße darübergeben und den Salat behutsam mischen, damit die Salatzutaten von der Salatsoße umgeben sind und so den Salat verbessern.

c) Hauptzutaten für Dressings, die geschmacklich dominieren, sind z. B.:
- Joghurt
- Crème fraîche
- Quark
- Sahne
- Mayonnaise
- Senf

d) 200 g Joghurt
40 g Salatöl
20 g Zitronensaft
abschmecken mit Salz, Pfeffer, Salatkräutern und etwas Zucker

e) Dressing unmittelbar vor dem Servieren auf den Salat geben.

f) Zum Salatteller werden in einem Körbchen Scheiben von Stangenweißbrot, Baguette, Fladenbrot bzw. Ciabatta oder Brötchen serviert.

9. Beschreiben Sie, wie Obstsalate hergerichtet werden:

a) Auswahl der Früchte und Zustand des Frischobstes

b) Zubereiten der Früchte

c) Verhindern der Braunfärbung von Bananen, Birnen, Äpfeln und frischen Ananas

d) Zugabe von Flüssigkeit

e) Evtl. Zugabe von Alkohol

a)
- Verschiedene Früchte mit unterschiedlichen Farben verwenden.
- Die Früchte sollen möglichst frisch und reif sein.

b)
- Früchte waschen und evtl. schälen sowie entkernen bzw. entsteinen.
- Größere Früchte in kleine, mundgerechte Stücke schneiden.

c) Diese Früchte gleich nach dem Schneiden mit Zitronensaft vermischen, weil die Säure das Braunwerden verhindert.

d) Die Früchte in eine genügend große Schüssel geben, gekühlten Fruchtsaft, z. B. Orangensaft, nach Belieben zugeben und durchmischen.

e) Der Obstsalat kann mit Spirituosen abgeschmeckt werden, z. B. mit Likör wie Grand Marnier, Amaretto oder mit Kirschwasser und Rum.

10. a) Beschreiben Sie die Lagerung des Obstsalates vor dem Servieren.
b) Wie werden Obstsalate zum Servieren hergerichtet?

a) Der Obstsalat sollte vor dem Verzehr noch ein bis zwei Stunden im Kühlschrank/Kühlraum ziehen.
b) Den gekühlten Obstsalat in Schalen füllen und mit einem kleinen Löffel servieren. Auf den Obstsalat kann auch eine Kugel Eis gegeben werden.

11. Suppen werden im Café meist als kleine Mahlzeiten bestellt.
a) Nennen Sie Suppen, die im Café angeboten werden.
b) In welchem Geschirr können Suppen serviert werden?
c) Wie wird das Geschirr vorbehandelt, damit die Suppe nicht zu schnell abkühlt?
d) Mit welcher Beilage werden Suppen häufig serviert?

a) Suppen, die im Café als kleine Mahlzeit dienen, sind z. B. Zwiebelsuppe, Gulaschsuppe, Tomatensuppe, Leberknödelsuppe, Pfannkuchensuppe, Gemüsesuppe.
b) Suppen werden in Suppentassen mit Untertassen oder in Suppentellern serviert.
c) Grundsätzlich das Geschirr vor dem Einfüllen der Suppe vorwärmen.
d) Brot und Brötchen eignen sich besonders gut zu Suppen. Weizenbrote oder roggenhaltige Brote werden in Scheiben geschnitten und serviert.

14.2 Snacks und Kanapees

1. Snacks werden den Kunden im Laden und den Gästen im Café angeboten.
a) Erläutern Sie den Begriff „Snacks".
b) Beschreiben Sie das Herrichten von belegten Snacks.
c) Nennen Sie die Beläge für belegte Snacks:
- erste Auflage auf die Backwaren
- mögliche Hauptbeläge, die den Snacks den Namen geben
- Beispiele von Gemüse

d) Geben Sie den Grundsatz für die Backwaren und Zutaten der belegten Snacks an.

a) Snacks sind kleine zubereitete Speisen zum sofortigen Verzehr.
b)
- Kleingebäcke auseinanderschneiden, z. B. Brötchen aller Arten, kleine Stangenweißbrote, Ciabattas.
- Beide Schnittstellen der Backwaren bestreichen mit z. B. Butter, Remoulade oder Kräuterfrischkäse.
- Unterteile der Brötchen mit verschiedenen Belägen belegen.
- Den Deckel, das Oberteil, etwas schräg nach hinten auflegen, damit der gesamte Belag sichtbar bleibt.

c)
- Salatblätter, wie Lollo bionda oder Eisbergsalat, die nicht welken, auf die bestrichenen Backwaren legen.
- Hauptbeläge sind z. B. Schinken, Salami, Käse, Fisch.
- Als Gemüse eignen sich z. B. Scheiben von Tomaten, Gurken, Zwiebeln und Paprikastreifen

d) Alle Zutaten zum Belegen von Snacks müssen grundsätzlich frisch sein. Nur frische Zutaten schmecken gut und sehen appetitlich aus.

2. Beschreiben Sie die Frischhaltung der belegten Snacks.

Belegte Snacks schmecken frisch am besten und sollten nach dem Belegen innerhalb von zwei Stunden gegessen werden. Gebäcke und Gemüse verlieren relativ schnell ihre Frische und werden weich. Wurst, Schinken, Käse und Fisch trocknen aus.

3. Wie werden belegte Snacks werbewirksam in der Theke präsentiert?

- Die Snacks werden reihenweise gut sichtbar auf schwarze Tabletts oder in Snackwellen gelegt.
- Die Seite des Belags zeigt zum Kunden, damit der Belag gut sichtbar ist.
- Möglichst volle Tabletts bzw. Snackwellen ausstellen.

4. Fantasievoll garnierte Kanapees sind ein Blickfang bei Feierlichkeiten.
a) Erklären Sie Kanapees (Canapés).
b) Wofür eignen sich Kanapees?
c) Wie werden Kanapees gegessen?

a) Kanapees sind kleine Brotscheiben, die mit verschiedenen Belägen dekorativ belegt und garniert werden.
b) Kanapees eignen sich besonders gut
- für Stehempfänge bei Feiern oder Ausstellungen,
- für Partys als kleiner Imbiss.

c) Sie werden mit der Hand ohne Besteck gegessen.

5. Beschreiben Sie die Herstellung von Kanapees der Reihe nach.
a) Backwaren
b) Aufstrich auf die Backwaren
c) Hauptbeläge
d) Zutaten zum Garnieren

a) Als Unterlage für Kanapees werden Brote in Scheiben geschnitten, die nicht zu groß sind, z. B. Stangenweißbrote bzw. Baguettes.
b) Die Brotscheiben mit Butter bestreichen.
c) Kanapees werden belegt mit:
- Schinken
- Wurst, z. B. Salami, Fleischwurst
- Käse, z. B. Emmentaler, Gouda, Edamer als Schnittkäse, Camembert
- Fisch, z. B.Lachs, geräuchertes Forellenfilet

d) Die belegten Kanapees werden garniert mit z. B.:
- Eierscheiben
- Gemüse: kleine Tomaten, Essiggurken, Maiskölbchen, Paprikastreifen. Radieschen, Oliven
- Obst: Kiwischeiben, Mandarinenspalten, halbierte Erdbeeren, Weintrauben, Physalis
- Shrimps, Kaviar
- Kräuter: Petersilie, Dillzweige, Zitronenmelisseblätter

6. a) Wie werden Kanapees auf Tabletts gelegt, damit sie ansprechend wirken?
b) Wie lautet der Grundsatz einer Konditorei, damit die Gäste einer Feier Kanapees von bester Qualität erhalten?
c) Zu welchem Zeitpunkt werden Kanapees für eine Feier hergestellt, damit sie von bester Qualität sind?
d) Wie kann das Austrocknen bei der Lieferung der Kanapees und in der Stehzeit bis zum Servieren verhindert werden?

a)
- Kanapees in Reihen auf Tabletts oder Platten legen, wobei jede Reihe den gleichen Belag hat.
- Die Reihen so zusammenstellen, dass sie farblich einen schönen Kontrast ergeben.
- Die Kanapees in kleinem Abstand auf Tabletts bzw. Platten legen, damit jedes einzelne Stück zur Geltung kommt.
- Auf jedem Tablett bzw. jeder Platte sollten Kanapees mit geschmacklich verschiedenen Belägen sein.

b) Nur frische Kanapees schmecken gut und sehen schön aus. Deshalb grundsätzlich frische Brote verwenden und diese mit frischen Belägen belegen.
c) Kanapees möglichst kurz vor dem Servieren belegen. Lange Stehzeiten vermeiden.
d) Die mit Kanapees belegten Tabletts und Platten mit Folien abdecken und in einem kühlen Raum aufbewahren.

7. Sandwiches sind den belegten Snacks ähnlich.
a) Erklären Sie den Begriff „Sandwiches".
b) Nennen Sie Backwaren, die sich zum Belegen für Sandwiches eignen.

a) Sandwiches sind belegte Snacks, bei denen zwei Brotscheiben in der Mitte belegt sind und direkt übereinander liegen, sodass die Beläge kaum sichtbar sind.
b)
- Die Brotscheiben von Kastenbroten eignen sich besonders, z. B. getoastete Toastbrote, Vollkornbrote. Sie werden nach dem Belegen diagonal halbiert.
- kleine Fladenbrote und Vinschgauer Fladenbrote

8. Wraps heißt übersetzt „einwickeln, verpacken".
a) Erklären Sie „Wraps".
b) Nennen Sie die Zutaten für Tortillafladen.
c) Welche Zutaten eignen sich als Füllungen für Wraps?

a) Wraps sind sehr dünne Tortillafladen, die gefüllt und aufgerollt werden.
b) Tortillafladen werden aus einem weichen Teig aus Weizenmehl, Wasser, Öl und Salz hergestellt.
c) Wraps können gefüllt werden mit Gemüse, Pilzen, Käse, Fleisch und Fisch.

9. Erklären Sie „überbackene Snacks".

Überbackene Snacks sind halbierte Backwaren, die mit verschiedenen Zutaten belegt und obenauf mit geriebenem Käse bestreut werden. Beim Überbacken im Ofen zerläuft der Käse und bräunt leicht.

10. a) Welche Backwaren eignen sich für überbackene Snacks und in welchem Zustand werden sie nur verwendet?
b) Beschreiben Sie die Herstellung überbackener Snacks.
c) Erklären Sie, wie überbackene Snacks am besten schmecken und den Kunden überreicht werden.

a) Für überbackene Snacks werden nur frische Backwaren verwendet. Geeignet sind
- kurze Baguettes oder Stangenweißbrote,
- Ciabattas,
- Fladenbrote.

b)
- Die Backwaren in der Mitte auseinanderschneiden, wobei jede Hälfte für einen Snack verwendet wird.
- Die Schnittflächen der halbierten Gebäcke bestreichen, z. B. mit Remoulade oder Frischkäse.
- Die Backwaren flächendeckend belegen mit z. B. Schinken, Wurst, Gemüse und obenauf geriebenem Käse.
- Die Snacks in einem Ofen bei ca. 220 °C überbacken, bis der Käse angebräunt ist.

c) Überbackene Snacks schmecken am besten heiß nach dem Überbacken aus dem Ofen. Deshalb sollten sie unmittelbar vor dem Verzehr überbacken oder erhitzt werden.

11. a) Erklären Sie „gebackene Snacks“.
b) Nennen Sie Beispiele für gebackene Snacks.
c) Wie schmecken gebackene Snacks am besten und wie sollten sie deshalb serviert werden?

a) Bei gebackenen Snacks wird der Teig mit der Füllung oder der Auflage auf dem Teig gebacken.
b) Pizzaschnitten, Sauerrahmfladen, Würstchen im Schlafrock aus Blätterteig, Quiches, Zwiebelkuchen
c) Gebackene Snacks schmecken heiß am besten. Deshalb werden sie direkt vor dem Verzehr erhitzt und dem Kunden überreicht.

14.3 Toasts, Teigwaren, Teigspeisen, Eierspeisen

1. Frisch überbackene Toasts werden in verschiedenen Variationen angeboten, die durch den Belag bestimmt sind.
a) Erklären Sie „Toasts“ als kleines Gericht.
b) Beschreiben Sie den Vorgang des Toastens von Toastbrotscheiben.
c) Erläutern Sie „Toast Hawaii“.

a) Toasts sind getoastete Toastbrotscheiben, die z. B. mit Schinken, Salami, Fleisch, Fisch, Pilzen oder Spargel belegt und mit Käse überbacken werden.
b) Beim Toasten werden ca. 1 cm dicke Toastbrotscheiben von den Heizschlangen im Toaster an der Oberfläche leicht angeröstet. Die Toastbrotscheiben sind deshalb außen leicht knusprig und innen bleiben sie weich.
c) Toast Hawaii ist eine Toastbrotscheibe mit Butter bestrichen, belegt mit gekochtem Schinken, einer Scheibe Ananas und mit einer Käsescheibe überbacken.

2. Beschreiben Sie die Herstellung von Toasts.

- Toastbrotscheiben frisch toasten, etwas abkühlen lassen und mit Butter bestreichen.
- Toastbrotscheiben mit Schinken, Gemüse usw. belegen.
- Scheibenkäse (Schmelzkäse) obenauf legen.
- Die Toasts im Ofen bei hoher Hitze überbacken, bis der Käse zerlaufen ist.
- Die Toasts sofort nach dem Überbacken auf einen vorgewärmten Teller legen und servieren.

3. Nudeln sind in den verschiedensten Formen beliebte Teigwaren im Café.
a) Nennen Sie die Zutaten aus denen ein Nudelteig hergestellt wird.
b) Beschreiben Sie das Nudelkochen.
c) Wie ist die Beschaffenheit von Nudeln nach dem Kochen?
Nennen Sie den Fachausdruck dieser Beschaffenheit.
d) Wie erhalten Nudeln nach dem Kochen einen volleren Geschmack?

a) Nudelteig wird hergestellt aus
- Hartweizengrieß,
- einem hohen Eieranteil,
- etwas Speiseöl und
- Salz.

b)
- In einem großen Topf ausreichend Wasser kochen und Salz dazugeben.
- Nudeln in das sprudelnd kochende Wasser geben und hin und wieder umrühren, damit sie nicht zusammenkleben.
- Die Nudeln bei geöffnetem Deckel fertig kochen.
- Nach dem Kochen die Nudeln in ein Sieb schütten und das Wasser gut abtropfen lassen.

c) Nudeln sind nach dem Kochen nicht mehr hart, aber noch fest im Biss. Diese Beschaffenheit wird als „al dente“ bezeichnet.
d) Einen volleren Geschmack erhalten die Nudeln, wenn sie in zerlassener Butter in der Pfanne erhitzt und dann serviert werden.

4. Erklären Sie, aus welchen Zutaten „Spaghetti bolognese“ hauptsächlich besteht.

Spaghetti bolognese sind Spaghetti mit Hackfleischsoße und geriebenen Parmesan dazu servieren.

5. Erklären Sie folgende Teigwaren mit den Füllungen:
a) Ravioli und Tortellini
b) Maultaschen
c) Lasagne und Cannelloni

a) Ravioli und Tortellini sind mit Fleisch, Käse oder Gemüse gefüllt.
b) Maultaschen sind gefüllt mit Spinat und Hackfleisch.
c) Lasagne und Cannelloni werden in einer Auflaufform mit Hackfleisch, Gemüse, Tomaten- und Béchamelsoße (hauptsächlich bestehend aus Milch und Kalbsbrühe) gefüllt und mit Käse überbacken.

6. a) Nennen Sie die Zutaten, aus denen Spätzle hergestellt werden.
b) Erklären Sie Käsespätzle.

a) Spätzle werden aus einem Teig aus Weizenmehl, Wasser, Eiern und Salz hergestellt.
b) Bei Käsespätzle werden die heißen Spätzle mit geriebenem Käse vermischt und obenauf Röstzwiebeln gestreut.

7. Pizzas werden im Café serviert und im Laden in der Snacktheke angeboten.
a) Nennen Sie die Zutaten für einen Pizzateig.
b) Nennen Sie Beispiele von Zutaten zum Belegen für Pizzas.
c) Welche Gewürze eignen sich für Pizzas?
d) In welcher Form wird Pizza meist angeboten,
- als Speise im Café,
- als Snack im Laden?

e) Wie werden Pizzas serviert und gegessen?

a) Pizzateig ist ein Weizenteig aus Weizenmehl, Wasser, Speiseöl, etwas Hefe und Salz.
b)
- Tomatenmark oder Tomaten in Scheiben geschnitten
- Schinken oder Salami
- Zwiebeln
- Pilze, z. B. Champignons
- Thunfisch oder Sardellen
- Gemüse, z. B. Paprika, Peperoni
- geriebener Käse

c) Oregano, Pfeffer, Paprika, Basilikum
d)
- Pizzas werden im Café in runder Form angeboten.
- Pizzas als Snack werden in rechteckigen Schnitten angeboten.

e) Pizzas immer heiß servieren und essen.

8. Quiches sind pikante, runde Kuchen.
a) Aus welchem Teig werden Quiches meistens hergestellt?
b) Nennen Sie die hauptsächlichen Zutaten für den pikant gewürzten Belag der Quiches.
c) Welche geschmacksbestimmende Zutat enthält die bekannte „Quiche Lorraine" im Belag?

a) Der Teig für den Boden der Quiches wird aus zuckerlosem Mürbeteig hergestellt.
b) Der Belag für Quiches besteht aus Eier, saurer Sahne, Zwiebeln und Käse sowie einer geschmacksbestimmenden Zutat, z. B. Lachs und Spargel für Lachs- und Spargelquiche.
c) Zu den Zutaten der Quiches im Belag enthält Quiche Lorraine durchwachsenen Schinken.

9. Zwiebelkuchen sind pikante Gebäcke, die sich besonders zu Wein eignen.
Erklären Sie Zwiebelkuchen:
a) drei mögliche Teigarten
b) Zutaten des Belags

a) Zwiebelkuchen kann aus drei verschiedenen Teigen hergestellt werden:
- zuckerarmer Hefeteig
- Quarkteig: wie Hefeteig, statt Milch Quark, statt Hefe Backpulver
- zuckerloser Mürbeteig: statt Zucker Eier oder Wasser mit Backpulver

b) Der pikante Belag besteht vor allem aus Zwiebeln sowie aus Schinken, saure Sahne, Eier und geriebenem Käse.

10. Nennen Sie die Kochzeiten der Eier.
a) weiche Frühstückseier
b) hart gekochte Eier für Salate
c) schnittfeste Eier für belegte Snacks

a) 5 bis 6 Minuten
b) 8 bis 10 Minuten
c) 12 Minuten

11. Beschreiben Sie die Herstellung von Rühreiern.

- Eier in eine Schüssel einschlagen, mit Salz und Pfeffer würzen und verrühren.
- In einer Pfanne etwas Fett erhitzen und die verrührten Eier hineingießen.
- Die Eier bei geringer Hitze unter ständigem Bewegen zu einer weichen Eiermasse stocken lassen.

12. Omeletts sind bekömmliche kleine Gerichte, die mit verschiedenen Füllungen angeboten werden.
a) Nennen Sie den Rohstoff und das Würzmittel, aus denen Omeletts hergestellt werden.
b) Beschreiben Sie die Herstellung von Omeletts.
c) Wie wird ein fertig gebackenes Omelett serviert und gegessen?
d) Nennen Sie Beispiele von pikanten Zutaten mit denen Omeletts gefüllt werden können. Die Zutaten können auch mit den Eiern mitgebacken werden.
e) Nennen Sie süße Füllungen, mit denen Omeletts gefüllt werden können.

a) Omeletts werden nur aus Eiern und etwas Salz hergestellt.
b)
- Eier und etwas Salz mit einem Handrührbesen oder Rührgerät kräftig durchrühren.
- Etwas Butter in einer Pfanne erhitzen und die verrührten Eier hineingießen.
- Die Eier mit einem Bratenwender bewegen, bis die Eier leicht stocken (gerinnen). Das fertige Omelett ist leicht gestockt, aber innen weich.

c)
- Das Omelett von einer Seite her überschlagen, sodass zwei Hälften übereinander liegen und so auf einen Teller geben.
- Omeletts heiß servieren und sofort essen.

d) Als pikante Füllungen eignen sich Schinken, Pilze, Gemüse, Käse.
e) Süße Füllungen sind Konfitüren und Apfelmus.

13. Pfannkuchen sind eine feine, warme Zwischenmahlzeit oder werden als Dessert serviert.
a) Erklären Sie, woraus Pfannkuchen hergestellt werden.
b) Wie werden Pfannkuchen gebacken?
c) Womit können fertig gebackene Pfannkuchen gefüllt werden und wie werden die Füllungen zugegeben?
- süße Füllung
- pikante Füllung

a) Pfannkuchen werden aus einer flüssigen Eiermasse aus Eiern, Milch und Weizenmehl hergestellt.
b) Die glatt verrührte Eiermasse dünn in eine Pfanne gießen und hellbraun backen.
c)
- Meistens werden Pfannkuchen mit Konfitüre gefüllt, eingerollt und mit Puderzucker bestaubt.
- Für einen Schinkenpfannkuchen wird die Eiermasse in die Pfanne gegossen und dann Stücke von gekochtem Schinken darauf verteilt.

14. a) Erklären Sie Palatschinken.
b) Beschreiben Sie, woraus Crêpes hergestellt und wie sie serviert werden.

a) Palatschinken sind kleine Pfannkuchen, die nach dem Backen gefüllt werden, z. B. mit Quark-, Früchte-, Schokoladenfüllung.
b)
- Crêpes sind besonders dünne Pfannkuchen, die nach dem Backen gefüllt werden, z. B. mit Nugatcreme, Schokolade, Fruchtsoßen.
- Crêpes werden nach dem Füllen zusammengerollt oder zusammengelegt.

14.4 Servieren von Speisen

1. a) Beschreiben Sie, was Sie vor dem Servieren beim Herrichten von Geschirr und Besteck beachten.
b) Welche vorbehandelte Teller und Suppentassen nehmen Sie für warme Speisen?

a) Das Geschirr und Besteck vor Gebrauch anschauen, ob es sauber und unbeschädigt ist.
b) Für warme Speisen vorgewärmte Teller und Suppentassen verwenden, damit die Speisen nicht abkühlen.

2. Nennen Sie die Grundregeln für das Platzieren des Bestecks neben dem Teller für Speisen: Messer, Gabel, Suppenlöffel, Dessertlöffel.

- Die mit der rechten Hand benutzten Bestecke liegen rechts vom Teller wie Messer und Suppenlöffel. Die mit der linken Hand benutzten, liegen links vom Teller, wie die Gabel.
- Die Schneide des Messers liegt zum Teller.
- Die beim Essen zuerst gebrauchten Bestecke liegen außen vom Teller, z. B. liegt rechts vom Teller das Messer, außen der Suppenlöffel.
- Dessertlöffel liegt oberhalb des Tellers mit dem Griff nach rechts.

3. a) Was beachten Sie beim Servieren von Geschirr in Bezug auf die Berufskleidung?
b) Was beachten Sie beim Tragen von Tellern mit Speisen?
c) Wie fassen Sie Bestecke an, wenn Sie diese auf den Tisch des Gastes legen und die Bestecke abräumen?
d) Von welcher Seite sollen Speisen und das Besteck mit Serviette möglichst beim Gast eingesetzt werden?
e) Beschreiben Sie, wann Teller und Besteck vom Gast abgeräumt werden und von welcher Seite.

a) Das Geschirr darf beim Servieren nicht mit der Kleidung in Berührung kommen.
b) Niemals in die Teller fassen oder gar die Speisen berühren.
c) Die Bestecke immer am Griff anfassen und nicht an den vorderen Teilen.
d) Die Speisen sollen möglichst rechts vom Gast eingesetzt werden, d. h. auf den Tisch gestellt werden.
e) Wenn der Gast mit dem Essen fertig ist, soll abgeräumt werden. Möglichst von der rechten Seite des Gastes.

4. Beschreiben Sie, wie
a) ein Stück Torte auf einem Teller und
b) eine Tasse Kaffee
auf dem Tisch des Gastes serviert werden.

a)
- Den Teller direkt vor den Gast stellen.
- Die Tortenspitze ist zum Gast gerichtet, leicht schräg nach links stehend.
- Die Kuchengabel liegt rechts neben dem Tortenstück mit dem Griff zum Gast.

b)
- Die Kaffeetasse rechts neben den Teller stellen.
- Der Henkel der Tasse steht griffbereit nach rechts, leicht schräg zum Gast.
- Der kleine Löffel liegt auf der Untertasse, hinter dem Henkel, parallel zum Henkel.

14.5 Fachmathematische Berechnungen (Dreisatz, Arbeitsrezeptberechnung, Prozentrechnen, Verhältnisrechnen, Energieberechnung)

1. Die Zutaten (für 4 Personen) für eine Gemüsepfanne sind:

400 g Makkaroni	2,10 €/kg
600 g Paprika	2,40 €/kg
100 g Oliven, schwarz	7,80 €/kg
0,200 l Milch	0,49 €/l
60 g Tomatenmark	3,30 €/kg
Basilikum	0,10 €

Berechnen Sie die Materialkosten für eine Portion Gemüsepfanne.

Makkaroni:

1 000 g ≙ 2,10 €

400 g ≙ x €

$$x = \frac{2{,}10\,€ \cdot 400}{1000} = 0{,}84\,€$$

Paprika:

1 000 g ≙ 2,40 €

600 g ≙ x €

$$x = \frac{2{,}40\,€ \cdot 600}{1000} = 1{,}44\,€$$

Oliven, schwarz:

1 000 g ≙ 7,80 €

100 g ≙ x €

$$x = \frac{7{,}80\,€ \cdot 100}{1000} = 0{,}78\,€$$

Milch:

1 000 ml ≙ 0,49 €

200 ml ≙ x €

$$x = \frac{0{,}49\,€ \cdot 200}{1000} = 0{,}10\,€$$

Tomatenmark:

1 000 g ≙ 3,30 €

60 g ≙ x €

$$x = \frac{3{,}30\,€ \cdot 60}{1000} = 0{,}20\,€$$

Basilikum: 0,10 €

Materialkosten insgesamt:

0,84 € + 1,44 € + 0,78 € + 0,04 € + 0,10 € + 0,20 € + 0,10 € = 3,50 €

Materialkosten pro Portion:

3,50 € : 4 ≈ 0,88 €

2. Die Zutaten für einen gemischten Eisbergsalat für vier Personen sind: 1 kleiner Eisbergsalat, 2 Tomaten, 1 kleine Zwiebel, 1 Esslöffel Rapskernöl, 1 Esslöffel Balsamico-Essig, 2 g Meersalz, 0,5 g Pfeffer. Es wird kalkuliert, dass im Café täglich 20 Portionen Eisbergsalat bestellt werden. Welche Zutatenmengen sind pro Tag für den Salat vorzubereiten?

Schlüsselzahl: 20 : 4 = 5

5 Stück Eisbergsalat
10 Tomaten (2 Stück · 5)
5 kleine Zwiebeln
5 EL Rapskernöl
5 EL Essig
10 g Meersalz (2 g · 5)
2,5 g Pfeffer (0,5 g · 5)

3. Eine Portion bulgarischer Salat wiegt 350 g. Dafür werden gleich viel g Tomaten und Gurken verwendet. Der Salat enthält 14 % geriebenen Schafskäse und 2 % Salatsoße. Beim Säubern und Zubereiten der Tomaten entsteht ein Verlust von 5,5 % und bei den Gurken beträgt der Verlust 8 %. Es sollen 25 Portionen bulgarischer Salate hergerichtet werden.

a) Ermitteln Sie, wie viel g Tomaten, Gurken, Schafskäse und Salatsoße jeweils für eine Portion bulgarischer Salat benötigt werden.

b) Berechnen Sie, wie viel kg Tomaten, Gurken und Schafskäse für die 25 Salate eingekauft werden müssen.

a) Schafskäse:

100 % ≙ 350 g
14 % ≙ x g

$$x = \frac{350\text{ g} \cdot 14}{100} = 49\text{ g}$$

Salatsoße:

100 % ≙ 350 g
2 % ≙ x g

$$x = \frac{350\text{ g} \cdot 2}{100} = 7\text{ g}$$

Tomaten und Gurken:

49 g Schafskäse + 7 g Salatsoße = 56 g
350 g – 56 g = 294 g
294 g : 2 = 147 g

Für eine Portion bulgarischen Salat werden 147 g Tomaten, 147 g Gurken, 49 g Schafskäse und 7 g Salatsoße benötigt.

b) Tomaten:

147 g · 25 Portionen = 3 675 g = 3,675 kg
94,5 % ≙ 3,675 kg
100 % ≙ x kg

$$x = \frac{3{,}675\text{ kg} \cdot 100}{94{,}5} = 3{,}889\text{ kg}$$

Gurken:

147 g · 25 Portionen = 3 675 g = 3,675 kg
92 % ≙ 3,675 kg
100 % ≙ x kg

$$x = \frac{3{,}675\text{ kg} \cdot 100}{92} = 3{,}995\text{ kg}$$

Schafskäse:

49 g · 25 Portionen = 1 225 g = 1,225 kg

Es müssen 3,889 kg Tomaten, 3,995 kg Gurken und 1,225 kg Schafskäse eingekauft werden.

4. Ein Joghurtdressing wird aus Joghurt, Öl und Orangensaft im Verhältnis von 5 : 1 : 1,5 hergestellt. Wie viel g von jeder Zutat werden für 2,250 g Joghurtdressing benötigt?

5 T. + 1 T. + 1,5 T. = 7,5 Teile
7,5 Teile ≙ 2 250 g
1 Teil ≙ x g

$$x = \frac{2\,250\text{ g} \cdot 1}{7{,}5} = 300\text{ g}$$

Joghurt: 300 g · 5 T. = 1 500 g
Öl: 1 T. = 300 g
Orangensaft: 300 g · 1,5 = 450 g

Es werden 1 500 g Joghurt, 300 g Öl und 450 g Orangensaft benötigt.

5. Für Griechische Salatteller kauft eine Konditorei eine Kiste Tomaten mit einem Bruttogewicht, inklusive Kiste, von 15 kg. Die Kiste wiegt 600 g. Beim Zubereiten der Tomaten wird ein Verlust von 4,5 % berechnet. Wie viel kg Tomaten bleiben zum Herrichten der Salatteller übrig?

15 kg – 0,600 kg = 14,400 kg Tomaten
100 % ≙ 14,400 kg
95,5 % ≙ x kg

$$x = \frac{14{,}400 \text{ kg} \cdot 95{,}5}{100} = 13{,}752 \text{ kg}$$

Es bleiben 13,752 kg Tomaten für die Salatteller übrig.

6. Die Konditorei bekommt 12,500 kg Blattsalate brutto für netto geliefert. Der Preis beträgt 46,50 €. Die Verpackung wiegt 450 g. Beim Herrichten der Blattsalate entsteht ein Säuberungsverlust von 8,7 %. Für einen Salatteller werden 200 g Blattsalate benötigt. Berechnen Sie den Materialpreis für die geputzten Blattsalate für einen Salatteller.

12,500 kg – 0,450 kg = 12,050 kg
100 % ≙ 12,050 kg
91,3 % ≙ x kg

$$x = \frac{12{,}050 \text{ kg} \cdot 91{,}3}{100} = 11{,}002 \text{ kg}$$

11 002 g : 200 g = 55,01 Salatteller
46,50 € : 55 Salatteller = 0,85 €
Die Blattsalate für 1 Salatteller kosten 0,85 €.

7. Ein Frühstück, das im Café angeboten wird, besteht aus 2 Brötchen, 15 g Butter, 20 g Honig, 2 Scheiben gekochten Schinken mit je 50 g, 1 Ei, 200 g Orangensaft, 1 Portion Kaffee.

a) Berechnen Sie den kJ-Gehalt des Frühstücks mit folgenden Angaben, wenn 1 g Kohlenhydrate und Eiweiß je 17 kJ und 1 g Fett 37 kJ besitzt.
1 Brötchen: 23 g Kohlenhydrate,
3 g Eiweiß,
1 g Fett
Butter: 13 g Fett,
0,5 g Eiweiß,
0,5 g Kohlenhydrate
Honig: 17 g Kohlenhydrate
1 Scheibe Schinken: 12 g Eiweiß,
2 g Fett
1 Ei: 16 g Eiweiß,
7 g Fett
Orangensaft: 20 g Kohlenhydrate
Kaffee: ohne Energie

b) Die empfohlene tägliche Energiemenge bei Frauen mit leichter körperlicher Arbeit beträgt 8 000 kJ. Wie viel % des Energiebedarfs deckt das Frühstück ab?

a)

Brötchen:	17 kJ · 23 g Kh	= 391 kJ
	17 kJ · 3 g E	= 51 kJ
	1 g Fett	= 37 kJ
		479 kJ
	479 kJ · 2 B.	= 958 kJ
Butter:	37 kJ · 13 g F	= 481 kJ
	0,5 g + 0,5 g = 1 g	= 17 kJ
		498 kJ
Honig:	17 kJ · 17 Kh	= 289 kJ
Schinken:	17 kJ · 12 E	= 204 kJ
	37 kJ · 2 g F	= 74 kJ
		278 kJ
	278 kJ · 2 Sch.	= 556 kJ
Ei:	17 kJ · 16 g E	= 272 kJ
	37 kJ · 7 g F	= 259 kJ
		531 kJ
Orangensaft:	17 kJ · 20 g Kh	= 340 kJ

Energiewert insgesamt:
958 kJ + 498 kJ + 289 kJ + 556 kJ + 531 kJ + 340 kJ = 3 172 kJ
Der Energiegehalt des Frühstücks beträgt 3 172 kJ.

b) 8 000 kJ ≙ 100 %
3 172 kJ ≙ x %

$$x = \frac{100\,\% \cdot 3\,172}{8\,000} = 39{,}65\,\%$$ des täglichen Energiebedarfs deckt das Frühstück ab

15 Getränke

15.1 Kaffee, Tee

1. Kaffee ist das beliebteste Getränk der Gäste im Café und passt zu allen Feinen Backwaren der Konditorei.
   a) Nennen Sie die drei hauptsächlichen Inhaltsstoffe von Kaffee, die eine große Wirkung haben.
   b) Beschreiben Sie drei Wirkungen von Koffein im Kaffee auf den Körper.
   c) Welche zwei Wirkungen üben Gerbsäuren im Körper aus?
   d) Welche Eigenschaft haben ätherische Öle im Kaffee?

a) Die hauptsächlichen Inhaltsstoffe sind
- Koffein,
- Gerbsäuren,
- ätherische Öle.

b) Die Wirkungen vom Koffein des Kaffees im Körper sind:
- Steigerung der Herztätigkeit
- und somit Erhöhung des Blutdrucks
- Anregung des Nervensystems, sodass der Körper und das Gehirn leistungsfähiger werden.

c) Die Wirkung der Gerbsäuren sind:
- Sie regen die Verdauung an und
- reizen die Magenschleimhäute.

d) Ätherische Öle sind die hauptsächlichen Aromastoffe des Kaffees. Aromastoffe sind die Geschmacks- und Geruchsstoffe.

2. Kaffee und Espresso werden im Kaffeevollautomaten mit frisch gemahlenem Kaffeepulver in unterschiedlichen Verfahren hergestellt.
   a) Erklären Sie das Aufbrühen eines Kaffees im Kaffeevollautomaten.
   b) Beschreiben Sie die Herstellung eines Espressos im Kaffeevollautomaten.
   c) Wie unterscheidet sich Espresso vom Kaffee wegen der speziellen Herstellung?
   d) Wie unterscheidet sich der Geschmack vom Espresso zum Kaffee wegen der speziellen Röstung der Espressobohnen.

a)
- Frisches, kaltes Wasser auf 92 bis 96 °C erhitzen und über das Kaffeepulver gießen.
- Während das heiße Wasser durch das Kaffeepulver fließt, lösen sich die Inhaltsstoffe des Kaffeepulvers im Wasser, sodass heißer, aromatischer Kaffee in die Tasse läuft.

b)
- Frisches, kaltes Wasser wird auf 88 bis 94 °C erhitzt und bei starkem Druck, ca. 9 bar, durch sehr fein gemahlenes Pulver von Espressobohnen gepresst.
- Durch den kurzen Kontakt des Wassers beim Durchpressen lösen sich die Aromastoffe des Espressopulvers, jedoch wenig Säuren und Bitterstoffe.

c) Espresso ist bekömmlicher als Kaffee, da wegen des kurzen Kontakts beim Durchpressen des Wassers durch das Espressopulver weniger Säuren und Bitterstoffe im Espresso enthalten sind.

d) Espresso hat einen kräftigeren Kaffeegeschmack, weil die Espressobohnen stärker geröstet werden als Kaffeebohnen.

3. Die richtige Kaffeepulvermenge ist ausschlaggebend für eine gute Kaffeequalität. Welches Kaffeevolumen befindet sich in einer Tasse folgender Kaffeegetränke und wie viel Kaffeepulver aus Kaffee- oder Espressobohnen werden verwendet?
a) eine Tasse Kaffee bzw. Cappuccino
b) eine kleine Espressotasse mit starkem Espresso

a) • In einer Tasse Kaffee und Cappuccino befinden sich 150 ml.
• Dafür werden 7 bis 8 g Kaffeepulver bzw. Espressopulver verwendet.
b) • Die kleine Espressotasse enthält ca. 30 ml Espresso.
• Für den starken Espresso werden 6 bis 7 g Espressopulver verwendet.

4. Beschreiben Sie die Besonderheiten folgender Kaffeegetränke und nennen Sie das Gefäß, in dem sie serviert werden:
a) Tasse Kaffee
b) Cappuccino
c) Milchkaffee oder Melange
d) Latte macchiato
e) Espresso

a) Eine Tasse wird serviert mit Zucker und Kaffeesahne oder Schlagsahne.
b) Eine Cappuccinotasse mit Espresso und Milchschaum obenauf. Darauf etwas Kakaopulver streuen.
c) Eine große Kaffeetasse mit 200 ml, gefüllt mit halb Kaffee und halb heißer Milch.
d) Ein hohes Kaffeeglas mit 200 ml wird gefüllt:
• unten heiße Milch
• in der Mitte Espresso
• oben aufgeschäumte Milch
e) Eine kleine Espressotasse mit 30 ml starkem Espresso, mit Zucker serviert.

5. Welche Kaffeesorte sollten Sie den Gästen mit einem empfindlichen Herz und Bluthochdruck anbieten?

Entkoffeinierten Kaffee, der höchstens 0,1 % Koffein enthalten darf, ist für diese Gäste verträglich.

6. Woraus wird das Getränk „Tee“ hergestellt?

Tee wird aus den jüngsten und feinsten Blättern des Teestrauchs hergestellt, die mit heißem Wasser aufgegossen werden.

7. Beschreiben Sie die Wirkungen folgender Inhaltsstoffe des Tees:
a) Koffein
b) Gerbstoffe
c) Mineralstoffe
d) ätherische Öle

a) Koffein im Tee steigert die Durchblutung des Gehirns und stimuliert leicht das Nervensystem.
b) Gerbstoffe geben dem Tee einen leicht herb-bitteren Geschmack und beruhigen Magen und Darm.
c) Mineralstoffe wirken gesundheitsfördernd.
d) Ätherische Öle sind die hauptsächlichen Geruchs- und Geschmacksstoffe (Aromastoffe) des Tees.

8. Nennen Sie die zwei bekanntesten Teesorten, bei denen die Teeblätter unterschiedlich aufbereitet werden.

• Schwarzer Tee
• Grüner Tee

9. Kräuter- und Früchtetees sind teeähnliche Erzeugnisse, weil sie nicht aus den Teeblättern hergestellt werden.
a) Unterscheiden Sie Kräuter- und Früchtetees vom Tee und geben Sie Beispiele von diesen teeähnlichen Erzeugnissen an.
b) Welche zwei Inhaltsstoffe in Kräuter- und Früchtetees sind wie im Tee gleich und welche zwei fehlen gegenüber dem Tee?

a)
- Kräuter- und Früchtetees werden nicht aus den Teeblättern hergestellt, sondern aus verschiedenen getrockneten Pflanzenteilen.
- Kräuter- und Früchtetees: Pfefferminztee, Kamillentee, Hagebuttentee, Früchtetee

b)
- Kräuter- und Früchtetees enthalten ätherische Öle und Mineralstoffe wie der Tee.
- Sie enthalten jedoch kein Koffein und keine Gerbstoffe.

10. a) Nennen Sie die Teemenge für eine Tasse oder ein Glas Tee sowie für Kräuter- und Früchtetees.
b) Beschreiben Sie die Herstellung von schwarzem Tee. Kräuter- und Früchtetees werden genauso hergestellt.

a) Für eine Tasse bzw. ein Glas Tee werden verwendet:
- ein Teebeutel (feinst zerkleinerte Teeblätter im Papierbeutel) oder
- ein gehäufter Teelöffel voller Teeblätter, ca. 2 g

b)
- Frisches Wasser kochen und danach bei ca. 95 °C über die Teeblätter bzw. den Teebeutel gießen.
- Die Teeblätter im Wasser ziehen lassen, bis sich das Aroma und die Farbe im Wasser gelöst haben.

11. Beschreiben Sie die den Geschmack und die Wirkung von schwarzem Tee bei einer Ziehzeit
a) von zwei bis drei Minuten,
b) von vier bis fünf Minuten,
c) über fünf Minuten.

a) In dieser kurzen Ziehzeit von zwei bis drei Minuten hat sich das Koffein im Wasser gelöst, jedoch nur teilweise die Geschmacks- und Farbstoffe sowie Gerbstoffe. Dies ergibt einen milden Teegeschmack mit anregender Wirkung.
b) Bei vier bis fünf Minuten haben sich viele Gerbstoffe, Geschmacks- und Farbstoffe gelöst. Durch die vielen Gerbstoffe kann das Koffein nur schwach im Körper wirken. Der Tee schmeckt deshalb kräftig und wirkt beruhigend.
c) Bei einer Ziehzeit von über fünf Minuten lösen sich immer mehr Gerbstoffe, sodass der Tee zunehmend bitterer schmeckt.

12. Beschreiben Sie die Herstellung von grünem Tee in Bezug auf Wassertemperatur und Ziehzeit.

Frisches Wasser auf ca. 70 °C erhitzen und über die grünen Teeblätter gießen. Ca. zwei Minuten ziehen lassen.
Bei zu heißem Wasser oder einer Ziehzeit über drei Minuten wird grüner Tee unangenehm bitter.

15.2 Milchgetränke, Erfrischungsgetränke

1. Beschreiben Sie die Herstellung einer Tasse Trinkschokolade, auch heiße Schokolade genannt.

- Heiße Milch in eine Tasse mit 200 ml geben und mit ca. 15 g löslichem Schokoladenpulver verrühren.
- Auf die Trinkschokolade eine Schlagsahnehaube dressieren und darauf Kakaopulver oder Schokoladenspäne streuen.

2. Beschreiben Sie die Zubereitung von Eisschokolade.

In ein hohes vorgekühltes Glas zwei Kugeln Vanilleeis geben und das Glas mit kalter Trinkschokolade auffüllen. Obenauf eine Schlagsahnehaube dressieren und diese mit Schokoladenspänen bestreuen oder mit etwas Schokoladensoße übergießen.

3. Erklären Sie die Herstellung von Milchmixgetränken am Beispiel einer Bananenmilch.

- Bananen in kleine Stücke schneiden und mit etwas Zitronensaft mit einem Mixstab zu Bananenmark pürieren.
- Milch auf die Bananen gießen und mit einem Mixstab bzw. im Mixgerät fein verrühren.

4. Beschreiben Sie die Herstellung von Milchshakes am Beispiel eines Erdbeermilchshakes.

- Erdbeeren mit einem Mixstab zu Erdbeermark pürieren.
- Das Erdbeermark mit Milch und Erdbeereis mit einem Mixstab bzw. im Mixgerät fein mixen.

5. Unterscheiden Sie folgende Fruchtgetränke in Bezug auf den Fruchtanteil:

a) Fruchtsäfte und Gemüsesäfte
b) Fruchtnektare
c) Fruchtsaftgetränke aus
- Kernobst,
- Zitrusfrüchten,
- allen anderen Früchten.

a) Frucht- und Gemüsesäfte bestehen zu 100 % aus Früchten bzw. Gemüse.
b) Fruchtnektare enthalten 25 bis 50 % Fruchtsaft, der Rest ist Wasser und Zucker.
c) Der Mindestfruchtgehalt der Fruchtsaftgetränke ist bei
- Kernobst 30 %,
- Zitrusfrüchten 6 %,
- allen anderen Früchten 10 %.

6. Süße Erfrischungsgetränke erweitern das Getränkeangebot im Café.

a) Nennen Sie die Zutaten aus denen Limonaden hergestellt werden.

a) Limonaden sind süßliche Getränke aus
- Wasser mit Kohlensäure,
- Zucker, mindestens 7 % des Gewichts der Limonade,
- 3 bis 15 % Fruchtsaft (die Hälfte der Fruchtsaftgetränke),
- natürliche Aromastoffe und
- Zitronensäure.

b) Erklären Sie, woraus Cola besteht.
c) Beschreiben Sie das Getränk „Spezi“.

b) Cola ist eine Limonade, die Koffein enthält. Die dunkle Farbe entsteht durch Zugabe von Zuckercouleur.
c) Spezi ist eine Mischung aus halb Cola und halb Orangenlimonade.

7. Mineralwässer sind ideale Durstlöscher und gehören zur gesunden Ernährung.
a) Erklären Sie „Mineralwasser“.
b) Warum sind Mineralwässer ideale Durstlöscher und gesunde Getränke?
c) Nennen Sie den Vorteil von
- kohlensäurehaltigem und
- kohlensäurelosem Mineralwasser.

d) Erklären Sie, wie Mineralwasser nach den gesetzlichen Bestimmungen im Café serviert werden muss. Begründen Sie dies.

a) Mineralwasser ist Wasser, das sich im Boden unter der Quelle mit Mineralstoffen anreichert. Es wird am Quellort in Flaschen abgefüllt.
b) Mineralwässer enthalten keinen Zucker und sind deshalb kalorienlos. Der Körper bekommt Wasser mit vielen Mineralstoffen.
c)
- Kohlensäurehaltiges Mineralwasser wirkt durch die spritzige Kohlensäure erfrischend.
- Kohlensäureloses Mineralwasser ist magenverträglicher und wird auch als stilles Mineralwasser bezeichnet.

d) Mineralwasser muss in der Originalflasche serviert werden. Die Flasche darf erst beim Gast geöffnet werden. Somit erkennt der Gast, dass er Mineralwasser einer anerkannten Quelle bekommt und nicht Tafelwasser oder Leitungswasser.

15.3 Biere, Weine, Schaumweine, Spirituosen

1. Verschiedene Biere gehören im Café zum Getränkeangebot.
a) Nennen Sie die vier Zutaten von Bier, aus denen es nach dem Reinheitsgebot gebraut wird.
b) Beschreiben Sie den Einfluss von Malz auf den Biergeschmack.
c) Nennen Sie die Wirkungen von Hopfen im Bier
- auf den Biergeschmack,
- auf das Aussehen des oberen Teils von Bier im Bierglas,
- auf die Menschen.

a) Bier wird hergestellt aus:
- Malz, aus Gerste bzw. Weizen
- Hopfen
- Hefe
- Wasser

b) Malz gibt dem Bier einen malzigen Geschmack, d. h. leicht süß schmeckend.
c)
- Hopfen gibt dem Bier einen feinen bitteren Geschmack.
- Hopfen festigt den Bierschaum.
- Hopfen wirkt beruhigende und leicht ermüdend.

2. Nennen Sie Biere mit folgendem Alkoholgehalt:
a) ca. 5 % vol
b) ca. 2,5 % vol
c) höchstens 0,5 % vol

a) helles Bier, dunkles Bier, Pils, Exportbier, Weißbier (Weizenbier)
b) leichtes Weizenbier, leichtes Bier
c) alkoholfreies Bier und Weißbier (Weizenbier)

3. a) Nennen Sie malzhaltige Biere mit kräftigem Malzgeschmack.
b) Nennen Sie ein typisch hopfenhaltiges Bier.
c) Nennen Sie Biere mit neutralem Biergeschmack, nicht zu malzig und nicht zu hopfig.
d) Nennen Sie Biere mit einem hohen Kohlensäuregehalt.

a) Malzhaltige Biere sind
- dunkles Bier,
- Starkbier, auch Bockbier genannt.

b) Pils besitzt den feinbitteren, hopfigen Biergeschmack.

c)
- helles Bier
- Exportbier

d) Weißbiere (Weizenbiere):
- Hefeweißbier
- Kristallweizenbier – klares Weizenbier mit abgefilterter Hefe
- dunkles Weißbier

4. a) Wo werden Biere gelagert und bei welcher Temperatur sollten sie getrunken werden?
b) Beschreiben Sie, wie Biergläser gereinigt sein müssen und begründen Sie dies.

a) Biere werden im Kühlschrank bzw. Kühlraum gelagert und werden vor dem Servieren aus dem Kühlschrank genommen, da sie bei 7 bis 9 °C am besten schmecken.
b) Biergläser müssen vollkommen fett- und spülmittelfrei gespült sein, da sonst der Schaum auf den Bieren zusammenfällt und die Biere unappetitlich aussehen.

5. Erklären Sie, woraus Wein besteht.

Wein ist ein Getränk aus dem vergorenen Saft der Weintrauben.

6. a) Benennen Sie die Weinart aus
- hellen Weintrauben,
- blauen Weintrauben (zwei Weinarten).

b) Woher erhalten Rotweine und Roséweine die Rotfärbung?

a)
- Weißwein wird aus hellen Weintrauben hergestellt,
- Rotwein und Roséwein aus blauen Weintrauben.

b) Die Farbstoffe aus den Schalen der blauen Weintrauben lösen sich bei der Weinherstellung im hellen Traubensaft, sodass Rotwein entsteht und Roséwein eine leicht rötliche Farbe bekommt.

7. Die Weintraubensorten werden als Rebsorten bezeichnet. Nennen Sie bekannte deutsche und europäische Rebsorten
a) für Weißweine,
b) für Rotweine und Roséweine.

a)
- Müller-Thurgau
- Riesling
- Silvaner
- Kerner
- Scheurebe
- Bacchus
- Grüner Veltliner
- Chardonnay
- Sauvignon blanc
- Pinot blanc
- Gutedel
- Gewürztraminer

b)
- Spätburgunder
- Portugieser
- Trollinger
- Lemberger
- Regent
- Schwarzriesling
- Merlot
- Cabernet Sauvignon
- Dornfelder
- Domina

8. Weine werden in allen Weinländern in Güteklassen eingeteilt.
   a) Nennen Sie die Güteklassen deutscher Weine beginnend mit den einfachsten Weinen.
   b) Geben Sie beim Qualitätswein mit Prädikat die Prädikatsstufen der deutschen Weine von unten nach oben an.

a)
- deutsche Weine: einfache Weine
- deutsche Landweine: etwas höhere Qualität aus einem der geschützten geografischen Landweingebiete
- deutsche Qualitätsweine: hohe Qualität aus einem der 13 Weinanbaugebiete mit geschützter Ursprungsbezeichnung
- deutsche Prädikatsweine: höchste Qualität

b) Prädikatsweine sind:
- Kabinett
- Spätlese
- Auslese
- Beerenauslese
- Trockenbeerenauslese
- Eiswein

9. Nennen Sie die vier Geschmacksrichtungen der Weine mit den Geschmacksangaben, die durch den Restzuckergehalt in den Weinen bestimmt sind.

- trockene Weine: nicht süß schmeckend
- halbtrocken: gering süßliche Weine
- lieblich: süßliche Weine
- süß: süß schmeckende Weinde

10. Die ideale Lagertemperatur der Weine ist gleichzeitig die ideale Trinktemperatur.
   a) Nennen Sie die Lager- und Trinktemperatur von
      - Weißweinen und Roséweinen,
      - Rotweinen.
   b) Wie sollten Weine gelagert werden?
   c) In welcher Stellung sollten Weinflaschen mit Naturkorken gelagert werden? Begründen sie dies.

a)
- Weißweine und Roséweine kühl trinken, bei 8 bis 13 °C.
- Rotweine wärmer, temperierter trinken, bei 15 bis 18 °C.

Je besser die Qualität und alkoholreicher der Wein, desto höher die Trinktemperatur.

b) Die Lagerung der Weine:
- kühl; ideal sind 10 bis 12 °C
- gleichbleibende Temperatur während der gesamten Lagerung
- dunkel, vor Sonnenlicht schützen
- Weinflaschen ruhig liegen lassen, nicht bewegen

c) Weinflaschen mit Korken liegend lagern, damit der Korken vom Wein umspült ist. Der feuchte Korken bleibt elastisch und hält dicht. Trockene Naturkorken ziehen sich zusammen, sodass luftdurchlässige Poren entstehen und der Wein verderben kann.

11. Likörweine sind besonders geschmackvoll und alkoholhaltiger als Weine.
Nennen Sie die drei Bestandteile, aus denen Likörweine hergestellt werden.

Likörweine werden hergestellt aus
- Wein,
- zusätzlich Alkohol und
- konzentriertem Weintraubensaft mit hohem Zuckeranteil.

12. a) Geben Sie die Merkmale der Likörweine gegenüber Weine an in Bezug auf Geschmack und Alkoholgehalt.
b) Nennen Sie je einen bekannten Likörwein aus
- Griechenland,
- Spanien,
- Ungarn,
- Italien,
- Portugal.

a) Likörweine sind
- besonders geschmackvoll und
- alkoholhaltiger als Weine, 15 bis höchstens 22 % vol.

b)
- Griechenland: Samos
- Spanien: Sherry, Malaga
- Ungarn: Tokajer
- Italien: Marsala
- Portugal: Portwein, Madeira

13. Beschreiben Sie die Schaumwein- bzw. Sektherstellung.

- Verschiedene Weine werden zu einer „Cuvée" (sprich: Küweh) verschnitten, d. h. gemischt.
- Dem verschnittenen Wein werden Hefe und Zucker zugegeben.
- Es erfolgt eine „zweite Gärung", in der die Hefe den zugegebenen Zucker vergärt. So entsteht im Sekt der hohe Kohlensäureanteil.

14. a) Wie werden Schaumweine hoher Qualität bezeichnet? Erklären Sie die besondere Qualität.
b) Erklären Sie „Champagner".
c) Nennen Sie einen bekannten Sekt aus Italien.

a) Qualitätsschaumweine werden als Sekt bezeichnet. Sie werden mit Weinen von hoher Qualität verschnitten. Sekt zeichnet sich durch lang anhaltendes Perlen im Glas aus, sodass der Sekt länger spritzig bleibt.
b) Champagner ist Sekt mit hoher Qualität, der nur aus Frankreich aus der Champagne stammt.
c) Prosecco Spumante ist Qualitätssekt aus Italien.

15. Wo wird Sekt bis zum Servieren gelagert und bei welcher Temperatur sollte er getrunken werden?

Sekt wird bis zum Servieren im Kühlschrank gelagert, da er bei einer Trinktemperatur von 5 bis 8 °C am besten schmeckt.

16. a) Erklären Sie den Begriff „Spirituosen".
b) Mit welcher Bezeichnung wird der Alkoholgehalt bei allen alkoholischen Getränken angegeben?
c) Erklären Sie das Gewinnen von hochprozentigem Alkohol durch Destillieren, auch Brennen genannt.

a) Spirituosen sind Getränke mit einem hohen Alkoholgehalt von mindestens 15 % vol.
b) Der Alkoholgehalt wird in % vol, d. h. Volumenprozent, angegeben, weil 8 g Alkohol 10 ml Volumen ergeben.
c) Eine alkoholische Flüssigkeit, z. B. Wein, wird auf ca. 80 °C erhitzt. Der bei dieser Temperatur verdampfende Alkohol wird abgekühlt, sodass flüssiger Alkohol von 90 bis 96 % vol entsteht.

17. Liköre sind süßliche Spirituosen mit ausgeprägtem Geschmack einer Zutat. Erklären Sie, aus welchen Zutaten Liköre hergestellt werden.

Liköre werden hergestellt aus
- Alkohol, Wasser und Zucker und
- einem Geschmacksstoff, der dem Likör den Namen gibt, z. B. Eigelbe, Kirschsaft.

18. Nennen Sie den Geschmacksstoff, der folgenden Likören zugegeben wird:
  a) Eierlikör
  b) Amaretto
  c) Cassis
  d) Kirschlikör
  e) Grand Marnier
  f) Cointreau
  g) Kräuter- und Bitterliköre wie Jägermeister und Campari

a) Eierlikör: hoher Eigelbanteil
b) Amaretto, nur aus Italien: Mandeln
c) Cassis: schwarzer Johannisbeersaft
d) Kirschlikör: Sauerkirschsaft
e) Grand Marnier, nur aus Frankreich: in Cognac eingeweichte Bitterorangen
f) Cointreau nur aus Frankreich: Schalen von grünen Bitterorangen und Kräuter
g) Kräuter- und Bitterliköre: verschiedene Kräuter und Gewürze

19. Spirituosen werden nach der alkoholischen Flüssigkeit, aus der sie gebrannt werden, eingeteilt.
  a) Wie heißen die Spirituosen, die aus Wein destilliert werden – deutsche und internationale Bezeichnung?
  b) Nennen Sie die bekannten Weinbrände, deren Namen geschützte Ursprungsbezeichnungen sind:
     - Weinbrand aus Frankreich
     - Weinbrand aus Trester (Rückstände ausgepresster Weintrauben) aus Italien
  c) Nennen Sie bekannte Obstbrände, die aus vergorenem Obstsaft einer Frucht destilliert werden.
  d) Nennen Sie Spirituosen aus Getreide, die aus vergorener Getreidemaische (Getreide in Wasser) gebrannt werden.
  e) Aus welcher vergorenen Flüssigkeit werden folgende Spirituosen destilliert?
     - Rum
     - Arrak
  f) Beschreiben Sie, wie folgende Spirituosen die goldbraune Farbe erhalten:
     - Weinbrand und Whisky
     - brauner Rum

a) Spirituosen aus Wein werden in Deutschland als Weinbrand und international als Brandy bezeichnet.
b) • Cognac ist ein edler Weinbrand, der aus der Gegend von Cognac in Frankreich stammen muss.
   • Grappa ist ein Weinbrand aus Trester, der aus Italien stammen muss.
c) Obstbrände sind:
   • Kirschwasser
   • Zwetschgenwasser
   • Williams Birne
   • Calvados: französischer Apfelbrand
d) • Whisky, Whiskey
   • Korn (32 % vol), Doppelkorn (38 % vol)
   • Wodka
e) • Rum wird aus Zuckerrohrsaft gewonnen.
   • Arrak besteht aus Reis und Zuckerrohrsaft.
f) • Weinbrand und Whisky erhalten die goldbraune Farbe während der Lagerung in Eichenfässern.
   • Brauner Rum erhält die Farbe durch Zugabe von Zuckercouleur.

20. Geschmackvolle Spirituosen sollten temperiert getrunken werden, da Kälte den Geschmack unterdrückt.
  a) Nennen Sie die Lager- und Trinktemperatur der Spirituosen und Liköre.
  b) Bei welcher Temperatur sollten Spirituosen mit geringem Geschmack getrunken werden, z. B. Wodka und Korn?

a) Spirituosen und Liköre werden bei kühler Raumtemperatur gelagert und getrunken, ideal sind 16 bis 20 °C.
b) Wodka und Korn sollten kalt, bei 1 bis 3 °C, getrunken werden.

21. Erklären Sie
a) Aperitifs und
b) Digestifs.
Geben Sie jeweils Beispiele an.

a) Aperitifs sind appetitanregende Getränke, die deshalb bevorzugt vor dem Essen getrunken werden. Sie sollten nicht zu süß sein und nicht zu viel Alkohol besitzen, z. B. trockene Likörweine, Sekt, Liköre wie Martini, Campari.
b) Digestifs sind verdauungsfördernde Getränke, die deshalb nach dem Essen serviert werden, z. B. Likörweine sowie Liköre und hochprozentige Spirituosen.

15.4 Servieren von Getränken

1. Gläser und Tassen werden zum Gebrauch griffbereit hergerichtet.
a) Worauf prüfen Sie Trinkgefäße wie Gläser und Tassen vor der Verwendung?
b) Beschreiben Sie, wie Tassen, Gläser und Kännchen für warme Getränke sein sollen.
c) In welchem Bereich dürfen Gläser und Tassen nicht angefasst werden?

a) Trinkgefäße müssen sauber und unbeschädigt sein.
b) Für warme Getränke vorgewärmte Tassen, Gläser und Kännchen benutzen.
c) Gläser und Tassen nicht am Trinkrand anfassen oder gar hineinfassen.

2. Getränke werden fachgerecht serviert.
a) Erklären Sie, wie Getränkeflaschen und Gläser sowie Tassen zum Gast gebracht werden.
b) Von welcher Seite des Gastes sollen Getränke, wenn möglich, eingesetzt werden?
c) Beschreiben Sie, in welche Richtung der Henkel von Kaffeetassen, Teegläser und Biergläser beim Gast steht.

a) Sie werden auf einem Tablett zum Gast gebracht und vom Tablett weg auf den Tisch gestellt.
b) Getränke sollen möglichst rechts vom Gast auf den Tisch gestellt werden.
c) Der Henkel von Trinkgefäßen steht rechts vom Gast und griffbereit leicht schräg zu ihm ausgerichtet, in der Vier-Uhr-Stellung.

3. Als Zeichen des guten Services werden Getränke beim Gast in das Glas eingeschenkt.
a) Beschreiben Sie, wie Getränke in Flaschen oder Wein in Karaffen beim Gast serviert werden.
b) Von welcher Seite des Gastes sollte, wenn möglich, eingeschenkt werden?
c) Erklären Sie, was beim Eingießen aus einer Flasche bzw. Karaffe in ein Glas zu beachten ist.

a) Die Bedienung gießt etwas Getränk in das Glas, höchstens halbvoll, damit der Gast den guten Service erkennt.
b) Das Einschenken erfolgt möglichst von der rechten Seite des Gastes.
c)
- Beim Eingießen die Flasche bzw. Karaffe knapp ca. 1 cm über dem Glas führen. Die Flasche bzw. die Karaffe darf das Glas nicht berühren. Auch ein zu hohes Einschenken ist nicht fachgerecht.
- Die Flasche bzw. Karaffe darf nach dem Einschenken nicht tropfen.

4. a) Beschreiben Sie, wo Sie das Glas und die Flasche bzw. Karaffe nach dem Einschenken beim Gast auf den Tisch abstellen. b) Was beachten Sie beim Abstellen der Flasche, damit der Gast das Getränk sofort erkennen kann?	a) Das Glas wird in die Mitte vor dem Gast gestellt und die Flasche bzw. Karaffe wird seitlich rechts oberhalb des Glases abgestellt. b) Die Flasche wird so abgestellt, dass das Etikett der Flasche zum Gast gerichtet ist.
5. Erklären Sie das Servieren von Mineralwasser, Fruchtsäfte und Cola in Flaschen beim Gast.	Die Bedienung • öffnet die Flasche am Tisch beim Gast, • schenkt etwas Getränk in das Glas, • stellt das Glas in die Mitte vor dem Gast und • stellt die Flasche mit dem Etikett zum Gast rechts oberhalb des Glases ab.
6. Der Gast soll sich bis zum Schluss im Café wohlfühlen. a) Beschreiben Sie, wie Sie reagieren, wenn der Gast ausgetrunken hat und ein neues Getränk wünscht. b) Erklären Sie, wann Sie abräumen, wenn der Gast ausgetrunken hat und kein neues Getränk mehr wünscht. Begründen Sie dies.	a) Das leere Glas bzw. die Tasse sowie die Flasche möglichst von rechts des Gastes abräumen und umgehend das neue Getränk servieren. b) • Das leere Glas bzw. die Tasse solange auf dem Tisch stehen lassen, bis der Gast bezahlt hat und das Café verlässt. • Somit wird der Gast nicht genötigt oder gehetzt, sich etwas Neues zu bestellen oder das Café zu verlassen.

15.5 Fachmathematische Berechnungen (Dreisatz, Mischungsrechnen, Grundrechnen, Energiewertberechnung, Prozentrechnen)

1. Für eine Tasse Kaffee rechnet man mit 7 bis 8 g Kaffeepulver. Wie viele Tassen Kaffee können aus einer Packung Kaffeepulver mit einem Füllgewicht von 500 g bei 7 g und bei 8 g aufgegossen werden?	500 g : 7 g/Tasse = 71,43 500 g : 8 g/Tasse = 62,5 71 und 62 Tassen
2. Der Magnesiumgehalt eines Mineralwassers liegt bei 23 mg/l. Der Tagesbedarf an Magnesium liegt bei einem Erwachsenen bei ca. 350 mg. Berechnen Sie, wie viel Prozent des Tagesbedarfs an Magnesium durch eine Flasche Mineralwasser (700 ml) gedeckt werden.	Magnesiumgehalt einer Flasche Mineralwasser (0,700 l): 1 l ≙ 23 mg 0,700 l ≙ x mg $x = \frac{23\text{ mg} \cdot 0{,}700}{1} = 16{,}1\text{ mg}$ Deckung des Tagesbedarfs durch eine Flasche Mineralwasser: 350 mg ≙ 100 % 16,1 mg ≙ x % $x = \frac{100\,\% \cdot 16{,}1}{350} = 4{,}6\,\%$

3. Für 1 Glas Erdbeermilch benötigt man 200 ml Vollmilch, 160 g Erdbeeren und einen Spritzer Zitronensaft. Vollmilch enthält 3,5 % Fett, 3,5 % Eiweiß und 5,0 % Milchzucker. Erdbeeren enthalten 7,5 % Fruchtzucker. Berechnen Sie den Energiegehalt von einem Glas Erdbeermilch. (1 g Eiweiß ≙ 17 kJ, 1 g Kohlenhydrate ≙ 17 kJ, 1 g Fett ≙ 37 kJ)

100 % ≙ 200 g
3,5 % ≙ x g

$$x = \frac{200\text{ g} \cdot 3{,}5}{100} = 7\text{ g Fett und } 7\text{ g Eiweiß}$$

100 % ≙ 200 g
5 % ≙ x g

$$x = \frac{200\text{ g} \cdot 5}{100} = 10\text{ g Milchzucker}$$

100 % ≙ 160 g
7,5 % ≙ x g

$$x = \frac{160\text{ g} \cdot 7{,}5}{100} = 12\text{ g Fruchtzucker}$$

10 g Milchzucker
\+ 12 g Fruchtzucker
22 g Zucker

Fett:	37 kJ · 7 = 259 kJ	
Eiweiß:	17 kJ · 7 = 119 kJ	
Kohlenhydrate:	17 kJ · 22 = 374 kJ	
	752 kJ	

4. Eine Zitronenlimonade enthält einen Zitronensaftanteil von 3 %. Berechnen Sie den Gehalt an Zitronensaft in einer 0,700-l-Flasche der Limonade in ml.

100 % ≙ 700 ml
1 % ≙ 7 ml
3 % ≙ 7 ml · 3 = 21 ml

5. Aus einem Kilogramm Orangen kann man 690 ml frisch gepressten Orangensaft gewinnen. Für ein Frühstücksbüfett sind 5 l Orangensaft vorgesehen. Berechnen Sie, wie viele Orangen einzukaufen sind, wenn eine Orange ein Frischegewicht von 200 g aufweist.

690 ml ≙ 1 kg
5 000 ml ≙ x kg

$$x = \frac{1\text{ kg} \cdot 5\,000}{690} = 7{,}246\text{ kg}$$

7,246 kg : 0,200 kg = 36,23 ≈ 37 Orangen

6. Im Straßenverkehr gilt in Deutschland die 0,5-Promille-Grenze. Ein Mann trinkt 2 Flaschen Pils mit je 0,330 l (330 g). Das Pils hat einen Alkoholgehalt von 5,2 Volumenprozent, die 4,2 g Alkohol in 1 l entsprechen. Berechnen Sie den Promillegehalt im Blut des Mannes, wenn der Blutalkoholspiegel pro 4,1 g Alkohol um 0,1 Promille steigt. Geben Sie Auskunft über die Fahrtauglichkeit.

2 Flaschen Pils ≙ 0,660 g Bier
100 % ≙ 660 g
1 % ≙ 6,6 g
4,2 % ≙ 6,6 g · 4,2 = 27,72 g Alkohol in 2 Flaschen Pils

Promillegehalt:
4,1 g ≙ 0,1 Promille
27,72 g ≙ x Promille

$$x = \frac{0{,}1\text{ Promille} \cdot 27{,}72}{4{,}1} = 0{,}68\text{ Promille}$$

Folge: absolut fahruntauglich

7. Für das Kaffeegetränk Pharisäer soll 80 %iger Rum auf 45 % verdünnt werden. Wie viel Wasser muss 1,800 l Rum zugegeben werden, um die gewünschte Konzentration zu erreichen?

Alkohol 80 % ↘ ↗ 45 → 9
gewünschte Konz. 45 %
Wasser 0 % ↗ ↘ 35 → 7

1,800 l : 9 Teile = 0,200 l/Teil
Wasser: 0,200 l · 7 = 1,400 l

8. Einer Konditorei wurde 50 %iger Wodka geliefert. Dieser soll für Russischen Kaffee auf 40 % verdünnt werden.
Wie viel Teile Wasser sind abzumessen?

Alkohol 50 % ↘ ↗ 40 → 4
gewünschte Konz. 40 %
Wasser 0 % ↗ ↘ 10 → 1

1 Teil Wasser auf 4 Teile Alkohol

9. Der vorgeschriebene Mindestfruchtgehalt für Fruchtsaftgetränke beträgt bei Getränken mit
Äpfel: 30 %
Zitronen: 6 %
Kirschen: 10 %
Berechnen Sie den Mindestfruchtgehalt für
a) 1 l Apfelsaftgetränk
b) 200 ml Zitronensaftgetränk
c) 0,700 l Kirschsaftgetränk

a) 100 % ≙ 1 000 ml
1 % ≙ 10 ml
30 % ≙ 10 ml · 30 = 300 ml

b) 100 % ≙ 200 ml
1 % ≙ 2 ml
6 % ≙ 2 ml · 6 = 12 ml

c) 100 % ≙ 0,7 l
1 % ≙ 0,007 l
10 % = 0,007 l · 10 = 0,070 l

10. Aus einer Cognacflasche (0,700 l Inhalt) werden im Laufe eines Tages folgende Mengen entnommen: 70 cm^3, 50 cm^3, 140 cm^3
a) Berechnen Sie den verbliebenen Rest in ml.
b) Wie viel Schnapsgläser zu je 2 cl können mit dem verbliebenen Rest noch eingeschenkt werden?

a) $70\ cm^3 + 50\ cm^3 + 140\ cm^3 = 260\ cm^3$
$700\ cm^3 - 260\ cm^3 = 440\ cm^3 = 440\ ml$

b) 2 cl ≙ 20 ml
440 ml : 20 ml = 22 Gläser

11. 32 l Destillat aus Weinbrand besteht zu 92 % vol aus Alkohol und 8 % Wasser. Berechnen Sie, wie viel kg Alkohol das Destillat besitzt, wenn das Gewicht des Alkohols $\frac{4}{5}$ des Volumens beträgt.

100 % ≙ 32 l
92 % ≙ x l

$$x = \frac{32\ l \cdot 92}{100} = 29{,}440\ l$$

100 % ≙ 29,440 l
80 % ≙ x kg

$$x = \frac{29{,}440 \cdot 80\ kg}{100} = 23{,}552\ kg\ Alkohol$$

Betriebswirtschaftliches Handeln

1 Arbeitssicherheit – Unfallverhütung

1.1 Berufsgenossenschaft, Arbeitsstättenverordnung

1. a) Nennen Sie die Berufsgenossenschaft für Ernährungsberufe.
b) Wer ist Träger der Unfallversicherung?
c) Erklären Sie, wer im Betrieb laut Gesetz gegen Arbeitsunfälle bei der Unfallversicherung versichert sein muss.
d) Wer bezahlt die Beiträge der Unfallversicherung, die eine Pflichtversicherung ist?

a) Es ist die „Berufsgenossenschaft Nahrungsmittel und Gaststätten".
b) Die Berufsgenossenschaft ist Träger der Unfallversicherung.
c) Jeder Beschäftigte im Betrieb, auch Auszubildende und Aushilfen müssen gegen Arbeitsunfälle versichert sein.
d) Die Beiträge für die Unfallversicherung bezahlt der Arbeitgeber.

2. Nennen Sie die zwei Arten von Arbeitsunfällen, die von der Berufsgenossenschaft anerkannt sind.

Zu den Arbeitsunfällen zählen:
- Unfälle am Arbeitsplatz bei betrieblicher Tätigkeit
- Wegeunfälle auf dem direkten Weg von und zur Arbeit

3. Nennen Sie anerkannte Berufskrankheiten für Konditoren, die durch folgende Ursachen ausgelöst werden können:
a) Mehlstaub
b) unverträgliche Inhaltsstoffe von Lebensmitteln, z. B. Säuren und Backmittel
c) langjährige gebückte oder einseitige Körperhaltung

a) Mehlstaub kann Asthma (Atembeschwerden) und Allergien wie Hustenreiz, Augentränen, Fließschnupfen und Nieszwang auslösen.
b) Sie können Hauterkrankungen (Ekzeme) wie Hautausschläge und Juckreiz verursachen.
c) Langanhaltende gebückte und einseitige Körperhaltung können Schäden an der Wirbelsäule verursachen, die zu Rückenbeschwerden führen.

4. a) Wer muss bei einem Arbeitsunfall die Schadensmeldung abgeben?
b) Erklären Sie die Anzeigenpflicht bei Arbeitsunfällen mit einer Arbeitsunfähigkeit von drei Tagen und mehr.
c) Wie verhält es sich mit der Anzeigepflicht bei tödlichen Arbeitsunfällen und bei Massenunfällen von drei und mehr Verletzten?

a) Arbeitsunfälle muss der Arbeitgeber der Berufsgenossenschaft melden.
b) Der Arbeitgeber muss eine Unfallanzeige mit dem Unfallhergang innerhalb von drei Tagen erstatten.
c) Tödliche Unfälle und Massenunfälle müssen der Berufsgenossenschaft sofort, d. h. noch am selben Tag, gemeldet werden.

5. Die Unfallversicherung der Berufsgenossenschaft sorgt für finanzielle Absicherung.
Nennen Sie die vier Leistungen, die die Berufsgenossenschaft bei Arbeitsunfällen und Berufskrankheiten erbringt.

Die Berufsgenossenschaft trägt die Kosten
- für die medizinischen Behandlungen, z. B. Krankenhausaufenthalt, Arztkosten, Medikamente, Krankengymnastik.
- damit man wieder am Arbeitsleben teilnehmen kann, z. B. Umschulung.
- der Leistungen zur Pflegebedürftigkeit, z. B. Pflegedienst, Pflegeheim.
- der Geldleistungen, z. B. Verletztengeld als Lohnersatz, Rente, Sterbegeld.

6. Wer ist nach den Arbeitsschutzvorschriften für die Sicherheit und Gesundheit der Beschäftigten im Konditoreibetrieb verantwortlich?

Der Betriebsinhaber ist für die Sicherheit und Gesundheit im Betrieb verantwortlich. Er muss auch für ein täglich menschengerechtes Arbeiten sorgen.

7. Die Arbeitsstättenverordnung regelt die Arbeitsschutzvorschriften am Arbeitsplatz in Bezug auf
a) gutes Sehen in den Arbeitsräumen,
b) Sturzgefahr auf Fußböden,
c) Schutz vor Brandgefahr,
d) Schutz vor schädigenden Umwelteinflüssen.

a) Die Arbeitsräume müssen ausreichend beleuchtet sein.
b) Die Fußböden müssen rutschhemmend sein und dürfen keine großen Höhenunterschiede als Stolperstellen aufweisen.
c) Feuerlöscher müssen im Betrieb angebracht sein, in dessen Bedienung jeder Beschäftigte eingewiesen werden muss.
d) Vermeidung von
- starkem Lärm,
- ständigem Staub und Schmutz
- und Schutz vor ausstrahlenden Giften.

8. Für Konditoreibetriebe sind Sozialräume vorgeschrieben, die zweckmäßig eingerichtet sein müssen.
a) Nennen Sie die Sozialräume und deren Vorschriften.
b) Wie verhält es sich mit dem Rauchen in den Sozialräumen?
c) Welche Möglichkeiten der Erholung müssen für schwangere Beschäftigte gegeben sein?

a)
- Pausenraum mit ausreichend Sitzgelegenheiten und Tischen
- Umkleideräume, getrennt für Frauen und Männer, mit abschließbarem Schrank für jeden Beschäftigten
- Waschräume, getrennt für Frauen und Männer, mit direktem Zugang zu den Umkleideräumen.
- Toiletten mit Handwaschbecken mit fließend Warm- und Kaltwasser sowie Seifenspender und Einmalhandtücher

b) In Sozialräumen darf zum Schutz der Nichtraucher nicht geraucht werden.
c) Für schwangere Beschäftigte müssen in den Pausenräumen Sitz- und Liegemöglichkeiten zum zwischenzeitlichen Ausruhen vorhanden sein.

1.2 Unfallgefahren, Unfallverhütung, Erste Hilfe, Ergonomie

1. Nennen Sie Gefahrenquellen, die in Konditoreibetrieben zu Stürzen führen können und geben Sie Maßnahmen an, um diese zu verhindern.
a) Fußböden
b) Hindernisse
c) Schuhe

a) Stürze werden verursacht durch
- nasse und beschmutzte Fußböden,
- verschüttete Flüssigkeiten oder
- durch zu Boden Gefallenes, z. B. Früchte, Fette.

Sofort die Böden säubern und trocken wischen.
b) Hindernisse im Arbeitsbereich können zu Stürzen führen. Keine Körbe, Bleche, Eimer und Schachteln in die Arbeitswege stellen.
c) Ungeeignete und kaputte Schuhe können Stürze verursachen. Für die Arbeit eignen sich nur Schuhe mit rutschfesten Sohlen und festem Sitz am Fuß.

2. Häufig erfolgen Verbrennungen am Etagenofen beim Einschieben und Herausnehmen der Backbleche.
Wie können diese verhindert werden?

Beim Einschieben und Herausnehmen der Backbleche in den Ofen den Schieber verwenden und nicht mit dem Arm in den Ofen greifen.

3. Wie können Unfälle an Maschinen in der Konditorei verhindert werden?

Grundsätzlich nicht in die laufende Maschine greifen und nicht bei laufender Maschine hinter die Schutzvorrichtungen fassen.
Vor dem Hineinfassen, die Maschine ausschalten.

4. Mehrmals täglich muss ein Konditor von der warmen Backstube in den kalten Tiefkühlraum gehen.
Erklären Sie, wie der Tiefkühlraum nur betreten werden soll und begründen Sie diese Maßnahme.

- Den Tiefkühlraum grundsätzlich nur mit kälteschützender Oberbekleidung betreten. Ein Anorak ist deshalb vor dem Frosterraum für jeden griffbereit angebracht.
- Wegen der starken Kälte können bei leichter Berufskleidung Erkältungen die Folge sein und bei öfterem Betreten können sogar Nierenbeschwerden auftreten.

5. Erste Hilfe ist eine wirksame Hilfe, um die Unfall- und Krankheitsfolgen zu mildern.
a) Erklären Sie den Begriff „Erste Hilfe".
b) Wer soll Erste Hilfe leisten?
c) Nennen Sie die zwei Rufnummern der Rettungsstellen
- bei Arbeitsunfällen und Krankheiten,
- bei Ordnungswidrigkeiten und Verbrechen.

a) Erste Hilfe ist die „sofortige Hilfe" bei Unfällen oder plötzlich auftretenden (akuten) Erkrankungen bzw. Verletzungen.
b) Alle Menschen sind im Notfall zur Ersten Hilfe verpflichtet. Erste Hilfe muss und kann jeder leisten!
c)
- 112 ist die Nummer der Rettungsleitstelle für Krankenwagen, Sanitäter und Notarzt und für die Feuerwehr.
- 110 ist der Notruf der Polizei.

6. Nennen Sie die fünf wichtigsten Angaben beim Telefonieren, damit die Rettungsstelle schnellstmögliche Hilfe leisten kann (5 Ws).

- Wo ist der Unfall bzw. die Erkrankung passiert – Adresse?
- Was ist passiert – kurze Erklärung?
- Wie viele Verletzte sind es?
- Welche Art der Verletzung ist es?
- Warten auf Rückfragen.

7. Beschreiben Sie die Erste-Hilfe-Maßnahmen bei folgenden Verletzungen:

a) Platzwunden und schwere Schnittverletzungen
b) Schwellungen, z. B. durch Quetschungen, Prellungen oder Verstauchungen
c) Verbrennungen mit Hautrötung und Blasenbildung
d) großflächige Verbrennungen, größer als eine Handfläche
e) Schwindelgefühle
f) kurze Ohnmacht oder Schockanzeichen wie starker Schwindel, Blässe, Schweiß auf der Stirn, Zittern
g) Verätzungen der Augen durch Natron- bzw. Brezellauge

a)
- Auf die Platzwunde bzw. Schnittwunde die sterile Wundauflage eines Verbandspäckchens anlegen und mit Mullbinde umwickeln.
- Bei Platzwunden und schweren Schnittverletzungen grundsätzlich sofort zum Arzt gehen, da diese Verletzungen meist genäht werden müssen.

b) Auf die Schwellung sofort kühlendes Material auflegen, z. B. Gefrierbeutel, Eiswürfel, Eisspray. Durch Kälte wird die Bildung des Blutergusses gehemmt, sodass sich die Schwellung nicht vergrößert.

c) Die Brandwunde sofort in kaltes Wasser halten, bis die Schmerzen nachlassen.

d) Großflächige Brandwunden mit einem Brandwundentuch abdecken und so vor Wärmeverlust schützen. Sofort den Arzt aufsuchen.

e) Schwindelgefühl ist eine Kreislaufschwäche. Hinsetzen oder in Rückenlage entspannen, bis Besserung eintritt.
Dabei auf ausreichend Sauerstoffzufuhr achten.

f) Bei Schockanzeichen oder Ohnmacht in Rückenlage Beine hochlagern, bis der Patient durch diese verstärkte Blutzufuhr zum Herzen Besserung signalisiert.

g) Sofort den Notarzt bzw. Augenarzt anfordern.
Das Auge fortlaufend von der Nase her nach außen mit Wasser spülen, bis der Arzt kommt und die Behandlung übernimmt.

8. Nennen Sie vier Grundsätze der Ersten Hilfe beim Verletzten.

Grundsätze bei der Ersten Hilfe:
- Immer Ruhe bewahren, um den Verletzten nicht zu beunruhigen.
- Den Verletzten möglichst nicht alleine lassen.
- Den Verletzten trösten.
- Wenn nötig, die Rettungsleitstelle anrufen.

9. Jeder Betrieb muss einen der Betriebsgröße angepassten Verbandskasten haben. Beschreiben Sie die Bedingungen, unter denen der Verbandskasten den vollen Sinn erfüllt. a) Standort b) Zuständigkeit für den Inhalt	a) Der Verbandskasten muss für jeden Betriebsangehörigen leicht erreichbar sein. b) Ein Mitarbeiter/eine Mitarbeiterin im Betrieb muss für den Inhalt verantwortlich sein, damit • er stets aufgefüllt und ordentlich aufgeräumt ist, • Material mit abgelaufenem Verfallsdatum und nicht mehr klebendes Pflaster erneuert wird.
10. Erklären Sie die gesetzliche Bestimmung über die Anzahl der ausgebildeten Ersthelfer im Betrieb. a) bei zwei bis 20 anwesenden Beschäftigten im Betrieb b) bei mehr als 20 anwesenden Beschäftigten im Betrieb	a) Es muss mindestens ein ausgebildeter Ersthelfer bzw. eine Ersthelferin anwesend sein. b) Es müssen mindestens 10 % der Beschäftigten als Ersthelfer ausgebildet sein.
11. Die tägliche Arbeit sollte für den Körper nicht belastend sein. a) Erklären Sie den Begriff „Ergonomie". b) Nennen Sie die drei Auswirkungen auf den Körper bei einseitiger Belastung und schlechter Körperhaltung während der Arbeit. c) Nennen Sie zwei Auswirkungen, die schlechte Beleuchtung bei der Arbeit auf den Körper haben kann.	a) Ergonomie ist die Arbeitswissenschaft. Sie erklärt, wie der Körper durch die tägliche Arbeit nicht geschädigt wird und somit gesund und leistungsfähig bleibt. b) Die Folgen sind: • Ermüdungserscheinungen • Schmerzen durch Muskelverspannungen • Rückenschmerzen c) Schlechte Beleuchtung kann zu • Konzentrationsstörungen und • Kopfschmerzen durch Augenüberlastung führen.
12. a) Langes Stehen, vor allem auf einer Stelle, ermüdet und schmerzt. Wie kann während der Arbeit in der Konditorei Abhilfe geschaffen werden? b) Nennen Sie Maßnahmen gegen lang anhaltende gebückte Körperhaltung durch zu niedrige Arbeitstische. c) Welche Auswirkungen haben unbequeme Arbeitsschuhe und zu enge Arbeitskleidung?	a) • Bestimmte Arbeiten im Sitzen oder mit einer Stehhilfe verrichten, z. B. Marzipan modellieren. • In den Pausen sitzen und evtl. Füße hochlagern. b) Möglichst alle Arbeiten bei aufrechter Körperhaltung erledigen, z. B. durch • Anpassen der Arbeitstischhöhe an die Körpergröße, • eine Unterlage unter das Arbeitsgerät stellen, z. B. eine Schüssel unter die Torten und Desserts beim Garnieren. c) • Beine und Füße schmerzen und • die Bewegungen werden eingeschränkt.

1.3 Fachmathematische Berechnungen (Dreisatz, Prozentrechnen)

1. Bei mehr als 20 Betriebsangehörigen müssen mindestens 10 % der Beschäftigten einen Erste-Hilfe-Kurs erfolgreich abgelegt haben. Eine Konditorei beschäftigt 15 Verkäuferinnen, 1 Ausfahrer, 9 Gesellen, 2 Meister und insgesamt 8 Auszubildende. Wie viele Beschäftigte müssen als Ersthelfer mindestens ausgebildet sein?

15 + 1 + 9 + 2 + 8 = 35 Beschäftigte insgesamt

100 % ≙ 35 Beschäftigte
1 % ≙ 0,35 Beschäftigte
10 % ≙ 0,35 · 10 = 3,5 Beschäftigte
≈ 4 Beschäftigte

2. Der Beitragssatz der gesetzlichen Unfallversicherung beträgt 3,4 % des Bruttoeinkommens. Berechnen Sie den Beitrag, den ein Betriebsinhaber für eine Konditorin mit einem Bruttoeinkommen von 2 400,98 € zu entrichten hat.

100 % ≙ 2 400,98 €
1 % ≙ 24,0098 €
3,4 % ≙ 24,0098 € · 3,4 = 81,63 €

3. In einer Konditorei betragen die Beiträge für die 21 Beschäftigten an die Berufsgenossenschaft jährlich 26 160,00 €.
a) Berechnen Sie den monatlichen Beitrag der Konditorei an die Berufsgenossenschaft.
b) Wie viel € bezahlt die Konditorei monatlich durchschnittlich für jeden Beschäftigten an die Berufsgenossenschaft?

a) 26 160,00 € : 12 Monate = 2 180,00 € monatlicher Beitrag

b) 2 180,00 € : 21 Beschäftigte = 103,80 € monatlicher Beitrag je Beschäftigten

4. Es traten 1 736 Wegeunfälle in einem Jahr auf. Das waren 5,8 Wegeunfälle je 1 000 Versicherte. Wie viel Tausend Versicherte sind bei der Berufsgenossenschaft?

5,8 Wegeunfälle = 1 000 Versicherte
1 736 Wegeunfälle = x Versicherte

$$x = \frac{1\,000\ \text{V} \cdot 1\,736}{5{,}8} = 299\,310{,}34$$

≈ 299 310 Versicherte sind bei der Berufsgenossenschaft

5. Bei der Berufsgenossenschaft wurden von Bäckereien und Konditoreien in einem Jahr 8 007 Unfälle am Arbeitsplatz, 1 736 Wegeunfälle und 1 503 Berufskrankheiten gemeldet.
a) Wie viele Arbeitsunfälle sind insgesamt in dem Jahr gemeldet?
b) Berechnen Sie den prozentualen Anteil der Arbeitsunfälle.

a) 8 007 + 1 736 + 1 503 = 11 246 Arbeitsunfälle im Jahr

b) 11 246 A ≙ 100 %
8 007 U ≙ x %

$$x = \frac{100\,\% \cdot 8\,007}{11\,246} = 71{,}20\,\%\ \text{Unfälle}$$

2 Umweltschutz

2.1 Umweltschutz in der Konditorei

1. Umweltschutz ist eine bedeutende Aufgabe der Menschheit.
Nennen Sie die vier großen Umweltbelastungen, die durch die Lebensweisen der Menschen verursacht werden.

Wir Menschen belasten die Umwelt durch
- große Mengen an Abfällen, da bei der Entsorgung Schadstoffe entstehen, z. B. in der Müllverbrennungsanlage.
- Abgase von Kfz, Heizungen und Fabriken, die die Luft verschmutzen.
- verschmutzte Abwässer, die das Grundwasser verunreinigen.
- Lärm, der das Nervensystem der Menschen belastet und zudem zu Schwerhörigkeit führen kann.

2. Gesundheits- und umweltbewusste Kunden erwarten, dass Konditoreierzeugnisse mit umweltgerechten Lebensmittel hergestellt werden.
Nennen Sie zwei Möglichkeiten.

Umweltgerechte Lebensmittel sind:
- Lebensmittel aus ökologischem Anbau, die nicht chemisch behandelt sind
- Lebensmittel aus der Region, die keine langen Transportwege haben

3. Nennen Sie alltägliche Beispiele von sparsamem Trinkwasserverbrauch, damit kein Notstand bei der Versorgung eintritt.

- Wasserhahn nicht unnötig lange öffnen.
- Nur voll beladene Spülmaschinen einschalten, ansonsten mit der Hand spülen.

4. Betriebe und Haushalte müssen zur Abfallvermeidung beitragen.
a) Nennen Sie zwei Möglichkeiten, die jeder Mensch hat, um die Müllberge zu verkleinern.
b) Die umweltschonendste Methode ist es, keinen Abfall zu verursachen. Nennen Sie Beispiel, wie in der Konditorei Abfall vermieden werden kann.

a) Die Müllmenge kann verringert werden, wenn jeder
- versucht Abfall zu vermeiden und
- angefallenen Abfall trennt.

b) Möglichkeiten der Abfallvermeidung in der Konditorei:
- Mehrwegverpackungen statt Einwegverpackungen bevorzugen
- Pfandflaschen anstelle von Einwegflaschen verwenden
- Backpapier für Bleche mehrfach verwenden
- Verpackungsmaterial und Folien sparsam verwenden
- Papiertüten und Papiertaschen statt Plastiktaschen im Verkauf benutzen
- möglichst keine Portionsverpackungen im Café verwenden, da der Verpackungsmüll sehr groß ist, z. B. für Konfitüren

5. a) Erklären Sie den Begriff „Recycling“.
b) Anfallender Abfall kann verringert werden, indem Müll sortiert und dem Recycling zugeführt wird. Nennen Sie Trennungsmöglichkeiten für Abfälle in der Konditorei.
c) Nennen Sie Abfälle, die zum Sondermüll gehören, damit deren giftigen Stoffe nicht in den Müll gelangen.

a) Recycling ist die Wiederverwertung bereits benutzter Rohstoffe.
b) Abfälle, die in der Konditorei in getrennte Behälter sortiert werden können, sind:
- Lebensmittelabfälle als Bioabfälle
- Altpapier
- Altglas
- Plastik, z. B. Folien, Plastikkanister
- Weißblech und Alu, z. B. Konservendosen
- verbrauchtes Fett aus dem Fettbackgerät

c) Zum Sondermüll gehören, z. B. Medikamente, Batterien, Säuren, Laugen.

6. Sondermüll darf nicht in den Abfall gegeben werden, weil giftige Stoffe in das Abwasser gelangen und das Grundwasser verunreinigen.
a) Beschreiben Sie den Vorgang der Verunreinigung des Grundwassers durch Abwasser.
b) Nennen Sie eine Möglichkeit, wie man bei der Verwendung von Reinigungsmitteln das Grundwasser schonen kann.
c) Erklären Sie, wie verbrauchtes, gesundheitsschädliches Fett, z. B. vom Fettbackgerät in der Konditorei, entsorgt werden soll.
d) Warum ist es wichtig, sauberes Grundwasser zu haben?

a)
- Das Abwasser läuft durch die Kanalisation in die Kläranlagen zur Reinigung.
- Dort können giftige, chemische Stoffe nur teilweise aus dem Abwasser gefiltert werden.
- Das noch nicht ausreichend gereinigte Wasser wird in die Flüsse geführt und gelangt in das Grundwasser im Boden, das so mit den Giftstoffen belastet wird.

b) Reinigungsmittel sparsam anwenden
c) Verbrauchtes Fett muss gesondert in der Müllverwertung abgegeben und entsorgt werden.
Es darf nicht in den Ausguss oder in den Gully geschüttet werden, weil es das Grundwasser belastet.
d) Aus dem Grundwasser entstehen die Quellen für unser Trinkwasser. Je unbelasteter das Grundwasser, desto sauberer ist das Trinkwasser.

7. Energiesparen senkt die Kosten und schont die Umwelt. Nennen Sie Möglichkeiten zum Energiesparen sparen für die Beschäftigten in der Konditorei.

Beschäftigte in der Konditorei können Energiesparen, z. B.:
- Räume nicht überheizen
- Licht nicht unnötig brennen lassen
- Türen von Kühl- und Gäranlagen nur so kurz wie nötig öffnen
- Kühl- und Gefrieranlagen nicht kälter einstellen als nötig
- Backöfen nicht unnötig lange heizen
- Das Backen soll mit möglichst vollem Ofen erfolgen.

2.2 Fachmathematische Berechnungen (Prozentrechnen)

1. Beim Backen in einem Ölofen werden nur 55 % der zugeführten Energie als Nutzwärme genutzt. Der Rest geht nach außen verloren. In einer Konditorei wird der Ofen täglich für 8 Stunden zum Backen gebraucht. Der Ölverbrauch beträgt 7,200 l pro Stunde. 1 l Heizöl kostet durchschnittlich 0,99 €. Berechnen Sie für 6 Arbeitstage
   a) wie viel l Heizöl tatsächlich zum Backen verbraucht wurden,
   b) wie viel l Heizöl als Abgasverlust verloren gehen,
   c) den Verlust in €.

8 Std. · 7,200 l/Std. = 57,6 l/Tag
57,6 l/Tag · 6 Tage = 345,6 l/Woche

a) 100 % ≙ 345,6 l
1 % ≙ 3,456 l
55 % ≙ 3,456 l · 55= 190,08 l

b) 345,6 l – 190,08 l = 155,52 l

c) 1 l ≙ 0,99 €
155,52 l ≙ 155,52 l · 0,99 €/l = 153,96 €

2. Durch die richtige Brennereinstellung eines Backofens konnte der Verbrauch an Heizöl um 8,5 % gesenkt werden. Der Heizölverbrauch belief sich vor der Brennereinstellung auf 600 l/Monat. Berechnen Sie die zu erwartende jährliche Einsparung in €, wenn das Heizöl durchschnittlich 1,02 €/l kostet.

1 Monat ≙ 600 l
12 Monate ≙ 600 l · 12= 7 200 l/Jahr

100 % ≙ 7 200 l
1 % ≙ 72 l
8,5 % ≙ 72 l · 8,5= 612 l

612 l · 1,02 €/l = 624,24 €

3. Im Verkauf wird Essigreiniger im 10-l-Kanister für 77,80 € angeboten. Eine Konditorei mischt stattdessen zum Reinigen 9,500 l Wasser mit 0,500 l Essig. 1 l Essig kostet im Einkauf 2,00 €. Berechnen Sie, wie viel € die Konditorei bei der Eigenherstellung von 10 l Essigwasser im Vergleich zum Essigreiniger einspart.

Kosten für 10 l Essigwasser:
9,500 l Wasser: (ohne Berechnung)
0,500 l Essig: 2,00 € : 2 = 1,00 €
1,00 €

Ersparnis:
77,80 € – 1,00 € = 76,80 €

3 Inhaltsstoffe der Lebensmittel

1. Nennen Sie die in drei Gruppen unterteilten Inhaltsstoffe in unserer Lebensmittel:
   a) drei energieliefernde Nährstoffe
   b) drei Wirkstoffe (nicht energieliefernde Nährstoffe)
   c) unverdaulicher Bestandteil der Nahrung
   d) Bestandteile pflanzlicher Lebensmittel, die allgemein gesundheitsfördernde Wirkungen im Körper erfüllen, die keine Energie liefern

a) • Kohlenhydrate
• Fette
• Eiweiße

b) • Wasser
• Mineralstoffe
• Vitamine

c) • Ballaststoffe

d) sekundäre Pflanzenstoffe

3.1 Kohlenhydrate, Fette, Eiweiße

1. Der Aufbau der Kohlenhydrate (Zuckerstoffe) ist ein komplexer Vorgang. a) Wo werden Kohlenhydrate (Zucker) gebildet? b) Beschreiben Sie den Aufbau des Zuckers. c) Welcher Stoff wird beim Zuckeraufbau produziert und an die Umwelt abgegeben? d) Wie nennt man den Vorgang des Zuckeraufbaus?	a) Zucker wird in den Pflanzen gebildet. b) In den Blättern der Pflanzen baut das Chlorophyll (Blattgrün) mithilfe von Sonnenenergie aus Wasser und Kohlenstoffdioxid den Zucker auf, der von den Blättern in die Pflanze wandert. c) Beim Zuckeraufbau entsteht Sauerstoff, den die Pflanzen in die Luft abgeben. d) Der Vorgang des Zuckeraufbaus heißt Fotosynthese.
2. Kohlenhydrate unterscheiden sich nach der Anzahl der Zuckerstoffe, die sie enthalten. Nennen Sie a) die kleinsten Kohlenhydrate, b) zwei Kohlenhydrate, die verbunden sind, c) viele verbundene Kohlenhydrate.	a) Einfachzucker (Monosaccharide) b) Doppelzucker (Disaccharide) c) Vielfachzucker (Polysaccharide)
3. Nennen Sie je drei Kohlenhydratarten von a) Einfachzucker, b) Doppelzucker, c) Vielfachzucker.	a) • Traubenzucker (Glukose) • Fruchtzucker (Fruktose) • Schleimzucker (Galaktose) b) • Rohr- bzw. Rübenzucker (Saccharose) • Malzzucker (Maltose) • Milchzucker (Laktose) c) • Dextrine • Stärke • Zellulose
4. Nennen Sie die zwei Einfachzucker, aus denen sich die Doppelzucker zusammensetzen: a) Rohr- und Rübenzucker b) Malzzucker c) Milchzucker	a) Rohr- und Rübenzucker besteht aus 1 Traubenzucker und 1 Fruchtzucker b) Malzzucker besteht aus 2 Traubenzucker c) Milchzucker besteht aus 1 Traubenzucker und 1 Schleimzucker
5. Aus welcher Kohlenhydratart setzen sich die Vielfachzucker zusammen und in welcher ungefähren Anzahl sind sie in Dextrine, Stärke und Zellulose gebunden?	Die Vielfachzucker setzen sich aus unterschiedlich vielen Traubenzuckern zusammen. • Stärke – aus vielen Traubenzuckern gebunden • Dextrine – gespaltene Stärke aus wenigen Traubenzuckern gebunden • Zellulose – sehr viele, eng gebundene Traubenzucker; deshalb sind sie unverdauliche Ballaststoffe.

6. Erklären Sie, wie in der Konditorei Dextrine für eine Dextringlasur hergestellt werden.	• Stärke, bestehend aus vielen gebundenen Traubenzuckern, wird durch Hitze zu Dextrinen abgebaut, die aus wenigen Traubenzuckern bestehen. • Weizenstärke auf ein Backblech verteilen und bei ca. 200 °C in den Ofen schieben. Die weiße Stärke wird durch die Backhitze zu braunen Dextrinen abgebaut.
7. Welche Kohlenhydratgruppen befinden sich überwiegend in a) Obst, b) Honig (ca. 70 %), c) Kristallzucker (Haushaltszucker), d) Milch und Milcherzeugnisse, e) Brote und andere Backwaren, Nudeln und Kartoffeln, f) Vollkornerzeugnisse.	a) Obst enthält viele Fruchtzucker. b) Im Honig befinden sich überwiegend Trauben- und Fruchtzucker (Invertzucker). c) Kristallzucker ist Rohr- oder Rübenzucker. d) Milch enthält Milchzucker. e) Backwaren, Nudeln und Kartoffeln enthalten besonders viel Stärke. f) Vollkornerzeugnisse enthalten einen hohen Anteil an Zellulose, das sind Ballaststoffe.
8. Rohr- und Rübenzucker (Kristallzucker) schmeckt süß. a) Welche Kohlenhydratart hat eine noch stärkere Süßkraft? b) Nennen Sie die zwei Kohlenhydratarten, die ca. die Hälfte der Süßkraft von Rohr- und Rübenzucker haben. c) Welcher Zucker hat die geringste Süßkraft und schmeckt nur wenig süß? d) Welche Kohlenhydratarten schmecken nicht süß?	a) Die größte Süßkraft hat Fruchtzucker. b) Trauben- und Malzzucker schmecken in etwa nur halb so süß wie Rohr- und Rübenzucker. c) Nur wenig süß schmeckt Milchzucker. d) Stärke und Zellulose (Ballaststoffe) schmecken nicht süß und sind geschmackslos.
9. Nennen Sie Rohstoffe in der Konditorei, die viel Fett enthalten. a) pflanzliche Fette b) tierische Fette	a) Speiseöle, Margarine, Schokoladenkuvertüre, Ölsamen wie Nüsse, Mandeln, Mohn b) Butter, Sahne, Käse, Eigelb
10. Beschreiben Sie die chemische Zusammensetzung der Fette.	Ein Fettmolekül ist eine Verbindung von einem Glyzerin und drei Fettsäuren.
11. Die Art der Fettsäuren am Glyzerin bestimmt die Festigkeit und den Gesundheitswert der Fette. Beschreiben Sie Fette mit a) gesättigten Fettsäuren, b) ungesättigten Fettsäuren.	a) Je mehr gesättigte Fettsäuren ein Fett enthält, desto fester ist es. b) Fette mit ungesättigten Fettsäuren sind Öle. • Sie sind leichter verdaulich als feste Fette. • In den Ölen können sich die fettlöslichen Vitamine der Lebensmittel lösen, die so in die Blutbahnen übergehen und im Körper wirksam werden können.

12. Öle werden in der Fettindustrie zu weichen und festen Fetten gehärtet.
a) Erklären Sie, wie Öle gehärtet werden.
b) Warum werden Öle zu Margarine gehärtet?
c) Warum wird z. B. Erdnussöl zu Erdnussfett gehärtet?

a) Die ungesättigten Fettsäuren am Glyzerin werden zu gesättigten Fettsäuren umgewandelt, sodass feste Fette entstehen.
b) Öle werden zu Margarine gehärtet, damit Creme- und Backmargarine schaumig geschlagen werden kann und Ziehmargarine ausrollfähig ist.
c) Erdnussöl ist hitzeempfindlich, Erdnussfett ist hitzeverträgliches Siedefett zum Backen von z. B. Berlinern.

13. Fette haben unterschiedliche Schmelzbereiche.
a) Erklären Sie den Schmelzbereich der Fette.
b) Nennen Sie Fette mit hohem Schmelzbereich, über 35 °C.
c) Nennen Sie Fette mit niedrigem Schmelzbereich, unter 35 °C.
d) Warum werden Fette mit niedrigem Schmelzbereich geschmacklich angenehmer empfunden als Fette mit hohem Schmelzbereich?

a) Den Temperaturbereich, in dem Fette schmelzen, d. h. flüssig werden, bezeichnet man als Schmelzbereich.
b) Erdnussfett (Siedefett), Ziehmargarine
c) Butter, Kakaobutter, Speiseöle
d) Fette, deren Schmelzbereich unter der Körpertemperatur liegt und deshalb im Mund schmelzen, schmecken angenehmer und sind leichter verdaulich und somit bekömmlicher.

14. Fette haben unterschiedliche Rauchpunkte.
a) Erklären Sie den Rauchpunkt der Fette, auch Siedepunkt genannt.
b) Welche Voraussetzung haben Siedefette zum Backen von Berlinern und für Fritteusen?
c) Wie hoch ist die Backtemperatur für Berliner und wie hoch ist der Rauchpunkt der Siedefette?
d) Beschreiben Sie, warum Siedefett nach einer bestimmten Anzahl von Backstunden ausgewechselt und erneuert werden muss.
e) Nennen Sie drei Anzeichen des Siedefetts, die auf das Erreichen des Rauchpunkts von 180 °C im Fettbackgerät hinweisen und somit das Siedefett sofort erneuert werden muss.

a) Der Rauchpunkt ist der Temperaturbereich, in dem das Fett zersetzt wird und zu rauchen beginnt. Rauchendes Fett ist gesundheitsschädlich.
b) Siedefette sind hitzeverträglich, da sie einen wesentlich höheren Rauchpunkt als die Backtemperatur im Fettbackgerät haben.
c) Die Backtemperatur ist 175 °C und der Rauchpunkt der Siedefette liegt bei ca. 230 °C.
d) Der Rauchpunkt des Siedefetts wird beim fortlaufenden Backen immer niedriger. Bevor das Siedefett den Rauchpunkt der Backtemperatur erreicht hat und zu rauchen beginnt, muss es ausgewechselt werden, da die Gebäcke den Geschmack von verdorbenem Siedefett annehmen und das Fett dann gesundheitsschädlich ist.
e) Das Siedefett
- ist dunkel bis schwarz,
- raucht und qualmt,
- verströmt einen beißenden Geruch.

15. a) Beschreiben Sie die Eigenschaft der Fette in Verbindung mit Wasser.
b) Wofür können Fette wegen dieser Eigenschaft in der Konditorei verwendet werden?

a) Fette sind im Wasser nicht löslich. Fett und Wasser stoßen sich ab.
b) Fette können als Trennmittel verwendet werden, z. B. zum Einfetten von Backblechen und Backformen.

16. An der Oberfläche der Rohmilch schwimmt Rahm und auf der Fleischbrühe sind Fettaugen.
Welche Eigenschaft der Öle und Fette führt dazu?

Öle und Fette lassen sich nicht mit Wasser mischen. Fett ist leichter als Wasser und setzt sich deshalb an der Oberfläche ab, es schwimmt auf dem Wasser.

17. Milch, Sahne und Butter sind Emulsionen.
a) Erklären Sie den Begriff „Emulsion".
b) Nennen Sie den natürlichen Emulgator, der häufig in Feinen Backwaren wirkt.
c) In welchem Lebensmittel befindet sich dieser Emulgator hauptsächlich?
d) Dieser Emulgator wird von der Industrie künstlich hergestellt und in Rohstoffmischungen gegeben, die in der Konditorei verwendet werden können. Nennen Sie Beispiele.

a) Eine Emulsion besteht, wenn Fett und Wasser gleichmäßig und dauerhaft miteinander vermischt sind.
b) Lezithin dient häufig als Emulgator.
c) Eigelb besitzt einen hohen Lezithingehalt.
d) Künstliches Lezithin ist in Convenience-Produkten, z. B. Backmischungen und Fertigcremes.

18. Milch und Sahne werden in der Molkerei emulgiert.
a) Wie heißt dieser Vorgang?
b) Beschreiben Sie diesen Vorgang.

a) Milch und Sahne werden homogenisiert.
b) Beim Homogenisieren wird das Fett der Milch bzw. Sahne so fein zerkleinert, dass es nicht mehr aufrahmen (aufsteigen) kann und gleichmäßig verteilt in der Milch schwebt.

19. Fette sind Lösungsmittel, sodass Stoffe in Fett gebunden werden können.
a) Beschreiben Sie diese Eigenschaften in Verbindung mit Vitaminen bei der Ernährung.
b) Erklären Sie die Aussage: „Fett ist ein Geschmacksträger" und begründen Sie, warum fettreiche Lebensmittel geschmackvoller sind als fettarme.
c) Erläutern Sie, warum stark riechende Stoffe, z. B. Käse und Gewürze, nicht mit fetthaltigen Lebensmitteln und Konditoreierzeugnissen gelagert werden sollten.

a) Die fettlöslichen Vitamine der Lebensmittel können im Körper nur in Ölen gelöst werden. Nur in Ölen gelöst, können sie in die Blutbahnen übergehen und im Körper ihre Aufgaben erfüllen.
b)
- Fette selbst sind geschmacksvoll.
- Außerdem lösen Fette die Geschmacksstoffe der Lebensmittel und binden sie. Deshalb sind fettreiche Lebensmittel und Backwaren geschmackvoller.

c) Das Fett in den Lebensmitteln bindet schnell Fremdgerüche aus der Luft, sodass diese dann geschmacklich deutlich wahrnehmbar sind.

20. a) Erklären Sie, was beim Verderb der Fette geschieht.
b) Wie nennt man verdorbenes Fett, das durch unangenehmen Geruch und Geschmack erkennbar ist?

a) Das Fett zersetzt sich. Dabei werden die Fettsäuren vom Glyzerin getrennt. Zersetztes Fett ist gesundheitsschädlich.
b) Ranziges Fett ist verdorbenes Fett.

21. Bei zu langer und falscher Lagerung verderben Fette.
a) Geben Sie die drei möglichen Ursachen für den Fettverderb an.
b) Nennen Sie die drei Einflüsse, die den Fettverderb bei der Lagerung beschleunigen.

a) Fette werden zersetzt und verderben durch
- Mikroorganismen,
- Enzyme,
- Sauerstoff aus der Luft.

b) Die Fettzersetzung wird beschleunigt durch
- Feuchtigkeit,
- Licht,
- Wärme.

22. Wie sollen Fette gelagert werden?

- kühl
- trocken
- dunkel
- frei von Fremdgerüchen
- luftdicht in luftundurchlässigem Papier verpacken, Öle in Flaschen gut verschließen

23. Nennen Sie zu folgenden fettähnlichen Stoffen Lebensmittel, in denen sie enthalten sind und geben Sie deren Eigenschaften bzw. Verwendung an:
a) Lezithin
b) ätherische Öle
c) Karotin
d) Cholesterin

a) Lezithin befindet sich vor allem im Eigelb und Soja und dient als Emulgator.
b) Ätherische Öle sind die hauptsächlichen Geruchs- und Geschmacksstoffe in Gewürzen, Kaffee und Tee. Es sind flüchtige Stoffe, die in die Luft übergehen, und deshalb schlecht lagerfähig sind.
c) Karotin ist ein natürlicher Farbstoff im Eigelb und allen farbigen Gemüsesorten.
d) Cholesterin ist nur in tierischen Fetten enthalten, z. B. Butter, Sahne, Eigelb, fettem Fleisch. Ein zu hoher Cholesterinwert im Blut führt zur Verengung der Blutgefäße im Körper.

24. a) Wie heißt der Grundbaustein des Eiweißes, der kleinste Eiweißbaustein?
b) Statt Eiweiß kann man auch den Begriff „Protein" verwenden. Erklären Sie den Begriff.

a) Die Aminosäure ist der kleinste Eiweißbaustein.
b) Eine Verknüpfung von mindestens 100 Aminosäuren wird als Protein oder Eiweiß bezeichnet.

25. Nennen Sie Lebensmittel, die viel Eiweiß enthalten:
a) pflanzliche Lebensmittel
b) tierische Lebensmittel

a) Getreideerzeugnisse, Nüsse, Mandeln, Hülsenfrüchte (Erbsen, Bohnen, Linsen)
b) Eier, Milch, Milcherzeugnisse, Fisch, Fleisch

26. Eiklar, Schlagsahne und Milch lassen sich aufschlagen.
a) Erklären Sie, warum Eiklar zu Eischnee aufgeschlagen werden kann.
b) Beschreiben Sie, warum Schlagsahne und Milch durch Einblasen von Luft aufgeschlagen bzw. aufgeschäumt werden können.

a) Im Eiklar befinden sich Eiweiße, die Mucineiweiße, die beim Aufschlagen von Eiklar die eingeschlagene Luft festhalten. Durch die vielen Luftbläschen zwischen den Eiweißen entsteht ein stabiler Eischnee.
b) Die Eiweiße in der Schlagsahne und Milch sind geschmeidig und dehnbar. Sie können somit beim Aufblasen der Schlagsahne im Sahnebläser und beim Aufschäumen der Milch für Kaffeegetränke die Luft zu kleinen Bläschen festhalten.

27. Bei der Teigherstellung mit Weizenmehl entsteht Kleber, der von großer backtechnischer Bedeutung ist.
a) Wie heißen die zwei Eiweiße des Weizenmehls, die bei der Teigherstellung den Kleber bilden?
b) Beschreiben Sie die Bildung des Klebers in Weizenteigen.
c) Nennen und beschreiben Sie die drei Eigenschaften des Klebers bei der Teigherstellung und im Weizenteig.

a) Die kleberbildenden Eiweiße sind Gliadin und Glutenin.
b) Bei der Teigherstellung nehmen Gliadin und Glutenin das Teigwasser auf und verbinden sich durch die Knetbewegungen zum Kleber.
c)
- Der Kleber ist quellfähig und bindet somit einen Großteil des Teigwassers bei der Teigherstellung.
- Er ist elastisch, sodass der Weizenteig ausgerollt und geformt werden kann.
- Er ist dehnbar. Dadurch kann der Kleber die Gärgase im Teig als Poren festhalten, indem er sich ausdehnt ohne zu platzen. Der Teig wird dadurch gelockert und die Gebäcke werden verdaulich und bekömmlich.

28. Warum kann man aus dem Mehl von Hafer, Gerste, Mais und Reis nur Fladen herstellen?

Aus den Eiweißen dieser Getreidearten kann sich kein Kleber bilden. Da die Gärgase nicht festgehalten werden können, entstehen deshalb aus diesen Teigen nur flache Gebäcke (Fladen).

29. a) Erklären Sie, woraus Gelatine besteht und wie sie gewonnen wird.
b) Wozu wird Gelatine in der Konditorei verwendet?

a) Gelatine besteht aus dem Eiweiß Kollagen und wird aus Knochen und Häuten von Tieren gewonnen.
b) Gelatine wird als Bindemittel für Schlagsahne verwendet.

30. Magermilchpulver enthält ca. 46 % Eiweiß und wird deshalb zur Speiseeisherstellung verwendet. Begründen Sie diese technologische Eigenschaft des Eiweißes.

Eiweiß quillt im Wasser auf und bindet es dabei. Das Eiweiß bindet bei der Eisherstellung einen Teil des Wassers und dient somit als Bindemittel.

31. Denaturierte Eiweiße sind leichter verdaulich als ursprüngliche Eiweiße.
a) Was passiert beim „Denaturieren der Eiweiße in Lebensmittel"?
b) Wodurch denaturieren Eiweiße in den Lebensmitteln?

a) Beim Denaturieren gerinnen die flüssigen Eiweiße, d. h., sie werden fest.
b) Eiweiße in Lebensmitteln denaturieren durch
- Hitze,
- Säure und
- Lab, ein Enzym aus dem Kälbermagen.

32. Denaturiertes Eiweiß verändert die Lebensmittel.
a) Woraus besteht die Haut auf der gekochten Milch nach dem Abkühlen und wie entsteht sie?
b) Erläutern Sie, warum Sauermilch und Joghurt ausflocken und dabei fest werden.
c) Warum wird Milch bei der Käseherstellung fest?

a) Die Eiweiße Albumine und Globuline der Milch gerinnen durch die Hitze beim Kochen und bilden nach dem Erkalten der Milch eine dünne Haut auf der Oberfläche.
b) Bei der Zugabe von Milchsäure in die Milch gerinnt das Eiweiß Kasein der Milch, sodass die Milch dickflüssig wird.
c) Bei der Käseherstellung wird entweder Lab oder Milchsäure in die Milch gegeben, die dadurch gerinnt.

33. a) Was versteht man unter „essenziellen (unentbehrlichen) Aminosäuren"?
b) Erklären Sie den Begriff „biologisch hochwertiges Eiweiß".
c) Was gibt die biologische Wertigkeit der Eiweiße in Lebensmitteln an?
d) Erläutern Sie die biologische Wertigkeit von 86 % für die Milch.
e) Unser Speiseplan soll abwechslungsreich sein, damit sich verschiedene Lebensmittel in ihrer biologischen Wertigkeit ergänzen, z. B. beim Essen von Milch und Backwaren. Erklären Sie dies.

a) Es gibt 20 verschiedene Aminosäuren, die der Körper alle zum Aufbau der Körperzellen benötigt. Von den 20 Aminosäuren kann der Körper acht nicht selbst bilden. Diese acht Aminosäuren werden als essenzielle (unentbehrliche) Aminosäuren bezeichnet, weil sie dem Körper mit den Lebensmitteln bei der Ernährung zugeführt werden müssen.
b) Körpereiweiß enthält alle 20 Aminosäuren und hat deshalb eine biologische Wertigkeit von 100 %. Je ähnlicher das Eiweiß eines Lebensmittels dem Körpereiweiß ist, desto höher ist die biologische Wertigkeit des Eiweißes.
c) Die biologische Wertigkeit der Eiweiße eines Lebensmittels gibt an, wie viel Gramm Körpereiweiß in 100 g Eiweiß des Lebensmittels enthalten sind.
d) Aus 100 g Eiweiß der Milch kann der Körper 86 g zum Zellaufbau verwenden, da es dem Körpereiweiß gleich ist.
e) Fehlen in einem Lebensmittel Aminosäuren (Eiweiße), die zu Körpereiweiß gebildet werden, können diese durch Eiweiße anderer Lebensmittel ergänzt werden. Z. B. ergänzen sich die Aminosäuren der Milch mit denen der Backwaren zur biologischen Vollwertigkeit.

3.2 Vitamine, Mineralstoffe, Wasser, Ballaststoffe

1. Vitamine müssen mit den Lebensmitteln aufgenommen werden.
a) Geben Sie eine Grundregel an, wie der tägliche Vitaminbedarf gedeckt werden kann.
b) Wie sollten Lebensmittel aufbewahrt werden, um Vitaminverlust zu vermeiden?
c) In welchem Zustand haben vor allem Obst und Gemüse noch alle Vitamine und sollten so gegessen werden?

a) Jedes Lebensmittel enthält nur bestimmte Vitamine in unterschiedlichen Mengen. Damit der Körper alle Vitamine in ausreichender Menge enthält, sollte man abwechslungsreich essen.
b) Lebensmittel sollen kühl und dunkel und nicht zu lange gelagert werden.
c) Obst und Gemüse sollte frisch und möglichst unverarbeitet in natürlicher Form gegessen werden.

2. Vitamine in Lebensmitteln sind sehr empfindlich. Nennen Sie drei Einflüsse, durch die sie zerstört werden.

Vitamine in Lebensmitteln werden zerstört durch
- Hitze,
- Sonnenlicht,
- Sauerstoff.

3. Vitamine können nur in Flüssigkeiten gelöst vom Darm in die Blutbahnen übergehen und dort im Körper ihre Aufgaben erfüllen. Nennen Sie die zwei Gruppen der Vitamine, die nach ihrer Löslichkeit eingeteilt sind und geben Sie die dazugehörenden Vitamine an.

- Fettlösliche Vitamine lösen sich in Öl: Vitamine A, D, E und K
- Wasserlösliche Vitamine gehen in das Wasser über: alle B-Vitamine und Vitamin C

4. Werden dem Körper bei der Ernährung zu wenig Vitamine zugeführt, kommt es zu Mangelerscheinungen. Nennen Sie allgemeine Anzeichen.

Vitaminmangelerscheinungen können sein:
- ständige Müdigkeit
- erhöhte Nervosität
- Konzentrationsschwäche
- häufige Erkrankungen
- unreine Haut

5. Nennen Sie häufige Mangelerkrankungen beim Fehlen folgender Vitamine im Körper:
a) Vitamin A
b) Vitamin-B-Gruppe
c) Vitamin C
d) Vitamin D

a) Sehschwäche
b) Nervenstörungen, Hauterkrankungen
c) Zahnfleischerkrankungen, Müdigkeit und Schwäche, anfällig für Ansteckungskrankheiten
d) Knochenerweichung, Rachitis bei Kindern

6. Mineralstoffe müssen mit der Ernährung aufgenommen werden, weil sie der Körper selbst nicht bilden kann. Nennen Sie Lebensmittel, die zu den hauptsächlichen Mineralstoffträgern zählen.

- Milch und Milcherzeugnisse
- Vollkornerzeugnisse
- Obst und Gemüse
- Fleisch
- Fisch
- Mineralwasser

7. Wie kann Mineralstoffmangel im Körper verhindert werden?

Die einzelnen Lebensmittel enthalten nur bestimmte Mineralstoffe. Durch abwechslungsreiches Essen werden dem Körper alle Mineralstoffe in ausreichender Menge zugeführt.

8. Wann verliert der Körper besonders viel Kochsalz und andere Mineralstoffe und wie kann der dadurch verlorene Natriumgehalt des Salzes wieder gedeckt werden.

- Hoher Salz- und Mineralstoffverlust entsteht durch starkes Schwitzen und durch anhaltende Durchfälle.
- Der Verlust kann mit Mineralwasser und bei Durchfall mit Tee wieder ausgeglichen werden.

9. a) Welche Aufgabe hat Jod im Körper?
b) Welche Folgen hat Jodmangel?
c) Wie kann man Jodmangel vorbeugen?

a) Jod wird für den Aufbau der Schilddrüsenhormone benötigt.
b) Die Schilddrüsenhormone werden nicht mehr ausreichend hergestellt. Deshalb wächst die Schilddrüse, um mehr Hormone zu bilden. Es entsteht ein Kropf.
c) Regelmäßig Meeresfische essen oder Lebensmittel mit jodiertem Salz salzen.

10. Nennen Sie die hauptsächliche Mangelerkrankung, wenn folgende Mineralstoffe fehlen:
a) Kalzium
b) Magnesium

a) Knochenbrüchigkeit, Kariesbildung
b) Muskelkrämpfe

11. Wasser enthält auch feste Bestandteile.
a) Nennen Sie den Aufbau eines Wassermoleküls und geben Sie die chemische Formel an.
b) Leitungswasser wird in verschiedene Härtebereiche eingeteilt. Erklären Sie, was man unter der Wasserhärte versteht.
c) Nennen Sie Auswirkungen in der Konditorei, die sich durch Wasser ab mittlerem bis sehr hartem Härtebereich ergeben.
d) Wie wirkt sich der Härtebereich des Wassers auf den Spül- und Reinigungsmittelverbrauch aus?
e) Erklären Sie, was destilliertes Wasser ist.

a) Ein Wassermolekül besteht aus zwei Atomen Wasserstoff und einem Atom Sauerstoff = H_2O.
b) Außer H_2O enthält Wasser noch Mineralstoffe, die in der Quelle aus den Erdschichten gelöst werden. Je mehr Mineralstoffe gelöst werden, vor allem Kalzium, desto härter ist das Wasser.
c) In Leitungen von Maschinen und in Schwadenrohren des Ofens lagern sich Kalkablagerungen ab und verstopfen diese.
d) Je härter das Wasser ist, desto mehr Spül- und Reinigungsmittel werden benötigt.
e) Destilliertes Wasser ist reines Wasser, H_2O, ohne Mineralstoffe.

12. Nennen Sie die drei Anforderungen an das Trinkwasser nach der Trinkwasserverordnung.

- Es darf keine krankheitserregenden Mikroorganismen enthalten.
- Es muss frei von giftigen Stoffen sein.
- Es muss klar und geruchlos sein.

13. Der Körper verliert ständig Wasser, das ersetzt werden muss.
a) Geben Sie den täglichen Wasserbedarf eines Menschen in unserem Land in Liter an.
b) Nennen Sie Ursachen, die den täglichen Wasserbedarf erhöhen.

a) Um den Wasserspiegel des Körpers konstant zu halten, benötigen Erwachsene täglich ca. 2,5 Liter Wasser. Ca. 1,5 l werden durch Getränke gedeckt, der Rest, ca. 1 l, durch Lebensmittel.
b)
- erhöhte körperliche Anstrengung bei Arbeit und Sport
- große Hitze, z. B. in der Backstube oder im Sommer
- Krankheiten wie Fieber und Durchfall

14. Beschreiben Sie die vier Aufgaben des Wassers im Körper.

Wasser ist
- Baustoff für Körperzellen und Körperflüssigkeiten.
- Lösungsmittel für Nährstoffe, die so in die Blutgefäße übergehen können.
- Transportmittel für die Nährstoffe zu den einzelnen Körperzellen und unbrauchbare Stoffe werden aus dem Körper befördert, z. B. Schweiß und Urin.
- Wärmeregulator der Körpertemperatur durch den Schweiß, damit der Körper nicht überhitzt wird.

15. Nennen und beschreiben Sie die Aggregatzustände und die zugehörigen Temperaturbereiche des Wassers bei normalem Luftdruck:
a) flüssiger Bereich
b) Gefrierpunkt
c) Siedepunkt
d) Wie nennt man abgekühlten Wasserdampf auf kühlen Gegenständen, z. B. Schwaden auf Teiglingen im Gärraum?

a) Bei 1 bis 99 °C ist Wasser flüssig.
b) Bei 0 °C und kälter gefriert das Wasser zu Eis und wird fest.
c) Bei 100 °C verdampft das Wasser und wird gasförmig.
d) Kühlt Wasserdampf ab, wird er wieder flüssig und lagert sich auf kühlen Gegenständen als Kondenswasser ab.

16. Der Körper benötigt ausreichend Ballaststoffe. Erklären Sie, was Ballaststoffe sind.

Ballaststoffe sind Bestandteile pflanzlicher Lebensmittel, die unverdaulich sind, und dadurch vom Körper durch den Dickdarm ausgeschieden werden. Deshalb liefern sie dem Körper keine Energie.

17. Ballaststoffreiche Lebensmittel erfüllen wichtige Aufgaben im Körper.
a) Nennen Sie ballaststoffreiche Lebensmittel.

a)
- Vollkornerzeugnisse für Müsli und Vollkornbrote
- Obst, vor allem Nüsse, Mandeln und Trockenfrüchte
- Gemüse, vor allem Hülsenfrüchte wie Bohnen, Erbsen und Linsen

b) Nennen Sie zwei wichtige Aufgaben und die Auswirkungen, die Ballaststoffe im Körper erfüllen.

b)
- Ballaststoffe regen die Verdauung an und verhindern dadurch Verstopfungen.
- Sie geben dem Körper ein schnelles und lang anhaltendes Sättigungsgefühl. Das Essen von zu großen Lebensmittelmengen wird vermieden.

18. Sekundäre Pflanzenstoffe sind wichtig für die Gesundheit.
a) In welchen Lebensmitteln befinden sich hauptsächlich die sekundären Pflanzenstoffe?
b) Nennen Sie Beispiele von gesundheitsfördernden Wirkungen der sekundären Pflanzenstoffe.

a) Sekundäre Pflanzenstoffe befinden sich hauptsächlich in Obst, Gemüse, Ölsamen und Vollkorngetreide.
b) Sekundäre Pflanzenstoffe wirken im Körper mit, z. B.:
- bei der Verdauung
- bei den Stoffwechselvorgängen
- bei der Stärkung des Immunsystems
- beim Schutz vor Krebs

19. Natürliche Farb- und Aromastoffe bestimmen maßgeblich den Genusswert von Konditoreierzeugnissen.
a) Beschreiben Sie, wie diese Stoffe die Lebensmittel beeinflussen und welche Wirkungen sie auf die Ernährung ausüben.
b) Was versteht man unter „Aroma“?
c) Nennen Sie vier Geruchs- und Geschmacksstoffe in Lebensmitteln.

a) Farbstoffe geben den Lebensmitteln ein schönes Aussehen und Aromastoffe einen anregenden Geruch und Geschmack. Dadurch fördern sie die Produktion der Verdauungssäfte im Körper. Dies wirkt appetitanregend und verdauungsfördernd.
b) Das Aroma ist der Geruch und/oder Geschmack der Lebensmittel.
c) Geruchs- und Geschmacksstoffe sind:
- ätherische Öle
- Gerbstoffe
- Bitterstoffe
- Säuren

3.3 Fachmathematische Berechnungen (Dreisatz, Nährwertberechnung, Energiewertberechnung)

1. 100 g Vollkornhefezopf enthalten folgende Anteile an nicht energieliefernden Nährstoffen:
Ballaststoffe: 7,5 g
Mineralstoff Kalium: 270 mg
Vitamine insgesamt: 4,26 mg
a) Erwachsene sollten täglich 30 g Ballaststoffe aus Getreideprodukten zu sich nehmen.
Wie viel g Vollkornhefezopf liefert diese Ballaststoffmenge?
b) Wie viel mg Kalium und Vitamine enthält eine Scheibe Vollkornhefezopf (45 g)?

a) 7,5 g Ballaststoffe ≙ 100 g Brot
30 g Ballaststoffe ≙ x g

$$x = \frac{100\text{ g} \cdot 30}{7{,}5} = 400\text{ g}$$

b) Kalium
100 g ≙ 270 mg
45 g ≙ x mg

$$x = \frac{270\text{ mg} \cdot 45}{100} = 121{,}5\text{ mg}$$

Vitamine
100 g ≙ 4,26 mg
45 g ≙ x mg

$$x = \frac{4{,}26\text{ mg} \cdot 45}{100} = 1{,}917\text{ mg}$$

2. Ein Liter Milch enthält 1,2 g Kalzium. Wie viel ml Milch müssen Erwachsene trinken, um ihren Tagesbedarf von 1 g Kalzium zu decken?

1,2 g Ca ≙ 1 000 ml
1 g Ca ≙ x ml

$$x = \frac{1\,000 \text{ ml} \cdot 1}{1{,}2} = 833{,}33 \text{ ml}$$

Energiegehalte der Grundnährstoffe (gerundet):

1 g Eiweiß ≙ 17 kJ
1 g Fett ≙ 37 kJ
1 g Kohlenhydrate ≙ 17 kJ

3. Berechnen Sie den Nährwert eines kleinen Schokoriegels mit einem Gewicht von 25 g in kJ, wenn 100 g folgenden Nährstoffgehalt haben:
3,5 g Eiweiß
1 g Fett
72,5 g Kohlenhydrate

100 g Schokoriegel:
EW: 17 kJ/g · 3,5 g = 59,5 kJ
F: 37 kJ/g · 1 g = 37,0 kJ
KH: 17 kJ/g· 72,5 g = 1 232,5 kJ
1 329,0 kJ

25 g Schokoriegel:
1 329 kJ : 4 = 332,25 kJ

4. 100 g einer Sahnetorte hat folgenden Energiegehalt durch die Energie liefernden Nährstoffe:
85 kJ durch Eiweiß
510 kJ durch Kohlenhydrate
925 kJ durch Fette
a) Wie viel g der jeweiligen Nährstoffe enthalten 100 g Sahnetorte?
b) Berechnen Sie den Energiegehalt eines Sahnetortenstückes, das 160 g wiegt.

a) Eiweiß: 85 kJ : 17 kJ = 5 g
KH: 510 kJ : 17 kJ = 30 g
Fette: 925 kJ : 37 kJ = 25 g

b) 85 kJ + 510 kJ + 925 kJ = 1 520 kJ
100 g ≙ 1 520 kJ
160 g ≙ x kJ

$$x = \frac{1\,520 \text{ kJ} \cdot 160}{100} = 2\,432 \text{ kJ}$$

5. Der Nährstoffgehalt von 100 g Nussbeugel beträgt:
7,5 g Eiweiß
1,0 g Fett
57,5 g Kohlenhydrate
Berechnen Sie den Energiegehalt in kJ von 3 Nussbeugel, wenn ein Nussbeugel ein Backgewicht von 42 g aufweist.

100 g Nussbeugel:
EW: 17 kJ/g · 7,5 g = 127,5 kJ
F: 37 kJ/g · 1 g = 37,0 kJ
KH: 17 kJ/g · 57,5 g = 977,5 kJ
1 142,0 kJ

1 Nussbeugel ≙ 42 g
3 Nussbeugel ≙ 3 · 42 g = 126 g
100 g ≙ 1 142 kJ
126 g ≙ x kJ

$$x = \frac{1\,142 \text{ kJ} \cdot 126}{100} = 1\,438{,}92 \text{ kJ}$$

6. Berechnen Sie den Energiegehalt eines Eies (50 g), wenn 100 g folgenden Nährstoffgehalt aufweisen:
13 g Eiweiß
11 g Fett
2 g Kohlenhydrate

100 g Ei:
EW: 17 kg/g · 13 g = 221,0 kJ
F: 37 kg/g · 11 g = 407,0 kJ
KH: 17 kg/g · 2 g = 34,0 kJ
662,0 kJ

50 g Ei:
662 kJ : 2 = 331 kJ

4 Ernährung

4.1 Enzyme und Stoffwechsel

1. Alle Stoffwechselvorgänge in Menschen, Tieren und Pflanzen werden von Enzymen gesteuert.
   a) Woraus bestehen Enzyme hauptsächlich?
   b) Wo befinden sich Enzyme?
   c) Erklären Sie die Aussage, dass Enzyme Spezialisten sind, die nach dem „Schlüssel-Schloss-Prinzip" wirken.
   d) Erläutern Sie die Aufgabe von
      - abbauenden Enzymen,
      - aufbauenden Enzymen.

      Geben Sie jeweils ein Beispiel an.

a) Enzyme bestehen hauptsächlich aus Eiweiß.
b) Enzyme befinden sich im menschlichen und tierischen Körper und in den Pflanzen. Sie sind somit auch in tierischen und pflanzlichen Lebensmitteln enthalten.
c) Jedes Enzym kann nur einen bestimmten Nährstoff auf- bzw. abbauen. Für jeden Nährstoff ist ein anderes Enzym zuständig.
d)
   - Größere Nahrungsbestandteile werden in kleinere Nahrungsbausteine abgebaut, z. B. wird der Doppelzucker Malzzucker von Enzymen zu zwei Traubenzuckern (Einfachzucker) abgebaut.
   - Kleinere Nahrungsbausteine werden zu größeren zusammengebaut, z. B. werden viele Traubenzucker in den Pflanzen zu Stärke (Vielfachzucker) aufgebaut.

2. Bei der Verdauung im Körper und in Teigen während der Teigruhe und der Gare bauen die Enzyme Nährstoffe ab.
   a) Beschreiben Sie die zwei Stufen des Stärkeabbaus durch Enzyme bis zum kleinsten Baustein der Kohlenhydrate.
   b) Erklären Sie, wie das Hefeenzym Zymase in der Hefe die Gärung bewirkt.
   c) Nennen Sie die einzelnen Fettbestandteile, in die Fette durch das Enzym Lipase abgebaut werden.
   d) Eiweiße werden vom Enzym Protease in ihre kleinsten Eiweißbausteine abgebaut. Nennen Sie diese.

a)
   - Der Vielfachzucker Stärke wird von Enzymen abgebaut zu Doppelzucker, dem Malzzucker.
   - Malzzucker wird abgebaut zu Einfachzucker, dem Traubenzucker.

b) Bei der Gärung spaltet das Hefeenzym den Traubenzucker zu Kohlenstoffdioxid und Alkohol.
c) Fette werden von dem Enzym in Glyzerin und Fettsäuren abgebaut, den einzelnen Bestandteilen der Fette.
d) Das eiweißspaltende Enzym baut Eiweiß in Aminosäure ab.

3. Die Enzyme werden mit dem Namen des Nährstoffs und der Endung „ase" benannt. Nennen Sie Nährstoffe, die von folgenden Enzymen abgebaut werden: Lipase, Protease, Amylase, Maltase, Saccharase.

- Fett: Lipase
- Eiweiß: Protease
- Stärke: Amylase
- Malzzucker: Maltase
- Rohr- und Rübenzucker: Saccharase

4. Beschreiben Sie erwünschte Enzymtätigkeiten: a) in Teigen mit Hefe b) beim Reifen von stärkehaltigem Obst, z. B. Bananen c) bei der Ernährung im Körper	a) Bei der Hefegärung spaltet das Hefeenzym den Traubenzucker zu Kohlenstoffdioxid und Alkohol. b) Die geschmacklose Stärke in unreifen Früchten, z. B. Bananen, wird von den Enzymen zu Malzzucker und dann zu Traubenzucker abgebaut, sodass die Früchte den süßlichen und vollen Fruchtgeschmack erhalten. c) Bei der Verdauung werden Kohlenhydrate, Fette und Eiweiße von Enzymen in ihre kleinsten Bestandteile abgebaut und können so in die Blutbahnen gelangen.
5. Enzyme verderben Lebensmittel bei zu langer Lagerung. Beschreiben Sie unerwünschte Enzymtätigkeiten a) im reifen Obst, b) in geschälten, aufgeschnittenen Äpfeln und Bananen, c) bei der Fettlagerung.	a) Reifes Obst fault durch fortführenden Enzymabbau. b) Geschälte Äpfel und Bananen werden durch Enzyme in Verbindung mit dem Sauerstoff der Luft braun. c) Durch Enzymtätigkeit im Fett werden die Fettsäuren vom Glyzerin getrennt, sodass Fette ranzig werden.
6. Beschreiben Sie die Enzymtätigkeit, die von der Temperatur der Lebensmittel abhängt. a) bei warmen Raumtemperaturen bis 40 °C b) beim Erhitzen von Lebensmitteln bei ca. 70 °C c) bei kühlen Raumtemperaturen, vor allem bei der Lagerung der Lebensmittel in der Kühlung bei 2 bis 10 °C d) unter dem Gefrierpunkt, 0 °C bis –20 °C e) nach dem Auftauen	a) Je wärmer die Raumtemperatur, desto stärker ist die Enzymtätigkeit in Lebensmitteln. b) Enzyme werden beim Erhitzen zerstört, weil ihr Eiweißkörper gerinnt. c) Je kühler die Lebensmittellagerung, desto geringer die Enzymtätigkeit. d) Beim Gefrieren stellen Enzyme in Lebensmitteln ihre Tätigkeit völlig ein, werden jedoch nicht zerstört. e) Die Enzyme werden beim Auftauen der Lebensmittel wieder aktiv.
7. Erklären Sie, wann in Lebensmitteln die stärkste Enzymtätigkeit erfolgt: a) Raumtemperatur b) a_w-Wert	Die stärkste Enzymtätigkeit in Lebensmitteln herrscht vor: a) bei warmer Raumtemperatur bis 40 °C b) je größer der Wasseranteil im Lebensmittel ist
8. Wie kann eine unerwünschte Enzymtätigkeit in Lebensmitteln verhindert werden? a) durch Einstellung der Enzymtätigkeit b) durch Zerstörung der Enzyme	a) Enzyme stellen ihre Tätigkeit ein • in getrockneten Lebensmitteln, • in tiefgefrorenen Lebensmitteln. b) Enzyme werden in Lebensmitteln zerstört • durch Säure, z. B. Zitronensaft • durch Erhitzen auf ca. 70 °C

	Aufgabe	Lösung
9.	Der Stoffwechsel beginnt mit dem Essen der Lebensmittel. Erklären Sie den Begriff „Stoffwechsel".	Beim Stoffwechsel werden die Nährstoffe der Lebensmittel umgewandelt (gewechselt) in ihre kleinsten Bestandteile, die sich im Wasser auflösen und so in die Blutbahn übergehen. Im Körper erfüllen die Nährstoffe Aufgaben, z. B. Aufbau der Körperzellen, Energielieferung. Die nicht verwertbaren Stoffe werden ausgeschieden.
10.	a) Erläutern Sie die Verdauung, die nach dem Essen der Lebensmittel im Körper beginnt. b) Beschreiben Sie den Einfluss von schönem Aussehen und feinem Aroma (Geruchs- und Geschmacksstoffe) der Lebensmittel auf die Verdauung.	a) Kohlenhydrate, Fette und Eiweiße der Lebensmittel werden im Körper in den Verdauungssäften durch Enzyme verdaut, d. h., in ihre kleinsten Bestandteile wie Einfachzucker, Glyzerin und Fettsäuren sowie Aminosäuren abgebaut (zerlegt). b) Durch schönes Aussehen und gutes Aroma der Lebensmittel wird der Appetit angeregt und somit die Verdauung gefördert. Dabei bilden sich im Körper Verdauungssäfte, die viele Enzyme enthalten. Die Enzyme bauen die Nährstoffe schnell ab.
11.	a) Erklären Sie die Resorption, die beim Stoffwechsel nach der Verdauung stattfindet. b) Durch die Darmzotten an der Darmwand gehen die Nährstoffe in das Blut über. Beschreiben Sie, welche Aufgaben die unverdaulichen Ballaststoffe dabei erfüllen.	a) Resorption ist der Übergang der verdauten (zerkleinerten) und in Wasser gelösten Nahrungsinhaltsstoffe vom Darm in die Blutbahn. Die Nährstoffe resorbieren vom Darm in das Blut. b) Durch die unverdaulichen Ballaststoffe wird der Dünndarm in Bewegung versetzt. Nur wenn die Darmzotten in Bewegung sind, können sie die Nährstoffe aufnehmen und in die Blutbahn überführen. Ballaststoffe fördern somit die Verdauung. Ballaststoffarme Ernährung führt zu Darmträgheit und zu Verstopfung.
12.	a) Nach der Resorption erfolgt der Zellstoffwechsel im Körper. Beschreiben Sie den Zellstoffwechsel. b) Welche Aufgaben erfüllen folgende Nährstoffe beim Zellstoffwechsel im Körper? • Kohlenhydrate, Fette und zum Teil Eiweiße • Eiweiße und Mineralstoffe als Baustoffe • Mineralstoffe, Vitamine und sekundäre Pflanzenstoffe als Wirkstoffe	a) Beim Zellstoffwechsel erfüllen die Nährstoffe der Lebensmittel in den Körperzellen ihre Aufgaben. b) • Kohlenhydrate, Fette und zum Teil Eiweiße liefern Energie. Sie erhalten die Körperwärme und ermöglichen Leistungen durch Muskelbewegungen. • Eiweiße bauen Körperzellen auf. Mineralstoffe sind Bestandteile der Knochen, der Zähne und des Bluts. • Mineralstoffe, Vitamine und sekundäre Pflanzenstoffe sorgen für einen störungsfreien Ablauf der Stoffwechselvorgänge und regeln die Gesundheit.

4.2 Nährstoffbedarf, Ernährungsgrundsätze

1. Energiehaltige Nährstoffe liefern dem Körper die benötigte Energie.

a) Nennen Sie die Maßeinhheiten, mit der der Energiegehalt der Lebensmittel gemessen wird. Geben Sie auch die Abkürzungen dieser Maßeinheiten an.
- internationale Maßeinheit
- allgemein geläufige Maßeinheit

b) Nennen Sie den Energiegehalt der Energie liefernden Nährstoffe:
- 1 g Fett
- 1 g Kohlenhydrate
- 1 g Eiweiß

c) Auch Alkohol liefert viel Energie, die bei der Ernährung beachtet werden muss. Wie viel Energie liefert 1 g Alkohol?

a)
- Die Energie der Lebensmittel wird international in Kilojoule gemessen, abgekürzt kJ.
- Häufig wird die Energie immer noch mit der früheren Bezeichnung Kilokalorie angegeben, abgekürzt kcal.

b)
- 1 g Fett entspricht 37 kJ oder 9 kcal.
- 1 g Kohlenhydrate entspricht 17 kJ oder 4 kcal.
- 1 g Eiweiß entspricht 17 kJ oder 4 kcal.

c) 1 g Alkohol entspricht 29 kJ oder 7 kcal.

2. Der Körper benötigt zu jeder Zeit Energie.

a) Beschreiben Sie, was man unter dem Grundumsatz versteht.

b) Nennen Sie die Tätigkeiten im Körper, für die der Körper beim Grundumsatz ständig Energie benötigt.

c) Beschreiben Sie den Leistungsumsatz.

d) Wodurch entsteht ein hoher Leistungsumsatz?

e) Erklären Sie den Gesamtumsatz.

a) Der Grundumsatz ist die Energiemenge, die der Körper bei völliger Ruhe und Entspannung benötigt (umsetzt), um die lebenswichtigen Funktionen des Körpers aufrecht zu erhalten.

b) Der Körper benötigt beim Grundumsatz ständig Energie
- zur Erhaltung der Körpertemperatur,
- für Herzschlag und Kreislauf,
- zur Atmung,
- für Stoffwechselvorgänge,
- für Gehirntätigkeit.

c) Der Leistungsumsatz ist die Energiemenge, die der Körper bei geistiger und vor allem körperlicher Tätigkeit benötigt (umsetzt).

d) Je schwerer die körperliche Arbeit und je stärker die sportliche Belastung, desto höher ist der Leistungsumsatz.

e) Die Energiemenge, die der Körper täglich benötigt, wird als Gesamtumsatz bezeichnet. Er setzt sich zusammen aus dem Grundumsatz und dem Leistungsumsatz.

3. Die richtige Ernährung ist für die Gesundheit ein wichtiger Faktor.

a) Erklären Sie, was man unter ausgewogener Ernährung versteht.

a) Ausgewogene Ernährung bedeutet, dass eine abwechslungsreiche Auswahl von Lebensmitteln gegessen wird, die alle Nährstoffe in der richtigen Menge für den Körper enthalten.

b) Nennen Sie Lebensmittel, die regelmäßig gegessen werden sollten, um ausreichend Stärke, Ballaststoffe, Mineralstoffe und Vitamine zu erhalten.

b) Regelmäßig sollen Getreideerzeugnisse, Kartoffeln, Obst, Gemüse, Milch und Milcherzeugnisse gegessen werden.

4. Übergewicht ist die Folge einer falschen Ernährung.
a) Wie kommt es zu Übergewicht?
b) Nennen Sie Möglichkeiten Übergewicht zu vermeiden.
c) Nennen Sie Krankheiten, die durch Übergewicht gefördert werden.

a) Isst man langfristig ständig zu viel, entsteht Übergewicht. Der Körper bekommt mehr Energie als er verbraucht. Das Zuviel an energieliefernden Nährstoffen wird als Körperfett angelegt.
b) Übergewicht wird vermieden durch:
- Weniger energiereiche Lebensmittel und Getränke essen bzw. trinken.
- Regelmäßig Vollkornerzeugnisse essen, da Ballaststoffe zu einem lang anhaltenden Sättigungsgefühl führen.
- Kleine Zwischenmahlzeiten einnehmen, um Heißhunger zu vermeiden, der zum Essen von zu großen Lebensmittelmengen verleitet.
- Regelmäßige Bewegung durch Sport steigert den Leistungsumsatz.

c) Übergewicht fördert:
- Rücken- und Gelenkbeschwerden
- Herz- und Kreislaufbeschwerden
- Stoffwechselstörungen wie z. B. Zuckerkrankheit, Gicht
- Bluthochdruck
- seelische Störungen

5. Erklären Sie die Essstörung, die zu Untergewicht führt.

Bei längerfristig zu geringer Energiezufuhr durch zu wenig Nahrungsaufnahme bei höherem Energieverbrauch des Körpers entsteht Untergewicht, das zu Leistungsabfall und zur Krankheit führen kann.

6. Erläutern Sie die Ernährungsformen der
a) Vegetarier,
b) Veganer.

a) Vegetarier essen keine Lebensmittel von getöteten Tieren, z. B. Fleisch, Wurst, Fisch. Sie ernähren sich von pflanzlichen Lebensmitteln und von Produkten lebender Tiere, z. B. Milch, Käse, Eier, Honig.
b) Veganer ernähren sich ausschließlich von pflanzlichen Lebensmitteln. Sie verzichten auf alle Lebensmittel tierischer Herkunft.

4.3 Diabetes mellitus, Lebensmittelallergien und -unverträglichkeiten

1. Diabetes mellitus ist eine unheilbare Krankheit.
- Wie wird sie auf Deutsch benannt?
- Welcher Stoffwechsel ist bei Diabetikern hauptsächlich gestört?

- Diabetes mellitus wird als Zuckerkrankheit bezeichnet.
- Bei Diabetikern ist der Zuckerstoffwechsel gestört.

2. a) Nennen Sie die Ursache der Stoffwechselkrankheit Diabetes mellitus.
b) Beschreiben Sie die Aufgabe von Insulin im gesunden Körper.
c) Der Zuckergehalt im Blut muss immer gleich sein. Was geschieht bei gesunden Menschen, wenn der Zuckeranteil verbraucht ist und somit neuer Zucker für die Energie benötigt wird.

a) Bei Diabetikern produziert die Bauchspeicheldrüse zu wenig oder kein Insulin.
b) Ist der Zuckergehalt im Blut gesättigt, transportiert das Hormon Insulin den überschüssigen Zucker von der Nahrung in die Leber und Muskulatur und speichert ihn dort als Zuckerreserve.
c) Sobald der Blutzuckerspiegel sinkt, wird der gespeicherte Zucker von der Leber und der Muskulatur in das Blut abgegeben, sodass der Blutzuckerspiegel immer konstant (gleich) ist.

3. Durch fehlendes Insulin ist der Blutzuckerspiegel bei Diabetikern ständig verändert.
a) Erklären Sie, wie Überzuckerung bei Diabetikern entsteht.
b) Beschreiben Sie, wie Unterzuckerung entsteht.
c) Wie merkt man Überzuckerung oder Unterzuckerung bei Diabetikern?

a) Beim Verzehr von Zucker geht bei Diabetikern die gesamte Zuckermenge in das Blut über, weil der Zucker durch fehlendes Insulin nicht gespeichert werden kann. Der Blutzuckerspiegel steigt zu hoch an, es entsteht Überzucker.
b) Wenn für die Energie der Zuckergehalt im Blut aufgebraucht ist, sind keine Zuckerreserven vorhanden, sodass der Blutzuckerspiegel sinkt. Es entsteht Unterzuckerung.
c) Hinweise auf Über- oder Unterzuckerung sind:
- Übelkeit und Kopfschmerzen
- Schwächeanfall
- Zuckerkoma (Bewusstlosigkeit)

4. a) Womit können Diabetiker statt mit Zucker ihre Speisen und Getränke süßen?
b) Erklären Sie dieses Süßungsmittel.

a) Statt mit Zucker kann mit Süßstoffen gesüßt werden.
b) Süßstoffe sind chemisch (künstlich) hergestellte Süßungsmittel mit höherer Süßkraft als Zucker.
Süßstoffe haben keinen Energiegehalt.

5. Beschreiben Sie die Ernährungsregel für Diabetiker für die Einnahme der täglichen Mahlzeiten.

Täglich sechs kleine Mahlzeiten einnehmen. Dadurch wird eine Über- und Unterzuckerung vermieden.

6. Diabetiker sollen bestimmte Lebensmittel bevorzugen.
   a) Welche Lebensmittel sind für Diabetiker besonders empfehlenswert?
   b) Welche Lebensmittel sind für Diabetiker nur in geringen Mengen erlaubt?

a) Besonders empfehlenswerte Lebensmittel sind:
   - ballaststoffreiche Vollkornerzeugnisse und in Maßen stärkehaltige Speisen
   - Obst und Gemüse
   - zuckerfreie Getränke wie Wasser, Tee

b) Lebensmittel und Getränke, die Zucker enthalten, sollten nur begrenzt gegessen und getrunken werden, z. B. zuckerhaltige Backwaren, Konfitüren, Schokolade, Speiseeis, Limonaden, Fruchtsaftgetränke.

7. Allergien treten immer häufiger auf.
   a) Was versteht man unter einer Lebensmittelallergie?
   b) Nennen Sie mögliche Reaktionen des Körpers auf allergische Stoffe bei einer Lebensmittelallergie.
   c) Wodurch werden allergische Stoffe in Obst und Gemüse häufig verträglich?

a) Bei einer Lebensmittelallergie verträgt der Körper bestimmte Stoffe in Lebensmitteln nicht. Diese lösen eine Krankheit, eine Allergie, aus.

b) Auf allergische Stoffe reagiert der Körper z. B. mit Hautausschlag, Asthma, Schnupfen, ständigem Hustenreiz, tränenden Augen.

c) Wenn Obst und Gemüse beim Backen oder Kochen erhitzt werden, denaturieren (verändern) sich die Allergene und werden somit verträglich.

8. a) Erklären Sie eine Lebensmittelintoleranz.
   b) Nennen Sie die Unverträglichkeit von
   - Milch und
   - Obst.

   c) Beschreiben Sie die Ursache dieser Intoleranzen.

a) Bei einer Lebensmittelintoleranz kann der Körper im Darm bestimmte Nährstoffe in Lebensmitteln nicht verdauen (abbauen) und vom Darm nicht in die Blutbahnen überführen (resorbieren).

b)
   - Laktoseintoleranz ist die Unverträglichkeit von Milchzucker (Laktose) der Milch.
   - Bei der Fruktoseintoleranz wird der Fruchtzucker (Fruktose) im Obst nicht vertragen.

c) Milch- und Fruchtzucker können vom Dünndarm nicht in die Blutbahnen übergehen (resorbieren) und gelangen somit in den Dickdarm. Dort verursachen sie durch Bakterien Blähungen, Durchfall und Krämpfe.

9. a) Welche Lebensmittel vertragen Menschen mit der Intoleranz „Zöliakie" nicht?
   b) Nennen Sie den Stoff, auf den Zöliakiekranke unverträglich reagieren.

a) Zöliakiekranke Menschen dürfen keine Speisen mit Weizen, Dinkel, Roggen, Gerste und Hafer essen.

b) Sie vertragen das Eiweiß „Gluten" dieser Getreidearten nicht.

4.4 Fachmathematische Berechnungen (Dreisatz, Energiewertberechnung, Verhältnisrechnen, Prozentrechnen, Nährwertberechnung)

Energiegehalte der Grundnährstoffe (gerundet):
1 g Eiweiß ≙ 17 kJ
1 g Fett ≙ 37 kJ
1 g Kohlenhydrate ≙ 17 kJ

Abkürzungen: EW: Eiweiß F: Fett KH: Kohlenhydrate

1. Der Nährstoffbedarf eines Menschen liegt bei etwa 0,8 g Eiweiß, 0,9 g Fett und 5 g Kohlenhydrate je kg Körpergewicht am Tag.
a) Wie viel g der jeweiligen Nährstoffe muss ein Auszubildender mit einem Körpergewicht von 69 kg täglich aufnehmen?
b) Wie viel kJ nimmt er dabei zu sich?

a) EW: 0,8 g/kg · 69 kg = 55,2 g
F: 0,9 g/kg · 69 kg = 62,1 g
KH: 5 g/kg · 69 kg = 345 g

b) EW: 17 kJ/g · 55,2 g = 938,4 kJ
F: 37 kJ/g · 62,1 g = 2 297,7 kJ
KH: 17 kJ/g · 345 g = 5 865,0 kJ
10 274,1 kJ

2. Hier ein Beispiel für eine günstige prozentuale Verteilung des Gesamtenergiebedarfs an einem Tag:

Frühstück	25 %
1. Zwischenmahlzeit	10 %
Mittagessen	35 %
2. Zwischenmahlzeit	5 %
Abendessen	25 %

Wie viel kJ sollte eine Auszubildende im Konditoreihandwerk mit der jeweiligen Mahlzeit zu sich nehmen, wenn ihr täglicher Gesamtumsatz 9 400 kJ beträgt?

100 % ≙ 9 400 kJ
1 % ≙ 94 kJ

F: 94 kJ · 25 = 2 350 kJ
1. Z: 94 kJ · 10 = 940 kJ
M: 94 kJ · 35 = 3 290 kJ
2. Z: 94 kJ · 5 = 470 kJ
A: 94 kJ · 25 = 2 350 kJ
9 400 kJ

3. Ein Konditor treibt regelmäßig Sport und hat daher einen erhöhten Energieverbrauch. Sein Energiebedarf von 14 000 kJ am Tag sollte durch Eiweiß, Fett und Kohlenhydrate im Verhältnis 1 : 2 : 5 gedeckt werden. Wie viel g der Nährstoffe sollte er täglich aufnehmen?

14 000 kJ : 8 Teile = 1 750 kJ/Teil
EW: 1 750 kJ : 17 kJ/g = 102,94 g
F: 1 750 kJ · 2 = 3 500 kJ
3 500 kJ : 37 kJ/g = 94,59 g
KH: 1 750 kJ · 5 = 8 750 kJ
8 750 kJ : 17 kJ/g = 514,70 g

4. Bei körperlich mittelschwerer Arbeit sollte der Gesamtenergiebedarf durch folgende Nährstoffanteile gedeckt werden: 15 % Eiweiß, 30 % Fett und 55 % Kohlenhydrate. Welche Mengen der Nährstoffe müssten demnach bei einem Gesamtenergiebedarf von 12 000 kJ aufgenommen werden?

100 % ≙ 12 000 kJ; 1 % ≙ 120 kJ
EW: 120 kJ · 15 = 1 800 kJ
1 800 kJ : 17 kJ/g = 105,88 g
F: 120 kJ · 30 = 3 600 kJ
3 600 kJ : 37 kJ/g = 97,30 g
KH: 120 kJ · 55 = 6 600 kJ
6 600 kJ : 17 kJ/g = 388,23 g

5. Beim Aprikotieren von Blätterteig verbraucht eine Konditorin in 10 Minuten 119 kJ Energie. Welcher Menge an Kohlenhydraten entspricht dies in g?

119 kJ : 17 kJ/g = 7 g

6. Diabetiker, die Insulin zuführen, dürfen täglich nur eine bestimmte Anzahl an Broteinheiten (BE) beziehungsweise Kohlenhydrateinheiten (KE) zu sich nehmen. Eine BE entspricht 12 g verwertbaren Kohlenhydraten, eine KE entspricht 10 g. Wie viel Broteinheiten/Kohlenhydrateinheiten ergeben 26 g Traubenzucker und 4 g Sorbit zusammen?

26 g Traubenzucker + 4 g Sorbit = 30 g

Broteinheiten:

12 g ≙ 1 BE   30 g ≙ x BE

$$x = \frac{1\ \text{BE} \cdot 30}{12} = 2{,}5\ \text{BE}$$

Kohlenhydrateinheiten:

10 g ≙ 1 KE   30 g ≙ x KE

$$x = \frac{1\ \text{KE} \cdot 30}{10} = 3\ \text{KE}$$

7. 1704 g Erdbeereis enthalten 460 g verwertbare Kohlenhydrate.

a) Berechnen Sie die BE/KE in 100 g Speiseeis.

b) Auf der Eiskarte im Café soll für Diabetiker gekennzeichnet werden, wie viel g Speiseeis einer Broteinheit/Kohlenhydrateinheit entsprechen. Berechnen Sie die entsprechenden Mengen in g.

a) BE-Berechnung:

1704 g ≙ 460 g

100 g ≙ x g

$$x = \frac{460\ \text{g} \cdot 100}{1704} = 27\ \text{g}$$

27 g : 12 g/BE = 2,25 BE

KE-Berechnung:

27 g : 10 g/KE = 2,7 KE

b) 2,25 BE ≙ 100 g

1 BE ≙ x g

$$x = \frac{100\ \text{g} \cdot 1}{2{,}25} = 44{,}4\ \text{g} \approx 44\ \text{g}$$

2,7 KE ≙ 100 g

1 KE ≙ x g

$$x = \frac{100\ \text{g} \cdot 1}{2{,}7} = 37{,}037\ \text{g} \approx 37\ \text{g}$$

8. Ein Vollkornsandkuchen mit einem Gewicht von 500 g enthält 115 g Kohlenhydrate, 115 g Fett, 45 g Eiweiß und 80 g Fruktose als Zuckeraustauschstoff.

a) Berechnen Sie den Nährstoffgehalt und den Nährwert von 100 g Sandkuchen.

b) Welche Menge Sandkuchen entspricht einer Broteinheit?

a) Nährstoffgehalt von 100 g:

115 g : 5 = 23 g Kohlenhydrate
115 g : 5 = 23 g Fett
45 g : 5 = 9 g Eiweiß
80 g : 5 = 16 g Fruktose

Nährwert von 100 g:

23 g · 17 kJ/g = 391 kJ
23 g · 37 kJ/g = 851 kJ
9 g · 17 kJ/g = 153 kJ
16 g · 17 kJ/g = 272 kJ
1667 kJ

b) verwertbare Kohlenhydrate insges.:

23 g KH + 16 g Fruktose = 39 g

BE: 39 g ≙ 100 g Sandkuchen

12 g ≙ x g

$$x = \frac{100\ \text{g} \cdot 12}{39} = 30{,}8\ \text{g}$$

5 Verkaufsförderung durch Marketing

5.1 Marketing, Werbemittel und Warenpräsentation

1. a) Erklären Sie, was man unter Marketing versteht.
b) Nennen Sie die Ziele des Marketings.

a) Marketing bedeutet Maßnahmen im Betrieb zu ergreifen, damit viele Waren gewinnbringend verkauft werden und sich so der Betrieb auf längere Sicht erfolgreich auf den Markt behauptet.
b) Ziele des Marketings sind:
- den bestehenden Kundenstamm zu erhalten,
- neue Kunden dazuzugewinnen,
- neue Verkaufsmöglichkeiten zu finden.

2. Beschreiben Sie, welcher Standort für eine Konditorei und Café für den Erfolg wichtig ist.

Es muss ausreichend Menschen im Umfeld geben, die täglich als Kunden bzw. Gäste infrage kommen.

3. Nennen Sie Beispiele von Marketingkonzepten, die ein Konditoreibetrieb festlegen sollte, um die Marketingziele erfolgreich zu erreichen.

- Den Laden und das Café modern einrichten und gestalten.
- Den Kunden eine ausreichende aber überschaubare Auswahl anbieten.
- Nur Qualitätswaren herstellen und frisch anbieten.
- Qualität und Preis der Waren sollten in einem angemessenen Preis-Leistungs-Verhältnis stehen.
- Nur freundliche Fachverkäuferinnen mit gutem Fachwissen sollten im Verkauf sein.
- Das Verkaufspersonal sollte sich in einheitlicher und sauberer Berufskleidung präsentieren.

4. Nennen Sie mögliche Marketingmaßnahmen, die ein Konditoreibetrieb ergreifen sollte.

- Wünsche und Bedürfnisse der Verbraucher ermitteln, um das richtige Warenangebot anbieten zu können.
- Die Waren im Laden so präsentieren, dass sie zum Kauf anregen.
- Durch regelmäßige Werbung die Verbraucher informieren.

5. Beschreiben Sie, wie ein Konditoreibetrieb Kundenwünsche ermitteln kann, um im Trend zu bleiben.

- Kundenbefragungen durchführen.
- Kundenwünsche aufnehmen.
- Informationen in Fachzeitschriften und Fortbildungsveranstaltungen einholen.

6. Großbetriebe vergrößern ihren Umsatz häufig mit Franchisebetrieben.
  a) Erklären Sie die Betriebsform „Franchisebetrieb".
  b) Nennen Sie die zwei hauptsächlichen Vorteile eines Großbetriebs als Franchisegeber.
  c) Nennen Sie zwei bedeutende Vorteile, die der Franchisenehmer, der Pächter der Filiale, durch diese Betriebsform hat.

a)
- Ein Großbetrieb verpachtet eine Filiale als Franchisebetrieb und ist somit Franchisegeber.
- Der Franchisebetrieb muss unter dem Firmennamen des Großbetriebs geführt werden.
- Der Pächter, der Franchisenehmer, darf nur die Waren des Großbetriebs mit dessen Warenbezeichnungen verkaufen.

b)
- Der Großbetrieb kann eine große Warenmenge in einem weiten Gebiet unter seinen Firmennamen verkaufen.
- Der Großbetrieb muss sich nicht um die Filialen und deren Kosten kümmern, was Aufgabe des Pächters, des Franchisenehmers ist.

c)
- Der Franchisenehmer ist selbstständiger Unternehmer.
- Der Franchisenehmer profitiert vom Bekanntheitsgrad und den Qualitätswaren des Großbetriebs.

7. Damit der Konditoreibetrieb auf sich aufmerksam macht, soll er sich durch Werbung positiv darstellen. Nennen Sie mögliche Werbemittel für den Konditoreibetrieb.

Geeignete Werbemittel für den Konditoreibetrieb sind:
- originelle Schaufenstergestaltung
- Werbeplakate
- Verpackungsmaterial mit Firmenaufdruck
- Inserate, z. B. in Zeitungen, Zeitschriften
- Flyer
- Homepage im Internet
- lokale Rundfunk- und Fernsehwerbung

8. Werbeplakate und Plakate als Wareninformation sollen ein Blickfang sein, der sofort auffällt und dessen Informationen schnell erfasst werden können.
Nennen Sie die Grundsätze beim Erstellen eines Plakats in Bezug auf:
  a) Gesamtumfang an Text und Bildern
  b) Textmenge
  c) Text, der auf Kunden positiv wirkt
  d) Platzeinteilung des Plakats
  e) Hervorheben von Textteilen

a) Ein Plakat darf nicht mit zu viel Text und Bildern überladen werden, sonst wirkt es unübersichtlich.
b) Den Text möglichst kurz fassen, damit das Wesentliche sofort zu erkennen ist.
c) Nur originelle Texte, evtl. mit Humor und Reim, werden gerne gelesen und wirken auf die Kunden sympathisch.
d) Der Text sowie die Zeichnungen müssen harmonisch auf dem ganzen Plakat aufgeteilt werden. Leere Flächen wirken unschön.
e) Wichtige Wörter im Text hervorheben, z. B. durch
  - farbige Schrift, z. B. rot,
  - größere Buchstaben,
  - Schrägschreiben des Wortes.

9. Farben wirken auf das Gemüt und sind aussagekräftig beim Präsentieren der Waren und bei den Dekorationen.
a) Welche Farben geben den Backwaren eine gesunde, natürliche Wirkung?
b) Nennen Sie Farben, die bei Tabletts, Tischtüchern, Dekorationsmaterial u. a. eine noble und festliche Stimmung hervorrufen.
c) Welche Farbe fällt am stärksten auf und weist auf etwas Besonderes hin, z. B. als Schriftfarbe und als Hinweis bei Werbeaktionen?

a) Beige, Braun und Hellgelb lassen Backwaren gesund und natürlich erscheinen.
b) Weiß, Silber, Gold, Rosa, Hellgelb und Hellblau unterstreichen eine gehobene und festliche Stimmung.
c) Rot ist eine Signalfarbe, die sofort auffällt.

10. Nur Konditoreierzeugnisse, die schön und somit appetitlich den Kunden beim Verkauf präsentiert werden, regen die Kauflust an. Nennen Sie die Grundregeln der Warenpräsentation im Laden:
a) Feine Backwaren in der Gebäcktheke
b) Übersichtlichkeit der Waren in Regalen und Verkaufstheken
c) Warenmengen auf Thekenblechen und Tortenplatten
d) Anschnitt von Torten, Desserts und Kuchen
e) Preisangaben

a) Feine Backwaren nach Teigen und Massen in Warengruppen geordnet auf Thekenblechen oder Tabletts zusammenstellen, z. B. jeweils auf einem Blech Plundergebäcke, Mürbeteiggebäcke, Kuchen.
b) Grundsätzlich die Waren in zusammengehörenden Warengruppen übersichtlich und gut sichtbar anordnen.
c)
- Nur volle Thekenbleche und Tortenplatten regen die Kauflust an.
- Sind sie z. B. halbvoll, werden sie möglichst schnell wieder aufgefüllt oder passende Waren werden zusammengegeben.

d) Der Anschnitt der Waren muss zur Kundenseite gerichtet sein, damit die Kunden sehen, wie sie innen aussehen und woraus sich die Waren zusammensetzen.
e) Sämtliche Waren, die den Kunden angeboten werden, müssen zur Kundeninformation mit dem Preis ausgezeichnet sein.

11. Die Waren dürfen beim Belegen von Thekenblechen und Tabletts nicht beschädigt werden.
a) Wie werden weiche, druckempfindliche Waren und Waren mit klebriger Oberfläche wie Obst und Konfitüre belegt?
b) Beschreiben Sie, wie stabilere Waren wie Plundergebäcke, Nussecken, Florentiner u. a. auf Thekenbleche oder Tabletts gelegt werden.

a) Druckempfindliche und klebrige Waren in Reihen nebeneinander legen und nicht stapeln.
b) Stabilere Gebäcke in Reihen leicht schräg aneinanderlehnen, sodass sie noch gut sichtbar sind.

12. Erklären Sie die Grundregeln beim Belegen von Tabletts mit Plunder- und Blätterteiggebäcken sowie Teegebäcken und Pralinen, die reihenweise belegt werden. Bei
a) unterschiedlichen Gebäckgrößen,
b) verschiedenen Formen,
c) verschiedenen Farben.

a) Nur gleich große Gebäcke auf einem Tablett ergeben eine homogene Einheit.
b) Neben einer Reihe der gleichen Gebäckform wird die nächste Reihe mit einer anderen Gebäckform belegt, damit ein Formenkontrast entsteht.
c) Es werden abwechselnd helle und dunkle Reihen gelegt, damit ein schöner Farbkontrast entsteht.

13. Zur Kundeninformation werden alle Waren im Verkauf mit einem Preisschild ausgezeichnet.
a) Welche Informationen soll ein Preisschild beinhalten?
b) Ein Preisschild ist ein Informationsschild. Wie muss es grundsätzlich geschrieben werden?

a) Ein Preisschild enthält:
- Namen der Ware (Bezeichnung)
- Gewicht- oder Mengenangabe
- Preis der Ware mit dem €-Zeichen
- wenn notwendig den Grundpreis auf 100 g oder 1 kg der Ware

b) Preisschilder müssen leicht lesbar sein. Deshalb werden sie meist nur in Schwarz geschrieben und ohne Schnörkelschrift.

14. Dekorierte Schaufenster und Dekorationstische sind erfolgreiche Werbemittel.
a) Beschreiben Sie den Grundaufbau zum Dekorieren von Schaufenstern und Ausstellungstischen.
b) Auf den Unterbau wird ein Dekorationstuch gelegt. Erklären Sie, was dabei beachtet werden muss in Bezug auf
- Größe und
- Farbe des Dekorationstuchs.

a) Durch Absätze und Stufen als Unterbau werden die Waren abwechslungsreicher und übersichtlicher dargestellt. Auf einer Höhe platzierte Waren wirken langweilig.
b)
- Das Dekorationstuch muss genügend groß sein, damit es gerafft werden kann. Straff gezogene, glatte Tuchstellen wirken unschön.
- Das Dekorationstuch ist farblich auf das Ausstellungsmotiv und die Ware abzustimmen.

15. Nennen Sie die Grundsätze beim Dekorieren von Schaufenstern und Ausstellungstischen in Bezug auf:
a) Position von großen und kleinen bzw. flachen Waren
b) richtige Warenmenge
c) Ausstellen von verschiedenen Warengruppen
d) Aussehen der Waren
e) Stabilität der dekorierten Ware

a) Größere Waren hinten aufstellen und kleine sowie flache Waren vorne. Es dürfen keine Ausstellungsstücke verdeckt werden.
b) Nur die richtige Warenmenge kann genau betrachtet werden und wirkt schön. Zu viel Ware wirkt unübersichtlich, zu wenig Ware leer.
c) Zusammengehörende Waren in Gruppen zusammenstellen. Die so geordneten Waren sind alle leicht sichtbar.
d) Nur einwandfreie und schöne Waren ausstellen.
e) Die dekorierten Waren müssen sicher stehen und dürfen nicht umfallen und rutschen.

5.2 Fachmathematische Berechnungen (Kalkulation, Zinsrechnung, Verteilungsrechnen)

1. Die Materialkosten für 3 Obsttorten belaufen sich auf 34,00 €. Die Betriebskosten sind mit 144 % anzusetzen. Gewinn und Risiko werden mit 18 % veranschlagt.
Berechnen Sie den Ladenpreis einer Obsttorte beim üblichen Mehrwertsteuersatz von 7 %.

Materialkosten	34,00 €	100 %		
Betriebskosten		144 %		
Selbstkosten		244 %	100 %	
Gewinn/Risiko			18 %	
Nettoverkaufspreis			118 %	100 %
Mehrwertsteuer				7 %
Bruttoverkaufspreis				107 %

Nebenrechnungen:

Selbstkosten:

100 % ≙ 34,00 €

244 % ≙ x €

$$x = \frac{34{,}00\ € \cdot 244}{100} = 82{,}96\ €$$

Nettoverkaufspreis:

100 % ≙ 82,96 €

118 % ≙ x €

$$x = \frac{82{,}96\ € \cdot 118}{100} = 97{,}89\ €$$

Bruttoverkaufspreis:

100 % ≙ 97,89 €

107 % ≙ x €

$$x = \frac{97{,}89\ € \cdot 107}{100} = 104{,}74\ €$$

Ladenpreis für eine Obsttorte:

104,74 € : 3 = 34,91 €

2. Ein Mandelhörnchen kostet im Laden 2,10 €. Berechnen Sie die Selbstkosten für 180 Mandelhörnchen in €.
MwSt.: 7 %
Risiko/Gewinn für 180 Mandelhörnchen: 113,55 €

2,10 € · 180 = 378,00 €

107 % ≙ 378,00 €

100 % ≙ x

$$x = \frac{378{,}00\ € \cdot 100}{107} = 353{,}27\ €$$

353,27 € – 113,55 € = 239,72 € Selbstkosten

3. Für die Pacht eines Konditorei-Cafés bezahlt der Betrieb jährlich 35 750,00 €. Der Pachtzins wird um 5,6 % erhöht. Berechnen Sie die neue monatliche Pacht für die Filiale.

100 % ≙ 35 750,00 €

105,6 % ≙ x €

$$x = \frac{35\,750{,}00\ € \cdot 105{,}6}{100} = 37\,752{,}00\ €$$

37 752,00 € : 12 Monate = 3 146,00 €/Monat beträgt die neue Pacht

4. Die Materialkosten für 25 Florentiner betragen 7,00 €. Die Betriebskosten je Stunde belaufen sich auf 81,66 €. Berechnen Sie den Ladenpreis für einen Florentiner, wenn die Stundenleistung mit 75 Stück, Gewinn und Risiko mit 20 % und die Mehrwertsteuer mit 7 % zu veranschlagen sind.

Materialkosten	7,00 €		
Betriebskosten	27,22 €		
Selbstkosten	34,22 €	100 %	
Gewinn/Risiko		20 %	
Nettoverkaufspreis		120 %	100 %
Mehrwertsteuer			7 %
Bruttoverkaufspreis			107 %

Nebenrechnungen:

Betriebskosten: 75 St. ≘ 81,66 €
25 St. ≘ x €

$$x = \frac{81{,}66\,€ \cdot 25}{75} = 27{,}22\,€$$

Nettoverkaufspreis: 100 % ≘ 34,22 €
120 % ≘ x €

$$x = \frac{34{,}22\,€ \cdot 120}{100} = 41{,}06\,€$$

Bruttoverkaufspreis: 100 % ≘ 41,06 €
107 % ≘ x €

$$x = \frac{41{,}06\,€ \cdot 107}{100} = 43{,}93\,€$$

Ladenpreis für 1 Florentiner:
43,93 € : 25 = 1,76 €

5. Bei der Herstellung eines Teigs für 50 Stollen zu je 1 kg Gebäckgewicht sind Materialkosten in Höhe von 320,00 € angefallen.
Berechnen Sie mithilfe folgender Angaben den Bruttoverkaufspreis für einen Stollen.

Herstellungszeit:	8 Stunden
Stundenkostensatz:	59,00 €
Gewinn/Risiko:	20 %
Mehrwertsteuer:	7 %

Materialkosten	320,00 €		
Betriebskosten	472,00 €		
Selbstkosten	792,00 €	100 %	
Gewinn/Risiko		20 %	
Nettoverkaufspreis		120 %	100 %
Mehrwertsteuer			7 %
Bruttoverkaufspreis			107 %

Nebenrechnungen:

Betriebskosten:
59,00 € · 8 = 472,00 €

Nettoverkaufspreis:
100 % ≘ 792,00 €
120 % ≘ x €

$$x = \frac{792{,}00\,€ \cdot 120}{100} = 950{,}40\,€$$

Bruttoverkaufspreis:
100 % ≘ 950,40 €
107 % ≘ x €

$$x = \frac{950{,}40\,€ \cdot 107}{100} = 1\,016{,}93\,€$$

Ladenpreis für 1 Stollen:
1016,93 € : 50 = 20,34 €

6. Berechnen Sie den Ladenpreis für eine Vanillebrezel. Für 100 Stück gelten folgende Angaben:

Materialkosten:	60,00 €
Arbeitszeit:	4 Std. zu je 30,00 €
Risiko und Gewinn:	15 %
Mehrwertsteuer:	7 %

Betriebskosten:
30,00 €/Std. · 4 Std. = 120,00 €
Selbstkosten:
60,00 € + 120,00 € = 180,00 €

Materialkosten	60,00 €		
Betriebskosten	120,00 €		
Selbstkosten	180,00 €	100 %	
Risiko/Gewinn		15 %	
Nettoverkaufspreis		115 %	100 %
Mehrwertsteuer			7 %
Bruttoverkaufspreis			107 %

Nettoverkaufspreis:
115 % von 180,00 € = 207,00 €

Bruttoverkaufspreis:
107 % von 207,00 € = 221,49 €

Ladenpreis für 1 Vanillebrezel:
221,49 € : 100 = 2,21 €

7. Die Materialkosten für 50 Schinkencroissants werden mit 24,00 € ermittelt. In der Stunde werden im Betrieb per Hand 30 Stück hergestellt. Der Stundenkostensatz beträgt 44,77 €.
Berechnen Sie den Verkaufspreis je Stück bei einem Zuschlag für Gewinn und Risiko von 33 % und dem üblichen Mehrwertsteuersatz.

Betriebskosten:
30 Stück ≙ 44,77 €
50 Stück ≙ x €

$$x = \frac{44{,}77\ € \cdot 50}{30} = 74{,}62\ €$$

Materialkosten	24,00 €		
Betriebskosten	74,62 €		
Selbstkosten	98,62 €	100 %	
Gewinn/Risiko		33 %	
Nettoverkaufspreis		133 %	100 %
Mehrwertsteuer			7 %
Bruttoverkaufspreis			107 %

Nettopreis: 133 % von 98,62 € = 131,16 €

Bruttopreis: 107 % von 131,16 € = 140,35 €

Ladenpreis für ein Schinkencroissant:
140,35 € : 50 = 2,81 €

8. Wie hoch ist der Verkaufspreis für 100 Stück Partygebäck?

Materialkosten:	12,54 €
Herstellungszeit	$\frac{2}{3}$ Stunden
Betriebskosten je Stunde:	51,00 €
Gewinn/Risiko:	19 %
Mehrwertsteuer:	7 %

Betriebskosten: $\frac{2}{3}$ von 51,00 € = 34,00 €

Selbstkosten: 12,54 € + 34,00 € = 46,54 €

Nettoverkaufspreis:
119 % von 46,54 € = 55,38 €

Bruttoverkaufspreis:
107 % von 55,38 € = 59,26 €

9. Kalkulation Kirschkuchen

Gewicht	Material	Preis je kg
250 g	Butter	4,80 €
250 g	Zucker	0,80 €
150 g	Marzipan-rohmasse	2,50 €
300 g	Vollei zu je 50 g/Stück	0,12 € je Stück
300 g	Mehl	0,42 €
500 g	Sauerkirschen	3,00 €
	Gewürze	insges. 0,36 €

Der Kirschkuchen wird in 16 Stücke geteilt.
Wie viel kostet ein Stück Kirschkuchen im Café unter Berücksichtigung folgender Kalkulationsgrundlagen:

Betriebskosten: 195 %
Gewinn/Risiko: 25 %
Caféaufschlag: 22,5 %
Mehrwertsteuer: 19 %

Materialpreisberechnung:

4,80 € : 4 = 1,20 €
0,80 € : 4 = 0,20 €

1 000 g ≙ 2,50 €
150 g ≙ x €

$$x = \frac{2{,}50\,€ \cdot 150}{1000} = 0{,}38\,€$$

0,12 € · 6 = 0,72 €

1 000 g ≙ 0,42 €
300 g ≙ x €

$$x = \frac{0{,}42\,€ \cdot 300}{1000} = 0{,}13\,€$$

3,00 € · 0,5 = 1,50 €
0,36 €
Summe: 4,49 €

Materialkosten 4,49 €	100 %			
Betriebskosten	195 %			
Selbstkosten	295 %	100 %		
Gewinn/Risiko		25 %		
Nettoverkaufspreis		125 %	100 %	
Caféaufschlag			22,5 %	
Nettopreis (Café)			122,5 %	100 %
Mehrwertsteuer				19 %
Bruttoverkaufspreis				119 %

Nebenrechnungen:

Selbstkosten:
295 % von 4,49 € = 13,25 €

Nettopreis:
125 % von 13,25 € = 16,56 €

Nettopreis (Café):
122,5 % von 16,56 € = 20,29 €

Bruttopreis:
119 % von 20,29 € = 24,15 €

Cafépreis für ein Stück Kirschkuchen:
24,15 € : 16 Stück = 1,50 €/Stück

10. Berechnen Sie die Selbstkosten für 340 Stück Blechkuchen.

Materialkosten : 40,00 €
Stundenleistung: 200 Stück
Betriebskosten je Stunde: 81,80 €

Betriebskosten:
200 Stück ≙ 81,80 €
340 Stück ≙ x €

$$x = \frac{81{,}80\,€ \cdot 340}{200} = 139{,}06\,€$$

Selbstkosten:
40,00 € + 139,06 € = 179,06 €

11. Zur Herstellung einer Schokoladen-Sahnetorte braucht eine Konditorin 20 Minuten. Der Stundenkostensatz beträgt 63,00 €. Zusätzlich sind 20 % Gewinn und Risiko, der Caféaufschlag mit 18 % und der Mehrwertsteuersatz von 19 % zu berücksichtigen.
Berechnen Sie den Cafépreis eines Tortenstücks. Die Torte wird im Anschnitt in 16 Teile geteilt.

Menge	Material	Preis je Einheit
2 Stück	Schokoladenböden	2,10 €/Stück
1 l	Schlagsahne	2,10 €/l
50 g	Zucker	0,80 €/kg
125 g	Kuvertüre	22,00 €/kg

Materialkosten:

2,10 € · 2 = 4,20 €
2,10 € · 1 = 2,10 €
0,80 € · 0,05 = 0,04 €
22,00 € : 8 = 2,75 €
9,09 €

Betriebskosten:

60 Minuten ≙ 63,00 €
20 Minuten ≙ x €

$$x = \frac{63{,}00\ € \cdot 20}{60} = 21{,}00\ €$$

Materialkosten	9,09 €			
Betriebskosten	21,00 €			
Selbstkosten	30,09 €	100 %		
Risiko/Gewinn		20 %		
Nettoverkaufspreis		120 %	100 %	
Caféaufschlag			18 %	
Nettopreis (Café)			118 %	100 %
Mehrwertsteuer				19 %
Bruttoverkaufspreis				119 %

Nebenrechnungen:

Nettoverkaufspreis:
120 % von 30,09 € = 36,11 €

Nettoverkaufspreis (Café):
118 % von 36,11 € = 42,61 €

Bruttoverkaufspreis:
119 % von 42,61 € = 50,70 €

Cafépreis für ein Tortenstück:
50,70 € : 16 Stück = 3,17 €/Stück

12. Für 4 000 g Likörpralinen beträgt der Nettoverkaufspreis 174,30 €. Welcher Ladenpreis ergibt sich für 100 g Pralinen bei folgenden Vorgaben?
MwSt.: 7 %
Verpackungsmaterial pro Verkaufseinheit (100 g): 1 Cent

Bruttoverkaufspreis:

100 % ≙ 174,30 €
107 % ≙ x €

$$x = \frac{174{,}30\ € \cdot 107}{100} = 186{,}50\ €$$

Ladenverkaufspreis:

4 000 g ≙ 186,50 €
100 g ≙ x €

$$x = \frac{186{,}50\ € \cdot 100}{4\,000\ g} = 4{,}66\ €$$

4,66 € + 0,01 € = 4,67 €

13. Die Materialkosten für 20 Schweineohren betragen 6,02 €.
Die Betriebskosten ergeben sich aus dem Stundenkostensatz von 36,00 € und der Arbeitszeit von einer $\frac{1}{2}$ Stunde. Für Risiko und Gewinn werden 24 % angesetzt, der Caféaufschlag beträgt 18 %.
Berechnen Sie den Cafépreis für ein Schweineohr bei einem Mehrwertsteuersatz von 19 %.

Betriebskosten:
36,00 € · $\frac{1}{2}$ Stunde = 18,00 €

Materialkosten	6,02 €			
Betriebskosten	18,00 €			
Selbstkosten	24,02 €	100 %		
Risiko/Gewinn		24 %		
Nettoverkaufspreis		124 %	100 %	
Caféaufschlag			18 %	
Nettopreis (Café)			118 %	100 %
Mehrwertsteuer				19 %
Bruttoverkaufspreis				119 %

Nebenrechnungen:
Nettoverkaufspreis:
100 % ≙ 24,02 € 124 % ≙ x €

$$x = \frac{24{,}02\,€ \cdot 124}{100} = 29{,}78\,€$$

Nettoverkaufspreis (Café):
100 % ≙ 29,78 € 118 % ≙ x €

$$x = \frac{29{,}78\,€ \cdot 118}{100} = 35{,}14\,€$$

Bruttoverkaufspreis:
100 % ≙ 35,14 € 119 % ≙ x €

$$x = \frac{35{,}14\,€ \cdot 119}{100} = 41{,}82\,€$$

Cafépreis für ein Schweineohr:
41,82 € : 20 Stück = 2,09 €/Stück

14. Die Materialkosten für eine Punschtorte betragen 7,85 €. Die Betriebskosten werden mit 190 %, Gewinn und Risiko mit 23,8 % und der Caféaufschlag mit 31,9 % angegeben. Die Mehrwertsteuer beträgt 19 %.
Berechnen Sie den Stückpreis im Café bei 16 Tortenstücken.

Materialkosten 7,85 €	100 %			
Betriebskosten	190 %			
Selbstkosten	290 %	100 %		
Gewinn/Risiko		23,8 %		
Nettoverkaufspreis		123,8 %	100 %	
Caféaufschlag			31,9 %	
Nettopreis (Café)			131,9 %	100 %
Mehrwertsteuer				19 %
Bruttoverkaufspreis				119 %

Nebenrechnungen:
Selbstkosten:
290 % von 7,85 € = 22,76 €
Nettoverkaufspreis:
123,8 % von 22,76 € = 28,18 €
Nettoverkaufspreis (Café):
131,9 % von 28,18 € = 37,17 €
Bruttoverkaufspreis:
119 % von 37,17 € = 44,23 €
Preis für ein Stück Punschtorte:
44,23 € : 16 Stück = 2,76 €/Stück

15. Der Ladenpreis eines Mohnkuchens beträgt 28,70 €. Die Materialkosten belaufen sich auf 4,20 €. Die Betriebskosten sind mit 200 % und die Mehrwertsteuer mit 7 % zu berücksichtigen. Berechnen Sie Risiko und Gewinn in € und %.

Bruttopreis	28,70 €	107 %	
– MwSt.		7 %	
Nettopreis		100 %	
– Risiko/Gewinn			
Selbstkosten			300 %
– Betriebsk.			200 %
Materialk.	4,20 €		100 %

Nebenrechnungen:

Selbstkosten in €:

300 % von 4,20 € = 12,60 €

Nettopreis in €:

107 % ≙ 28,70 €

100 % ≙ x €

$$x = \frac{28{,}70\text{ €} \cdot 100}{107} = 26{,}82\text{ €}$$

Risiko und Gewinn:

- in €: 26,82 € – 12,60 € = 14,22 €
- in %: 12,60 € ≙ 100 %

  14,22 € ≙ x %

$$x = \frac{100\,\% \cdot 14{,}22}{12{,}60} = 112{,}86\,\%$$

16. Ein gedeckter Apfelkuchen kostet im Laden 48,00 €. Für Gewinn und Risiko wurden 6,86 € veranschlagt, die Betriebskosten werden mit 210 % verrechnet. Berechnen Sie die Materialkosten in € bei einem Mehrwertsteuersatz von 7 %.

Bruttopreis	48,00 €	107 %	
– MwSt.		7 %	
Nettopreis		100 %	
– Risiko/Gewinn	6,86 €		
Selbstkosten			310 %
– Betriebsk.			210 %
Materialk.			100 %

Nebenrechnungen:

Nettopreis:

107 % ≙ 48,00 €

100 % ≙ x €

$$x = \frac{48{,}00\text{ €} \cdot 100}{107} = 44{,}86\text{ €}$$

Selbstkosten: 44,86 € – 6,86 € = 38,00 €

Materialkosten:

310 % ≙ 38,00 €

100 % ≙ x €

$$x = \frac{38{,}00\text{ €} \cdot 100}{310} = 12{,}26\text{ €}$$

17. Ein Birnenkuchen kostet im Laden 43,00 € und ergibt 16 Stücke. Von welchen Materialkosten (in €) wurde für ein Stück Kuchen ausgegangen, wenn 270 % Betriebskosten, 25 % Gewinn und Risiko und die übliche Mehrwertsteuer veranschlagt werden?

Bruttopreis	43,00 €	107 %		
– MwSt.		7 %		
Nettopreis		100 %	125 %	
– Gewinn/Risiko			25 %	
Selbstkosten			100 %	370 %
– Betriebsk.				270 %
Materialk.				100 %

Nebenrechnungen:

Nettopreis: 107 % ≙ 43,00 €
100 % ≙ x €

$$x = \frac{43{,}00\ € \cdot 100}{107} = 40{,}19\ €$$

Selbstkosten: 125 % ≙ 40,19 €
100 % ≙ x €

$$x = \frac{40{,}19\ € \cdot 100}{125} = 32{,}15\ €$$

Materialkosten: 370 % ≙ 32,15 €
100 % ≙ x €

$$x = \frac{32{,}15\ € \cdot 100}{370} = 8{,}69\ €$$

Materialkosten für 1 Stück Kuchen:
8,69 € : 16 = 0,54 €

18. Ein Stück Käsesahnetorte kostet im Café 3,10 €. Wie hoch sind Risiko und Gewinn in € und % bei einem Caféaufschlag von 18,2 % und einem Mehrwertsteuersatz von 19 %? Die Selbstkosten belaufen sich auf 0,80 €.

Bruttopreis	3,10 €	119 %	
– MwSt.		19 %	
Nettopreis (Café)		100 %	118,2 %
– Caféaufschlag			18,2 %
Nettopreis (Café)			100 %
– Risiko/Gewinn			
Selbstkosten	0,80 €		
– Betriebsk.			
Materialk.			

Nebenrechnungen:

Nettopreis im Café:
119 % ≙ 3,10 € 100 % ≙ x €

$$x = \frac{3{,}10\ € \cdot 100}{119} = 2{,}60\ €$$

Nettopreis:
118,2 % ≙ 2,60 € 100 % ≙ x €

$$x = \frac{2{,}60\ € \cdot 100}{118{,}2} = 2{,}20\ €$$

Risiko und Gewinn:
- in €: 2,20 € – 0,80 € = 1,40 €
- in %: 0,80 € ≙ 100 %
  1,40 € ≙ x %

$$x = \frac{100\ \% \cdot 1{,}40}{0{,}8} = 175\ \%$$

19. Ein Joghurttörtchen kostet im Laden 2,10 €. Wie viel kostet ein Stück im Café, wenn der Caféaufschlag 18 % beträgt? Es gelten die üblichen Mehrwertsteuersätze.

Nettopreis:
107 % ≙ 2,10 €
100 % ≙ x €

$$x = \frac{2{,}10\ € \cdot 100}{107} = 1{,}96\ €$$

Nettopreis im Café:
100 % ≙ 1,96 €
118 % ≙ x €

$$x = \frac{1{,}96\ € \cdot 118}{100} = 2{,}31\ €$$

Cafépreis:
100 % ≙ 2,31 €
119 % ≙ x €

$$x = \frac{2{,}31\ € \cdot 119}{100} = 2{,}75\ €$$

20. Ein Eisbecher kostet im Café 6,20 €. Berechnen Sie die Materialkosten.

Mehrwertsteuer	19 %
Caféaufschlag	23 %
Risiko und Gewinn	22 %

Der Stundenkostensatz für 40 Portionen beträgt 60,00 €.

	€			
Bruttopreis	6,20 €	119 %		
– MwSt.		19 %		
Nettopreis Café		100 %	123 %	
– Caféaufschlag			23 %	
Nettopreis			100 %	122 %
– Risiko/Gewinn				22 %
Selbstkosten				100 %
– Betriebsk.	1,50 €			
Materialk.				

Nebenrechnungen:
Betriebskosten:
60,00 € : 40 Portionen = 1,50 €/Portion

Nettopreis im Café:
119 % ≙ 6,20 €
100 % ≙ x €

$$x = \frac{6{,}20\ € \cdot 100}{119} = 5{,}21\ €$$

Nettopreis:
123 % ≙ 5,21 €
100 % ≙ x €

$$x = \frac{5{,}21\ € \cdot 100}{123} = 4{,}23\ €$$

Selbstkosten:
122 % ≙ 4,23 €
100 % ≙ x €

$$x = \frac{4{,}23\ € \cdot 100}{122} = 3{,}47\ €$$

Materialkosten: 3,47 € – 1,50 € = 1,97 €

21. Eine Konditorei verkauft ein Stück Torte über den Ladentisch zum Preis von 2,90 €. Welchen Betrag muss der Betrieb im Café verlangen, wenn der Caféaufschlag 18,25 % betragen soll?

Nettopreis:
107 % ≙ 2,90 €
100 % ≙ x €

$$x = \frac{2{,}90\,€ \cdot 100}{107} = 2{,}71\,€$$

Nettopreis im Café:
100 % ≙ 2,71 €
118,25 % ≙ x €

$$x = \frac{2{,}71\,€ \cdot 118{,}25}{100} = 3{,}20\,€$$

Cafépreis:
100 % ≙ 3,20 €
119 % ≙ x €

$$x = \frac{3{,}20\,€ \cdot 119}{100} = 3{,}81\,€$$

22. Eine ganze Prinzregententorte kostet im Laden 48,00 €. Im Café wird die Torte in 16 Stücke geteilt. Der Caféaufschlag beträgt 21 %. Zu welchem Preis kann 1 Stück Prinzregententorte im Café abgegeben werden?

Nettopreis:
107 % ≙ 48,00 €
100 % ≙ x €

$$x = \frac{48{,}00\,€ \cdot 100}{107} = 44{,}86\,€$$

Nettopreis im Café:
100 % ≙ 44,86 €
121 % ≙ x €

$$x = \frac{44{,}86\,€ \cdot 121}{100} = 54{,}28\,€$$

Cafépreis:
100 % ≙ 54,28 €
119 % ≙ x €

$$x = \frac{54{,}28\,€ \cdot 119}{100} = 64{,}59\,€$$

Stückpreis im Café:
64,59 € : 16 Stücke = 4,04 €/Stück

23. Die Kalkulation für Zitronenmuffins ergibt einen Nettoverkaufspreis von 2,30 € pro Stück. Berechnen Sie den Bruttoverkaufspreis eines Muffins im Café, wenn der Caféaufschlag 22 % und die Mehrwertsteuer 19 % beträgt.

Nettopreis im Café:
100 % ≙ 2,30 €
122 % ≙ x €

$$x = \frac{2{,}30\,€ \cdot 122}{100} = 2{,}81\,€$$

Cafépreis:
100 % ≙ 2,81 €
119 % ≙ x €

$$x = \frac{2{,}81\,€ \cdot 119}{100} = 3{,}34\,€$$

24. Ein Stück Sachertorte kostet im Laden 3,00 €. Bei der Kalkulation wird ein Caféaufschlag von 24,5 % berücksichtigt. Zusätzlich werden 19 % Mehrwertsteuer aufgeschlagen. Berechnen Sie den Bruttoverkaufspreis für ein Stück Sachertorte im Café.

Nettopreis:
107 % ≙ 3,00 €
100 % ≙ x €
$$x = \frac{3{,}00\,€ \cdot 100}{107} = 2{,}80\,€$$

Nettopreis im Café:
100 % ≙ 2,80 €
124,5 % ≙ x €
$$x = \frac{2{,}80\,€ \cdot 124{,}5}{100} = 3{,}49\,€$$

Cafépreis:
100 % ≙ 3,49 €
119 % ≙ x €
$$x = \frac{3{,}49\,€ \cdot 119}{100} = 4{,}15\,€$$

25. Ein Konditormeister leiht sich kurzfristig 200 000,00 € von der Bank. Er kauft dafür eine Maschine und muss der Bank für das Darlehen 5,2 % Zinsen zahlen. Wie viel € muss er nach 7 Monaten insgesamt zurückzahlen?

Z = Zinsen
K: Kapital
p: Zinssatz
t: Zeit (Monate)

$$Z = \frac{K \cdot p \cdot t}{100 \cdot 12}$$

$$Z = \frac{200\,000{,}00\,€ \cdot 5{,}2 \cdot 7}{100 \cdot 12} = 6\,066{,}67\,€$$

200 000,00 €
6 066,67 €
206 066,67 €

26. Eine Auszubildende legt 360,00 € zu 2 % Zinsen an.
Wie viel € bekommt sie nach 19 Monaten insgesamt ausbezahlt?

$$Z = \frac{360\,€ \cdot 2 \cdot 19}{100 \cdot 12} = 11{,}40\,€$$

360 € + 11,40 € = 371,40 €

27. Wie viele Zinstage werden berechnet?
a) 1. Januar – 28. Februar
b) 27. August – 28. November
c) 2. März – 30. Dezember
d) 3. April 2012 – 24. Mai 2013
Anmerkung: Jeder Zinsmonat hat rechnerisch 30 Tage. Der Einzahlungstag wird nicht mitgerechnet.

a) 59 Tage
b) 91 Tage
c) 298 Tage
d) 411 Tage

28. Eine Konditorei schuldet ihrem Lieferanten 12 000,00 €. Dieser verlangt Verzugszinsen in Höhe von $5\frac{1}{4}$ %.
Wie hoch sind die Zinsen, wenn die Konditorei ihre Schulden nach 11 Monaten begleicht?

$$Z = \frac{K \cdot p \cdot t}{100 \cdot 12}$$

$$Z = \frac{12\,000{,}00\,€ \cdot 5{,}25 \cdot 11}{100 \cdot 12} = 577{,}50\,€$$

29. Ein Konditor überzieht vom 5.3. bis 30.4. sein Girokonto um 821,00 €. Mit wie viel € Sollzinsen wird sein Konto bei einem Zinssatz von 5,4 % belastet?

$$Z = \frac{821{,}00\ € \cdot 5{,}4 \cdot 55}{100 \cdot 360} = 6{,}77\ €$$

30. Ein Konditormeister zahlte für seinen Kredit in 2 Jahren bei einem Zinssatz von 6 % 7 300,00 € Zinsen. Wie hoch war das Darlehen?

$$K = \frac{Z \cdot 100}{p \cdot t} \text{ (t in Jahren)}$$

$$K = \frac{7\,300{,}00\ € \cdot 100}{6 \cdot 2} = 60\,833{,}33\ €$$

31. Eine Konditorin hat für 3 Monate ihr Konto überzogen. Die Bank berechnet ihr bei einem Zinssatz von 6,2 % 70,00 € Verzugszinsen. Um wie viel € ist das Konto überzogen?

$$K = \frac{Z \cdot 100 \cdot 12}{p \cdot t} \text{ (t in Monaten)}$$

$$K = \frac{70{,}00\ € \cdot 100 \cdot 12}{6{,}2 \cdot 3} = 4\,516{,}13\ €$$

32. Für einen Kredit mit einem Zinssatz von 6 % muss ein Betriebsinhaber vom 15.1. bis 31.12. 34,87 € Zinsen bezahlen.

a) Berechnen Sie die Höhe des Kredits.

b) Wie viel Euro müssen insgesamt zurückgezahlt werden?

a) $$K = \frac{Z \cdot 100 \cdot 360}{p \cdot t} \text{ (t in Tagen)}$$

$$K = \frac{34{,}87\ € \cdot 100 \cdot 360}{6 \cdot 345} = 606{,}43\ €$$

b) 606,43 € + 34,87 € = 641,30 €

33. Für den Kauf eines gebrauchten Lieferwagens muss eine Konditormeisterin 14 000,00 € Kredit aufnehmen. Nach einem halben Jahr verlangt die Bank 367,50 € Zinsen. Wie hoch war der Kreditzinssatz?

$\frac{1}{2}$ Jahr = 180 Tage

$$p = \frac{100\,\% \cdot 367{,}50 \cdot 360}{14\,000{,}00 \cdot 180} = 5{,}25\,\%$$

34. Eine Rechnung über 10 800,00 € wird am 18.2. fällig. Am 24.6. müssen einschließlich der Verzugszinsen 11 026,80 € überwiesen werden. Wie viel Prozent Verzugszinsen wurden vereinbart?

11 026,80 €
− 10 800,00 €
226,80 €

$$p = \frac{100\,\% \cdot 226{,}80 \cdot 360}{10\,800 \cdot 126} = 6\,\%$$

35. Eine junge Konditormeisterin eröffnet einen Betrieb und erhält von der Handwerkskammer ein Darlehen über 25 000,00 € zu einem Zinssatz von 4,5 %. Am Fälligkeitstag muss sie einschließlich Zinsen 26 687,50 € zahlen. Wie viele Tage nahm sie das Darlehen in Anspruch?

26 687,50 €
− 25 000,00 €
1 687,50 €

$$t = \frac{360 \text{ Tage} \cdot 1\,687{,}50 \cdot 100}{25\,000 \cdot 4{,}5} = 540 \text{ Tage}$$

36. Für ein Darlehen in Höhe von 12 800,00 € zahlte ein Konditormeister 345,60 € Zinsen bei einem Zinssatz von 5,4 %. Berechnen Sie die Laufzeit des Darlehens in Tagen.

$$t = \frac{360 \text{ Tage} \cdot 345{,}60 \cdot 100}{12\,800{,}00 \cdot 5{,}4} = 180 \text{ Tage}$$

37. Drei Konditoreien schließen sich zu einer Werbegemeinschaft zusammen. Die Kosten für ihre gemeinsame Werbeaktion belaufen sich auf insgesamt 9 000,00 € und werden nach dem Umsatz der Betriebe aufgeteilt.
Umsätze im Jahr:
Betrieb A: 600 000,00 €
Betrieb B: 900 000,00 €
Betrieb C: 1 200 000,00 €
Wie viel € haben die Betriebe jeweils für die Werbeaktion aufzubringen?

1 Teil ≙ 600 000,00 €

Verhältnis A : B : C = 1 : 1,5 : 2 = 4,5 Teile
9 000,00 € : 4,5 Teile = 2 000,00 €/Teil
Anteilige Kosten:
Betrieb A: 2 000,00 € · 1 Teil = 2 000,00 €
Betrieb B: 2 000,00 € · 1,5 Teile = 3 000,00 €
Betrieb C: 2 000,00 € · 2 Teile = 4 000,00 €

6 Verkauf und Beratung

6.1 Verkaufsvorgang

1. Jeder Kunde möchte individuell bedient werden.
a) Zu Stammkunden besteht ein persönliches Verhältnis. Worauf legen diese Kunden beim Verkauf und Bedienen besonderen Wert?
b) Kinder sind sehr empfindsam und wollen wie Erwachsene bedient werden. Beschreiben Sie, wie Kinder beim Verkauf bedient werden sollen.
c) Wie können Sie Menschen anderer Nationalitäten mit geringen Sprachkenntnissen beim Einkauf helfen?

a)
- Stammkunden mit Namen ansprechen.
- Auf persönliche Verhältnisse eingehen, wenn sie bekannt sind, z. B. Hobbys, Urlaub, Krankheit.

b)
- Bekannte Kinder mit Vornamen ansprechen.
- Kinder wie Erwachsene der Reihe nach bedienen.

c)
- Deutlich und langsam sprechen.
- Beim Erklären die Waren zeigen, auch den Preis auf dem Preisschild oder am Display der Kasse.

2. Die Körpersprache und das Gesprochene sollen sich gegenseitig ergänzen. Bereits die Körpersprache wirkt auf die Kunden. Nennen Sie positive Ausdrucksweisen der Körpersprache (nonverbale Ausdrucksweisen).

Zur nonverbalen Körpersprache gehört:
- natürlicher, freundlicher Gesichtsausdruck
- aufrechte Körperhaltung
- den Kunden beim Gespräch anschauen
- Mimik (Gesichtsausdruck) und Gestik (Handbewegungen) unterstützen die Aussagen

3. Wie sollten Sie sprechen, damit Ihre Sprache bei den Kunden gut ankommt?	Die Sprache wirkt wie folgt sympathisch: • verständlich und laut sprechen • deutlich sprechen und bei Kunden aus anderen Gebieten nicht zu starken Dialekt anwenden • nicht zu schnell und nicht zu langsam sprechen
4. Ein Kunde sucht sich verschiedene Teegebäcke aus, die Sie in eine Gebäcktüte geben. Er möchte eine bestimmte Menge der Teegebäckmischung. Erklären Sie das psychologisch richtige Abwiegen vor den Augen der Kunden.	Bewusst eine geringere Warenmenge in die Gebäcktüte füllen und auf die Waagschale legen. Der Kunde sieht jetzt, dass in seine Gebäcktüte zusätzlich einige Gebäcke gelegt werden und freut sich dabei, weil er viele Gebäcke bekommt. Der Kunde wäre enttäuscht, wenn bei zu viel gewogener Ware etwas entnommen werden würde.
5. Beschreiben Sie die Begrüßung der Kunden: a) beim Eintritt eines Kunden in den Laden b) bei bekannten Kunden c) bei bekannten Kindern d) bei Kunden mit Begleitung	a) Den Kunden sofort freundlich mit Blickkontakt begrüßen. b) Bekannte Kunden mit Namen ansprechen. c) Bekannte Kinder mit Vornamen ansprechen. d) Begleitpersonen ebenso begrüßen.
6. a) Beschreiben Sie die Reihenfolge des Kassierens, wenn der Kunde mit einem größeren Geldbetrag bezahlt als die Ware kostet. b) Beschreiben Sie die „Aufzählmethode“ beim Herausgeben des Restgelds. Die Ware kostet z. B. 23,50 €. Der Kunde bezahlt mit zwei 20-€-Scheinen.	a) • Den vom Kunden erhaltenen Geldbetrag nennen und sich bedanken. • Den erhaltenen Geldbetrag neben der Kasse sichtbar ablegen. • Das herauszugebende Geld nach der „Aufzählmethode“ vorzählen, damit der Kunde mitzählen kann. • Wenn der Kunde das erhaltene Geld akzeptiert hat, das Geld in die Kasse legen. b) Die Fachverkäuferin legt das Rückgeld auf die Kassenschale und spricht dabei: • 1,50 € sind 25,00 € • und 5,00 € sind 30,00 € • und 10,00 € sind 40,00 €
7. a) Erklären Sie die korrekte Verabschiedung von Kunden. b) Geben Sie zwei Beispiele der Verabschiedung an, indem Sie sich bei Stammkunden • auf die gekauften Tortenstücke beziehen und • der Kauf am Freitagabend stattfindet.	a) • Mit freundlichem Blickkontakt und mit einem passenden Gruß verabschieden. • Bekannte Kunden mit Namen verabschieden. • Möglichst mit einem persönlichen Wunsch verabschieden. b) • „Auf Wiedersehen, Frau Schön, lassen Sie sich die Torten gut schmecken.“ • „Guten Abend, Herr Süß, und ein schönes Wochenende.“

8. Bei der Empfehlung und Beratung wird die Ware den Kunden mit Verkaufsargumenten erklärt.
Die Kunden fragen häufig: „Wie schmeckt diese Ware?" Beschreiben Sie den Geschmack am Beispiel folgender Waren:
a) Johannisbeerbaiserschnitten
b) Honiglebkuchen
c) Mandelmakronen
d) Käsegebäcke und Käsestangen aus Blätterteig

a) Die fruchtigen, leicht säuerlichen Johannisbeerschnitten enthalten außen die süß schmeckende Baisermasse.
b) Honiglebkuchen sind feinwürzige Lebkuchen mit dem Geschmack vom Honig.
c) Mandelmakronen sind süß schmeckende Gebäcke mit intensivem Mandelgeschmack.
d) Käsegebäcke und Käsestangen sind pikante, würzige Blätterteiggebäcke mit hohem Käseanteil.

9. Kunden möchten manchmal Waren erklärt bekommen. Geben Sie Auskunft auf folgende Kundenfrage:
a) Woraus besteht eine Sachertorte?
b) Was sind denn Tiramisudesserts?
c) Woraus werden Champagnertrüffelpralinen hergestellt?

a) Die Sachertorte wird mit einem schokoladenhaltigen Tortenboden, nur mit Butter, ohne Margarine, hergestellt. Die Torte ist gefüllt mit Aprikosenkonfitüre und überzogen mit Schokoladenkuvertüre.
b) Tiramisudesserts enthalten Löffelbiskuits, die in Kaffeetränke aus Kaffee mit Amarettolikör getaucht sind. Diese werden mit Tiramisumasse gefüllt, die hauptsächlich aus italienischem Mascarponekäse besteht. Die Desserts sind oben mit Kakaopulver bestaubt.
c) Die weiche Trüffelmasse der Pralinen wird aus Schlagsahne und Schokoladenkuvertüre mit Champagner hergestellt, der geschmacklich deutlich wahrnehmbar ist.

10. Gesundheitsbewusste und auch kranke Kunden erwarten gesundheitsbezogene Empfehlungen und Beratungen. Geben Sie diese.
a) Ein Kunde wünscht Feine Backwaren mit möglichst wenig Fett, da er Magen- und Darmbeschwerden hat.
b) Ein Kunde möchte wissen, warum Vollkornbackwaren so gesund sind.

a)
- Biskuitgebäcke enthalten in der Rezeptur kein Fett, z. B. Löffelbiskuits und Obsttorten sowie Obstschnitten mit Biskuitböden.
- Hefezöpfe und auch Berliner sind fettarme Backwaren, da sie aus leichtem, fettarmem Hefeteig hergestellt werden.
- Käsetorten (Käsekuchen) sind gebackene fettarme Torten, da sie hauptsächlich aus fettarmem Quark, Milch und Eiern hergestellt werden.

b)
- Vollkorngebäcke besitzen einen hohen Anteil an Ballaststoffen. Diese fördern die Verdauung und geben ein schnelles Sättigungsgefühl, sodass Übergewicht vermieden werden kann.
- Außerdem enthalten Vollkornbackwaren viele Mineralstoffe und Vitamine.

11. Kunden, die Konditoreierzeugnisse für bestimmte Anlässe möchten, benötigen den Rat des Verkaufspersonals. Empfehlen Sie passende Erzeugnisse für folgende Situationen:

a) Gebäcke, die Kinder gerne essen, z. B. zum Kindergeburtstag
b) Feine Backwaren zum Frühstück
c) Gebäcke zum Knabbern für Partys
d) Gebäcke für die Urlaubsreise

a) Kinder bevorzugen besonders lockere und leichte Gebäcke sowie Erzeugnisse mit Obst, z. B. Berliner, Bienenstich, Obstschnitten und Obsttörtchen.
b) Zum Frühstück eignen sich die lockeren Croissants und Hefezöpfe.
c) Käsestangen und pikante Käsegebäcke aus Blätterteig und Mürbeteig eignen sich zum Knabbern und passen auch zu alkoholischen Getränken.
d) Als Reiseproviant eignen sich Dauerbackwaren, die einige Zeit ohne Kühlung lagerfähig sind, z. B. Mürbeteiggebäcke, Kuchen aus Sandmasse, Mandelhörnchen, Löffelbiskuits.

12. Die Fachverkäuferin soll den Kunden immer mit positiven Gesprächen weiterhelfen, sonst wird der Verkauf abgebrochen.

a) Manchmal kommt es vor, dass die vom Kunden gewünschte Ware schon ausverkauft oder nicht mehr vorrätig ist. Wie reagieren Sie darauf?
b) Der Kunde hat seinen Kaufwunsch geäußert.
   - Mit welcher Frage könnten Sie das Verkaufsgespräch fortführen?
   - Geben Sie auch Negativbeispiele an, die nie ausgesprochen werden, weil sie das Verkaufsgespräch abwürgen.

a)
   - Sie sagen dem Kunden, dass es Ihnen leidtut, dass die Ware nicht mehr vorhanden ist.
   - Sie bieten sofort dem Kunden als Alternative ähnliche Waren an.

b)
   - „Was darf ich Ihnen außerdem noch anbieten?"
   - „Haben wir es dann?"
     „Ist das alles?"
     Diese Fragen sollten nie verwendet werden, weil dadurch der Kunde das Verkaufsgespräch als beendet ansieht.

13. Viele Backwaren schmecken frisch am besten.

a) Beschreiben Sie den Unterschied zwischen Frischhaltung und Haltbarkeit von Backwaren.
b) Geben Sie Gebäckbeispiele an, die frisch am besten schmecken und somit frisch verkauft und gegessen werden sollen.

a)
   - Backwaren sind frisch, solange sie ihre typischen Frischeeigenschaften besitzen, z. B. weiche Gebäcke mit vollem, frischem Geschmack oder Blätterteiggebäcke mit ihrer feinsplittrigen Beschaffenheit.
   - Backwaren sind solange haltbar, bis sie verdorben sind, z. B. verschimmeln oder Füllungen gärig sind.

b)
   - Plunder- und Blätterteiggebäcke mit Füllungen
   - Croissants
   - Berliner
   - Gebäcke und Torten mit Schlagsahne gefüllt
   - belegte und überbackene Snacks

14. Manche Backwaren sind längere Zeit haltbar.
a) Erklären Sie den Kunden, warum Dauerbackwaren längere Zeit ohne Kühlung ihre Frischeeigenschaften behalten.
b) Nennen Sie Dauerbackwaren, die Sie den Kunden längere Zeit als frische Backwaren anbieten können.

a) Dauerbackwaren sind wasserarme, jedoch fettreiche Gebäcke. Es erfolgt deshalb bei der Lagerung kaum Wasserverdunstung. Das Fett bindet die Geschmacksstoffe und hält die Gebäcke längere Zeit weich.
b) Dauerbackwaren, die längere Zeit ihre Frischeeigenschaften nicht verlieren sind:
- Mürbeteiggebäcke, Spritzgebäcke
- Kuchen aus Sandmasse
- Makronengebäcke
- Gebäcke aus schwerem Hefeteig, z. B. Stollen, Osterfladen, Nussbeugel
- Lebkuchen

15. Geben Sie Auskunft auf die Kundenfrage zu Dauerbackwaren, z. B.: „Sind die Mürbeteiggebäcke frisch?"

Wir führen nur frische Backwaren. Außerdem bleiben Mürbeteiggebäcke einige Tage weich und mürbe und sind somit gut lagerfähig.

16. Verkaufsargumente sollen Auskunft über die Konditoreierzeugnisse geben und müssen deshalb gut verständlich sein.
a) Wie verhält es sich bei der Anwendung von Fachausdrücken, z. B. leichter Hefeteig und deutsche Buttercreme?
b) Welche Besonderheiten der Erzeugnisse sollen bei der Beratung hervorgehoben werden, die auch einen höheren Warenpreis erklären?
c) Wie kann beim Empfehlen und Beraten die Kaufentscheidung für die Kunden erleichtert werden?

a) Fachausdrücke sollen angewandt, jedoch erklärt werden, z. B. leichter Hefeteig ist fettarm und deutsche Buttercreme ist schaumig geschlagene Butter mit einem hohen Anteil an Vanillecreme, d. h. Vanillepudding.
b) Hochwertige Rohstoffe weisen auf beste Qualität hin und aufwendige Arbeitsweisen sind Erklärungen für einen erhöhten Preis.
c) Den Kunden die Ware, über die gesprochen wird, zeigen, wenn möglich den Anschnitt.

17. Bei Reklamationen sollen unzufriedene Kunden wieder versöhnt werden, um sie als Kunden nicht zu verlieren.
a) Wie verhalten Sie sich, wenn der Kunde seine Beschwerde vorbringt?
b) Erklären Sie, wie Sie nach einer berechtigten Reklamation den Kunden zufrieden stellen können.
c) Beschreiben Sie, wie sich ein Fachbetrieb grundsätzlich bei Beanstandungen, ob zu Recht oder zu Unrecht, gegenüber den Kunden verhält.

a)
- Dem Kunden ruhig zuhören und ihn ausreden lassen.
- Freundlich bleiben.
- Nach der Reklamation sich entschuldigen oder dem Kunden zu verstehen geben, dass es einem leidtut.

b)
- Dem Kunden die gleiche oder ähnliche Ware als Ersatz anbieten. Dabei dem Kunden die Ware zeigen, damit er die einwandfreie Qualität sieht.
- Als Wiedergutmachung für die Unannehmlichkeiten etwas kostenlos dazugeben.

c) Reklamationen werden ohne lange Diskussionen für den Kunden großzügig behandelt, sodass dieser zufrieden ist und als Kunde erhalten bleibt.

6.2 Fachmathematische Berechnungen (Prozentrechnen)

1. Auf einen Rechnungsbetrag von 1 356,67 € werden 6 % Mengenrabatt gewährt. Wie viel Euro sind zu überweisen?

$100\,\% \mathrel{\hat{=}} 1\,356{,}67\,€$

$6\,\% \mathrel{\hat{=}} x\,€$

$$x = \frac{1\,356{,}67\,€ \cdot 6}{100} = 81{,}40\,€$$

$$\begin{array}{r} 1\,356{,}67\,€ \\ -\quad 81{,}40\,€ \\ \hline 1\,275{,}27\,€ \end{array}$$

2. Ein Betrieb gewährt einem Altenheim 8 % Rabatt und zieht von der Rechnung 54,72 € ab. Berechnen Sie den regulären Preis der Backwaren.

$8\,\% \mathrel{\hat{=}} 54{,}72\,€$

$100\,\% \mathrel{\hat{=}} x\,€$

$$x = \frac{54{,}72\,€ \cdot 100}{8} = 684{,}00\,€$$

3. Ein Rechnungsbetrag von 160,08 € beinhaltet bereits die Mehrwertsteuer von 19 %. Der Kunde möchte den Mehrwertsteuerbetrag und den Nettorechnungsbetrag gesondert ausgewiesen haben. Berechnen Sie die beiden Beträge.

$119\,\% \mathrel{\hat{=}} 160{,}08\,€$

$100\,\% \mathrel{\hat{=}} x\,€$

$$x = \frac{160{,}08\,€ \cdot 100}{119} = 134{,}52\,€ \text{ (Netto)}$$

$160{,}08\,€ - 134{,}52\,€ = 25{,}56\,€$ (MwSt.)

4. Der Preis für Konditoreierzeugnisse einer Jubiläumsfeier beläuft sich auf 735,00 €. Der Kunde bezieht regelmäßig Backwaren und erhält deshalb einen Rabatt von 6 %. Zusätzlich zahlt er bar, sodass ihm generell 2 % Skonto gewährt werden. Wie viel € muss der Kunde überweisen?

$100\,\% \mathrel{\hat{=}} 735{,}00\,€$

$94\,\% \mathrel{\hat{=}} x\,€$

$$x = \frac{735{,}00\,€ \cdot 94}{100} = 690{,}90\,€$$

$100\,\% \mathrel{\hat{=}} 690{,}90\,€$

$98\,\% \mathrel{\hat{=}} x\,€$

$$x = \frac{690{,}90\,€ \cdot 98}{100} = 677{,}08\,€$$

5. Ein Konditor liefert Backwaren für die Aufstiegsfeier des örtlichen Fußballclubs. Er gewährt auf den Rechnungsbetrag von 493,50 € neben einem Kundenrabatt von 15 % noch 1,5 % Skonto bei fristgerechter Barzahlung. Für die Anlieferung werden dem Verein 12,00 € in Rechnung gestellt. Wie viel € hat der Sportverein zu zahlen?

$100\,\% \mathrel{\hat{=}} 493{,}50\,€$

$85\,\% \mathrel{\hat{=}} x\,€$

$$x = \frac{493{,}50\,€ \cdot 85}{100} = 419{,}48\,€$$

$100\,\% \mathrel{\hat{=}} 419{,}48\,€$

$98{,}5\,\% \mathrel{\hat{=}} x\,€$

$$x = \frac{419{,}48\,€ \cdot 98{,}5}{100} = 413{,}19\,€$$

$413{,}19\,€ + 12{,}00\,€ = 425{,}19\,€$

6. Eine Konditorei kauft einen Stikkenofen und bekommt laut Kaufvertrag 8 % Rabatt, sodass sie 31 878,00 € zu bezahlen hat. Wie viel € kostete der Stikkenofen ursprünglich?

$92\,\% \mathrel{\hat{=}} 31\,878{,}00\,€$

$100\,\% \mathrel{\hat{=}} x\,€$

$$x = \frac{31\,878{,}00\,€ \cdot 100}{92} = 34\,650{,}00\,€$$

7 Rechtliche Vorschriften

7.1 Lebensmittel- und Futtermittelgesetzbuch

1. Das Lebensmittel- und Futtermittelgesetzbuch (LFBG) enthält Gesetze und Verordnungen für Lebensmittel. Erklären Sie folgende Begriffsbestimmungen:
a) Was sind Lebensmittel?
b) Was versteht man unter Lebensmittelzusatzstoffen?
c) Es dürfen nur „zugelassene Lebensmittelzusatzstoffe" verwendet werden, die gesundheitlich unbedenklich sind. Nennen Sie Beispiele.
d) Was sind Verbraucher?

a) Lebensmittel sind Speisen und Getränke, die von Menschen zur Ernährung oder zum Genuss verzehrt werden.
b) Lebensmittelzusatzstoffe sind Stoffe, die Lebensmitteln zugesetzt werden, um bestimmte Eigenschaften zu erzielen, z. B. längere Haltbarkeit, schöneres Aussehen.
c) Lebensmittelzusatzstoffe sind z. B.:
- künstliche Farb- und Aromastoffe
- chemische Konservierungsstoffe
- chemische Lockerungsmittel, z. B. Backpulver
- Brezellauge
- Emulgatoren (mischen Fett und Wasser)
- Süßstoffe
- Mineralstoffe, außer Speisesalz
- Vitamine

d) Verbraucher ist derjenige, an den z. B. Lebensmittel abgegeben werden, die Kunden und Gäste eines Konditorei-Cafés.

2. Das Lebensmittel- und Futtermittelgesetzbuch schützt die Verbraucher in zweierlei Hinsicht. Nennen Sie die zwei Schutzbereiche und jeweils ein Beispiel.

- Das LFGB schützt die Gesundheit der Verbraucher.
  Es dürfen nur gesundheitlich einwandfreie Lebensmittel verarbeitet und verkauft werden.
- Das LFGB schützt die Verbraucher vor Täuschung.
  Durch genaue Deklaration (Kennzeichnung) im Verkauf müssen die verwendeten Zutaten und die Qualität der Konditoreierzeugnisse nach den Bestimmungen der Leitsätze erkennbar sein.

3. Im „Lebensmittelrecht" sind die rechtlichen Bestimmungen der Lebensmittel und deren Erzeugnisse festgelegt, auch die Leitsätze.
a) Beschreiben Sie, was die Leitsätze festlegen.
b) Welche rechtliche Grundlage haben die Leitsätze?

a) In den Leitsätzen sind die Bezeichnungen (Namen) bekannter Konditoreierzeugnisse festgelegt. Für diese Waren sind bestimmte Zutaten und deren Mindestmengen vorgeschrieben, sodass die Qualitätsanforderungen der Waren erfüllt sind, z. B. für Baumkuchen und Speiseeissorten.
b) Die Bestimmungen der Leitsätze sind keine gesetzlichen Verordnungen.

c) Warum müssen die Bestimmungen der Leitsätze eingehalten werden?	c) Leitsätze sind Richtlinien, die bei den Lebensmittelkontrollen gelten. Die Verbraucher erwarten bei diesen Konditoreierzeugnissen die gewohnte Qualität.
4. In den Leitsätzen sind Bezeichnungen festgelegt. Erklären Sie, was man unter einer „Bezeichnung" der Lebensmittel bzw. Waren versteht.	Die Bezeichnung ist der Name eines Lebensmittels oder Konditoreierzeugnisses, unter dem der Verbraucher dessen Art und Zusammensetzung erkennt, z. B. Marmorkuchen, Sachertorte.
5. Beschreiben Sie folgende Leitsätze: a) Brotgetreide und sonstige Getreidearten b) Feine Backwaren c) Erzeugnisse, die im Namen das Wort Butter enthalten, z. B. Buttercreme	a) • Brotgetreidearten sind Weizen, Roggen, Dinkel, Einkorn und Emmer. • Sonstige Getreidearten sind Gerste, Hafer, Hirse, Mais und Reis. b) Feine Backwaren werden aus Teigen oder Massen hergestellt, die auf 90 Teile Getreideerzeugnisse mehr als 10 Teile Fett und/oder Zucker enthalten. c) Sie dürfen nur mit Butter hergestellt werden, andere Fette sind nicht erlaubt.
6. Eine Verordnung im EU-Recht schützt die geografische Herkunftsangabe bei einigen Erzeugnissen. a) Beschreiben Sie, was man unter einer geschützten geografischen Angabe (g. g. A.) von Erzeugnissen versteht. b) Nennen Sie Konditoreierzeugnisse mit geschützten geografischen Angaben. c) Erklären Sie den Begriff „geschützte Ursprungsbezeichnung" (g. U.)	a) Die Erzeugnisse müssen in dem benannten Gebiet hergestellt werden. Die verarbeiteten Rohstoffe können aus anderen Gebieten stammen. b) • Nürnberger Lebkuchen • Lübecker Marzipan • Dresdner Stollen c) Die Herstellung des Erzeugnisses muss in einem bestimmten Gebiet erfolgen, auch die Rohstoffe müssen aus dem angegebenen Gebiet stammen, z. B. Frankenwein.
7. Gattungsbezeichnungen sind geografische Bezeichnungen im Namen der Erzeugnisse, die nicht geschützt sind. a) Erklären Sie, was man unter „Gattungsbezeichnungen" versteht. b) Geben Sie Beispiele von Konditoreierzeugnissen mit Gattungsbezeichnungen an.	a) Gattungsbezeichnungen geben eine typische Zusammensetzung der Rohstoffe oder Herstellung der Waren an. Waren mit Gattungsbezeichnungen führen zwar den Namen eines Gebiets, dürfen jedoch überall hergestellt werden. b) Berliner, Königsberger Marzipan, Holländischer Blätterteig, Griechischer Bauernsalat.

8. a) Nennen Sie das Typische folgender Konditoreierzeugnisse mit Gattungsbezeichnungen:
- Wiener Masse
- Dänischer oder Kopenhagener Plunder
- Schwarzwälder Kirschsahnetorte
- Leipziger Lerchen
- Linzer Torte, Linzer Schnitten

b) Was versteht man unter Gattungsbezeichnungen, wenn die Bezeichnungen „original“ und „echt“ dabei stehen, z. B. „echter Salzwedler Baumkuchen“, „original Leipziger Lerchen“?

a)
- Wiener Masse ist eine eierreiche Masse, die im Gegensatz zur Biskuitmasse mit einem geringen Anteil Butter oder Margarine hergestellt wird.
- Dänischer oder Kopenhagener Plunder ist ein Plunderteig mit besonders viel Ziehfett, mindestens 600 g auf 1 kg Weizenmehl des Hefeteigs, inklusive Fett im Teig.
- Schwarzwälder Kirschsahnetorte enthält helle und/oder Schokoladenböden aus Wiener- oder Biskuitmasse. Die Sahne muss deutlich nach Kirschwasser schmecken und die Torte mit Schokoladenspänen garniert sein.
- Für Leipziger Lerchen werden Förmchen mit Mürbeteig ausgelegt und mit Makronenmasse gefüllt.
- Linzer Torte und Linzer Schnitten bestehen aus nuss- oder mandelhaltigem Mürbeteig, der mit Johannisbeerkonfitüre gefüllt ist.

b) Erzeugnisse mit Gebietsangaben werden mit den Zusätzen „echt“ und „original“ zu geschützten geografischen Angaben. Der Baumkuchen muss aus der Gegend von Salzwedel stammen und die Leipziger Lerchen aus Leipzig.

7.2 Kennzeichnung von Lebensmitteln, Lebensmittelüberwachung

1. Erzeugnisse, die zum Verkauf angeboten werden, müssen zur Kundeninformation ausreichend gekennzeichnet werden.

a) Was besagt die Preisangabenverordnung?

b) Nennen Sie die Möglichkeiten der Preisauszeichnung im Laden.

c) Erklären Sie, wo die Preisangabe für unverpackte Ware stehen muss.

d) Wo erfolgt die Preisangabe bei vorverpackten Waren?

a) Es besteht die Preisangabenpflicht, die besagt, dass alle Waren, die zum Verkauf angeboten werden, mit Preisen ausgezeichnet werden müssen.

b) Möglichkeiten der Preisangabe sind:
- Preisschild
- Sammelpreisliste
- Preisschienen in der Verkaufstheke

c) Der Preis muss gut sichtbar und eindeutig bei der Ware stehen.

d) Bei vorverpackten Waren muss der Preis gut sichtbar auf der Verpackung angebracht sein.

2. Was versteht man unter dem Bruttoverkaufspreis von Lebensmitteln und Konditoreierzeugnissen.

Dieser Preis ist der Endpreis, der bereits die Mehrwertsteuer beinhaltet.

3. Auch im Café besteht die Preisangabenpflicht.
a) Wie kann sich der Kunde vor dem Betreten des Cafés über die Preise informieren?
b) Beschreiben Sie die Preisangabe für den Gast am Tisch im Café.

a) Am Eingang zum Café muss eine Speisen- und Getränkekarte mit Preisverzeichnis angebracht sein.
b) Eine Getränke- und Speisekarte muss auf jedem Tisch im Café ausliegen oder gebracht werden.

4. a) Erklären Sie die „Grundpreisauszeichnung“ bei Backwaren und Pralinen, die nach Gewicht verkauft werden.
b) Wie muss der Grundpreis im Verhältnis zum Endpreis angegeben werden?

a)
- Zusätzlich zur Gewichtsangabe der Ware bzw. Volumenangabe bei Getränken und dem Endpreis muss der Grundpreis für 1 kg bzw. 1 l der Ware angegeben werden.
- Bei einem Gewicht bis zu 250 g bzw. 250 ml kann auch der Grundpreis für 100 g bzw. 100 ml der Ware angegeben werden.

b) Der Grundpreis muss auf dem Preisschild beim Endpreis stehen, darf jedoch gegenüber dem Endpreis nicht dominieren, um eine Täuschung zu verhindern.

5. Wie steht es mit der Preisauszeichnungspflicht in Schaufenstern, Vitrinen und Schaukästen im Verkauf sowie bei Werbemaßnahmen, z. B. in Inseraten und Prospekten?

Überall wo Waren angeboten werden, besteht die Preisangabenpflicht.

6. a) Erklären Sie den Begriff „vorverpackte Waren“ nach der Lebensmittelinformations-Verordnung.
b) Geben Sie Beispiele von vorverpackten Konditoreierzeugnissen an.

a) Die Waren werden den Kunden in verschlossenen Verpackungen angeboten.
b)
- In Folie eingeschweißte Kuchen, Hefezöpfe, Marzipanfiguren usw.
- In Folientütchen mit Clips oder Ringelbändern verschlossene Teegebäcke, Pralinen, Baumkuchenspitzen usw.
- Waren in Kartons wie Pralinen, Lebkuchen usw.

7. Nennen Sie die gesetzlich vorgeschriebenen Angaben auf vorverpackten Waren nach der Lebensmittelinformations-Verordnung.

- Bezeichnung (Name der Ware)
- Zutatenverzeichnis
- QUID-Kennzeichnung in Prozent nach den Zutaten
- Angabe allergener und nichtverträglicher Zutaten
- Nährwertkennzeichnung
- Mindesthaltbarkeitsdatum
- Gewicht der Ware bzw. Mengenangabe
- Name und Anschrift der Firma des Herstellers

8. Erklären Sie die vorgeschriebenen Angaben der Deklaration auf vorverpackten Waren.
   a) Reihenfolge der Zutaten im Zutatenverzeichnis
   b) QUID-Kennzeichnung im Zutatenverzeichnis
   c) detaillierte Angaben von zusammengesetzten Zutaten, z. B. Marzipan, Aprikosenkonfitüre
   d) Allergene und unverträgliche Zutaten, z. B. in einem eingeschweißten Nusszopf
   e) verpflichtende Angaben bei der Nährwertkennzeichnung

a) Zutaten gewichtsmäßig in absteigender Reihenfolge angeben.
b) QUID-Kennzeichnung bedeutet:
   Steht eine Zutat, in der Warenbezeichnung und somit hervorgehoben wird, muss die Menge dieser Zutat in der Ware in Prozent angegeben werden, z. B.
   - Mohnzopf (30 % Mohnfüllung),
   - Kirschkuchen mit 35 % Kirschen
   - Käsestangen (28 % Emmentaler Käse)
c) Bei der Angabe zusammengesetzter Zutaten müssen die Zutaten einzeln angegeben werden:
   - Marzipan (Mandel, Zucker)
   - Aprikosenkonfitüre (Zucker, Aprikosen)
d) Zutaten in den Waren, die allergische oder unverträgliche Reaktionen auslösen können müssen extra angegeben und hervorgehoben werden, z. B. beim Nusszopf: glutenhaltiges Weizenmehl, Eier, Haselnüsse
e) Die Nährwertangabe muss auf 100 g der Ware der Reihe nach erfolgen:
   - Brennwert in Kilojoule (kJ) und dann in Kilokalorien (kcal)
   - Nährstoffangaben in Gramm:
     – Fett und davon die gesättigten Fettsäuren
     – Kohlenhydrate und davon der Zucker
     – Eiweiß
     – Salz

9. Am Mindesthaltbarkeitsdatum können sich Kunden über die Frischhaltung bzw. Haltbarkeit der Waren in vorverpackten Waren orientieren.
   a) Erklären Sie, was das Mindesthaltbarkeitsdatum aussagt.
   b) Ist das Mindesthaltbarkeitsdatum ein Verfallsdatum?
   c) Sollen Waren nach Ablauf des Mindesthaltbarkeitsdatums noch zum Verkauf angeboten werden?
   d) Wer legt das Mindesthaltbarkeitsdatum für vorverpackte Waren fest?

a) Bis zum Zeitpunkt des Mindesthaltbarkeitsdatums behalten die Lebensmittel und Konditoreierzeugnisse in vorverpackten Waren bei richtiger Aufbewahrung ihre Frischeeigenschaften.
b) Es ist kein Verfalldatum. Die Waren müssen nach Ablauf des Mindesthaltbarkeitsdatums nicht verdorben sein, die Frischeeigenschaften sind jedoch nicht mehr garantiert.
c) Frische ist das stärkste Werbemittel der Konditorei. Die Waren sollten deshalb schon vor Ablauf des Mindesthaltbarkeitsdatums aus dem Verkauf genommen werden.
d) Der Betriebsinhaber legt den Zeitpunkt des Mindesthaltbarkeitsdatums fest.

10. a) Nennen Sie die gesetzliche Bestimmung bei der Verwendung von künstlichen Lebensmittelfarben zum Verschönern von z. B. Marzipanfiguren oder Einfärben von Fondant.
b) Welche Erzeugnisse in der Konditorei dürfen nicht mit künstlichen Lebensmittelfarben gefärbt werden? Begründen Sie dies.

a) Lebensmittel und Waren, die mit Lebensmittelfarben gefärbt sind, müssen deklariert werden.
b) Teige und Massen, die Eier enthalten, dürfen nicht mit Lebensmittelfarben gefärbt werden, damit sie keine bessere Qualität vortäuschen.

11. Unverpackte Waren werden im Konditoreiverkauf meistens mit Preisschildern ausgezeichnet.
a) Welche Kundeninformationen werden auf Preisschildern angegeben?
b) Nennen Sie die Zutaten in Waren, die zur gesundheitlichen Information auf Preisschildern deklariert werden müssen.

a)
- Bezeichnung (Name der Ware)
- Stückangabe bzw. Gewicht
- Preis, der sich auf die Stückzahl bzw. das Gewicht bezieht

b)
- allergene und unverträgliche Zutaten
- künstliche Lebensmittelfarben

12. a) Beschreiben Sie, was anhand des Lieferscheins bei der Annahme einer Warenlieferung in der Konditorei kontrolliert wird, bevor der Lieferschein unterschrieben wird.
b) Wenn Mängel erkannt werden, wird die Ware wieder zurückgegeben. Wie werden die zurückgegebenen Waren vermerkt?

a)
- Feststellen, ob alle im Lieferschein genannten Rohstoffe in der aufgeführten Menge geliefert wurden.
- Den Bestellbeleg mit dem Lieferschein vergleichen, ob die bestellten Waren in den richtigen Mengen geliefert wurden.
- Prüfen, ob die Waren sich in einem einwandfreien Zustand befinden.

b) Die mangelhafte Ware und die Menge, die zurückgegeben wird, wird auf dem Lieferschein schriftlich vermerkt. Erst wenn alles in Ordnung ist, wird der Lieferschein unterschrieben.

13. Erklären Sie folgende Rechtsansprüche, wenn Ware mit Mängeln geliefert wird.
a) Nacherfüllung
b) Minderung
c) Rücktritt

a) Der Käufer hat Anspruch darauf, dass die fehlerhafte Ware ersetzt wird.
b) Der Käufer bekommt einen Preisnachlass auf die beanstandete, fehlerhafte Ware.
c) Beim Rücktritt vom Vertrag werden die mangelhaften Waren zurückgegeben.

14. Die Einhaltung der Hygiene, der gesetzlichen Bestimmungen und der Leitsätze in Lebensmittelbetrieben werden von Lebensmittelkontrolleuren überprüft. Wann und in welchen Zeitabständen erfolgen die Betriebskontrollen?

Die Kontrollen erfolgen unangemeldet und in unregelmäßigen Abständen, damit sich der Konditoreibetrieb nicht vorbereiten kann.

15. Nennen Sie Beispiele, was die Lebensmittelkontrolleure in der Konditorei überprüfen, in Bezug auf
a) Betriebshygiene,
b) Personalhygiene,
c) Lebensmittelhygiene.

a) In Bezug auf Betriebshygiene überprüfen sie sämtliche Betriebsräume, Einrichtungsgegenstände, Maschinen, Geräte, Lieferfahrzeuge.
b)
- Bei der Personalhygiene wird auf Vollständigkeit und Sauberkeit der Berufskleidung geachtet.
- Der Betriebsinhaber muss die Bescheinigung über die Belehrung der Beschäftigten über das Infektionsschutzgesetz vorlegen.
- Der Betriebsinhaber muss das Protokoll über die jährliche Hygienebelehrung vorlegen.

c) Bei der Lebensmittelhygiene überprüfen die Lebensmittelkontrolleure, ob die Rohstoffe und Konditoreierzeugnisse gesundheitlich unbedenklich sind und diese fachgerecht gelagert werden.

16. a) Beschreiben Sie, was die Lebensmittelkontrolleure bezüglich der Waren und deren Auszeichnungen im Laden kontrollieren.
b) Nennen Sie die Pflichten der Lebensmittelkontrolleure in Bezug auf
- gewöhnlichen Zeitpunkt der Kontrolle,
- Erkennung der Beamten,
- Informationen an Unbeteiligte,
- Berufspflicht der Beamten.

a) Sie überprüfen
- die Preisangaben bei allen Waren,
- die Deklaration kennzeichnungspflichtiger Zutaten, z. B. Fettglasur und Lebensmittelzusatzstoffe,
- die Einhaltung der gesetzlichen Bestimmungen und Leitsätze der Konditoreierzeugnisse, indem sie diese zur Untersuchung mitnehmen.

b)
- Die Betriebskontrolle darf, wenn kein dringender Fall vorliegt, nur während der üblichen Arbeits- und Geschäftszeiten erfolgen.
- Die Beamten müssen auf Verlangen ihren Dienstausweis vorzeigen.
- Die Lebensmittelkontrolleure unterliegen der Schweigepflicht über die Besuche der Betriebe.
- Die Lebensmittelkontrolleure müssen unbestechlich sein.

17. Erklären Sie, wie Lebensmittelkontrolleure die Rohstoffe und Waren der Konditorei durch Proben genau überprüfen.

- Die Lebensmittelkontrolleure nehmen ein Stück der Ware als Probe mit und lassen diese im Labor untersuchen.
- Ein zweites Stück derselben Ware wird versiegelt und dem Betriebsinhaber als Gegenprobe und Beweisstück gegeben.

7.3 Fachmathematische Berechnungen (Verteilungsrechnen, Prozentrechnen)

1. Cremeeis enthält mindestens 50 % Milch und auf 1 Liter Milch mindestens 270 g Vollei oder 90 g Eigelb. Berechnen Sie die vorgeschriebenen Mindestanteile für 3 l Cremeeis.

$100\,\% \triangleq 3\,l$
$50\,\% \triangleq x\,l$
$$x = \frac{3\,l \cdot 50}{100} = 1{,}5\,l \text{ Milch}$$
$1\,l$ Milch $\triangleq 270$ g Vollei
$1{,}5\,l$ Milch $\triangleq 270\,g \cdot 1{,}5 = 405$ g Vollei
oder:
$1\,l$ Milch $\triangleq 90$ g Eigelb
$1{,}5\,l$ Milch $\triangleq 90\,g \cdot 1{,}5 = 135$ g Eigelb

2. Butterstollen muss je 100 Teile Getreidemahlerzeugnisse mindestens 32,800 kg Butterreinfett enthalten. Wie viel kg Butter mit 82 % Fettgehalt muss man zugeben, um dieselbe Fettmenge im Butterstollen zu haben?

0,820 kg Fett $\triangleq$ 1 kg Butter
32,800 kg Fett $\triangleq$ x kg
$$x = \frac{1\,kg \cdot 32{,}800}{0{,}820} = 40{,}000 \text{ kg Butter}$$

3. Ganache besteht aus 2 Teilen Schokoladenkuvertüre und 1 Teil Schlagsahne. Berechnen Sie die Menge an Kuvertüre und Schlagsahne für 720 g Ganache.

720 g $\triangleq$ 3 Teile
720 g : 3 Teile = 240 g/Teil
Schlagsahne: 240 g
Kuvertüre: $240\,g \cdot 2 = 480$ g

4. Um Preise leichter vergleichen zu können, muss bei der Auszeichnung von Lebensmitteln neben dem Endpreis auch der Grundpreis angegeben werden.
a) Berechnen Sie den Grundpreis für 100 g einer Gebäckmischung mit 250 g. 250 g kosten im Verkauf 5,75 €.
b) Berechnen Sie den Grundpreis für 1 kg Marmorkuchen. 450 g kosten im Verkauf 5,40 €.

a) 250 g $\triangleq$ 5,75 €
100 g $\triangleq$ x €
$$x = \frac{5{,}75\,€ \cdot 100}{250} = 2{,}30\,€$$
b) 450 g $\triangleq$ 5,40 €
1 000 g $\triangleq$ x €
$$x = \frac{5{,}40\,€ \cdot 1000}{450} = 12{,}00\,€$$

5. Einem Kartoffelsalat darf als Konservierungsstoff höchstens 2 % Sorbinsäure zugesetzt werden. Berechnen Sie, wie viel Sorbinsäure in einem 5-kg-Eimer Kartoffelsalat höchstens enthalten sein darf.

100 % $\triangleq$ 5 000 g
1 % $\triangleq$ 50 g
2 % $\triangleq$ 100 g

6. Das Mindesthaltbarkeitsdatum eines verpackten Sandkuchens beträgt 7 Tage. Die Frischhaltung des Sandkuchens hat sich durch die Verpackung um 40 % verlängert. Wie lange ist die Frischhaltung des unverpackten Sandkuchens gewährleistet?

140 % $\triangleq$ 7 Tage
100 % $\triangleq$ x Tage
$$x = \frac{7\,T \cdot 100}{140} = 5 \text{ Tage}$$

Wirtschaft und Sozialkunde

1 Arbeitswelt und Berufsbildung

1.1 Allgemeine Fragen

1. Nennen Sie die Gesetze, die die Bedingungen am Arbeitsplatz regeln.

- Jugendarbeitsschutzgesetz
- Berufsbildungsgesetz
- Mutterschutzgesetz
- Schwerbehindertengesetz
- Arbeitszeitgesetz
- Arbeitsschutzgesetz
- Bundeselterngeld- und Elternzeitgesetz

2. Welche Stellen überwachen die Einhaltung der arbeitsrechtlichen Bestimmungen in den Betrieben?

- Berufsgenossenschaften
- Gewerbeaufsichtsämter

3. Nennen Sie Ursachen für die raschen Veränderungen in unserer Berufswelt.

- Rationalisierung
- Technisierung/Automatisierung
- Globalisierung
- Internet

4. Wie verbessert man seine Chancen auf dem Arbeitsmarkt?

- Fort- und Weiterbildung
- Umschulung
- Mobilität
- lebenslanges Lernen

5. Wer ist von drohender Arbeitslosigkeit am meisten betroffen?
a) Selbstständige
b) Personen ohne Berufsausbildung
c) Facharbeiter
d) Akademiker
e) Umschüler

b

6. Welche gesellschaftlichen und sozialen Aufgaben haben Betriebe?
a) In möglichst kurzer Zeit soll ein maximaler Gewinn erzielt werden.
b) Mitarbeiter sollen durch Arbeitsverträge möglichst lange an den Betrieb gebunden werden.
c) Die Bedürfnisse der Menschen sollen befriedigt werden, Arbeitsplätze geschaffen werden und menschenwürdige Arbeit soll angeboten werden.
d) Durch Rationalisierung sollen die Personalkosten gesenkt werden.
e) Die Sozialabgaben sollen so niedrig wie möglich gehalten werden.

c

7. Welche volkswirtschaftlichen Aufgaben hat das Handwerk?
a) Facharbeiter für die Industrie ausbilden
b) den individuellen Bedarf der Kunden an Waren und Dienstleistungen sichern
c) eine große Menge an gleichartigen Produkten herstellen
d) Rohstoffe gewinnen
e) eine Konkurrenz zu den Industrieunternehmen bilden

b

8. An welche Einrichtung wendet man sich, wenn man eine Umschulungsberatung wünscht?
a) Sozialamt
b) Agentur für Arbeit
c) Berufsschule
d) Handwerkskammer
e) Gewerkschaft

b

9. Welche Einstellung entspricht dem raschen Wandel in unserer Berufswelt?
a) Festhalten an einmal Erlerntem
b) Verzicht auf weitere Fortbildung
c) Bereitschaft zur Weiter- und Fortbildung
d) Nutzung der Freizeit, um sich zu erholen
e) stures Festhalten an traditionellen Arbeitsformen

c

1.2 Arbeitsrechtliche Grundlagen

1. Wann dürfen Jugendliche morgens in der Konditorei nach dem Jugendarbeitsschutzgesetz mit der Arbeit beginnen?

- unter 16 Jahren: ab 6.00 Uhr
- unter 17 Jahren: ab 5.00 Uhr
- über 17 Jahre: ab 4.00 Uhr

2. Der Tarif beträgt für eine Arbeitnehmerin 2 100,00 €. Der Arbeitgeber zahlt 2 500,00 €. Ist dies rechtlich zulässig?

Es ist rechtlich zulässig. Der Arbeitgeber darf übertariflichen Lohn bezahlen, aber nicht unter dem festgelegten Tarif entlohnen.

3. Nennen Sie die Tarifvertragsarten.

- Lohntarifvertrag
- Manteltarifvertrag

4. Was versteht man unter dem Begriff Tarifautonomie?

Arbeitgeber- und Arbeitnehmerverbände haben, laut Grundgesetz, das alleinige Recht, Tarifabschlüsse zu tätigen. Der Staat darf keinen Einfluss ausüben.

5. Was versteht man unter dem tariflichen Lohn?

Der tarifliche Lohn ist der festgelegte Mindestlohn, der von den jeweiligen Sozialpartnern (Gewerkschaften und Arbeitgeberverbänden) für die Arbeitnehmer ausgehandelt wurde. Er ist für alle Arbeitgeber verbindlich.

6. Wie lange darf die Probezeit eines Arbeitnehmers bei einer Neueinstellung dauern?	Die Probezeit darf maximal 6 Monate dauern.
7. Unter welchen Voraussetzungen kann ein Ausbildungsbetrieb seiner Auszubildenden kündigen?	Während der Probezeit ist ein Ausbildungsverhältnis jederzeit kündbar. Nach Beendigung der Probezeit ist eine Kündigung nur bei triftigen Gründen erlaubt. Die Kündigungsfrist beträgt mindestens zwei Wochen.
8. Nennen Sie mindestens drei Gründe für eine außerordentliche Kündigung durch den Arbeitgeber.	• Nichtdurchführung zumutbarer Tätigkeiten • schwere Beleidigung des Arbeitgebers • Diebstahl am Arbeitsplatz • mutwillige Beschädigung der Einrichtungen oder von Gegenständen • geschäftsschädigendes Verhalten • unentschuldigtes Fernbleiben • häufiges Zuspätkommen
9. Nennen Sie Gründe, wann ein Auszubildender den Ausbildungsvertrag lösen kann.	Der Auszubildende kann den Vertrag lösen, wenn • der Betrieb gegen die vertraglichen Regelungen verstößt • die Ausbildungsvergütung nicht bezahlt wird • der Auszubildende den Beruf wechselt
10. Wie ist die Zahlung des Arbeitsentgelts bei unverschuldeter Krankheit geregelt?	In den ersten sechs Wochen zahlt der Arbeitgeber den Lohn in vollem Umfang weiter. Danach zahlen die Krankenkassen vermindertes Krankengeld (70 % des Lohns).
11. Wie kann es bei Tarifverhandlungen zu einem Streik kommen?	Wenn sich die Tarifpartner nicht über die Höhe des neu festzusetzenden Tarifs einigen können, gibt es zuerst einen Schlichtungsversuch durch eine oder mehrere neutrale Personen. Scheitert dieser Schlichtungsversuch, ruft die Gewerkschaft zur Urabstimmung auf. In dieser Urabstimmung müssen 75 % der abstimmenden Gewerkschaftsmitglieder einem Streik zustimmen.
12. Wie kommt es zum Ende eines Streiks?	Im Regelfall eröffnen die Arbeitgebervertreter den Gewerkschaften ein neues Tarifangebot. Diese Lösung muss in einer weiteren Urabstimmung die Zustimmung von 25 % der abstimmenden Gewerkschaftsmitglieder finden.

13. Warum ist bei einem Streik die Aussperrung der Arbeitnehmer durch den Arbeitgeber ein geeignetes Druckmittel?

Bei einer Aussperrung bekommen die Arbeitnehmer vom Arbeitgeber keinen Lohn. Die Gewerkschaftsmitglieder erhalten dafür zum Ausgleich von der Gewerkschaft Streikgeld. Die streikenden Nichtgewerkschaftsmitglieder bleiben für die Dauer des Streiks ohne Einkommen und drängen daher auf eine baldige Beendigung des Streiks.

14. Was versteht man im Zusammenhang mit Tarifverhandlungen unter der Friedenspflicht?

Für die Laufzeit eines Tarifvertrags sind die Sozialpartner zum Frieden verpflichtet, d. h., es darf kein Arbeitskampf begonnen werden.

15. Welche Tätigkeiten braucht eine Schwangere nicht mehr zu verrichten?

- Fließbandarbeit mit festem Arbeitstempo
- Akkordarbeit
- Tätigkeiten mit schwerer körperlicher Anstrengung
- Tätigkeiten mit schädlichen Einwirkungen auf die Gesundheit
- Tätigkeiten mit gefährlichen Situationen
- Mehrarbeit
- Nachtarbeit
- Sonntagsarbeit

16. In welchem Zeitraum darf eine Schwangere nicht beschäftigt werden?

Das Beschäftigungsverbot beginnt sechs Wochen vor der Entbindung und endet acht Wochen nach der Entbindung.

17. Nennen Sie mindestens vier Punkte, die in der Ausbildungsverordnung für Konditorinnen und Konditoren geregelt sind.

- Bezeichnung des Ausbildungsberufs
- Ausbildungsdauer
- Fertigkeiten und Kenntnisse, die Gegenstand der Berufsausbildung sind (Ausbildungsberufsbild)
- Anleitung zur sachlichen und zeitlichen Gliederung der Fertigkeiten und Kenntnisse (Ausbildungsrahmenplan)
- Prüfungsanforderungen

18. Eine Konditorei beschäftigt 50 Arbeitnehmerinnen und Arbeitnehmer. Wie viele Schwerbehinderte muss der Betrieb nach dem Schwerbehindertengesetz beschäftigen? Begründen Sie Ihre Aussage.

Der Betrieb muss drei Schwerbehinderte beschäftigen.
Begründung: Nach dem Schwerbehindertengesetz haben Arbeitgeber auf wenigstens 6 von Hundert der Arbeitsplätze Schwerbehinderte zu beschäftigen.

19. Welche Einrichtungen sind für die Überwachung und Einhaltung des Arbeitsschutzes zuständig?

Berufsgenossenschaften und Gewerbeaufsichtsämter sind dafür zuständig.

20. Welche Pausen stehen Jugendlichen nach dem Jugendarbeitsschutzgesetz zu?

Die Pausen hängen ab von der Beschäftigungsdauer:
- bis 4,5 Stunden Beschäftigung: 15 Minuten
- 4,5–6 Stunden Beschäftigung: 30 Minuten
- mehr als 6 Stunden: 60 Minuten

21. a) Wer legt im Allgemeinen die Löhne fest?
b) Für welche Betriebe gelten die ausgehandelten Tariflöhne?

a) Die Tarifpartner, das sind im Einzelnen die Arbeitgebervertreter (z. B. Innungen) und die Arbeitnehmervertreter (Gewerkschaften).
b) Tariflöhne sind bindend. Sie müssen von allen Betrieben gezahlt werden.

22. Welches Gesetz regelt für die Auszubildenden bis zum 18. Lebensjahr Arbeitszeit, Urlaub, Pausen und Gesundheitsvorsorge?
a) Betriebsverfassungsgesetz
b) Handwerksordnung
c) Arbeitszeitverordnung
d) Jugendarbeitsschutzgesetz
e) Schulordnung

d

23. Ein Manteltarifvertrag kann keine Vereinbarungen enthalten über
a) Lohngruppeneinteilung
b) Pausen bei der Akkordarbeit
c) Arbeitszeit
d) die Höhe des Lohns
e) soziale Zuschläge

d

24. Bis zu welchem Alter gilt das Jugendarbeitsschutzgesetz?
a) bis 16 Jahre
b) bis 17 Jahre
c) bis 18 Jahre
d) bis 21 Jahre
e) bis zum Ende der Ausbildung

c

25. Das Jugendarbeitsschutzgesetz enthält Bestimmungen über
a) die Arbeitszeit des Jugendlichen
b) die Höhe der Urlaubsvergütung
c) die Höhe der Tariflöhne
d) die Pflichten des Auszubildenden
e) die Fertigkeiten, die während der Ausbildung zu vermitteln sind

a

26. Unter welchem Umstand wird das Berufsausbildungsverhältnis verlängert?
a) auf Verlangen des Auszubildenden bei nicht bestandener Prüfung
b) automatisch bei Nichtbestehen der Prüfung
c) auf Verlangen des Ausbilders bei nicht bestandener Prüfung
d) auf Verlangen der Berufsschule bei nicht bestandener Prüfung
e) auf Verlangen der Handwerkskammer bei Verstößen gegen die Prüfungsordnung

a

27. Für welche Personen gilt das Mutterschutzgesetz?

a) für alle Frauen
b) nur für Schülerinnen
c) nur für Schülerinnen unter 18 Jahren
d) nur für Hausfrauen
e) nur für berufstätige Frauen

a

28. Welcher Arbeitnehmer genießt keinen Kündigungsschutz?

a) ein 60-jähriger Betriebsrat
b) ein Auszubildender im 2. Ausbildungsjahr
c) eine Auszubildende in der Probezeit
d) eine Schwangere
e) ein Schwerbehinderter

c

29. Die Höhe des festgelegten Mindestlohns steht im

a) Berufsbildungsgesetz
b) Jugendarbeitsschutzgesetz
c) Manteltarifvertrag (Vergütungstarifvertrag)
d) Bürgerlichen Gesetzbuch
e) Lohntarifvertrag

e

30. Ein Kündigungsgrund ist

a) Krankheit
b) Schwangerschaft
c) Verweigern zumutbarer Arbeit
d) Nichtbestehen der Zwischenprüfung
e) die Weigerung, unbezahlte Überstunden zu machen

c

31. Warum genießen Betriebsratsmitglieder besonderen Kündigungsschutz?

a) weil sie schon lange dem Betrieb angehören
b) weil sie für den Betrieb unentbehrlich sind
c) damit ihnen nicht gekündigt wird, wenn sie unangenehme Forderungen stellen
d) weil sie sonst keine Arbeit mehr bekämen
e) Betriebsratsmitglieder sind unkündbar, da sie Teilhaber der Firma sind

c

32. Wie lange dürfen Jugendliche nach dem Jugendarbeitsschutzgesetz täglich arbeiten?

a) 12 Stunden täglich
b) 11 Stunden täglich
c) 10 Stunden täglich
d) 9 Stunden täglich
e) 8 Stunden täglich

e

33. Wer entscheidet in letzter Instanz bei Streitigkeiten aus einem Arbeitsverhältnis?

a) Betriebsrat
b) Bundesarbeitsgericht
c) Sozialgericht
d) Amtsgericht
e) Handwerkskammer

b

34. Welche Stelle tritt ein, wenn der Arbeitgeber gegen das Jugendarbeitsschutzgesetz verstößt und eine Auszubildende dagegen Klage erhebt?

a) das Gewerbeaufsichtsamt
b) die Krankenkasse
c) die Berufsgenossenschaft
d) das Arbeitsamt
e) das Arbeitsgericht

e

35. In welchem Fall verstößt ein Konditor gegen das Bundesurlaubsgesetz?

a) Er hilft während des Urlaubs im Landwirtschaftsbetrieb seiner Eltern mit.
b) Er besucht während des Urlaubs einen Fremdsprachenkurs.
c) Er übernimmt ehrenamtlich den Losverkauf bei einer Benefizveranstaltung.
d) Er vertritt während des Urlaubs gegen Entlohnung einen Kollegen.
e) Er folgt der Einladung der Konditoren-Innung zu einer Fortbildungsveranstaltung.

d

36. Welche Aussage über Tarifverträge ist richtig?

a) Tarifverträge kommen durch freie Vereinbarung der Tarifpartner ohne staatliche Mitwirkung zustande.
b) Tarifverträge bedürfen der Zustimmung des Staates.
c) Es dürfen keine Gehälter über Tarif gezahlt werden.
d) Es kommt nach Auslaufen eines Tarifvertrags zu keiner neuen Vereinbarung, die Gehälter kann anschließend der Arbeitgeber willkürlich festlegen.
e) Tarifverträge sind nur für Arbeitgeber bindend, die der Innung angehören.

a

37. Mit welcher Kampfmaßnahme können die Arbeitgeber bei Tarifverhandlungen ihre Interessen durchsetzen?

a) Kündigung von Streikenden
b) Aussperrung der Arbeitnehmerinnen und Arbeitnehmer
c) Abzug von Urlaubstagen
d) Lohnkürzungen
e) Anrufung des Arbeitsgerichts

b

38. Der Mindesturlaub beträgt nach dem Bundesurlaubsgesetz

a) 18 Werktage
b) 24 Werktage
c) 25 Werktage
d) 27 Werktage
e) 30 Werktage

b

39. Bei einer Urabstimmung müssen

a) mindestens 75 % der Arbeitnehmer einem Streik zustimmen
b) mindestens 50 % der Gewerkschaftsmitglieder für einen Streik stimmen
c) 75 % der Arbeitnehmer dem Ende eines Streiks zustimmen
d) mindestens 25 % der Gewerkschaftsmitglieder dem Ende eines Streiks zustimmen
e) die Betriebsinhaber einem Streik zustimmen

d

40. Bei einer Aussperrung

a) verhindern die Gewerkschaftsmitglieder, dass Streikbrecher ihre Arbeit wieder aufnehmen
b) schließen die Arbeitgeber ihre Betriebe für ihre Arbeitnehmer
c) verbieten die Arbeitgeber den Gewerkschaftsmitgliedern, in ihren Betrieben zu arbeiten
d) verhandeln die Tarifpartner, ohne Beobachter zuzulassen
e) verwehren die Arbeitnehmer den Betriebsinhabern den Zutritt zum Firmengelände

b

41. Im Laufe der Tarifverhandlungen legen die Arbeitnehmerinnen und Arbeitnehmer für eine Stunde ihre Arbeit nieder. Man nennt dies einen

a) Proteststreik
b) Generalstreik
c) Warnstreik
d) Gewerkschaftsstreik
e) wilden Streik

c

42. Eine Jugendliche, die in das Berufsleben eintritt, darf nur dann beschäftigt werden, wenn sie

a) ein Berufsvorbereitungsjahr besucht hat
b) dem Arbeitgeber eine ärztliche Bescheinigung vorlegt, die nicht älter als 14 Monate ist
c) ein Hauptschulabschlusszeugnis besitzt
d) eine Eignungsprüfung beim Arbeitsamt bestanden hat
e) die Aufnahmeprüfung der Berufsschule erfolgreich absolviert hat

b

43. Nimmt ein Elternteil „Elternzeit"

a) besteht weiterhin Arbeitspflicht
b) muss dem Elternteil vom Arbeitgeber der Lohn fortgezahlt werden
c) ruht währenddessen das Arbeitsverhältnis des Elternteils
d) wird die Elternzeit auf den Jahresurlaub angerechnet
e) ist dies ein Kündigungsgrund durch den Arbeitgeber

c

1.3 Entlohnung der Arbeit

1. Welche festgeschriebenen Lohnformen gibt es?

- Zeitlohn (Wochen-, Monatslohn)
- Leistungslohn (Akkord-, Prämienlohn)
- Beteiligungslohn (Gewinn-, Kapitalbeteiligung)

2. Die Lohngruppe einer Arbeitnehmerin weist nach dem Tarifvertrag einen Stundenlohn von 14,40 € aus. Sie arbeitet im Monat 160 Stunden. Wie hoch ist ihr Bruttolohn in diesem Zeitraum (Zeitlohn)?

Lohnsatz je Stunde · Stunden = Bruttoverdienst

14,40 € × 160 = 2 304,00 €

3. Erklären Sie das Wesen einer Akkordlohnarbeit.	Ein Akkordlohn ist eine leistungsabhängige Lohnform. Der Verdienst steht in unmittelbarem Zusammenhang zum Arbeitsergebnis.
4. Welcher Unterschied besteht zwischen dem Geldakkord und dem Zeitakkord?	Beim Geldakkord wird die Entlohnung je Mengeneinheit (z. B. Stück) festgelegt. Beim Zeitakkord ist eine bestimmte Sollzeit zur Herstellung einer oder mehrerer Mengeneinheiten vorgegeben. Der Ausführende hat die Möglichkeit, durch Mehrleistung die Vorgabezeit zu unterschreiten.
5. Was ist eine Prämie und welche Arten von Prämien gibt es?	Eine Prämie ist ein Zuschlag auf den Grundlohn. Prämien gibt es • für Einzelleistungen wie Zeitersparnis, Materialeinsparung, geringeren Ausschuss, Verbesserungsvorschläge. • für Gruppenleistungen.
6. Was veranlasst manche Unternehmen, ihre Arbeitnehmerinnen und Arbeitnehmer am Gewinn zu beteiligen?	Durch eine Beteiligung am Gewinn wird das Interesse der einzelnen Arbeitnehmer am Betriebsergebnis geweckt und erhöht. Der eigene Beitrag zur Erzielung des Unternehmensgewinns wird honoriert.
7. In vielen Unternehmen werden besondere Leistungen und Anforderungen durch Zulagen abgedeckt. Nennen Sie Beispiele für solche Zulagen.	• Schmutzzulage • Hitzezulage • Nachtarbeitszulage • Schichtzulage
8. Erklären Sie den Unterschied zwischen Nominal- und Reallohn.	Der Nominallohn ist die tatsächlich verdiente Geldsumme (Nettolohn). Der Reallohn ist der Nettolohn dividiert durch den Preisindex für Waren und Dienstleistungen. Er gibt also Auskunft über die Kaufkraft.
9. Unternehmer klagen, dass zum eigentlichen Lohn noch Zusatzkosten (Lohnnebenkosten) kommen. Dieser „zweite Lohn“ ist zum Teil durch Gesetze, durch Tarifverträge oder durch freiwillige Abmachungen geregelt. Nennen Sie fünf Beispiele für Lohnnebenkosten.	• Sozialversicherungen (Arbeitgeberanteil) • bezahlte Feiertage • bezahlter Urlaub • vermögenswirksame Leistungen • 13. Monatsgehalt
10. Nennen Sie drei Kosten oder Ausgaben, die ein Arbeitnehmer bei der Einkommensteuererklärung geltend machen kann.	• Werbungskosten • Sonderausgaben • außergewöhnliche Belastungen

11. Welche Steuer oder Beiträge werden vom Bruttolohn abgezogen?
a) Mehrwertsteuer
b) Beiträge zur Haftpflichtversicherung
c) Beiträge zur gesetzlichen Unfallversicherung
d) Beiträge zur Hausratversicherung
e) Lohnsteuer, Beiträge zu den Sozialversicherungen, Solidaritätszuschlag

e

12. Ein Nachteil des Akkordlohns ist:
a) Die Entlohnung der Mehrleistung wird vom Arbeitnehmer als gerecht empfunden.
b) Die Produktivität des Betriebs wird höher.
c) Der Arbeiter hat die Möglichkeit, mehr zu verdienen.
d) Die Leistung wird infolge des vorhandenen Leistungsanreizes höher.
e) Die höhere Mengenleistung entsteht häufig auf Kosten der Qualität.

e

13. Wie ändert sich der Zeitlohn bei steigender Leistung?
a) Er bleibt konstant.
b) Er steigt überproportional.
c) Er sinkt unterproportional.
d) Er steigt linear.
e) Er steigt proportional.

a

14. Beim Gruppenakkord
a) erhält jeder einzelne Arbeitnehmer seinen Zeitlohn
b) wird der Akkordsatz für eine Gruppe festgelegt
c) bekommt die gesamte Arbeitsgruppe eine festgelegte Monatsprämie
d) arbeiten verschiedene Gruppen gegeneinander
e) muss der Nutzungsgrad einer Maschinengruppe übertroffen werden

b

15. Das Realeinkommen bleibt gleich, wenn
a) Nettolohn und Preise in gleichem Maße steigen
b) der Nettolohn schneller als die Preise steigt
c) die Preise schneller als der Nettolohn steigen
d) sich die Kaufkraft des Lohns verringert
e) trotz steigender Preise keine Erhöhung der Bruttolöhne erfolgt

a

16. Steigt das Preisniveau schneller als das Nominaleinkommen,
a) ändert sich das Realeinkommen nicht
b) steigt das Realeinkommen
c) sinkt das Realeinkommen
d) sinkt der durchschnittliche Nettoverdienst
e) steigt das durchschnittliche Bruttoeinkommen

c

17. Wo finden Auszubildende Informationen zur Mindesthöhe der Ausbildungsvergütung?
a) in der Ausbildungsordnung
b) im Bundesbildungsgesetz (BBiG)
c) bei der Berufsgenossenschaft
d) bei der Gewerbeaufsichtsbehörde
e) im Protokoll bei der mündlichen Vereinbarung mit dem Betriebsinhaber

b

18. Die einbehaltene Lohnsteuer wird vom Arbeitgeber abgeführt an
a) die Kreisverwaltungsbehörde (Kommune)
b) die Ersatzkassen
c) die Arbeitnehmer d
d) das Finanzamt
e) das Amtsgericht

19. Die im Kalenderjahr einbehaltene Lohnsteuer kann höher sein als die auf den Lohn tatsächlich entfallende Steuer.
Wie bekommt ein Arbeitnehmer zu viel bezahlte Lohnsteuer zurück?
a) über den Arbeitgeber
b) über die Gewerkschaften
c) über die Einkommensteuererklärung c
d) über das Arbeitsgericht
e) über das Gewerbeaufsichtsamt

20. Von der Einkommensteuer abzugsfähig sind folgende Werbungskosten:
a) Abzüge für Lohn- und Kirchensteuer
b) Beiträge zur Lebens- und Haftpflichtversicherung
c) Beiträge zur Kfz- und Insassenversicherung d
d) Kosten für die Fahrt zum Arbeitsplatz und für Arbeitskleidung
e) Kosten für Kleidung und Lebensmittel

21. Zu den von der Lohnsteuer abzugsfähigen Sonderausgaben gehören
a) die Beiträge zur Lebensversicherung
b) die Ausgaben für eine berufliche Fortbildung
c) die Ausgaben für eine doppelte Haushaltsführung a
d) die Kosten für die Fahrt zur Arbeitsstätte
e) die Ausgaben für einen neuen Wagen

22. Die unterschiedlichen Freibeträge bei der Einkommensteuer werden berücksichtigt
a) in der Steuerklasse
b) beim Bruttogehalt
c) beim Nettogehalt a
d) beim Einkommensteuertarif
e) bei den Beiträgen zur Sozialversicherung

23. Ein Konditor erhält von seinem Ausbildungsbetrieb monatlich eine Arbeitnehmersparzulage.
Wofür ist dieser Betrag gedacht?
a) als vermögenswirksame Leistung für den Bausparvertrag oder Fondsparen
b) für das Sparbuch
c) zur Begleichung der Fahrtkosten zur Arbeitsstätte a
d) als Urlaubsgeld
e) zum Abschließen einer Kfz-Versicherung

24. Bei einer Sonderform der Kapitalbeteiligung investieren die Arbeitnehmer/innen einen Teil ihres Arbeitsentgelts im eigenen Unternehmen. Man nennt dies

a) Aktienkauf
b) Dividende
c) Investivlohn
d) Prämienlohn
e) Nettolohn

c

1.4 Berufliche Bildung

1. Was versteht man unter Schlüsselqualifikationen?

Schlüsselqualifikationen sind Fähigkeiten, die Arbeitnehmer in die Lage versetzen, den vielfältigen Anforderungen der Berufswelt gerecht zu werden.

2. Nennen Sie Schlüsselqualifikationen.

z. B.:
- Selbstständigkeit
- Fähigkeit zur Teamarbeit
- problemlösendes Denken
- Verantwortungsbewusstsein
- Denken in Zusammenhängen

3. Worauf legen Ausbildungsbetriebe bei ihren Auszubildenden Wert?

- Zuverlässigkeit
- Leistungsbereitschaft
- Ehrlichkeit
- Fleiß
- Initiative
- Pflichtbewusstsein
- Zielstrebigkeit
- Pünktlichkeit
- Ordnungssinn
- Disziplin

(Quelle: Institut der dt. Wirtschaft)

4. Wo sind die Ausbildungsinhalte der jeweiligen Ausbildungsberufe verankert?

- Ausbildungsverordnungen
- Ausbildungsrahmenplan

5. Nennen Sie drei Gründe, die dafür verantwortlich sein können, dass ein/e Jugendliche/r keinen Ausbildungsplatz findet.

- kein Schulabschluss
- mangelnde Motivation
- keine berufliche oder räumliche Mobilität

6. Was sind Berufsfachschulen?

Berufsfachschulen sind Vollzeitschulen. Neben der Vermittlung einer Allgemeinbildung wird die Ausbildung für einen bestimmten Beruf durchgeführt, vielfach mit dem Ergebnis eines Berufsabschlusses. Der Besuch dauert in der Regel zwei oder drei Jahre.

7. Erläutern Sie die Begriffe und geben Sie jeweils ein Beispiel:
a) Weiterbildung
b) Umschulung

a) Eine Weiterbildung ist eine Fortbildung im eigenen Berufsfeld und führt zu einer höheren Qualifikation.
Beispiel: Eine Konditorgesellin legt die Meisterprüfung im Konditorhandwerk ab.
b) Eine Umschulung führt zu einer beruflichen Qualifikation in einem anderen Berufsfeld.
Beispiel: Ein Konditorgeselle beginnt eine Ausbildung zum Glaser.

8. Unter welchen Voraussetzungen bezahlt die Agentur für Arbeit eine berufliche Weiterbildungsmaßnahme?

Die Arbeitsagentur bezahlt dann eine Weiterbildungsmaßnahme, wenn bei bestehender Arbeitslosigkeit eine Wiedereingliederung erfolgen kann oder wenn eine drohende Arbeitslosigkeit vermieden werden kann.

9. Welche Aufgabe übernimmt im Rahmen des dualen Ausbildungssystems in erster Linie der Ausbildungsbetrieb?
a) die Vermittlung von beruflichen Fertigkeiten
b) die Vermittlung von theoretischen Kenntnissen
c) die Erziehung der Auszubildenden
d) Gewährung von Kost und Wohnung
e) Durchführung der praktischen Abschlussprüfung

a

10. Was versteht man unter dem dualen Ausbildungssystem?
a) Ausbildung im Betrieb mit zusätzlichen überbetrieblichen Unterweisungen
b) enge Zusammenarbeit von Berufsschule und Arbeitsamt
c) Ausbildung in den Werkstätten und Lehrsälen der Berufsschule
d) gleichzeitige Vermittlung von praktischen und theoretischen Fertigkeiten in der Berufsschule
e) kooperative Berufsausbildung im Betrieb und in der Schule

e

11. Welche Institution ist nach dem Berufsbildungsgesetz für die praktische Berufsausbildung von Konditorinnen und Konditoren zuständig?
a) Handwerkskammer
b) Innung
c) Gewerkschaft
d) Berufsgenossenschaft
e) Arbeitsamt

a

12. Der zweite Bildungsweg ist
a) die gymnasiale Ausbildung
b) eine Verlängerung des Ausbildungsverhältnisses
c) eine Umschulungsmaßnahme
d) der Erwerb eines mittleren Abschlusses an einer Vollzeitschule
e) der Weg zur allgemeinen oder fachgebundenen Hochschulreife über berufliche Schulen

e

13. Die einzelnen Bundesländer sind zuständig für
a) den Erlass von Ausbildungsverordnungen
b) die Verabschiedung des Berufsbildungsgesetzes
c) die Erstellung der Lehrpläne für die Berufsschulen
d) die Anerkennung der Ausbildungsberufe
e) die Erstellung der Ausbildungsverträge

c

14. Eine berufliche Umschulung
a) soll zu einer anderen beruflichen Tätigkeit befähigen
b) dient der beruflichen Grundbildung
c) soll die beruflichen Kenntnisse und Fertigkeiten erhalten
d) gehört zur Allgemeinbildung
e) ist ein Bestandteil der Meisterausbildung

a

1.5 Der Berufsausbildungsvertrag

1. Wer muss einen rechtsgültigen Ausbildungsvertrag unterschreiben?

- Ausbilder
- Auszubildender
- bei minderjährigen Auszubildenden zusätzlich ein Erziehungsberechtigter

2. Welche Angaben muss ein Berufsausbildungsvertrag enthalten?

- sachliche und zeitliche Gliederung sowie Ziel der Ausbildung
- Beginn und Dauer der Ausbildung
- Ausbildungsmaßnahmen außerhalb der Ausbildungsstätte
- Dauer der täglichen Arbeitszeit
- Dauer der Probezeit
- Höhe der Vergütung
- Urlaubsdauer
- Kündigungsvoraussetzungen

3. Welche Pflichten aufgrund des Arbeitsvertrags haben
a) Arbeitgeber?
b) Arbeitnehmer?

a) Arbeitgeber
- Lohnzahlung
- Lohnfortzahlung im Krankheitsfall
- Gewährung von Urlaub
- ordnungsgemäße Ausbildung der Auszubildenden
- Fürsorgepflicht

b) Arbeitnehmer
- pflegliche Behandlung der Arbeitsgeräte und Betriebseinrichtungen
- Arbeitspflicht
- Pünktlichkeit
- Treuepflicht
- Wahrung von Betriebsgeheimnissen

4. Nennen Sie zuständige Stellen, die Sie bei Problemen während der Ausbildung zurate ziehen können.

- Ausbildungsberater der Handwerkskammer
- Arbeitsamt
- Gewerbeaufsichtsamt
- Berufsgenossenschaft
- Arbeitsgericht

5. Ein Auszubildender hat die Gesellenprüfung nicht bestanden. Er möchte die Prüfung wiederholen. Wie ist die Rechtslage?

Der Ausbilder muss auf Verlangen des Auszubildenden das Ausbildungsverhältnis bis zum nächsten Prüfungstermin, höchstens um 1 Jahr, verlängern.

6. Wie oft können Auszubildende die Abschlussprüfung/Gesellenprüfung wiederholen?

a) gar nicht
b) so oft sie wollen
c) zweimal
d) viermal
e) fünfmal

c

7. Nach Bestehen der Gesellenprüfung endet das Ausbildungsverhältnis

a) automatisch
b) nur dann, wenn der Ausbilder das Vertragsverhältnis kündigt
c) nur dann, wenn der Arbeitnehmer das Vertragsverhältnis kündigt
d) nicht; das Arbeitsverhältnis kann nur aus einem triftigen Grund beendet werden
e) nur dann, wenn der Arbeitnehmer die gesetzliche Kündigungsfrist eingehalten hat

a

8. Welche der folgenden Pflichten hat ein Auszubildender <u>nicht</u>?

a) sorgfältiges Ausführen der ihm übertragenen Arbeiten
b) Befolgung von Weisungen im familiären und privaten Bereich
c) Wahrung von Geschäftsgeheimnissen
d) Teilnahme an Fortbildungsmaßnahmen durch die Berufsschule
e) Pünktlichkeit

b

9. Bei welcher Stelle ist der Berufsausbildungsvertrag zur Eintragung einzureichen?

a) Berufsschule
b) Gewerbeaufsichtsamt
c) Berufsgenossenschaft
d) zuständige Handwerkskammer
e) Agentur für Arbeit

d

10. Unter welchen Umständen kann ein Betrieb der Auszubildenden während der Lehrzeit, aber nach der Probezeit, kündigen?

a) wenn diese regelmäßig zu spät zur Arbeit kommt
b) wenn diese in der letzten Zeit öfter krank gewesen ist
c) wenn die Auszubildende öfter ihre eigene Meinung sagt
d) wenn der Ausbilder eine neue Auszubildende findet, die schneller und gründlicher arbeitet
e) wenn die Auszubildende schwanger wird

a

11. Welcher Punkt darf nicht im Ausbildungsvertrag festgehalten werden?
a) Beginn der Ausbildung
b) Dauer der Ausbildung
c) Höhe des Lohns
d) Dauer des Urlaubs
e) Kündigung bei eventueller Heirat

e

1.6 Betriebliche Ziele und betriebliches Handeln

1. Welche betriebswirtschaftlichen Kenngrößen muss jeder Konditoreibetrieb beachten?

Die betriebswirtschaftlichen Kenngrößen lauten:
- Produktivität
- Wirtschaftlichkeit
- Rentabilität

2. Erklären Sie die Begriffe
a) Produktivität
b) Wirtschaftlichkeit
c) Rentabilität

a) Produktivität:
Die Produktivität ist die Ergiebigkeit einer wirtschaftlichen Tätigkeit.

$$P = \frac{\text{Produktionsergebnis (Output)}}{\text{Faktoreneinsatz (Input)}}$$

P = Produktivität
Je höher der Output und je kleiner der Input, umso höher ist die Produktivität.

b) Wirtschaftlichkeit:
Bei der Wirtschaftlichkeit werden Kosten und Leistung aufeinander bezogen.

$$\text{Wirtschaftlichkeit} = \frac{\text{Leistung}}{\text{Kosten}}$$

Je höher die Leistung und je niedriger die Kosten, umso höher ist die Wirtschaftlichkeit.

c) Rentabilität:
Der Begriff Rentabilität bezeichnet die Verzinsung des eingesetzten Kapitals.

$$\text{Rentabilität} = \frac{\text{Gewinn} \cdot 100}{\text{Eigenkapital}}$$

3. Je nach Verwendung/Bedeutung teilt man Erzeugnisse ein in Konsumgüter und Investitionsgüter. Erklären Sie die beiden Begriffe mithilfe von Beispielen.

Konsumgüter werden für den Endverbrauch hergestellt, z. B. Backwaren. Investitionsgüter werden zur Güterherstellung eingesetzt, z. B. Backofen.

4. Betriebswirtschaftliches Denken verträgt sich häufig nicht mit dem Umweltschutz. Trotzdem ist er unerlässlich.
Geben Sie vier Beispiele an, wie eine Konditorei einen Beitrag zum Umweltschutz leisten kann.

- umweltverträgliches Verpackungsmaterial verwenden
- Frittierfette sachgerecht entsorgen
- konsequent Müll trennen
- energiesparende Geräte einsetzen
- erneuerbare Energieträger nutzen

5. Um Gewinne zu erzielen, muss jeder Betrieb kalkulieren. Zu einer sachgerechten Kalkulation gehört auch die Ermittlung der Gemeinkosten (Betriebskosten). Was versteht man unter diesem Begriff?

Gemeinkosten sind Kosten, die bei der Produktion neben den Materialkosten noch anfallen und bei der Kalkulation ebenfalls berücksichtigt werden müssen.
Beispiele: Kosten für Strom, Löhne, Maschinen, Miete.

6. Welches Ziel verfolgt ein Betrieb bei einer Rationalisierung?
a) Schaffung von Arbeitsplätzen
b) Erreichen von Lohnerhöhungen
c) Einschränkung der Konkurrenzfähigkeit des eigenen Betriebs d
d) Steigerung der Produktivität
e) Senkung des Gewinns

7. Hauptziel eines jeden Privatbetriebs ist,
a) Gewinne zu erzielen
b) die Regierung zufriedenzustellen
c) die Kunden zufriedenzustellen a
d) das Bruttosozialprodukt zu steigern
e) den Umsatz zu steigern

8. Die Kosten für Rohstoffe bei der Herstellung von Konditoreiwaren fallen bei der Kalkulation unter den Begriff
a) Gemeinkosten
b) Betriebskosten
c) Abschreibung e
d) Betriebsmittelkosten
e) Materialkosten

9. Ein Konditor mietet einen Eiswagen. Er leistet dafür eine einmalige Sonderzahlung sowie monatliche Zahlungen von 320,00 €. Ende August gibt er das Fahrzeug vertragsgemäß wieder an die Firma zurück. Der Konditor hat das Fahrzeug
a) auf Probe gekauft
b) auf Zeit geleast
c) gechartert b
d) kostenlos geliehen
e) getestet

10. Um langfristig Gewinne zu erzielen, müssen nicht nur der Preis und die Qualität von Konditoreiwaren „stimmen“. Eine optimale Kundenbetreuung und geschickte Werbung sind ebenso unerlässlich. Außerdem müssen neue Umsatzchancen gefunden und genutzt werden. Die Gesamtheit all dieser Maßnahmen werden zusammengefasst unter dem Begriff
a) Merchandising
b) Leasing
c) Marketing c
d) Franchising
e) Supervising

11. **Ein Konditoreibetrieb leiht sich von der Bank zum Ausbau seiner Backstube Geld. Man nennt diesen Vorgang**
    a) Eingehen einer Bürgschaft
    b) Übertragung von Eigentum
    c) Unterschreiben eines Wechsels
    d) Aufnahme eines Darlehens
    e) Aufnahme einer Hypothek

d

1.7 Rechtsformen der Unternehmen

1. Was versteht man unter Franchising?

Eine Konditorei verpflichtet sich, ausschließlich die Waren eines Unternehmens zu verkaufen. Dafür erhält sie Werbematerial des Unternehmens und darf das Warenzeichen (Logo) nutzen. Die Konditorei arbeitet rechtlich und wirtschaftlich selbstständig.

2. Nennen Sie die Organe einer Aktiengesellschaft und ihre Zusammensetzung.

- Hauptversammlung: Versammlung der Aktionäre
- Aufsichtsrat: Er setzt sich aus Vertretern von Arbeitgebern und Arbeitnehmern zusammen
- Vorstand: Unternehmensleitung

3. Einzelunternehmen haben natürliche, Kapitalgesellschaften juristische Personen als Rechtspersönlichkeit. Beschreiben Sie die Unterschiede:
a) natürliche Personen
b) juristische Personen

a) Natürliche Personen:
Ihre Rechtsfähigkeit beginnt mit der Geburt und endet mit dem Tod.
b) Juristische Personen (Vereinigungen):
Die Rechtsfähigkeit beginnt mit der Eintragung in ein öffentliches Register und endet mit der Löschung, z. B. Geschäftsaufgabe.

4. Nennen Sie vier Rechtsformen von juristischen Personen des privaten Rechts.

- eingetragene Vereine
- Aktiengesellschaften
- Genossenschaften
- Gesellschaften mit beschränkter Haftung

5. Wofür steht die Abkürzung GmbH? Nennen Sie die wichtigsten Merkmale einer GmbH.

Gesellschaft mit beschränkter Haftung:
Bei dieser Kapitalgesellschaft muss ein Stammkapital von mindestens 25 000,00 € eingebracht werden. Die Haftung beschränkt sich auf die Stammeinlage.

6. Nennen Sie vier Beispiele für Personengesellschaften.

- offene Handelsgesellschaft (OHG)
- Kommanditgesellschaft (KG)
- GmbH & Co. KG
- Gesellschaft des bürgerlichen Rechts (GbR)

7. Erklären Sie das Wesen einer offenen Handelsgesellschaft.

Die Gesellschafter sind gleichberechtigt. Jeder Gesellschafter haftet für die Gesellschaft unbeschränkt, direkt und solidarisch.

8. Welche Vorteile bringt für einen Betriebsinhaber die Mitgliedschaft in einer Konditorengenossenschaft? Eine Genossenschaft

a) schützt ihre Mitglieder vor Insolvenz
b) führt für ihre Mitglieder die Tarifverhandlungen durch
c) hilft ihren Mitgliedern bei der Produktion und beim Verkauf ihrer Güter
d) füllt für ihre Mitglieder die Steuererklärungen aus
e) ist in der Lage, ihren Mitgliedern Rohstoffe, Handelswaren, Maschinen und Geräte zu günstigen Preisen anzubieten

e

9. Was ist eine Aktie?

a) Urkunde über eine Beteiligung an einer Aktiengesellschaft
b) Schuldverschreibung
c) Pfandbrief
d) Anteil am ausgeschütteten Gewinn eines Unternehmens
e) festverzinsliches Wertpapier

a

10. Welche der folgenden Gesellschaften ist eine Kapitalgesellschaft?

a) Offene Handelsgesellschaft (OHG)
b) Kommanditgesellschaft (KG)
c) Genossenschaft (e. G.)
d) Aktiengesellschaft (AG)
e) Einzelunternehmen

d

11. Was versteht man bei Kapitalgesellschaften unter der Stammeinlage?

a) Haftungssumme der Gesellschaft
b) Gesamtkapital der Betriebsinhaber
c) Gewinn des letzten Kalenderjahrs
d) Kapital des Stammgeschäfts ohne Filialen
e) Gesamtkapital der Aktionäre

a

12. Mit welchem Kapital haftet der Inhaber eines Einzelunternehmens?

a) mit der Stammeinlage
b) nur mit seinem Privatvermögen
c) mit dem Firmenkapital und seinem Privatvermögen
d) mit der gesetzlich vorgeschriebenen Mindestreserve
e) mit der jährlich abzuführenden Gewerbesteuer

c

13. In welchem Verzeichnis sind angemeldete Betriebe mit ihren Unternehmensformen eingetragen?

a) Handwerksordnung
b) Handelsregister
c) Bürgerliches Gesetzbuch
d) Handelsblatt der Wirtschaft
e) Einzelhandelsblatt

b

14. Bei welcher der folgenden Unternehmensformen gibt es Vollhafter und Teilhafter?
a) Aktiengesellschaft
b) Gesellschaft mit beschränkter Haftung
c) Kommanditgesellschaft
d) offene Handelsgesellschaft
e) eingetragene Genossenschaft

c

15. Was ist ein Nachteil bei einem Einzelunternehmen?
a) Der Unternehmer kann frei entscheiden, welche Produkte er herstellt.
b) Der Unternehmer kann die Höhe eventueller Investitionen selbst festlegen.
c) Der Unternehmer kann über den Gewinn des Unternehmens allein verfügen.
d) Der Unternehmer trägt das Unternehmensrisiko allein.
e) Der Unternehmer braucht die Zustimmung eines Gesellschafters bei Entscheidungen.

d

16. Die von einer Aktiengesellschaft nicht ausgeschütteten Gewinne nennt man
a) Rücklagen
b) Grundkapital
c) Barkapital
d) Restguthaben
e) Kapitaleinlage

a

2 Soziale Sicherung

2.1 Sozialversicherungen

1. Welche Sozialversicherungen gibt es?

- Rentenversicherung
- Arbeitslosenversicherung
- Krankenversicherung
- Unfallversicherung
- Pflegeversicherung

2. Wonach richtet sich die Höhe der Rentenzahlungen?

- nach den Beitragsjahren (Arbeitsjahre, Ausbildung, Kindererziehungszeiten)
- nach der Summe der insgesamt geleisteten Einzahlungen

3. Erklären Sie den Begriff „Dynamisierung der Renten".

Die Renten werden im Allgemeinen jährlich an die allgemeine Lohn- und Preisentwicklung angepasst.

4. Nennen Sie mindestens fünf Leistungen der Krankenversicherung.

- Gesundheitsförderung
- ärztliche Behandlung
- Arzneimittel
- Krankenhausaufenthalte
- Entbindungskosten
- Krankengeld
- Früherkennungsuntersuchungen

5. Eine Frau versorgt zu Hause ihre bettlägerige Großmutter. Von welcher Versicherung kann sie finanzielle Unterstützung erwarten?

Sie wird von der Pflegeversicherung unterstützt.

6. Bei Pflegebedürftigkeit können Leistungen der Pflegeversicherung in Anspruch genommen werden.
a) Wonach richten sich die Leistungen der Pflegeversicherung?
b) Wie viele Pflegegrade gibt es?

a) Die Leistungen hängen vom Pflegegrad und damit vom Grad der körperlichen und geistigen Behinderung der Person ab.
b) Es gibt fünf Pflegegrade.

7. Welche Leistungen gewährt die Arbeitslosenversicherung? Nennen Sie mindestens vier Beispiele.

- Arbeitslosengeld I
- Bürgergeld
- berufliche Aus- und Weiterbildung
- Umschulungsmaßnahmen
- Förderung einer selbstständigen Tätigkeit
- Beratung

8. Bürgergeld ist eine Leistung, die eine Grundsicherung des Lebensunterhalts der Bedürftigen (Erwerbstätige und Nichterwerbstätige) gewährleisten soll. Wonach richtet sich die Höhe der Leistungen? Nennen Sie drei Punkte.

- Familienstand
- Zahl der im Haushalt lebenden Familienangehörigen
- Mehrbedarf beispielsweise für Schwangere, Alleinerziehende, Menschen mit Behinderungen

9. Erklären Sie das Solidaritätsprinzip der Sozialversicherungen.

Mit den Beiträgen aller werden die Ansprüche des einzelnen Versicherten abgedeckt.

10. Welche Arten der Rente werden von den Trägern der Rentenversicherungen bezahlt?

- Regelaltersrente
- Rente wegen Berufsunfähigkeit
- Rente wegen Erwerbsunfähigkeit

11. Nennen Sie die zwei Versicherungsfälle, bei denen die gesetzliche Unfallversicherung in Anspruch genommen werden kann.

- Arbeitsunfälle, das sind Unfälle
  - am Arbeitsplatz
  - auf dem direkten Weg zur Arbeitsstelle
  - auf dem direkten Weg von der Arbeitsstelle nach Hause
- Berufskrankheiten

12. Welche Leistungen sind von der gesetzlichen Unfallversicherung zu erwarten, die sich auf die Folgen eines Arbeitsunfalls beziehen?

- Kosten einer Heilbehandlung
- Übergangsgeld, wenn die Lohnfortzahlung durch den Arbeitgeber endet
- Maßnahmen der Berufshilfe, z. B. Umschulung
- Renten:
  - Verletztenrente
  - Hinterbliebenenrente

13. Wer bezahlt die Arztkosten bei Verletzungen durch einen Arbeitsunfall?
a) die Krankenkasse
b) die Gewerkschaft
c) die Berufsgenossenschaft c
d) die Arbeitgeber
e) die private Unfallversicherung

14. An welche Stelle werden die Beiträge zur gesetzlichen Rentenversicherung gezahlt?
a) an die Krankenkasse
b) an die Deutsche Rentenversicherung
c) an die Bundesanstalt für Arbeit b
d) an die Berufsgenossenschaften
e) an das Arbeitsamt

15. Für welche Sozialversicherung zahlt der Arbeitgeber den vollen Betrag?
a) Rentenversicherung
b) Krankenversicherung
c) Unfallversicherung c
d) Arbeitslosenversicherung
e) Pflegeversicherung

16. Was sind Sozialabgaben?
a) Spenden für Sozialhilfeempfänger
b) Beiträge zur Lebensversicherung
c) Pflichtbeiträge zur Renten-, Arbeitslosen-, Kranken- und Pflegeversicherung c
d) Beiträge zur Kfz-Versicherung
e) Abgaben zur Errichtung von Sozialwohnungen

17. Wer kommt für Unfallschäden auf dem Weg zur Arbeitsstätte auf?
a) Berufsgenossenschaft
b) Krankenkasse
c) Rentenversicherung a
d) Arbeitgeber
e) Pflegeversicherung

18. Die Träger der Sozialversicherungen sind
a) private Einrichtungen, die Gewinne erzielen müssen
b) kostendeckend arbeitende Einrichtungen der Wirtschaft
c) staatliche Behörden e
d) die jeweiligen Sozialämter
e) Körperschaften des öffentlichen Rechts

19. Wer haftet bei Schäden durch Berufskrankheiten?
a) Krankenversicherung
b) Berufsgenossenschaft
c) Arbeitslosenversicherung b
d) Gewerbeaufsichtsamt
e) Pflegeversicherung

20. Wann ist eine Auszubildende nicht in der gesetzlichen Unfallversicherung versichert?
a) auf dem Weg zur Gesellenprüfung
b) bei der mündlichen Abschlussprüfung
c) bei der Feier der bestandenen Abschlussprüfung
d) auf dem Weg zur Arbeitsstätte
e) auf dem Weg von der Arbeitsstätte nach Hause

c

21. Welche Sozialversicherung ist in der Zeit eines wirtschaftlichen Tiefs am meisten beansprucht?
a) Rentenversicherung
b) Arbeitslosenversicherung
c) Pflegeversicherung
d) Krankenversicherung
e) Unfallversicherung

b

2.2 Individualversicherungen

1. Welchen Zweck haben Individualversicherungen?

Sie sollen vor allem vor den Unwägbarkeiten des Privatlebens schützen. Gleichzeitig dienen sie zunehmend als Ergänzung zur Pflichtversicherung, z. B. private Renten-, Unfallversicherung.

2. Nennen Sie
a) vier Sachversicherungen
b) vier Personenversicherungen

a) Sachversicherungen:
- Hausratversicherung
- Rechtsschutzversicherung
- Haftpflichtversicherung
- Kfz-Versicherung

b) Personenversicherungen:
- Krankenversicherung
- Lebensversicherung
- Unfallversicherung
- Berufsunfähigkeitsversicherung

3. Welche Punkte muss ein Versicherter beachten, um den Versicherungsschutz nicht zu gefährden?

- jeden Schaden sofort melden
- alles tun, um den Schaden zu mindern
- entsprechende Angaben zur Aufklärung des Tatbestands machen
- bei Brand und Einbruch unverzüglich Anzeige bei der Polizei erstatten

4. Private Versicherungsunternehmen finanzieren sich nach dem Prinzip des Gleichgewichts von Einnahmen und Ausgaben. Was bedeutet das?

War der Schadenverlauf günstiger, werden Beitragsrückerstattungen (Prämien) gewährt oder die Beiträge gesenkt.
Sind die Ausgaben jedoch höher als die Einnahmen, müssen die Beiträge erhöht werden.

5. Wie kommt eine freiwillige Versicherung zustande?

Freiwillige Versicherungen kommen durch Willenserklärung des Versicherten und der Versicherung zustande: Es wird ein Vertrag mit den Rechten und Pflichten beider Vertragsteilnehmer erstellt, der durch deren Unterschriften rechtsgültig wird.

6. Warum sollte ein junger Arbeitnehmer eine private Berufsunfähigkeitsversicherung abschließen?

Die Berufsunfähigkeitsversicherung ergänzt die Ansprüche aus der gesetzlichen Rentenversicherung. In den ersten fünf Jahren einer Berufsunfähigkeit kann sie gegebenenfalls ein Vollersatz sein.

7. Ein verheirateter Konditor mit zwei Kindern schließt eine Risiko-Lebensversicherung ab. Was könnte ihn dazu bewogen haben?

Die Familie ist im Falle seines Todes finanziell abgesichert.

8. Eine junge Konditorin schließt beim Neukauf ihres Wagens eine Vollkaskoversicherung ab. Warum ist das sinnvoll?

Bei verschuldeten und unverschuldeten Unfällen zahlt die Versicherung die Schäden (mit Ausnahme der Selbstbeteiligung).

9. Eine Einbruch-/Diebstahlversicherung ist

a) Pflicht
b) umsonst
c) eine Art von Einheitsrente
d) eine freiwillige Versicherung
e) eine neue Versicherung

d

10. Welche Individualversicherung muss abgeschlossen werden?

a) Glasversicherung
b) Insassenversicherung
c) Reiserücktrittsversicherung
d) Rechtsschutzversicherung
e) Kfz-Haftpflichtversicherung

e

11. Der Staat unterstützt die soziale Sicherung durch

a) die Arbeitnehmersparzulage
b) höhere Besteuerung der Einkommen von Geringverdienern
c) die Einführung einer Öko-Steuer
d) Steuerentlastungen der Großbetriebe
e) Investitionen in private Firmen

a

12. Anwalts- und Gerichtskosten werden gedeckt durch die

a) Vollkaskoversicherung
b) Haftpflichtversicherung
c) Hausratversicherung
d) Rechtsschutzversicherung
e) Insassen-Unfallversicherung

d

3 Interessenwahrnehmung der Arbeitgeber und Arbeitnehmer

3.1 Interessenverbände

1. Bei welcher Institution muss ein Konditoreibetrieb Mitglied sein, damit er Auszubildende einstellen kann?	Der Betrieb muss Mitglied bei der zuständigen Handwerkskammer sein.
2. Was versteht man unter einer Innung? Nennen Sie eine Aufgabe einer Innung.	Eine Innung ist ein Zusammenschluss selbstständiger Handwerker des gleichen Handwerks (Bäcker, Konditoren) zur Förderung ihrer gewerblichen Interessen. Ihre Aufgaben sind z. B. Nachwuchswerbung, Abschluss von Tarifverträgen.
3. Nennen Sie drei Aufgaben einer Handwerkskammer.	• Führung der Handwerksrolle, in der die Handwerksbetriebe eingetragen sind • Regelung der Berufsausbildung • Abhaltung von Prüfungen
4. Welche Regelungen sind im Mantel- bzw. Lohntarifvertrag festgeschrieben? Nennen Sie jeweils mindestens fünf Punkte: a) Manteltarifvertrag b) Lohntarifvertrag	a) • Arbeitsschutzbestimmungen • Arbeitszeit • Mehrarbeit • Urlaubsanspruch • vermögenswirksame Leistungen • Kündigungsfristen b) • Höhe der Löhne oder Gehälter • Ausbildungsvergütungen • Zulagen • Lohnfortzahlungen • Höhe des Akkordlohns • Erfolgsprämien

5. Der Dachverband der deutschen Gewerkschaften ist

a) der Deutsche Gewerkschaftsbund (DGB)
b) die Bundesvereinigung der Deutschen Arbeitgeberverbände (BDA)
c) der Deutsche Gewerkschaftstag (DGT)
d) der Deutsche Beamtenbund (DBB)
e) der Zentralverband des Deutschen Handwerks (ZDH)

a

6. Welche Arbeitnehmerorganisation vertritt die Interessen der Konditorinnen und Konditoren gegenüber den Arbeitgeberverbänden?

a) Deutsche Angestelltengewerkschaft (DAG)
b) Gewerkschaft Nahrung-Genuss-Gaststätten
c) Gewerkschaft Gartenbau, Land- und Forstwirtschaft
d) die Bäckerinnungen
e) Gewerkschaft Erziehung und Wissenschaft

b

3.2 Mitbestimmungs- und Mitwirkungsmöglichkeiten der Arbeitnehmer im Betrieb

1. Nennen Sie die drei Aufgaben einer Jugendvertretung in einem Betrieb.

- Die Jugendvertretung soll u. a. darüber wachen, ob die für Jugendliche geltenden Vorschriften eingehalten werden.
- Ferner hat sie die Aufgabe, in Fragen der Berufsausbildung Anregungen an den Betriebsrat weiterzugeben.
- Daneben ist die Jugendvertretung Anlaufstelle für die Beschwerden Jugendlicher. Diese werden an den Betriebsrat weitergegeben.

2. In welchen Bereichen hat der Betriebsrat nach dem Betriebsverfassungsgesetz Mitbestimmungsrechte, in welchen Bereichen nur das Recht zur Mitberatung?
a) Mitbestimmungsrecht
b) Mitberatungsrecht

a) Mitbestimmungsrechte
- in sozialen Angelegenheiten wie Betriebsordnung, Arbeitszeit- und Pausenordnung, Urlaubsplanung, Sozialeinrichtungen
- in personellen Fragen (z. B. Personalplanung und -bedarf, Härtefallregelungen, Anhörungsrecht bei Kündigungen)

b) Mitberatungsrechte in wirtschaftlichen Fragen, z. B. Betriebsstilllegung, Zusammenschlüsse mit anderen Betrieben, Einführung neuer Arbeitsmethoden

3. Was ist eine Einigungsstelle und wie setzt sie sich zusammen?

Treten Meinungsverschiedenheiten zwischen Arbeitgeber und Betriebsrat auf, kann eine Einigungsstelle gebildet werden. Die Einigungsstelle besteht zu gleichen Teilen aus Vertretern des Betriebsrats und der Arbeitgeber. Den Vorsitz bildet eine unparteiische und von beiden Seiten gebilligte Person.

4. Nennen Sie die allgemeinen Aufgaben eines Betriebsrats.

Der Betriebsrat hat darüber zu wachen, dass Gesetze, Unfallverhütungsvorschriften, Tarifverträge und Betriebsvereinbarungen eingehalten werden. Weitere Aufgaben sind der Arbeits- und betriebliche Umweltschutz.

5. Der Betriebsrat wird gewählt:
a) jährlich
b) alle zwei Jahre
c) alle drei Jahre
d) alle vier Jahre
e) nur auf Antrag der Belegschaft

d

6. **Ab wie vielen jugendlichen Arbeitnehmerinnen und Arbeitnehmern kann in einem Betrieb eine Jugendvertretung gewählt werden?**
   a) 3
   b) 4
   c) 5
   d) 6
   e) 8

c

7. **Wer kann in den Betriebsrat gewählt werden?**
   a) alle Arbeitnehmer, die das 18. Lebensjahr vollendet haben und 6 Monate dem Betrieb angehören
   b) alle im Betrieb beschäftigten Arbeitnehmer
   c) nur Beschäftigte mit einer abgeschlossenen Facharbeiterprüfung
   d) alle Arbeitnehmer über 16 Jahre
   e) nur Arbeitnehmer mit deutscher Staatsbürgerschaft

a

8. **Welche Aussage ist richtig?**
   Betriebsvereinbarungen
   a) werden vom Betriebsrat und Arbeitgeber gemeinsam beschlossen
   b) werden vom Arbeitgeber bestimmt
   c) fallen unter das Selbstbestimmungsrecht des Betriebsrats
   d) sind gesetzlich festgelegt
   e) werden jährlich bei den Tarifverhandlungen neu festgelegt

a

4 Recht im Alltag und Beruf

4.1 Grundlagen des Rechts

1. Wie kann sich der einzelne Bürger gegen staatliche Willkür schützen? Nennen Sie drei Möglichkeiten.

Der Bürger
- kann den ordentlichen Rechtsweg beschreiten, wenn er sich durch öffentliche Gewalt, z. B. Übergriffe einer Polizeibehörde, in seinen Rechten verletzt fühlt
- kann beim Bundesverfassungsgericht Verfassungsbeschwerde einreichen
- kann sich mit schriftlichen Bitten und Beschwerden (Petitionen) an die zuständigen Stellen (z. B. Kommunen) wenden

2. Grundgesetz Artikel 3 (2) besagt: „Männer und Frauen sind gleichberechtigt." Welche Bedeutung hat diese Aussage für jeden Arbeitgeber?

Der Arbeitgeber darf keinen Arbeitnehmer wegen seines Geschlechts benachteiligen oder für die gleiche Arbeit schlechter entlohnen.

3. Was versteht man unter dem „Primat des Rechts“?

Alle staatlichen Eingriffe müssen Gesetzen entsprechen, die im Einklang mit dem Grundgesetz stehen.

4. Ein Konditormeister besitzt ein Grundstück, durch das eine Straße gebaut werden soll. Er weigert sich, es abzutreten. Kann er dazu gezwungen werden? Begründen Sie Ihre Aussage.

Ja. Das Grundgesetz erlaubt eine Enteignung zum Wohle der Allgemeinheit. Dem Konditormeister steht aber eine angemessene Entschädigung zu.

5. Was ist eine Bürgerinitiative?

Eine Bürgerinitiative ist ein zeitlich begrenzter Zusammenschluss von Bürgern mit dem Ziel, eine bestimmte staatliche Maßnahme zu fordern.

6. Welche Aussage ist richtig?

a) Recht bewahrt Sitten und Gebräuche.
b) Recht hat Sollcharakter und braucht nicht beachtet zu werden.
c) Recht charakterisiert nur die Freiheiten der Menschen.
d) Recht sichert Friede, Freiheit und Gerechtigkeit.
e) Recht beschreibt das Verhältnis zwischen Staat und Bürgern.

d

7. In welchem Gesetz sind die Grundrechte verankert?

a) Bürgerliches Gesetzbuch
b) Verfassung der jeweiligen Bundesländer
c) Arbeitsplatzschutzgesetz
d) Staatsanzeiger
e) Grundgesetz

e

8. Was ist ein Grundrecht?

a) durch die Verfassung gewährleistetes unveräußerliches Recht
b) Pachtrecht für ein Grundstück
c) Hypothek
d) Recht, sich der Enteignung von Grundstücken zu widersetzen
e) das Recht, Grund und Boden zu erwerben

a

9. Welche der folgenden Rechtsnormen ist am höchsten einzuordnen?

a) Grundgesetz
b) Bundesgesetz
c) Ländergesetz
d) Rechtsverordnung
e) Satzung

a

4.2 Bereiche des Rechts

1. Welche Angelegenheiten regelt das Arbeitsrecht? Nennen Sie zwei Beispiele.

- Eingehen und Aufheben von Arbeitsverhältnissen
- Mitbestimmungsrecht der Arbeitnehmer

2. Welchen beiden Rechtsgebieten können unsere Gesetze zugeordnet werden und welche Beziehungen werden dabei geregelt?

- Privatrecht: Es regelt die Rechtsbeziehungen der Bürger untereinander.
- Öffentliches Recht: Dabei wird die Rechtsbeziehung zwischen den Bürgern und dem Staat wie Gemeinde, Schulen, Ämter und Behörden festgeschrieben.

3. Beim öffentlichen Recht herrscht das Prinzip der Über- und Unterordnung. Welche Stelle ist die übergeordnete und welche Folgen hat dies für die untergeordnete?

Die übergeordnete Stelle ist die staatliche. Der Bürger als untergeordnete Stelle muss sich den Weisungen, z. B. Gesetzen, des Staats unterordnen.

4. Eine Konditorin gerät betrunken in eine Verkehrskontrolle. Es kommt zu einem Strafprozess. Welche Aufgabe hat in diesem Prozess der Staatsanwalt?

Der Staatsanwalt führt die Ermittlungen, erhebt Anklage, vertritt die Anklage (den Staat!) in der Hauptverhandlung und veranlasst die Vollstreckung des Urteils, z. B. Führerscheinentzug und Geldstrafe.

5. Wann liegt eine Straftat im Sinne des Strafgesetzbuchs vor? Nennen Sie drei Merkmale.

Folgende Merkmale müssen erfüllt sein:
- Tatbestand: Wurde eine Tat begangen?
- Rechtswidrigkeit: Wurde mit der Tat gegen ein bestehendes Gesetz verstoßen?
- Schuld: Wurde vorsätzlich oder fahrlässig gehandelt? Ist der Täter schuldfähig?

6. Welches Gericht befasst sich mit Diebstählen am Arbeitsplatz?

a) Zivilgericht
b) Strafgericht
c) Arbeitsgericht
d) Finanzgericht
e) Verwaltungsgericht

b

7. In welchem Fall gehören beide Gerichte zur besonderen Gerichtsbarkeit?

a) Arbeitsgericht – Landgericht
b) Verwaltungsgericht – Arbeitsgericht
c) Amtsgericht – Oberlandesgericht
d) Landgericht – Sozialgericht
e) Sozialgericht – Amtsgericht

b

8. Welche Möglichkeit hat eine Bundesbürgerin, gegen ein vom Gericht verhängtes Urteil vorzugehen?

a) durch den Widerspruch bei der Regierung
b) durch eine Gegendarstellung bei der Behörde
c) durch eine Beschwerde beim Staatsanwalt
d) durch eine Anzeige bei den Polizeibehörden
e) durch Berufung bei einem höheren Gericht

e

9. Ein Konditorgeselle wird entlassen. Die Begründung heißt: Arbeitsmangel. Der Betrieb stellt jedoch wieder eine Arbeitskraft ein. Vor welchem Gericht kann der Geselle Klage gegen die Kündigung einreichen?

a) Arbeitsgericht
b) Sozialgericht
c) Bundesverwaltungsgericht
d) Amtsgericht
e) Schöffengericht

a

4.3 Rechte und Pflichten und ihr Bezug zum Lebensalter

1. Ab welchem Lebensalter ist man
a) bedingt strafmündig
b) voll strafmündig
c) bedingt deliktfähig
d) voll deliktfähig
e) beschränkt geschäftsfähig

a) ab 14 Jahre (bis 18 Jahre)
b) ab 21 Jahre
c) ab 7 Jahre (bis 18 Jahre)
d) ab 18 Jahre
e) ab 7 Jahre (bis 18 Jahre)

2. Eine 18-Jährige und ein 17-Jähriger wollen heiraten. Ist dies rechtlich möglich? Begründen Sie Ihre Antwort.

Ja, unter der Voraussetzung, dass die Erziehungsberechtigten des 17-Jährigen der Heirat zustimmen.

3. Ein 16-jähriger Auszubildender kauft von seinen Ersparnissen eine Stereoanlage zu 2500,00 €. Sein Vater verlangt die Rückgabe des Geräts.
Wie sind die rechtlichen Verhältnisse? Begründen Sie Ihre Antwort.

- Der Auzubildende muss die Anlage zurückgeben und das Geschäft ist zur Rücknahme verpflichtet.
- Begründung: Der Auszubildende ist beschränkt geschäftsfähig und darf Einkäufe nur im Rahmen seines monatlichen Einkommens tätigen.

4. Eine 6-jährige Schülerin wirft mit einem Stein das Schaufenster einer Konditoreifiliale ein. Von wem kann der Besitzer Schadenersatz verlangen?

Von den Eltern der Schülerin. Die Schülerin selbst ist deliktunfähig und daher auch nicht schadenersatzpflichtig.

5. Unter welchen Voraussetzungen kann für einen Auszubildenden – er hat ein Fahrrad gestohlen und ist bereits 19 Jahre alt – das Jugendstrafrecht gelten?

Das Gericht muss entscheiden, ob er zur Tatzeit reif genug war, das begangene Unrecht einzusehen und die Tragweite seiner Tat zu begreifen. Erst mit dem vollendeten 21. Lebensjahr gilt uneingeschränkt das „Erwachsenenstrafrecht".

6. Ein 17-jähriger Auszubildender erwirbt den Führerschein. Welche Vorschriften gelten für ihn?

Der Auszubildende
- darf nur mit einer Begleitperson fahren, die in seinem Führerschein eingetragen ist
- hat eine zweijährige Probezeit
- darf nur mit 0 Promille Auto fahren

7. Ab welchem Alter sind Mann und Frau in der Regel ehemündig?

a) der Mann mit 18 Jahren, die Frau mit 16 Jahren
b) der Mann mit 16 Jahren, die Frau mit 18 Jahren
c) beide mit 16 Jahren
d) beide ohne Altersbeschränkung, wenn die Eltern einer Heirat zustimmen
e) beide mit 18 Jahren

e

8. Mit welchem Alter ist man voll geschäftsfähig?

a) mit 7 Jahren
b) mit 14 Jahren
c) mit 16 Jahren
d) mit 18 Jahren
e) mit 21 Jahren

d

9. Eine 17-Jährige hat folgende Rechtsstellung:

a) Sie ist ehemündig
b) Sie ist voll geschäftsfähig
c) Sie ist strafmündig
d) Sie ist beschränkt geschäftsfähig
e) Sie hat das aktive Wahlrecht

d

10. Mit welchem Alter wird man rechtsfähig?

a) mit der Geburt
b) mit 7 Jahren
c) mit 14 Jahren
d) mit 18 Jahren
e) mit 21 Jahren

a

11. Was versteht man unter Rechtsfähigkeit?

a) die Fähigkeit, Rechtsgeschäfte abschließen zu können
b) die Fähigkeit, einen Rechtsstreit zu führen
c) die Fähigkeit, Träger von Rechten und Pflichten zu sein
d) die Fähigkeit, sich durch Straftaten strafbar zu machen
e) die Fähigkeit, vor Gericht als Zeuge auszusagen

c

12. Bis zu welchem Alter sind Jugendliche strafunmündig?

a) bis 7 Jahre
b) bis 12 Jahre
c) bis 14 Jahre
d) bis 16 Jahre
e) bis 18 Jahre

c

13. Mit 14 Jahren hat man folgendes Recht:

a) Recht, ein Kino bis 23.00 Uhr zu besuchen
b) alleiniges Entscheidungsrecht über die Religionszugehörigkeit
c) Recht, die Fahrerlaubnis für ein Moped zu erwerben
d) Recht, zu arbeiten
e) Recht, Gaststätten nach 23 Uhr zu besuchen

b

4.4 Recht in Ehe und Familie

1. a) Was versteht man bei der Eheschließung unter Gütergemeinschaft?
b) Wie wird das Vermögen bei einer eventuellen Scheidung aufgeteilt?

a) Das Vermögen, das beide Ehepartner mit in die Ehe gebracht haben, wird Gemeingut.
b) Jeder der Ehepartner erhält die Hälfte des Gesamtvermögens.

2. Zu welchem Zeitpunkt ist eine Scheidung frühestens möglich?

Frühestmöglicher Zeitpunkt einer Scheidung ist nach einem Jahr Trennung. Beide Partner müssen danach einer Scheidung zustimmen.

3. Eine Person (Erblasser) stirbt und hinterlässt kein Testament.
a) Wer erbt seinen Nachlass? Nennen Sie die drei Erbordnungen der Reihe nach.
b) Wer erbt, wenn keine Verwandten vorhanden sind?

a) Es tritt die gesetzliche Erbfolge in Kraft, die folgende Reihenfolge vorsieht:
Erben 1. Ordnung: Ehegatte und Kinder (erben je die Hälfte)
Erben 2. Ordnung: Eltern des Erblassers
Erben 3. Ordnung: Großeltern des Erblassers
b) Gibt es keine Verwandten und kein Testament zur Nachlassregelung, erbt der Staat.

4. Was ist der Pflichtteil bei einer Erbschaft?

Wird ein Erbe vom Erblasser in seinem Testament von der Erbfolge ausgeschlossen, hat er dennoch Anrecht auf einen gesetzlichen Mindestanspruch: die Hälfte des gesetzlichen Anspruchs.

5. Mann und Frau schließen bei der Hochzeit keinen besonderen Ehevertrag. In welchem Güterstand leben sie?
a) Zugewinngemeinschaft
b) Gütertrennung
c) Gütergemeinschaft
d) Vermögensgemeinschaft
e) Vermögenstrennung

a

6. Wenn jeder Ehegatte sein Vermögen bei der Heirat behält, lebt das Ehepaar
a) in wilder Ehe
b) in moralisch verwerflicher Partnerschaft
c) in Gütertrennung
d) in Gütergemeinschaft
e) im gesetzlichen Güterstand

c

7. Welche Person zählt nicht zur Verwandtschaft in gerader Linie?
a) Großeltern
b) Eltern
c) Kinder
d) Enkel
e) Onkel

e

8. Bis zu welchem Zeitpunkt müssen Eltern ihren ehelichen Kindern einen angemessenen Unterhalt bezahlen?
a) bis zum Ende der Schulzeit
b) bis 16 Jahre
c) bis 18 Jahre
d) bis 21 Jahre
e) bis zum Ende der ersten Ausbildung

e

9. Kinder unter 7 Jahren sind
a) geschäftsunfähig
b) rechtsunfähig
c) entmündigt
d) voll deliktfähig
e) beschränkt strafmündig

a

4.5 Vertragsrecht

1. a) Was ist ein Vertrag?
b) Wie kann ein Vertrag abgeschlossen werden?

a) Ein Vertrag ist ein Rechtsgeschäft, bei dem mindestens zwei Personen Willenserklärungen abgeben, die inhaltlich übereinstimmen.
b) Willenserklärungen können mündlich, schriftlich oder durch schlüssiges Handeln erfolgen.

2. Nennen Sie drei Beispiele für nichtige Willenserklärungen.

- Ein Partner ist geschäftsunfähig, z. B. noch nicht sieben Jahre alt.
- Der Vertrag verstößt gegen die guten Sitten oder gegen ein Gesetz.
- Der Vertrag verstößt gegen Formvorschriften.

3. Nennen Sie vier Formen der Vertragsverletzungen und erläutern Sie diese.

- Annahmeverzug: Der Kunde nimmt eine einwandfreie Ware gar nicht oder nicht rechtzeitig ab.
- Lieferungsverzug: Die Ware wird nicht oder nicht rechtzeitig geliefert.
- Mangelhafte Lieferung: Die gelieferte Ware weist Mängel auf.
- Zahlungsverzug: Der Kunde zahlt zu spät oder gar nicht.

4. Was ist ein Fixkauf?

Im Kaufvertrag ist ein fester Liefertermin vereinbart, der vom Lieferer unbedingt eingehalten werden muss.

5. Welche Rechte hat ein Käufer bei einer mangelhaften Lieferung? Nennen Sie die vier vom Gesetz gegebenen Möglichkeiten.

- Nacherfüllung:
  Beseitigung des Mangels oder Lieferung einer mangelfreien Sache
- Minderung:
  Der Kaufpreis wird herabgesetzt und die mangelhafte Ware behalten
- Rücktritt:
  Rückgängigmachen des Kaufs
- Schadensersatz:
  Dem Käufer wird der Schaden ersetzt, wenn durch den Mangel ein Schaden entstanden ist.

6. Welche Rechtsfolgen kann ein Zahlungsverzug haben? Nennen Sie vier Handlungsmöglichkeiten des Gläubigers.

Der Gläubiger kann
- die Forderung gerichtlich eintreiben lassen,
- Verzugszinsen verlangen,
- vom Vertrag zurücktreten,
- gegebenenfalls Schadenersatz verlangen

7. Was ist ein Zweckkauf? Erklären Sie einen Zweckkauf und geben Sie ein Beispiel dafür an.

Die Ware ist für einen bestimmten Zweck gedacht, z. B. Schaufensterdekoration zum 50-jährigen Firmenjubiläum.

8. Eine für einen bestimmten Zweck bestellte Ware wird verspätet geliefert. Welche Folgen hat dies für den Lieferer?

Eine verspätete Lieferung ist zwecklos. Sie braucht vom Käufer nicht angenommen zu werden.

9. Unter welchen Umständen gilt ein Kaufvertrag als erfüllt?

Die bestellte Ware wird in einwandfreiem Zustand geliefert und der Besteller hat die vereinbarte Zahlung geleistet.

10. Erklären Sie den Unterschied zwischen Besitz und Eigentum. Nennen Sie ein Beispiel.

Als Eigentümer kann man mit einer Sache beliebig verfahren, z. B. verschenken, vermieten, verkaufen, vernichten.
Als Besitzer kann man über eine Sache verfügen, auch wenn sie einem selbst nicht gehört, z. B. benutzen, nutzen.
Eigentum ist im Gegenteil zum Besitz ein Recht. Beispiel: Der Mieter einer Wohnung ist der Besitzer. Eigentümer bleibt der Vermieter.

11. Zählen Sie jeweils drei Möglichkeiten für den Erwerb auf von
a) Eigentum,
b) Besitz?

a) Eigentumserwerb durch
- Kauf
- Schenkung
- Erbschaft

b) Besitzerwerb durch
- Leihe
- Pacht
- Miete

	Frage	Antwort
12.	Was versteht man unter dem Begriff „Eigentumsvorbehalt“?	Eine Ware bleibt bis zur vollständigen Bezahlung Eigentum des Verkäufers.
13.	Nennen Sie drei Gründe, die es rechtfertigen, einen Vertrag anzufechten.	Gründe für die Anfechtung können sein: • arglistige Täuschung • Irrtum • widerrechtliche Drohung
14.	Welche drei wichtigen Punkte muss ein Kaufvertrag beinhalten?	Der Kaufvertrag muss enthalten: • Art und Güte der Ware • Preis der Ware • Menge der Ware
15.	Ein Konditormeister kauft einen neuen Lieferwagen und will diesen in Raten abzahlen. Nennen Sie die fünf Angaben, die ein Kaufvertrag enthalten muss.	• Barzahlungspreis • Teilzahlungspreis • Betrag, Anzahl und Fälligkeitstermine der einzelnen Teilzahlungen • effektiver Jahreszins • Widerspruchsrecht
16.	Eine Kundin einer Konditorei bezahlt eine Rechnung nicht. Die Konditorei möchte die Kundin mahnen. Geben Sie die vier Schritte beim außergerichtlichen Mahnverfahren der Reihe nach an.	Außergerichtliches Mahnverfahren: (1) Erinnerungsschreiben (2) Mahnbrief mit Hinweis auf Fälligkeit der Schuld und Aufforderung zur Zahlung (3) Ankündigung des Einzugs durch Nachnahme oder durch eine Inkassogesellschaft (4) letzte Mahnung unter Androhung gerichtlicher Maßnahmen
17.	Was ist ein Mahnbescheid?	Durch einen Mahnbescheid wird der Schuldner aufgefordert, seine Schuld samt Kosten und Zinsen binnen einer Frist von zwei Wochen zu bezahlen oder beim Amtsgericht Widerspruch einzulegen.
18.	Ein Gerichtsvollzieher findet bei einem Schuldner keine pfändbaren Gegenstände. Das Amtsgericht verlangt daraufhin vom Schuldner eine eidesstattliche Versicherung. Nennen Sie Inhalte der eidesstattlichen Versicherung.	Der Schuldner muss ein Vermögensverzeichnis aufstellen und eine eidesstattliche Versicherung abgeben, dass er sein Vermögen vollständig angegeben hat.
19.	Unter welchen Umständen ist gegen einen Schuldner ein gerichtliches Klageverfahren einzuleiten? Nennen Sie dazu drei Beispiele.	• Der Gläubiger befürchtet, dass ein außergerichtliches Verfahren nicht zum Erfolg führt. • Der Schuldner legt Widerspruch gegen einen Mahnbescheid ein. • Der Schuldner legt Einspruch gegen einen Vollstreckungsbescheid ein.

20. Ein Angestellter einer Konditorei bemerkt einen Mangel bei einer Lieferung. Was raten Sie ihm?

Der Angestellte sollte den Mangel entweder auf dem Lieferschein vermerken oder die Lieferung ablehnen.

21. Die allgemeinen Geschäftsbedingungen müssen bei Vertragsabschluss

a) dem Zusteller der Ware bekannt sein
b) dem Käufer bekannt sein
c) gleichzeitig mit der Rechnung dem Käufer ausgehändigt werden
d) ein zeitlich unbegrenztes Umtauschrecht garantieren
e) die Zustellerfirma der Ware benennen

b

22. Kommt eine verurteilte Schuldnerin ihren Zahlungsverpflichtungen nicht nach, kann es zur Zwangsvollstreckung kommen. Dies kann für die Schuldnerin zur Folge haben:

a) Berufung
b) Revision
c) Lohnpfändung
d) Kündigung
e) Ausstellung eines Mahnbescheids

c

23. Welcher Gegenstand ist nicht pfändbar?

a) Schmuck
b) Wertpapier
c) Aktie
d) wertvolles Gemälde
e) Berufskleidung

e

24. Zwangsversteigert werden können

a) Grund und Haus
b) Küchenherd und Töpfe
c) Nahrungsmittel und Kleidung
d) Haustiere aller Art
e) Haushaltsgeschirr und -besteck

a

25. Der Antrag auf Erlass eines Mahnbescheids ist zu stellen beim

a) Finanzgericht
b) Arbeitsgericht
c) Sozialgericht
d) Amtsgericht
e) Bundesrechnungshof

d

26. Das Amtsgericht erlässt einen Vollstreckungsbescheid, wenn der Schuldner nach Eingang des Mahnbescheids

a) fristgerecht seine Schulden bezahlt
b) fristgerecht Widerspruch bei Gericht einlegt
c) nichts unternimmt, also nicht bezahlt
d) arbeitslos wird
e) bereits wegen Betruges vorbestraft ist

c

27. Mit der Pfändung nach einem Vollstreckungsbescheid kann beauftragt werden:
a) die Handwerkskammer
b) der Gerichtsvollzieher
c) das Gewerbeaufsichtsamt
d) ein Angestellter der Post
e) der Gläubiger selbst

b

28. Ein Kaufvertrag ist
a) ein einseitiges Rechtsgeschäft
b) ein nicht empfangsbedürftiges Rechtsgeschäft
c) genehmigungspflichtig
d) immer schriftlich zu schließen
e) ein zweiseitiges Rechtsgeschäft

e

29. In welchem der folgenden Fälle liegt ein wirksamer Kaufvertrag vor?
a) bei Nichtannahme unbestellter Ware
b) bei einer Anfrage und anschließendem Angebot
c) bei einem Angebot und nachfolgender Bestellung
d) bei Zusendung einer Preisliste
e) bei Betreten des Geschäfts

c

30. Welche Form ist für den Abschluss eines Kaufvertrags (Autokauf) vorgeschrieben?
a) mündlich
b) schriftlich
c) öffentliche Beglaubigung
d) notarielle Beurkundung
e) keine

e

31. Bis wann sind ohne Vereinbarungen im Kaufvertrag verdeckte Mängel zu rügen?
a) spätestens nach 14 Tagen
b) spätestens nach drei Monaten
c) spätestens nach fünf Monaten
d) innerhalb von zwei Jahren
e) spätestens nach einem Jahr

d

32. Bei Lieferung einer mangelhaften Ware hat der Käufer das Recht
a) der Versteigerung der Ware
b) auf Lieferung einwandfreier Ware
c) auf Nachlieferung einwandfreier Ware zu einem günstigeren Preis
d) des Notverkaufs der Ware
e) des billigeren Verkaufs auf Kosten des Lieferers

b

33. Auf welche Mangelart kann sich eine Mängelrüge nicht beziehen?
a) Mangel in der Art
b) Mangel in der Menge
c) Mangel in der Güte (Qualität)
d) Mangel in der Beschaffenheit (Beschädigungen)
e) Mangel in der Bezahlung

e

34. Welches Rechtsgeschäft ist ein empfangsbedürftiges einseitiges Rechtsgeschäft?

a) ein Testament
b) eine Kündigung
c) ein Kaufvertrag
d) ein Mietvertrag
e) ein Pachtvertrag

b

35. Eine Bestellung nach einem Angebot gilt als

a) Anfrage
b) Vertrag
c) vorläufige Reservierung der Ware
d) rechtlich unwirksam
e) einseitiges Rechtsgeschäft

b

36. Ein Kaufvertrag mit einer minderjährigen Person ist rechtswirksam

a) mit Abschluss des Vertrags
b) bei Übergabe der gekauften Gegenstände
c) bei Zahlung des Kaufpreises mit dem eigenen Geld
d) zehn Tage nach Vertragsabschluss
e) mit Einwilligung der Erziehungsberechtigten

e

37. Unter welcher Voraussetzung ist eine juristische Person rechtsfähig?

a) ab der Geburt
b) ab 18 Jahren
c) mit der Eintragung ins Handelsregister
d) mit der Anmeldung bei der zuständigen Kammer
e) mit der Eröffnung einer Anwaltskanzlei

c

38. Ist eine Verjährungsfrist abgelaufen,

a) darf der Kunde die Forderungen nicht mehr erfüllen
b) braucht der Kunde nur noch die Hälfte der Forderungen zu bezahlen
c) braucht der Schuldner die Forderungen nicht mehr zu erfüllen
d) beginnt eine neue Verjährungsfrist
e) muss der Kunde die Forderungen vollständig bezahlen

c

39. Ein Kunde verklagt eine Konditorei auf Schadensersatz. Welche Versicherung kommt auf?

a) Unfallversicherung
b) Berufshaftpflichtversicherung
c) Krankenversicherung
d) Insassenversicherung
e) Pflegeversicherung

b

40. Die regelmäßige Verjährungsfrist für Forderungen beträgt

a) 1 Jahr
b) 3 Jahre
c) 5 Jahre
d) 10 Jahre
e) 20 Jahre

b

5 Umgang mit Geld

5.1 Zahlungsmöglichkeiten und Sparformen

1. Was versteht man unter einem Girokonto (laufendes Konto)?

Das Girokonto ist ein Konto, über das jederzeit durch Einzahlung, Barabhebung, Scheck und Überweisung verfügt werden kann.

2. Welche Voraussetzungen müssen erfüllt sein, damit man ein Girokonto eröffnen kann?

- Die Person muss volljährig sein.
- Die Person muss sich ausweisen können.
- Die Person muss zu Prüfzwecken die Unterschrift hinterlegen.
- Die Person muss die Geschäftsbedingungen der Bank anerkennen.

3. Nennen Sie die richtigen Begriffe zu folgenden Abkürzungen und geben Sie an, für welche Bankgeschäfte man diese Begriffe benötigt:
• TAN • BIC • IBAN

- Transaktionsnummer – für Onlinebanking
- Bank Identifier Code – für Überweisungen vom Girokonto
- International Bank Account Number – für Überweisungen vom Girokonto

4. Ein Konditoreibesitzer möchte die Zahlung für eine neue Maschine, die von einer Maschinenfirma geliefert wurde, per Banküberweisung erledigen.
Wie gelangt das Geld auf das Konto der Maschinenfirma?

- Der Konditoreibesitzer füllt ein Überweisungsformular aus, unterschreibt es und stellt es seiner Bank zu, oder er füllt die Überweisung per Online-Banking aus und bestätigt sie mit einer TAN.
- Seine Bank belastet sein Konto mit dem Betrag und leitet den Betrag an das Geldinstitut der Maschinenfirma weiter.
- Dort wird der Betrag auf dem Konto des Zahlungsempfängers gutgeschrieben.

5. Ein Kunde zahlt mit electronic cash.
a) Beschreiben Sie den Ablauf der Zahlung.
b) Warum ist dieses Zahlungssystem für den Händler besonders sicher?

a) Der Kunde zieht die Karte durch das Lesegerät des Kassenterminals, gibt PIN und Rechnungsbetrag ein.
b) Der Terminal prüft sofort online die Echtheit der Karte, PIN und die Kontodeckung des Kunden. Die Bezahlung erfolgt ebenfalls online (Interbank Clearing) zwischen Händler- und Kartenausgabebank. So wird dem Händler der Zahlung des Rechnungsbetrags garantiert.

6. Ein Bankkunde legt seine Ersparnisse in Festgeldern an. Was versteht man darunter?

Der Kunde hat das Geld für einen bestimmten Zeitraum, z. B. einen oder mehrere Monate, dem Kreditinstitut zu festgelegten Zinssätzen überlassen. Er bekommt am Fälligkeitstag den Geldbetrag mit den angefallenen Zinsen zurück.

7. Nennen Sie vier Möglichkeiten, wie Sie Geld mit relativ geringem Risiko anlegen können.

- festverzinsliche Wertpapiere (Festgeld)
- eigener Wohnraum (Immobilie)
- Kapitallebensversicherung
- Bausparvertrag

8. a) Was versteht man unter Homebanking?
b) Welche Geschäfte sind damit abzuwickeln? Nennen Sie drei Beispiele.
c) Nennen Sie zwei Vorteile des Homebankings.

a) Bankkunden, die einen PC haben, können diesen in Verbindung mit einem Internetanschluss zur Abwicklung ihrer Bankgeschäfte – von zu Hause aus – nutzen.
b) Über den PC können u. a. folgende Geschäfte abgewickelt werden:
- Überweisungen
- Einrichten/Ändern von Daueraufträgen
- Abfrage von Depotbeständen

c) Das Homebanking bietet folgende Vorteile:
- Die Auftragsabwicklung ist unabhängig von Öffnungszeiten der Kreditinstitute.
- Die Aufträge können von zu Hause aus abgewickelt werden.

9. Für welche der folgenden Zahlungen eignet sich die Überweisung mit Dauerauftrag?
a) Miete
b) Stromrechnung
c) Tankkosten
d) Telefongebühren
e) Lieferantenrechnung

a

10. Ein Lastschriftverfahren eignet sich zum Begleichen
a) der Stromrechnung
b) der Mietzahlungen
c) der Mitgliedsbeiträge für die Gewerkschaft
d) der Ratenzahlungen für einen neuen Wagen
e) der Lohnsteuerforderungen durch das Finanzamt

a

11. Den Anspruch auf Auszahlung eines zinsgünstigen Baudarlehens gewährt
a) der Erwerb von Aktien
b) der Abschluss eines Bausparvertrags
c) die Eröffnung eines Girokontos
d) der Erwerb einer Scheckkarte
e) die Eröffnung eines Sparbuchs

b

12. Aktien
a) garantieren einen festen Zinssatz
b) sind eine Geldanlage mit relativ hohem Risiko
c) haben lang festgeschriebene Laufzeiten
d) sind Schuldverschreibungen
e) werden von Bausparkassen ausgegeben

b

13. Der Staat fördert den Erwerb von Aktien, Investmentfonds, Pfandbriefen und Kommunalobligationen durch die Arbeitnehmer. Die rechtliche Grundlage dazu beinhaltet das

a) Betriebsverfassungsgesetz
b) Bürgerliche Gesetzbuch
c) Vermögensbildungsgesetz
d) Sozialgesetzbuch
e) Grundgesetz

c

14. Die sicherste Anlageform mit garantiertem Ertrag sind

a) Aktien
b) festverzinsliche Wertpapiere
c) Wechselannahmen
d) Immobilienkäufe
e) Grundstücksspekulationen

b

5.2 Kreditgeschäfte

1. Eine Konditorei braucht einen Kredit zum Kauf eines neuen Backofens. Die Betriebsinhaberin geht deshalb zu ihrer Hausbank. Nachdem sich die Bank von der Kreditwürdigkeit der Betriebsinhaberin überzeugt hat, setzt sie schriftlich einen Vertrag auf. Nennen Sie die fünf wichtigsten Punkte, die der Kreditvertrag beinhalten muss.

- Höhe des Kredits
- Höhe der Zinszahlung
- Zeitpunkt der Bereitstellung des Kredits
- Fristen für die Rückzahlung und Kündigung des Kredits
- Kreditsicherung (Sicherungsleistungen)

2. Was versteht man unter einer Bürgschaft als Kreditsicherung?

Neben dem Kreditnehmer haftet eine weitere Person für Rückzahlung und Zinsen.

3. Eine Arbeitnehmerin überzieht ihr laufendes Konto. Was hat sie dabei zu berücksichtigen?

- Die Arbeitnehmerin darf das Konto nur bis zu einer bestimmten Höhe überziehen. Der Höchstbetrag wird von der Bank mitgeteilt
- Die Überziehung des Kontos ist gleichzusetzen mit einer Kreditaufnahme. Der Kredit ist zu verzinsen.

4. Ein Unternehmer nimmt zum Umbau seiner Konditorei ein Darlehen bei seiner Hausbank auf. Nennen und beschreiben Sie zwei Möglichkeiten, diesen längerfristigen Kredit zurückzuzahlen.

- Fälligkeitsdarlehen:
  Das Darlehen ist in voller Höhe am Fälligkeitstag zurückzuzahlen. Der Kreditnehmer muss während der Laufzeit nur die Zinsen regelmäßig aufbringen.
- Tilgungsdarlehen:
  Der Schuldner zahlt während der Laufzeit des Darlehens regelmäßig neben den Zinsen einen Betrag zur Tilgung (Begleichung) der Schulden.

5. Lebensversicherungen können als Kreditsicherung dienen. Beschreiben Sie die a) Kapitallebensversicherung, b) Risikolebensversicherung. c) Wie werden die Beitragszahlungen der beiden Lebensversicherungen vereinbart?	a) Die Kapitallebensversicherung gewährt einen bestimmten Geldbetrag beim Ableben des Versicherten oder nach Ablauf der Versicherungsdauer. b) Bei der Risikolebensversicherung wird die Versicherungssumme nur fällig, wenn der Versicherte innerhalb der Versicherungsdauer stirbt. Nach Ablauf der Versicherungsdauer erfolgen keinerlei Auszahlungen durch die Versicherung. c) Bei beiden Versicherungen werden feste Beitragszahlungen vereinbart.
6. Ein Kreditgeber besteht auf Sicherungsübereignung. Was bedeutet das?	Der Kreditnehmer wird nur Besitzer der Sache, z. B. Maschinen, Geräte, Fahrzeuge. Der Kreditgeber bleibt Eigentümer bis zur vollständigen Rückzahlung des Kredits.
7. Nennen Sie zwei Vorteile einer Sicherungsübereignung für den Kreditnehmer.	• Der Kreditnehmer kann mit den übereigneten Gegenständen, z. B. Maschinen, Geräten, weiterarbeiten. • Die Übereignung ist für Außenstehende nicht erkennbar.
8. Nennen und beschreiben Sie die beiden möglichen Folgen, die eine Zahlungsunfähigkeit oder Überschuldung für einen Schuldner haben kann.	• Vergleich: Ein Vergleich ist eine Vereinbarung zwischen den Gläubigern und dem Schuldner, um einen Konkurs abzuwenden. • Konkurs: Gerichtliches Verfahren, in dem das Vermögen des Schuldners unter den Gläubigern aufgeteilt wird.

9. Ein Kunde erhält von seinem Kreditinstitut die Erlaubnis, sein Girokonto zu überziehen. Man nennt diese Form des Kredits

a) Dispokredit
b) Umschuldungskredit
c) Sofortkredit
d) Darlehen
e) Verbraucherkredit

10. Die Familie eines Jungunternehmers wird bei einem Anschaffungsdarlehen am besten abgesichert durch

a) eine Hypothek
b) einen Grundstücksverkauf
c) ein Darlehen
d) eine Risikolebensversicherung
e) eine private Rentenversicherung

d

6 Die Europäische Union – eine Wirtschaftsgemeinschaft

Frage	Antwort
1. Nennen Sie die fünf wichtigsten Organe der Europäischen Union, ihre Zusammensetzung und ihre Aufgaben.	Kommission: Sie ist das Exekutivorgan, die Regierung. Ministerrat: Er ist das gesetzgebende Organ. Die jeweiligen Fachminister der Mitgliedsstaaten vertreten die Interessen ihres Staats. Europäisches Parlament: Es ist nur mit beratender Funktion ausgestattet. Im Parlament sitzen die Abgeordneten der jeweiligen Mitgliedsländer. Europäischer Rat: Der Europäische Rat ist das regelmäßige Gipfeltreffen der Staats- und Regierungschefs der Mitgliedsstaaten. Europäischer Gerichtshof: Er sorgt für die Beachtung des EU-Rechts.
2. Nennen Sie die drei wichtigsten Beschlüsse des Vertrags von Maastricht.	• Schaffung einer europäischen Wirtschaftsgemeinschaft • gemeinsame Außen- und Sicherheitspolitik • Zusammenarbeit in der Innen- und Rechtspolitik
3. Welche Freiheiten soll der europäische Binnenmarkt gewähren?	keine Grenzen für • Menschen • Waren • Kapital • Dienstleistungen
4. Um einen Binnenmarkt in Europa zu schaffen, sind viele Regelungen nötig. Dazu gehört auch die Harmonisierung. Was versteht man darunter?	Harmonisierung bedeutet die Angleichung oder Abstimmung von Normen, Vorschriften und Gesetzen zwischen den Mitgliedsstaaten.
5. Nennen Sie drei Aufgaben der Europäischen Zentralbank.	• Ausgabe der Euro-Banknoten und -Münzen • Festlegen der Umrechnungskurse der Teilnehmerwährungen • Koordination der geldpolitischen Zusammenarbeit der Teilnehmerstaaten mit dem Ziel der Preisstabilität

6. Beschreiben Sie den Unterschied zwischen der Europäischen Union und der Eurozone.

Die Europäische Union ist eine Wirtschaftsgemeinschaft zwischen europäischen Staaten, die derzeit aus 28 Mitgliedern besteht. Die Eurozone ist eine Währungsgemeinschaft und besteht aus 19 Mitgliedstaaten. Diese Staaten der Europäischen Union haben den Euro bereits als verbindliche Währung eingeführt.

7. Ein Ziel der EU ist die

a) Einführung der Planwirtschaft
b) Schaffung eines europäischen Binnenmarkts
c) Festschreibung klarer Zollgrenzen innerhalb der EU
d) Abschaffung aller Gewerkschaften
e) Abschaffung der sozialen Marktwirtschaft

b

8. Die einheitliche Währung „Euro“

a) stärkt die deutsche Währung im Ausland
b) gilt als Zahlungsmittel nur innerhalb der EU
c) ist ein gemeinsames Zahlungsmittel innerhalb der EU
d) macht die EU-Länder wirtschaftlich unabhängig
e) wird als Kampfmittel gegen ausländische Arbeitnehmer eingesetzt

c

9. Die Kommission als „Regierung“ der EU hat ihren Sitz in

a) New York
b) Brüssel
c) Amsterdam
d) London
e) Paris

b

10. Welches der nachfolgenden Länder ist nicht Mitglied in der EU?

a) Frankreich
b) Belgien
c) Luxemburg
d) Italien
e) Schweiz

e

11. Welche Währung gilt in Schweden, das der EU angehört?

a) Krone
b) Pfund
c) Schilling
d) Euro
e) Dollar

a

12. In Frankfurt ist der Sitz

a) der Europäischen Zentralbank
b) des Europäischen Gerichtshofs
c) des Ministerrats
d) des Wirtschafts- und Sozialausschusses der EU
e) des Europäischen Rats

a

13. Als Brexit bezeichnet man
a) den Eintritt Belgiens in die EU
b) das Brechen von Regeln durch EU-Mitgliedsstaaten
c) das Bereitstellen von EU-Finanzhilfen für die südeuropäischen Mitgliedsstaaten
d) das Bruttosozialprodukt der EU
e) den Austritt Großbritanniens aus der EU

e

7 Wirtschaftliche Grundlagen

7.1 Grundbegriffe

1. Welche zwei Arten von Bedürfnissen unterscheidet die Wirtschaft? Nennen und beschreiben Sie diese.

- Existenzbedürfnisse (Grundbedürfnisse): Ihre Befriedigung ist lebensnotwendig, wie z. B. Grundnahrungsmittel, Kleidung, Wohnmöglichkeit.
- Wahlbedürfnisse: Sie werden für erstrebenswert gehalten und sind vom jeweiligen Kulturkreis abhängig, wie z. B. Mode.

2. Was ist der Unterschied zwischen Produktions- und Dienstleistungsbetrieben?

- In Produktionsbetrieben werden Waren und Güter hergestellt, z. B. Konditorei, Tischlerei.
- Dienstleistungsbetriebe werden für Tätigkeiten bezahlt, die sie für ihre Kunden oder im Auftrag ihrer Kunden erledigen, z. B. Friseur, Busunternehmen.

3. Die Zahl der Anbieter und Nachfrager bestimmt in der sozialen Marktwirtschaft die Preisbildung und den Wettbewerb. Erklären Sie diese Aussage unter Verwendung der Begriffe
a) Polypol
b) Oligopol
c) Monopol

a) Starker Wettbewerb herrscht bei einer großen Zahl von Anbietern (Polypol), die Preise sind einander angeglichen.
b) Bei einem Oligopol sind wenige Anbieter auf dem Markt, der oft von einem lebhaften Preiswettkampf gekennzeichnet ist.
c) Kein Wettbewerb ist zu verzeichnen, wenn nur ein Anbieter auf dem Markt ist (Monopol). Er kann die Preise diktieren.

4. a) Was sind Kartelle?
b) Nennen Sie jeweils ein erlaubtes und ein unerlaubtes Beispiel.

a) Kartelle sind Absprachen selbstständiger Unternehmen.
b)
- Erlaubt sind Absprachen zu gemeinsamen Verkaufs- und Lieferbedingungen.
- Verboten sind Preisabsprachen.

5. Was versteht man unter dem nominalen Bruttoinlandsprodukt?

Das nominale Bruttoinlandsprodukt ist der in Marktpreisen ausgedrückte Wert aller Waren und Dienstleistungen, die eine Nation in einem bestimmten Zeitraum, z. B. ein Jahr, im Inland erwirtschaftet.

6. Erklären Sie den Unterschied zwischen nominalem und realem Bruttoinlandsprodukt (BIP).	Das nominale BIP beinhaltet auch die Preissteigerungen gegenüber dem jeweiligen Vorjahr. Zieht man diese Preissteigerungen vom Marktwert der Güter ab, so ergibt sich das reale BIP.
7. Wie kann es dazu kommen, dass trotz steigender Löhne die Kaufkraft sinkt? Nennen Sie auch ein Beispiel.	Steigen die Preise stärker als die Nettolöhne, sinkt die Kaufkraft. Beispiel: Die Nettolöhne steigen um 2,7 %, die Preise um 2,9 %. Folge: Die Kaufkraft sinkt um 0,2 %.
8. Welche Verwendung findet das Bruttoinlandsprodukt?	Das BIP gibt Auskunft über das Wirtschaftswachstum eines Lands und damit über seinen „Wohlstand" im Vergleich zu anderen Nationen.
9. Der Anstieg der Verbraucherpreise wird am Preis des „Warenkorbs" gemessen. Was versteht man unter dem Begriff?	Der Warenkorb beinhaltet die Güter und Dienstleistungen, die die Haushalte in einem bestimmten Zeitraum (1 Monat) durchschnittlich zu kaufen pflegen.
10. Welche Auswirkungen hat ein Preisanstieg des Warenkorbs auf die Kaufkraft des Gelds?	Die Kaufkraft sinkt, da man für sein Geld jetzt weniger bekommt.

11. Welcher Wirtschaftszweig hat in den letzten 30 Jahren den größten Zuwachs an Erwerbstätigen zu verzeichnen?

a) Landwirtschaft
b) Industrie
c) Bergbau
d) Dienstleistungen
e) Gastronomie

d

12. Was versteht man unter Vollbeschäftigung?

a) Jeder Arbeitnehmer muss 40 Stunden arbeiten.
b) Die Betriebe dürfen nicht mehr rationalisieren.
c) Jedem Arbeitsuchenden steht eine Arbeitsstelle zur Verfügung.
d) Jeder deutsche Arbeitnehmer muss arbeiten.
e) Jeder Betrieb muss eine bestimmte Anzahl von Arbeitnehmern einstellen.

c

13. Welche Motive können zu einer Sortimentsbereinigung führen?

a) Die Kosten sollen sinken.
b) Der Gewinn soll gesenkt werden.
c) Die Kunden sollen mehr Auswahl haben.
d) Die Variantenvielfalt soll erhöht werden.
e) Die Kundenwünsche sollen in etwa beachtet werden.

a

14. Was bedeutet Inflation?

a) Geldaufwertung
b) Geldentwertung
c) Staatsbankrott
d) Staatsverschuldung
e) Einführung einer neuen Währung

b

15. Was ist eine Währung?

a) die Kaufkraft des Gelds
b) das gesetzliche Zahlungsmittel eines Lands
c) das Münzgeld eines Lands
d) der Wechselkurs eines Zahlungsmittels gegenüber anderen Devisen
e) Kursgewinne an der Börse

b

16. Wie wirkt sich ein steigender Kurs der inländischen Währung aus?

a) Die eigenen Waren werden im Ausland billiger.
b) Die eigenen Waren werden im Ausland teurer.
c) Die Produktion wird angekurbelt.
d) Der Export steigt stark an.
e) Das Bruttoinlandsprodukt steigt.

b

17. Für wen bringt eine Inflation die meisten Nachteile?

a) für den Kreditnehmer
b) für den Sparer
c) für Bund und Länder
d) für Vermieter
e) für Besitzer von Immobilien

b

18. Eine Konditorei bekommt eine neue Frosteranlage. Dieser Kauf ist

a) eine Dividende
b) ein Umsatz
c) eine Investition
d) eine Korruption
e) eine Deflation

c

19. Welches der folgenden Produkte ist ein Investitionsgut?

a) Verpackungsmaterial
b) Mehl
c) Backmittel
d) Teigkneter
e) Dekorationsmaterial

d

20. Der Preisindex beträgt gegenüber dem Vorjahr 103,2 %. Das bedeutet, dass

a) die Lebenshaltungskosten gestiegen sind
b) die Lebenshaltungskosten gesunken sind
c) die Lebenshaltungskosten gleich geblieben sind
d) die Löhne um 3,2 % angehoben wurden
e) die Mehrwertsteuer um 3,2 % angehoben wurde

a

7.2 Kennzeichen der sozialen Marktwirtschaft

1. Welche Besitzverhältnisse herrschen in einer Marktwirtschaft und welche in einer Zentralverwaltungswirtschaft?

- In einer Marktwirtschaft sind die Unternehmen überwiegend in Privatbesitz.
- In einer Zentralverwaltungswirtschaft gehören die Betriebe bis auf wenige Ausnahmen dem Staat.

2. Beschreiben Sie das Wesen der Zentralverwaltungswirtschaft in Bezug auf
a) Produktionsart und Produktionsmenge,
b) Arbeitsplanung und Arbeitsdurchführung,
c) Arbeitskontrolle.

a) Der Staat als Eigentümer entscheidet über die Art und Menge der Güter, die eine Nation in einem bestimmten Zeitraum zu produzieren hat.
b) Eine zentrale Planungsbehörde gibt die Anweisungen an die Betriebe weiter, weist die Arbeitsplätze zu, legt die Preise und Löhne fest.
c) Die Planungsbehörde ist auch für die Kontrolle der Ausführung ihrer Anordnung zuständig.

3. In einer Marktwirtschaft stehen dem Verbraucher verschiedene Märkte mit unterschiedlichen Leistungen zur Verfügung.
Nennen Sie Märkte nach unterschiedlichen Leistungen.

Märkte für:
- Produktionsgüter (Rohstoffe)
- Kapital (verschiedene Kreditinstitute)
- Arbeit
- Konsumgüter (Geschäfte)
- Dienstleistungen, z. B. Internetanbieter

4. Die soziale Marktwirtschaft basiert auf dem freiheitlichen und dem sozialen Prinzip. Erklären Sie diese Prinzipien:
a) freiheitliches Prinzip
b) soziales Prinzip

a) Freiheitliches Prinzip:
  - Freiheit im wirtschaftlichen Handeln
  - Steuerung von Angebot und Nachfrage durch den Markt
  - freie Wahl von Gewerbe, Beruf und Arbeitsplatz
  - Privateigentum an Produktionsgütern

b) Soziales Prinzip:
  - Ordnung und Förderung der Wirtschaft
  - Sicherung des Wettbewerbs
  - Schutz der Arbeit, soziale Sicherung
  - Eigentum verpflichtet

5. In der sozialen Marktwirtschaft gibt es die Gewerbefreiheit. Was versteht man unter diesem Begriff?

Jeder Einzelne kann im Prinzip ein Gewerbe (Unternehmen) anmelden. Für viele Handwerksbetriebe braucht der Unternehmensgründer allerdings einen Meisterbrief.

6. Erklären Sie den Begriff „Steuerprogression“.

Der Steuersatz steigt mit dem Einkommen.

7. Staatliche Kartellämter verhindern Zusammenschlüsse von Firmen zu marktbeherrschenden Unternehmen. Nennen Sie die Gefahren, die solche Monopolbildungen für die soziale Marktwirtschaft bedeuten würden.

- Die Großbetriebe würden kleinere Unternehmen vom Markt drängen.
- Ohne ernste Konkurrenz könnten die Konzerne den Preis diktieren.
- Ohne zusätzlichen Anbieter könnten die Konzerne ihre Produktpalette verringern. Man müsste ja ohnehin bei ihnen kaufen.

8. Nennen Sie vier Gesetze, die den Wettbewerb schützen.

- Gesetz gegen Wettbewerbsbeschränkungen
- Gesetz gegen den unlauteren Wettbewerb
- Gesetz über die allg. Geschäftsbedingungen
- Preisauszeichnungsverordnung

9. Was gehört zu den Grundwerten der sozialen Marktwirtschaft?

a) Die Produktion wird durch den Staat geplant.
b) Die Regierung ist Verwalter der Wirtschaft.
c) Der freie Wettbewerb ist gewährleistet.
d) Der Staat kontrolliert jede Produktion.
e) Die Wirtschaft wird durch Firmenzusammenschlüsse gestärkt.

c

10. Wodurch wird ein Betrieb gezwungen, wirtschaftlich zu arbeiten?

a) durch die Inflation
b) durch die Konkurrenz
c) durch das Finanzamt
d) durch das Wirtschaftsministerium
e) durch die Innung

b

11. Was bedeutet das Fremdwort „Konkurrenz" in der Marktwirtschaft?

a) Feindschaft
b) Risiko
c) freier Wettbewerb
d) Rentabilität
e) Zusammenarbeit auf geschäftlicher Basis

c

12. Welches Wirtschaftsprinzip wird in der Bundesrepublik Deutschland angewandt?

a) freie Marktwirtschaft
b) soziale Marktwirtschaft
c) freie Wirtschaft
d) Planwirtschaft
e) Verwaltungswirtschaft

b

13. Was versteht man in der sozialen Marktwirtschaft unter Subventionen?

a) eine Zollart für Waren aus Ländern, die nicht der EU angehören
b) eine indirekte Steuer
c) eine Vermögensabgabe für Besserverdienende
d) einen staatlichen Zuschuss für Firmenneugründungen und wirtschaftlich schlecht gestellte Unternehmen
e) die jährliche Neuverschuldung des Staats

d

14. Welche Maßnahme verstößt gegen unsere Wirtschaftsordnung?

a) Preisbildung wird durch Angebot und Nachfrage bestimmt.
b) Der Staat unterstützt wirtschaftlich gefährdete Betriebe.
c) Die Ladenöffnungszeiten sind per Gesetz geregelt.
d) Der Staat schreibt den Betrieben die Produktionsmenge vor.
e) Der Staat ist Eigentümer einiger Großbetriebe.

d

15. Welche Aussage trifft für die soziale Marktwirtschaft zu?

a) Der Staat ordnet die Wirtschaft mit Fünfjahresplänen.
b) Es herrscht keine Koalitionsfreiheit.
c) Der Staat setzt die Zinsen für Investitionskredite fest.
d) Der Markt regelt Angebot und Nachfrage.
e) Das Bundeswirtschaftsministerium legt die Wachstumsquote fest.

d

16. Mehrere Konditoreibetriebe vereinbaren, ihre Erzeugnisse nicht unter einem bestimmten Preis abzugeben. Welche Aussage dazu ist richtig?

a) Solche Absprachen sind nach dem Kartellgesetz verboten.
b) Diese Vereinbarung ist zulässig.
c) Preisabsprachen müssen der Innung gemeldet werden.
d) Die freie Marktwirtschaft begrüßt solche Absprachen.
e) Preisabsprachen sind Wesen unserer Planwirtschaft.

a

7.3 Konjunktur, das Auf und Ab der Wirtschaft

1. Was versteht man unter dem Begriff „Konjunktur"?

Er kennzeichnet das Auf und Ab der Wirtschaft oder die Wirtschaftsschwankungen.

2. Nennen Sie Merkmale eines konjunkturellen Aufschwungs. Berücksichtigen Sie dabei die Faktoren
a) Produktion,
b) Nachfrage, Einkommen, Preise, Zinsen,
c) Arbeitsplätze.

a) Die Produktion nimmt zu. Daher steigt auch die Nachfrage nach Investitionsgütern.
b) Die Einkommen steigen. Dem folgen eine steigende Gesamtnachfrage und eine zögerliche Erhöhung der Löhne, Preise und Zinsen.
c) Die Zahl der Arbeitsplätze erhöht sich nicht unbedingt, da die Unternehmen eine Mehrproduktion überwiegend mit einem erhöhten Maschineneinsatz bewältigen.

3. Welches ist die Messgröße eines Wirtschaftsaufschwungs?

Das steigende Bruttoinlandsprodukt (BIP).

4. Warum ist die Aufwertung der Inlandswährung ein geeignetes Mittel, die Hochkonjunkturphase abzuschwächen?

Die Aufwertung bewirkt, dass inländische Waren für das Ausland (Nicht-EU-Länder) teurer werden. Die Nachfrage sinkt und daraufhin die Produktion.

5. Zeichnen Sie in nachfolgendes Diagramm den typischen Konjunkturverlauf mit den vier Phasen:
Aufschwung (1), Hochkonjunktur (2), Abschwung (3), Tiefstand (4).

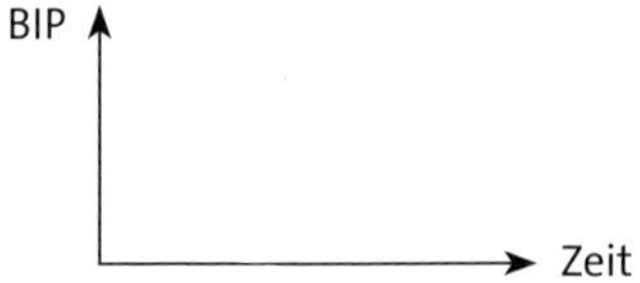

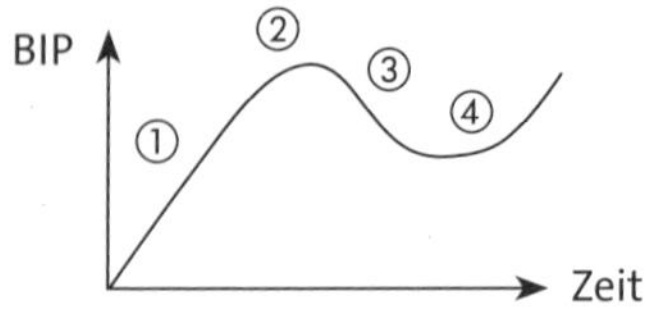

6. **Wie lässt sich die Situation der Wirtschaft am Tiefstand beschreiben?**
   a) hohe Arbeitslosigkeit, zahlreiche Firmenneugründungen
   b) steigende Löhne, viele Betriebsschließungen
   c) Vollbeschäftigung, stark steigende Preise
   d) hohe Arbeitslosigkeit, niedrige Löhne
   e) gute Auftragslage der Betriebe, steigende Löhne

d

7. **Welches ist ein Zeichen der Hochkonjunktur?**
   a) sinkende Löhne
   b) sinkende Preise
   c) steigende Nachfrage und Preise
   d) steigende Arbeitslosenzahlen
   e) sinkender Rohstoffverbrauch

c

8. **Welche Auswirkungen hat eine sinkende Konjunktur auf die Beschäftigungslage?**
   a) Die Zahl der Freistellungen (Entlassungen) steigt.
   b) Die Zahl der Arbeitslosen nimmt in der Regel ab.
   c) Eine sinkende Konjunktur hat auf die Beschäftigungslage keinen Einfluss.
   d) Die Aufträge nehmen zu. Dadurch sinkt die Zahl der Arbeitslosen.
   e) Es werden vermehrt Auszubildende eingestellt.

a

9. **Für welchen Begriff steht folgende Definition: „Die Erfassung dessen, was ein Land in einem Jahr (Güter und Dienstleistungen) erwirtschaftet“**
   a) Inventur
   b) Bruttoinlandsprodukt
   c) Wirtschaftsindex
   d) Produktionsfaktor
   e) Planerfüllung

b

7.4 Einflussnahme des Staats auf die Konjunktur

1. Welche drei Maßnahmen kann der Staat ergreifen, um Einfluss auf den Konjunkturverlauf zu nehmen?

- Erhöhung/Senkung der Ausgaben
- Erhöhung/Senkung der Steuereinnahmen
- Verbesserung oder Verschlechterung der Abschreibungsmöglichkeiten für Unternehmer

2. Bei einem konjunkturellen Abschwung erhöht der Staat seine Ausgaben für Güter und Dienstleistungen, z. B. Straßenbau. Beschreiben Sie die Auswirkungen auf die Konjunktur.

   Der Staat tritt auf dem Markt als Nachfrager auf. Er gestaltet seine Nachfrage gegenläufig zur privaten Nachfrage und bremst den Abschwung (antizyklische Finanzpolitik).

3. Bei einem konjunkturellen Hoch erhöht der Staat die Konsumsteuern, z. B. Mehrwertsteuer. Beschreiben Sie die Auswirkungen auf die Konjunktur.

   Die Produkte werden teurer. Die Nachfrage sinkt und die Produktion lässt nach. Das Hoch wird abgebremst.

4. Bezieher höherer Einkommen bezahlen verhältnismäßig höhere Steuern. Von welchen zwei Faktoren hängt die Höhe der zu zahlenden Einkommensteuer noch ab?

   - Familienstand, z. B. ledig, verheiratet
   - Anzahl der Kinder

5. Mit den Einnahmen aus der Lohn- und Einkommensteuer kann der Staat direkte Zahlungen nach sozialen Gesichtspunkten leisten. Nennen Sie dazu mindestens vier Beispiele.

   - Kindergeld
   - Wohngeld
   - Ausbildungsförderung
   - Sozialhilfe
   - Bürgergeld

6. **Welche Maßnahmen dienen zur Ankurbelung der Konjunktur?**
   a) Erhöhung der Mineralöl- und Lohnsteuer
   b) Erhöhung der staatlichen Mindestreserven
   c) höhere Sozialabgaben und höhere Mehrwertsteuer
   d) Senkung der Mindestreserven und Senkung des Diskontsatzes
   e) Senkung des Eingangssteuersatzes bei der Lohn- und Einkommensteuer

   d

7. **Welche Maßnahme der Bundesregierung ist bei einem Konjunkturabschwung sinnvoll?**
   a) Erhöhung der Steuern
   b) Vergabe von zahlreichen Aufträgen an die Wirtschaft
   c) Hemmung des Exports durch höhere Abgaben
   d) Förderung des Imports ausländischer Produkte durch niedrige Zölle
   e) Streichung von Subventionen

   b

7.5 Wirtschaftspolitische Ziele

1. Nennen Sie die vier wirtschaftspolitischen Ziele nach dem Stabilitätsgesetz.

   - Stabilität des Preisniveaus
   - hoher Beschäftigungsgrad
   - außenwirtschaftliches Gleichgewicht
   - stetiges und angemessenes Wirtschaftswachstum

2. Warum werden die vier Ziele des Stabilitätsgesetzes auch als magisches Viereck bezeichnet?	Es ist wahrscheinlich unmöglich, alle vier Ziele gleichzeitig zu erreichen.
3. Das Magische Viereck wird in den letzten Jahren verstärkt um zwei Ziele zum Magischen Sechseck erweitert: Nennen Sie diese beide Ziele.	• Gerechte Einkommens- und Vermögensverteilung: Dies geschieht bereits teilweise durch die unterschiedlich hohe Besteuerung der Einkommen. • Schutz der natürlichen Umwelt: Gesamtheit der Maßnahmen zum Schutz und Erhalt der natürlichen Umwelt.
4. Was ist Voraussetzung, damit die Kaufkraft des Gelds konstant bleibt?	Die Preiserhöhungen für Waren und Dienstleistungen dürfen die Lohnerhöhungen im selben Zeitraum nicht übersteigen.
5. Wie berechnet sich die Arbeitslosenquote in Prozent?	$\frac{\text{Arbeitslose}}{\text{Erwerbstätige + Arbeitslose}} \cdot 100$

6. Welcher Satz ist richtig?
Um das Einkommen in unserem Wirtschaftssystem gerechter zu verteilen,

a) steigt der Einkommensteuersatz mit dem Einkommen
b) gilt in Deutschland ein Einheitssteuersatz für die Einkommen
c) gibt es keine steuerfreien Einkommen
d) werden Unternehmer künftig von der Einkommensteuer befreit
e) können mit den Einnahmen aus der Einkommensteuer Investitionen für Betriebe getätigt werden

a

7. Was ist ein Zeichen für Wirtschaftswachstum?

a) Es wurden mehr Waren und Dienstleistungen als im Vorjahr erzeugt und verkauft
b) Das Bruttoinlandsprodukt ist gesunken
c) Die Auftragslage der Unternehmen verschlechtert sich deutlich
d) Die Betriebe halten sich merklich mit Investitionen zurück
e) Die Arbeitslosenzahlen nehmen zu

a

8. Welches ist kein Ziel unseres Wirtschaftssystems?

a) Drücken der Arbeitslosenzahl auf unter 3 %
b) Erzielung eines Exportüberschusses
c) steigendes Bruttosozialprodukt
d) die Löhne steigen viel stärker an als die Preise
e) gerechte Einkommensverteilung

d

9. Von 48,09 Millionen Erwerbspersonen sind 2,29 Millionen Menschen in Deutschland ohne Arbeit. Die Arbeitslosenquote beträgt demnach

a) 3,10 %
b) 4,76 %
c) 9,00 %
d) 10,20 %
e) 11,10 %

b

10. Arbeitsplätze werden häufig vernichtet durch

a) Verlagerung von Unternehmen und der Produktion ins Ausland
b) Innovationen und Technisierung
c) Subventionen und Marketing
d) Inflation und Deflation
e) Expansion und Innovation

a

7.6 Erhaltung einer lebenswerten Umwelt

1. Die moderne Wirtschaft verbraucht viel Energie.
a) Welche Energieträger werden dazu überwiegend verwendet?
b) Nennen Sie Beispiele für nachteilige Wirkungen, die der Gebrauch dieser Energieträger hat.

a) Erdöl, Erdgas, Kohle, Kernenergie, Wasser- und Windenergie
b) Kohle, Öl: Bei der Verbrennung entstehen Abgase, die u. a. CO_2 enthalten.
Wasserkraft: Das Stauen und Begradigen von Flüssen kann zu Überschwemmungen und Veränderungen des Grundwassers führen.
Kernenergie: Es besteht die Gefahr eines Reaktorunfalls. Hochradioaktive Abfallprodukte geben jahrhundertelang lebensgefährliche Strahlung ab.

2. Welche vier Möglichkeiten kennen Sie, Energie zu gewinnen, ohne Rohstoffe zu verbrauchen?

- Windenergie
- Sonnenenergie
- Energie aus Erdwärme
- nachwachsende Rohstoffe

3. Die Umweltbelastungen durch Fahrzeuge könnten verringert werden.
Nennen Sie mögliche Maßnahmen.

- Tempolimit auf Autobahnen
- verstärkte Verlagerung des Gütertransports auf die Schienen
- Förderung der Herstellung und des Kaufs schadstoffarmer Transportmittel

4. Die Menschheit ist für die Klimaveränderungen auf der Erde mit verantwortlich. Damit sind schwere Katastrophen verbunden.
Nennen Sie einige.

- Überschwemmungen
- Dürrekatastrophen
- Wirbelstürme
- Ernteausfälle und damit verbundene Hungersnöte

Frage	Antwort
5. Welche Möglichkeiten sehen Sie, die Umweltbelastung durch Ihren Betrieb so gering wie möglich zu halten?	• Müllvermeidung • Mülltrennung • Verwendung von Recyclingverpackungen • Verwendung von biologisch abbaubaren Reinigungsmitteln • separate Entsorgung von Fett und Sondermüll • Einbau von Rußfiltern • Verarbeitung von umweltfreundlich erzeugten Rohstoffen

6. Welcher der folgenden Stoffe ist mitverantwortlich für die Klimaerwärmung?

a) Sauerstoff
b) Wasserstoff
c) Stickstoff
d) Kohlenstoff
e) Kohlenstoffdioxid

e

7. Welches Gas schützt uns in den höher gelegenen Schichten der Atmosphäre vor den gefährlichen UV-Strahlen?

a) Kohlenstoffdioxid
b) Ozon
c) Sauerstoff
d) Wasserdampf
e) Stickstoff

b

8. Smog ist ein Schadstoffgemisch, das

a) Hauptverursacher des Ozonlochs ist
b) bei der Stromerzeugung durch Windkraftwerke entsteht
c) für den Menschen ungefährlich ist
d) beim Menschen Atemwegsreizungen und Herz-Kreislauf-Erkrankungen auslösen kann
e) als Kühlmittel in Frosteranlagen Verwendung findet

d

8 Wirtschaftsbeziehungen der Bundesrepublik Deutschland mit anderen Ländern

Frage	Antwort
1. Nennen Sie Gründe, warum wir auf die Einfuhr von Erdöl noch nicht verzichten können.	Außer als Energieträger wird Erdöl in Deutschland auch zur Herstellung von Produkten eingesetzt, z. B. Gummi, Reifen, Kosmetika, chemische Erzeugnisse.
2. Deutsche Autos werden vielfach ins Ausland, so auch in die USA exportiert. Welche Folgen hat ein wirtschaftlicher Abschwung in den USA für die deutsche Autoindustrie?	Der Export deutscher Autos in die USA geht zurück. Eine Folge ist eine sinkende Produktion und gegebenenfalls der Abbau von Arbeitsplätzen in Deutschland.

3. Was versteht man unter einer Handelsbilanz?

In einer Handelsbilanz werden die Erlöse aus der Warenausfuhr den Kosten der Wareneinfuhr gegenübergestellt. Übertreffen die Erlöse die Kosten, spricht man von einer positiven Handelsbilanz.

4. Als Globalisierung bezeichnet man die zunehmende Internationalisierung des Handels. Dadurch steigen die Probleme für unsere Wirtschaft in Deutschland und die Umwelt weltweit. Nehmen Sie dazu Stellung.

- Auslagerung von Jobs in Billiglohnländer
- Verlust von Arbeitsplätzen in den Industrieländern
- Zerstörung der Umwelt (z. B. Abholzung der Regenwälder)
- Erhöhung der Feinstaub- und Kohlenstoffdioxidbelastung
- Versorgungsengpässe bei unvorhersehbaren Ereignissen (z. B. Kriege)

5. Eine Möglichkeit der Industrieländer, den Entwicklungsländern zu helfen, ist die „Hilfe zur Selbsthilfe". Was versteht man darunter?

- Die Entwicklungshilfe setzt dabei auf Hilfsmaßnahmen, die zusammen mit der Bevölkerung aufgebaut werden.
- Die Menschen lernen so, Probleme selbstständig zu lösen, und entwickeln allmählich die Fähigkeiten, sich selbst zu helfen.
- Zusätzlich erhalten die Menschen die dazu nötige Grundbildung, z. B. Lesen, Schreiben, technisches Verstehen, Funktion und Reparatur von Geräten und Maschinen.

6. Was versteht man unter dem Wechselkurs einer Währung?

Der Wechselkurs besagt, wie viel inländisches Geld für das ausländische Geld bezahlt werden muss. Der Wechselkurs gibt den Außenwert des Gelds an.

7. Welche Folgen hat ein sinkender Euro-Kurs gegenüber dem US-Dollar für die Reisen von EU-Bürgern in die USA?

Die USA-Reise wird teurer, da man beim Umwechseln von Euro in Dollar weniger Dollar bekommt als vor dem Rückgang.

8. Nennen Sie drei Vorteile des Euro für die Bürger der Währungsunion.

- Bei Reisen in Länder der Währungsunion ist kein Geldumtausch erforderlich.
- Innerhalb dieser Länder gibt es keine Wechselkursschwankungen.
- Überweisungen innerhalb dieser Länder sind billiger als vorher.

9. Deutschland exportiert vorwiegend

a) Südfrüchte
b) Holz
c) Eisenerze
d) Fertigprodukte (Maschinen, Fahrzeuge, chemische Erzeugnisse)
e) Kaffeebohnen

d

10. Die Ausfuhr von deutschen Produkten ins Ausland

a) sichert zusätzliche Arbeitsplätze im Inland
b) senkt das Bruttosozialprodukt
c) fällt gesamtwirtschaftlich kaum ins Gewicht
d) wird immer staatlich subventioniert
e) hat auf den steigenden Wohlstand im Inland keinen Einfluss

a

11. Um auf dem Weltmarkt bestehen zu können, ist die deutsche Wirtschaft auch in Zukunft angewiesen auf

a) eigene Rohstoffvorkommen
b) qualifizierte Arbeitskräfte
c) Exportdefizite
d) den Verzicht von Lohnnebenkosten
e) Subventionen aus dem Ausland

b

12. Die wirtschaftliche Globalisierung schreitet immer weiter voran. Was bedeutet wirtschaftliche Globalisierung?

a) weltweiter Handel, Abhängigkeit der verschiedenen Länder untereinander
b) Förderungsprogramm der Bundesregierung
c) Gefahr weltweiter Umweltkatastrophen
d) staatliche Lenkung der Märkte
e) weltweite Schonung der Rohstoffreserven

a

13. Welche Folgen hat ein Kursanstieg des Euro gegenüber anderen Währungen?

a) Die Länder der Währungsunion importieren weniger Erzeugnisse aus anderen Ländern.
b) Der Euro verliert an Wert.
c) Man bekommt für den Euro weniger ausländisches Geld als vorher.
d) Exporte von Ländern der Währungsunion in andere Länder werden teurer.
e) Importe in die Länder der Währungsunion werden teurer.

d

14. Die deutsche Wirtschaft ist angewiesen auf den Import von

a) Holz für Pelletheizungen
b) Rohstoffe für Bioheizanlagen
c) ausländische Währungen
d) Rohstoffen, z. B. Metalle, zur Weiter- und Endverarbeitung
e) Maschinen

d

15. Eine Volkswirtschaft (ein Land) erzielt ein Außenhandelsdefizit (eine negative Handelsbilanz), wenn

a) überschüssige Erzeugnisse preisgünstig ins Ausland verkauft werden
b) nur noch Produkte für den heimischen Markt erzeugt werden
c) der Wert der Exporte den Wert der Importe übersteigt
d) wenn die gesamte Produktion ins Ausland verlagert wird
e) der Wert der Einfuhren den Wert der Ausfuhren übersteigt

c

Gesellenprüfungsbeispiel – Konditor/-in Theoretische Prüfung

1 Prüfungsbereich 1: Entwerfen und Zeichnen von Konditoreierzeugnissen

Arbeitszeit: 90 Minuten **Höchstpunktzahl: 100**

Entwerfen und Zeichnen hat **25 % Gewichtung** der gesamten theoretischen Prüfung.
Gewichtungsfaktor = 2,5
Die erreichten Punkte werden mit 2,5 multipliziert – ergibt **maximal 250 Punkte**.

Aufgabe

Zeichnen Sie eine Tortenoberfläche und Seitenansicht einer Festtagstorte.
Thema: Zum Geburtstag

Durchmesser der Torte: 26 cm
Höhe der Torte: 5 cm

Ausführung: Die Festtagstorte ist maßstabgetreu zu zeichnen.
Die Zeichnung ist mit klaren Konturen und farblich darzustellen.
Die Garnierschrift kann frei gewählt werden.

Die gezeichnete Torte muss praktisch durchführbar sein.
Hilfsmittel für das Motiv, z. B. Pauspapier und Schablonen, dürfen nur während der Prüfung angefertigt werden.
Grobe Skizzen zur Orientierung dürfen mitgebracht und verwendet werden.

Benotungskriterien der Zeichnung

• Motiv und Originalität	25 Punkte
• Garnierschrift	15 Punkte
• Oberfläche – Material und Materialfarben	15 Punkte
• Randgestaltung – harmonisch passend zum Thema	15 Punkte
• Seitenansicht – zur Torte passend	10 Punkte
• Gesamteindruck	20 Punkte
maximale Punkte	**100 Punkte**

Beschreibung des Dekors an der Tortenoberfläche

- Schriftbänder: aus Marzipan
- Garnierschrift: aus Schokoladenspritzglasur
- Randgarnierung: aus Schokoladenspritzglasur
- Die Zahl „30“: aus Marzipan – gelb, gefärbt
- Rosen und Blätter: aus Marzipan – Rosen rötlich und Blätter grün gefärbt

Beschreibung des Tortenrands

- Die Creme am Rand der Torte ist glatt abgezogen.
- Die untere Tortenkante ist mit gehobelten, gerösteten Mandeln abgesetzt.
- Die Blüten am Tortenrand sind aus gelblich gefärbtem Marzipan und der Mittelpunkt der Blüten ist rot eingefärbte Aprikosenkonfitüre.

Beschreibung des Tortenaufbaus

- Eine Wiener Schokoladenboden wird in vier Teile geschnitten.
- Die Schokoladenböden werden mit Rum-Läuterzucker getränkt.
- Die Torte ist mit französischer Buttercreme, die mit Eierlikörpaste abgeschmeckt ist, gefüllt sowie an der Oberfläche und am Rand eingestrichen.

2 Prüfungsbereich 2: Warenwirtschaft, Produktionstechnik und Hygiene

Arbeitszeit: 120 Minuten	**Höchstpunktzahl:**	**100**
	offene Aufgaben:	**70 Punkte**
	Multiple-Choice-Aufgaben:	**30 Punkte**

Warenwirtschaft, Produktionstechnik und Hygiene hat **30 % Gewichtung** der gesamten theoretischen Prüfung.
Gewichtungsfaktor = 3
Die erreichten Punkte werden mit 3 multipliziert – ergibt **maximal 300 Punkte**.

Bearbeitung der Aufgaben

- Die offenen Aufgaben werden frei beantwortet.
- Bei den Multiple-Choice-Aufgaben ist je Aufgabe nur eine Antwortmöglichkeit richtig. Werden mehrere Antworten in einer Aufgabe angekreuzt, gilt die Aufgabe als nicht gelöst.

1. Berufliche Handlung
In Ihrer Konditorei sind Sie für die Herstellung der Gebäcke aus Hefeteig, Blätterteig und Mürbeteig verantwortlich. Dafür richten Sie die entsprechenden Zutaten sowie Füllungen und Glasuren her.

offene Aufgaben: 20 Punkte

1. Erklären Sie, wodurch sich leichter vom schweren Hefeteig unterscheidet?

1 Punkt

Leichter Hefeteig enthält wenig Fett, schwerer Hefeteig ist sehr fettreich.

2. Erläutern Sie, womit folgende Teige gelockert werden und geben Sie die Lockerungsart an:
a) Gebäcke aus Plunderteig
b) Gebäcke aus Sandmasse
c) Braune Lebkuchen

insgesamt 9 Punkte:
a) 4 Punkte
b) 2 Punkte
c) 3 Punkte

a) Hefe und Wasserdampf
biologische und physikalische Lockerung
b) Backpulver
chemische Lockerung
c) Hirschhornsalz und Pottasche
chemische Lockerung

3. Beschreiben Sie den Vorgang der Gärung durch die Hefe im Hefeteig.

3 Punkte

Bei der Gärung nimmt die Hefe den im Wasser gelösten Traubenzucker auf und erzeugt daraus Alkohol und Kohlenstoffdioxid.

4. Fondant wird zum Glasieren und überziehen von Gebäcken verwendet.
   a) Auf wie viel Grad Celsius (°C) wird Fondant in etwa zum Glasieren oder Überziehen erwärmt?
   b) Was versteht man unter abgestorbenem Fondant?
   c) Erläutern Sie die Ursache des Fehlers, wenn Fondant auf den Gebäcken abgestorben ist.

insgesamt 3 Punkte:
a), b), c) je 1 Punkt

a) Fondant wird auf ca. 37 °C erwärmt.
b) Abgestorbener Fondant ist auf den Gebäcken milchig weiß und glänzt nicht.
c) Der Fondant wurde zum Glasieren bzw. Überziehen zu warm temperiert, über 40 °C.

5. Erklären Sie, was man unter einem 1-2-3-Mürbeteig versteht.

3 Punkte

Der Mürbeteig wird aus 1 Teil Zucker, 2 Teilen Fett und 3 Teilen Weizenmehl hergestellt.

6. Erläutern Sie, welchem Teig Streusel zugeordnet wird und begründen Sie dies.

1 Punkt

Streusel ist Mürbeteig, da er wie alle Mürbeteige aus Zucker, Fett und Weizenmehl hergestellt wird.

Multiple-Choice-Aufgaben: 10 Punkte

1. **Die Lebensmittelhygiene erfordert eine korrekte Warenkontrolle bei der Annahme einer Lieferung. Was beachten Sie dabei besonders bei verpackten Lebensmittel?**
   a) Ob die Warenmenge in der Verpackung stimmt.
   b) Ob die Waren zeitgerecht geliefert wurden.
   c) Ob das Mindesthaltbarkeitsdatum noch nicht abgelaufen ist.
   d) Ob der vereinbarte Preis eingehalten wurde.
   e) Ob die Qualität der Ware in Ordnung ist.

   c

2. **Warum sollten verschimmelte Lebensmittel weggeworfen und aus dem Betrieb entfernt werden?**
   a) Schimmelpilze geben unsichtbare Gifte ab, die tief in die Lebensmittel eindringen.
   b) Die Gifte der Schimmelpilze schmecken ekelerregend.
   c) Die Gifte der Schimmelpilze erzeugen in Lebensmittel einen unangenehmen Geruch.
   d) Schimmelpilze vergiften Lebensmittel und wölben bei Konservendosen den Dosendeckel.
   e) Verschimmelte Lebensmittel verursachen ansteckende Krankheiten.

   a

3. In der Konditorei wird homogenisierte Milch verwendet.
Was versteht man unter Homogenisieren von Milch?

a) Die Fettkügelchen in der Milch werden sehr stark zerkleinert und schweben somit gleichmäßig verteilt in der Milch.
b) Die Milch wird auf 72 bis 75 °C erhitzt, wobei die Mikroorganismen absterben.
c) Die Milch wird entrahmt, sodass sie 1,5 % Fett enthält.
d) Die Milch wird auf 135 bis 150 °C ultrahocherhitzt, damit sie länger haltbar ist.
e) Die Milch wird in Behältern luftdicht verschlossen und kann somit nicht verderben.

a

4. Der Hefeteig für Siedegebäcke enthält einen hohen Eier- und Eigelbanteil.
Welchen positiven Einfluss haben die Eigelbe im Teig beim Backen auf die Gebäcke?

a) Der Backprozess ist kürzer, weil Eigelbe bräunen.
b) Die Siedegebäcke sind hitzebeständiger und können bei höherer Temperatur gebacken werden.
c) Die Gebäcke bekommen dadurch keinen Fettgeschmack.
d) Durch die emulgierende Wirkung im Hefeteig nimmt die Gebäckkruste nur wenig Fett auf.
e) Die Kruste der Siedegebäcke saugt mehr Fett auf, sodass die Gebäcke länger frisch bleiben.

d

5. Welche Gebäcke werden aus gerührtem Hefeteig hergestellt?

a) Butterkuchen und Streuselkuchen
b) Gugelhupfe (Napfkuchen) und Savarins
c) Brioche und Quarkstollen
d) Donuts und Ausgezogene
e) Rosinenstuten und Nussbeugel

b

6. Wodurch unterscheiden sich Croissants von anderen Plundergebäcken?

a) Croissants enthalten grundsätzlich eine Schokoladenfüllung.
b) Croissants werden ähnlich dem Blätterteig mit viel Ziehfett touriert.
c) Croissants sind wegen des hohen Fettgehalts länger frisch.
d) Croissants werden mit Puderzucker bestaubt und nicht glasiert.
e) Croissants bestehen aus zuckerarmem Hefeteig und geringem Ziehfettanteil.

e

7. Wie werden gebundene Sauerkirschen für eine Füllung hergestellt?

a) Sauerkirschen mit Gelierzucker kräftig aufkochen.
b) Sauerkirschsaft und Sauerkirschen pürieren und Saftbinder einrühren.
c) Sauerkirschsaft mit etwas Zucker kochen und mit Stärke binden, dann Sauerkirschen einrühren.
d) Sauerkirschsaft mit Gelatine binden und dann Sauerkirschen einrühren.
e) Sauerkirschsaft kochen und durch Wasserverdunstung eindicken.

c

8. Welche Nüsse dürfen nach den Bestimmungen der Leitsätze unter dem Begriff „Nüsse" nur verwendet werden, z. B. für Nussfüllung, Nusskuchen?

a) Nüsse, die geröstet und gerieben sind
b) nur hochwertige Nüsse ohne schwarze Flecken
c) Mandeln, Pistazien
d) Haselnüsse, Walnüsse
e) Erdnüsse, Kokosnüsse

d

9. Wodurch unterscheidet sich Spritzmürbeteig von 1-2-3-Mürbeteig?

a) Für Spritzmürbeteig wird der Mürbeteig mit Milch spritzfähig gemacht.
b) Mürbeteig mit weichem Fett wird durch langes Rühren weich und somit spritzfähig.
c) Spritzmürbeteig enthält fast kein Weizenmehl und lässt sich somit leicht aufdressieren.
d) Die Zutaten des Spritzmürbeteigs werden mit flüssiger Butter verrührt und spritzfähig.
e) Spritzmürbeteig besitzt einen höheren Fett- und Eieranteil als 1-2-3-Mürbeteig und ist deshalb spritzfähig.

e

10. Wie entsteht brandiger Mürbeteig, der beim Ausrollen reißt und die Gebäcke daraus hart werden?

a) Der Mürbeteig wird mit zu viel Mehl hergestellt, sodass er zu fest wird und beim Ausrollen reißt.
b) Der Mürbeteig wurde zu lange geknetet, sodass das Fett ölig wird und sich nicht mit dem Mehl bindet.
c) Der Mürbeteig enthält zu wenig Butter und zu viel Zucker und ist somit schlecht ausrollfähig.
d) Der Mürbeteig wurde zu kurz geknetet, sodass die Zutaten keine Bindung haben.
e) Der Mürbeteig wurde zu lange gelagert, wobei sich Mehl und Fett trennen.

b

2. Berufliche Handlung

Für eine großes Familienfest empfiehlt Ihre Konditorei zum Nachtisch nach dem Essen Süßspeisen und Speiseeis. Zum Nachmittagskaffe bieten Sie verschiedene Gebäcke an. Sie werden beauftragt geeignete Erzeugnisse herzustellen.

offene Aufgaben: 25 Punkte

1. Mousse ist nach den Leitsätzen eine schaumige Süßspeise als Dessert. Nennen Sie die drei Zutaten aus denen die bekannte Mousse au Chocolat hergestellt wird.

3 Punkte

Mousse ist eine Sahnecreme. Sie besteht aus
- aufgeschlagene Schlagsahne,
- Eiermasse, Eier und Zucker,
- Kuvertüre (Schokolade).

2. Woraus wird Gelatine gewonnen?

1 Punkt

Gelatine ist Kollageneiweiß aus den Knochen und Häuten von Tieren.

3. Erklären Sie die Begriffe „Schüsselcreme" und „Sturzcreme" bei Sahnecremes oder gekochten Cremes für Süßspeisen.

2 Punkte

Schüsselcreme:
Die Süßspeisen werden in Stielgläser oder Dessertschalen gefüllt und nach dem Kühlen in den Gefäßen serviert.
Sturzcreme:
Die Süßspeisen werden in kleine Formen gefüllt und nach dem Kühlen aus den Formen auf Dessertteller gestürzt.

4. Beschreiben Sie, aus welcher Speiseeissorte eine Fürst-Pückler-Eistorte hergestellt wird und geben Sie die drei Geschmacksrichtungen und deren Eisfarben von unten nach oben an.
a) Speiseeissorte
b) Eisgeschmack und Eisfarbe

insgesamt 4 Punkte:
a) 1 Punkt
b) 3 Punkte

a) Sahneeis (Rahmeis)
b) • Schokoladeneis – braun
   • Vanilleeis – weiß
   • Erdbeereis – rot

5. Beschreiben Sie die Zutaten und Herstellung von Parfait als Sahneeis.

3 Punkte

- Vollei und Eigelb mit Zucker aufgeschlagen.
- Geschmacksgebende Zutat in die Eiermasse einrühren, z. B. Kuvertüre oder Fruchtmark.
- Aufgeschlagene Schlagsahne in die Eiermasse melieren.

6. Nennen Sie jeweils die Masse, aus der folgende Gebäcke hergestellt werden:
a) Marmorkuchen, Nusskuchen
b) Eclairs, Spritzkuchen (Strauben)
c) Florentiner, Nussknacker
d) Schlotfeger, Duchesse
e) Löffelbiskuits, Othelloschalen

5 Punkte

a) Sandmasse
b) Brandmasse
c) Röstmasse
d) Hippenmasse
e) Biskuitmasse

7. Nennen Sie die drei hauptsächlichen Zutaten von Mandelmakronen.

3 Punkte

- Marzipanrohmasse (Mandeln)
- Zucker
- Eiklar

8. In der Konditorei wird eine Baisermasse mit den Gewichtsangaben 1 000 g, 2 000 g und 2 g Salz hergestellt.
a) Ergänzen Sie die zwei Zutaten der Baisermasse zu den Gewichtsangaben.
b) Beschreiben Sie die Herstellungsschritte der Baisermasse mit der kalten Methode.

insgesamt 4 Punkte:
a), b) je 2 Punkte

a) 1 000 g Eiklar
2 000 g Puderzucker
2 g Salz

b)
- 1 000 g Eiklar, 1 000 g Puderzucker und 2 g Salz zu einem Eischnee aufschlagen.
- 1 000 g Puderzucker in den Eischnee melieren.

Multiple-Choice-Aufgaben: 10 Punkte

1. Woraus besteht Bayerische Creme?
a) Eier, Zucker, Schlagsahne, beliebiges Fruchtmark
b) Schlagsahne, Vanillecreme, beliebiger Geschmacksstoff
c) Weißwein, Eigelbe, Zucker
d) Fruchtsaft, Zucker, rote Beerenfrüchte
e) Milch, Eier, Zucker, beliebige Aromen

b

2. Was bedeutet „Pasteurisieren" von Milch und Sahne in der Molkerei?
a) Sie werden homogenisiert, damit das Fett nicht mehr aufrahmen kann.
b) Sie werden durch Wasserentzug eingedickt, damit sie lange haltbar sind.
c) Sie werden bei Kühlraumtemperatur gelagert und geliefert.
d) Sie werden auf 72 bis 75 °C erhitzt, damit die Mikroorganismen absterben.
e) Sie werden etwas mit Milchsäurebakterien angereichert.

d

3. Was versteht man unter Schlagsahne?
a) flüssige Sahne
b) aufgeschlagene Sahne
c) Sahne mit mindestens 30 % Milchfett
d) leicht gesäuerte Sahne
e) haltbar gemachte Sahne

c

4. Was geschieht bei der Verkleisterung der Stärke?
a) Die Stärke bindet das Wasser vollständig bei 90 °C.
b) Die Stärke quillt bei 40 °C auf und nimmt dabei etwas Wasser auf.
c) Die Stärke gibt bei der Lagerung das gebundene Wasser langsam wieder ab.
d) Die Stärke verfestigt den Geleeguss auf Obsttorten und Obstdesserts.
e) Die Stärke bindet mithilfe von Gelatine das freie Wasser in der Schlagsahne.

a

5. Wie lauten die Bestimmungen der Leitsätze für Milcheis?

a) Milcheis enthält mindestens 50 % Milch und auf 1 l Milch mindestens 270 g Eier oder 90 g Eigelb.
b) Milcheis enthält mindestens 18 % Milchfett.
c) Milcheis enthält wie Fruchteis mindestens 20 % Früchte.
d) Milcheis enthält Sahne als Milchersatz.
e) Milcheis enthält mindestens 70 % Vollmilch.

e

6. Warum wird in den Eismix bei der Speiseeisherstellung Magermilchpulver zugegeben?

a) Es verstärkt den Milchgeschmack.
b) Damit das Eis nicht so süß schmeckt.
c) Dadurch bekommt das Eis eine schönere Farbe.
d) Es enthält 46 % Milcheiweiß, das als Quellstoff viel Wasser bindet.
e) Es bindet die Geschmacksstoffe, was die Eisqualität verbessert.

d

7. Was trifft für Fruchtsorbet, oder nur Sorbet genannt zu?

a) Es ist sehr weiches Eis, ähnlich dem Softeis.
b) Es enthält weniger Früchte als Fruchteis.
c) Es darf keine Milch und Milchbestandteile enthalten.
d) Es enthält Sahne mit mindestens 10 % Früchten.
e) Es ist Fruchteis, das für Menschen mit Fruktoseintoleranz geeignet ist.

c

8. Die Baumkuchenmassen enthalten nach den Bestimmungen der Leitsätze auf 100 kg Weizenmehl und Weizenstärke

a) gleich viel Butter und gleich viel Eier.
b) mindestens 100 kg Butter und mindestens 200 kg Vollei.
c) mindestens 100 kg Fett, davon mindestens die Hälfte Butter.
d) mindestens 20 % Marzipanrohmasse.
e) höchstens 2 % Backpulver als Lockerungsmittel.

b

9. Wodurch unterscheidet sich die Biskuitmasse von der Wiener Masse in Bezug auf die Zutaten?

a) Die Biskuitmasse wird durch mehrere verschiedene Aromen geschmackvoller.
b) Die Biskuitmasse enthält mehr Weizenpuder und ist somit lockerer.
c) Die Biskuitmasse enthält einen höheren Zuckeranteil.
d) Die Biskuitmasse enthält in der Rezeptur kein Fett.
e) Die Biskuitmasse wird nur mit Bio-Weizenmehl hergestellt.

d

10. Wie unterscheiden sich Eigelbmakronen von den anderen Makronen?

a) Sie werden statt mit Marzipanrohmasse mit Persipanrohmasse hergestellt.
b) Sie dürfen als Nüsse nur Haselnüsse und Walnüsse enthalten.
c) Sie enthalten mehr Zucker, der an der Oberfläche der Gebäcke karamellisiert.
d) Sie werden mit Kokosraspeln hergestellt und zu verschiedenen Formen aufdressiert.
e) Sie werden mit Eigelb statt mit Eiklar und mit weniger Zucker hergestellt.

e

3. Berufliche Handlung
Ihre Konditorei wurde beauftragt, den Festtagstisch für eine Hochzeitsfeier zu gestalten. Dafür wurden eine mehrstöckige Hochzeitstorte sowie verschiedene Torten bestellt. Auf den Festtagstisch sollen Tabletts mit unterschiedlichen Pralinen gestellt werden. Für den Empfang sollen Sie passende Getränke bereitstellen.

offene Aufgaben: 25 Punkte

1. Marzipan wird mit drei Zutaten angewirkt. Nennen Sie diese.

3 Punkte

Marzipanrohmasse, Puderzucker und Glukosesirup werden zu Marzipan angewirkt.

2. Nennen Sie die drei Buttercremearten und beschreiben Sie jeweils die typischen Zugaben zur schaumig aufgeschlagenen Butter.

6 Punkte

- deutsche Buttercreme:
  Butter und Vanillecreme
- französische Buttercreme:
  Butter und aufgeschlagene Eiermasse aus Eiern und Zucker
- italienische Buttercreme:
  Butter und Baisermasse

3. Nennen Sie die zwei Bestandteile, aus denen Kakaomasse besteht, die auch durch Auspressen der Kakaomasse gewonnen werden.

2 Punkte

Kakaomasse besteht aus Kakao und Kakaobutter.

4. Schokoladenkuvertüre muss zum Überziehen von Torten und Pralinen temperiert werden.
a) Erläutern Sie, was man unter einem Fettreif auf der Kuvertüre versteht.
b) Nennen Sie zwei mögliche Ursachen, wodurch Fettreif entsteht.

insgesamt 3 Punkte:
a) 1 Punkt
b) 2 Punkte

a) Die Schokoladenkuvertüre ist grau oder hat graue Streifen.
b)
- Die Kuvertüre wurde zu warm temperiert.
- Die Kuvertüre wurde falsch temperiert – nicht abgekühlt und wieder erwärmt.
- Das überzogene Erzeugnis wurde zu warm gelagert.

5. Herrentorten und Prinzregententorten werden mit einzeln gebackenen Wiener Böden hergestellt. Beschreiben Sie jeweils, womit diese Torten eingestrichen (gefüllt) werden.

2 Punkte

Herrentorten werden mit Weincreme eingestrichen.
Prinzregententorten werden mit Schokoladenbuttercreme eingestrichen.

6. Erklären Sie die Bestandteile bei der Herstellung von Tiramisudesserts.
   - Gebäcke am Boden und in der Mitte
   - Tränke für die Gebäcke
   - Typischer Käse in der Füllung

3 Punkte

- Löffelbiskuits
- Kaffee mit Amaretto
- Mascarpone

7. Beschreiben Sie die Herstellung von Mandelsplitterpralinen.

2 Punkte

- Gestiftelte Mandeln leicht anrösten und auskühlen lassen.
- Die Mandeln mit Kuvertüre mischen und kleine Mandelsplitterhäufchen auf ein Papier legen.

8. Eiskaffee wird in einem hohen vorgekühlten Glas zubereitet. Beschreiben Sie die vier Herstellungsschritte von Eiskaffee mit den Zutaten.

4 Punkte

- Zwei Kugeln Vanilleeis in das Glas geben.
- Das Glas mit kaltem Kaffee füllen.
- Eine Schlagsahnehaube obenauf garnieren.
- Die Schlagsahne mit Schokoladenstreusel bestreuen.

Multiple-Choice-Aufgaben: 10 Punkte

1. **Die Oberfläche der Hochzeitstorte soll mit Rollfondant eingeschlagen (überzogen) werden. Die hauptsächlichen Zutaten von Rollfondant sind**
   a) Puderzucker, Glukosesirup, Gelatine in Wasser gelöst.
   b) Marzipanrohmasse, Puderzucker, Glukosesirup.
   c) Schlagsahne, Zucker, Kuvertüre, Spirituose.
   d) Puderzucker, Läuterzucker, Glukosesirup.
   e) geschmolzener Zucker, Isomalt, Glukosesirup.

   a

2. **Nach den Bestimmungen der Leitsätze besteht Ganache aus**
   a) 2 Teilen Buttercreme und 1 Teil Kuvertüre.
   b) 1 Teil Schlagsahne, 1 Teil Fruchtmark und 1 Teil Glukosesirup.
   c) 1 Teil Schlagsahne, 1 Teil Vanillecreme und 1 Teil Nugatmasse.
   d) 1 Teil Schlagsahne und 2 Teile Schokoladenkuvertüre.
   e) 2 Teile Marzipanrohmasse, 1 Teil Läuterzucker.

   d

3. Nugatmassen bestehen aus

a) Mandeln, Zucker und Glukosesirup.
b) Nüssen, Eiklar und Zucker.
c) Krokant, Marzipanrohmasse und Kuvertüre.
d) Dickzuckerfrüchten, Fondant und Kakaopulver.
e) Mandeln oder Haselnüssen, Zucker und Kakaoerzeugnissen.

e

4. Mit welchen Zutaten werden Trüffelpralinen hergestellt?

a) Marzipanrohmasse, Mandelsplitter, beliebiger Likör
b) Dickzuckerfrüchte, Fondant, weiße Schokolade
c) Schlagsahne, Kuvertüre oder weiße Schokolade, beliebige Spirituose
d) helle und dunkle Nugatmasse, Trüffelaroma, Schokoladenkuvertüre
e) Marzipanrohmasse, Krokantstreusel, natürliches Aroma

c

5. Bei Konfitüren, Gelees und Marmeladen werden Früchte mit Gelierzucker gekocht. Was trifft für Marmeladen zu?

a) Marmeladen enthalten mindestens 45 % Fruchtsaft.
b) Marmeladen dürfen nur mit Zitrusfrüchten hergestellt werden.
c) Marmeladen enthalten grundsätzlich Fruchtstücke.
d) Marmeladen dürfen nur Beeren- und Steinobst enthalten.
e) Marmeladen enthalten 50 bis 75 % verschiedener Früchte.

b

6. Wie sind die Bestimmungen der Leitsätze für Sahnecreme?

a) Sahnecreme enthält mindestens 20 bis 60 % Schlagsahne.
b) Sahnecreme enthält mindestens 60 % Schlagsahne.
c) Sahnecreme enthält Schlagsahne und bis 30 % leichte Vanillecreme.
d) Sahnecreme enthält Schlagsahne und mindestens 20 % Eischnee.
e) Sahnecreme enthält einen neutralen Geschmack ohne Aromen.

a

7. Wie wird Zucker bezeichnet, der bei 200 °C dunkelbraun wird?

a) starker Faden
b) starker Flug (Kettenflug)
c) geschmolzener Zucker
d) Karamell
e) Zuckercouleur

e

8. Mit welchen Tortenböden werden Holländer Kirschsahnetorten und Holländer Kirschschnitten hergestellt?

a) helle Wiener Böden und Schokoladenböden im Wechsel
b) Blätterteigböden
c) Brandmasseböden
d) Nuss- oder Mandelböden
e) Nussmürbeteigböden

b

9. Mit welchen Zutaten wird Erdbeermilchshake zubereitet?

a) Milch und Fruchtmark mixen, obenauf Schlagsahne
b) Milch mit Schlagsahne aufschlagen, pürierte Erdbeeren unterrühren
c) Milch mit Fruchtsaft mixen, zerkleinerte Erdbeeren einrühren
d) Milch, Erdbeeren und Erdbeereis mixen
e) Milch, Schlagsahne und Erdbeereis mixen

d

10. Woraus wird Rum gewonnen?

a) aus hellen und blauen Weintrauben
b) aus verschiedenen Früchten
c) aus Zuckerrohr
d) aus Getreide oder Kartoffeln
e) aus dem Traubensaft schwach ausgepresster Trauben

c

3 Prüfungsbereich 3: Betriebswirtschaftliches Handeln

Arbeitszeit: 90 Minuten **Höchstpunktzahl: 100**

Betriebswirtschaftliches Handeln hat **25 % Gewichtung** der gesamten theoretischen Prüfung.
Gewichtungsfaktor = 2,5
Die erreichten Punkte werden mit 2,5 multipliziert – ergibt **maximal 250 Punkte**.

Hinweise

- Ein nicht programmierbarer Taschenrechner ist als Hilfsmittel erlaubt.
- Die Benutzung von Mobiltelefonen oder ähnlichen Geräten gilt als Unterschleif und wird mit dem sofortigen Ausschluss von der gesamten Prüfung geahndet.
- Die Reihenfolge der Bearbeitung können Sie selbst bestimmen.
- Achten Sie auf eine übersichtliche, klare und saubere Darstellung.
- Die Endergebnisse müssen über erkennbare Rechenwege ermittelt werden.
- Teilergebnisse werden berücksichtigt.
- Die Ergebnisse sind durch einen Antwortsatz deutlich hervorzuheben.

Beim Runden ist zu beachten

- Euro-Beträge: 2 Stellen nach dem Komma, z. B. 12,846 € = 12,85 €
- Prozentwerte: 1 Stelle nach dem Komma, z. B. 28,427 % = 28,4 %
- Grammwerte: ohne Kommastelle, z. B. 482,73 g = 483 g
- Kilogrammwerte: 3 Stellen nach dem Komma, z. B. 1,2359 kg = 1,236 kg
- KJ-Werte: ohne Kommastelle, z. B. 512,53 KJ = 513 KJ
- Schlüsselzahl: 1 Stelle nach dem Komma, aufrunden, z. B. 6,27 = 6,3
- Bé-Grade: ohne Kommastelle, z. B. 28,4 °Bé = 28 °Bé

1. Berufliche Handlung
Ihre Konditorei plant eine Aktionswoche mit dem Leitspruch:
„Kaffee – genießen mit feinen Gebäcken und Torten".

1. Für Obstörtchen werden 5,800 kg Erdbeeren geliefert. 4 200 g Kiwi werden fertig geschält zum Belegen benötigt. Von 6,700 kg Bananen blieben nach dem Schälen 5 900 g zum Belegen übrig.

a) Wie viel g Erdbeeren stehen nach einem Putzverlust von 8,5 % zur Verfügung.
b) Ermitteln Sie, wie viel kg Kiwis bei einem Schälverlust von 6,25 % einzukaufen sind.
c) Berechnen Sie den Schälverlust der Bananen in %.

insgesamt 15 Punkte:
a), b), c) je 5 Punkte

a) 100 % ≙ 5 800 g
91,5 % ≙ x g

$$\frac{5\,800 \text{ g} \cdot 91{,}5}{100} = 5\,307 \text{ g}$$

Es stehen 5 307 g Erdbeeren zur Verfügung.

b) 93,75 % ≙ 4,200 kg
100 % ≙ x kg

$$\frac{4{,}200 \text{ kg} \cdot 100}{93{,}75} = 4{,}480 \text{ kg}$$

Es müssen 4,480 kg Kiwis eingekauft werden.

c) 6 700 g – 5 900 g = 800 g
6 700 g ≙ 100 %
800 g ≙ x %

$$\frac{100\,\% \cdot 800}{6\,700} = 11{,}94\,\% \approx 12\,\%$$

Der Schälverlust der Bananen beträgt 12 %.

2. Es werden Tiramisudesserts in vier Rahmenblechen von je 60 cm x 40 cm eingesetzt. Die Desserts werden in Stücke von 80 mm x 80 mm eingeteilt. Wie viele Tiramisudesserts erhält man aus den vier Rahmenblechen?

5 Punkte

60 cm · 40 cm = 2 400 cm^2
2 400 cm^2 · 4 Bleche = 9 600 cm^2

8 cm · 8 cm = 64 cm^2
9 600 cm^2 : 64 cm^2 = 150 Dessertstücke
Man erhält 150 Tiramisudesserts.

3. Himbeermousse wird aus folgendem Grundrezept hergestellt:
400 g Schlagsahne
100 g Vollei
40 g Eigelb
150 g Zucker
250 g Himbeermark
10 g Zitronensaft
20 g Grand Marnier
Für eine Portion werden 120 g Himbeermousse berechnet.
Erstellen Sie das Rezept für 85 Portionen. Ermitteln Sie die Schlüsselzahl mit einer Kommastelle aufgerundet.

10 Punkte

400 g + 100 g + 40 g + 150 g + 250 g + 10 g + 20 g = 970 g Himbeermousse
120 g · 85 P. = 10 200 g benötigte Himbeermousse

$$\text{Schlüsselzahl} = \frac{\text{gewünschtes Moussegewicht}}{\text{vorhandenes Moussegewicht}}$$

$$\frac{10\,200 \text{ g gewünschtes Gewicht}}{970 \text{ g vorhandenes Gewicht}} = 10{,}515 \approx 10{,}6$$

Schlagsahne	400 g · 10,6 = 4 240 g
Vollei	100 g · 10,6 = 1 060 g
Eigelb	40 g · 10,6 = 424 g
Zucker	150 g · 10,6 = 1 590 g
Himbeermark	250 g · 10,6 = 2 650 g
Zitronensaft	10 g · 10,6 = 106 g
Grand Marnier	20 g · 10,6 = 212 g
	10 282 g Moussegewicht

Bei der Schlüsselzahl von 10,6 werden für 85 Portionen Himbeermousse 10.282 g Mousse hergestellt.

4. Bei der Herstellung von Dickzuckerfrüchten enthält die Zuckerlösung für den 1. Tag auf 1 l Wasser 660 g Zucker, was eine Konzentration der Zuckerlösung von 16 °Bé bedeutet.

a) Wie viel kg Zucker enthält die Zuckerlösung am 4. Tag in 1 l Wasser, wenn die Zuckerkonzentration 28 °Bé beträgt.
b) Ermitteln Sie die Zuckerkonzentration der Zuckerlösung in °Bé am 6. und letzten Tag, wenn sich in 1 l Wasser 1 500 g Zucker befinden.

insgesamt 10 Punkte:
a), b) je 5 Punkte

a) 16 °Bé ≙ 660 g Zucker
28 °Bé ≙ x g

$$x = \frac{660 \text{ g} \cdot 28}{16} = 1\,155 \text{ g}$$

Am 4. Tag befinden sich in der Zuckerlösung 1 155 g Zucker in 1 l Wasser.

b) 660 g ≙ 16 °Bé
1 500 g ≙ x °Bé

$$x = \frac{16 \text{ °Bé} \cdot 1\,500}{660} = 36{,}3 \text{ °Bé} \approx 36 \text{ °Bé}$$

Am 6. Tag beträgt die Zuckerkonzentration in der Zuckerlösung 36 °Bé.

5. Geleepulver für Geleeguss ist eine Mischung aus 6 Teilen Johannisbrotkernmehl, 5 Teilen Guarkernmehl, 2 Teilen Agar-Agar und 3 Teilen Alginate.
Wie viel g von jedem Bindemittel befinden sich in 2,800 kg Geleepulver?

10 Punkte

6 Teile + 5 + 2 + 3 = 16 Teile
16 Teile ≙ 2 800 g
1 Teil ≙ x g

$$x = \frac{2\,800\text{ g} \cdot 1}{16} = 175\text{ g}$$

6 Teile = 175 g · 6 = 1 050 g
5 Teile = 175 g · 5 = 875 g
2 Teile = 175 g · 2 = 350 g
3 Teile = 175 g · 3 = 525 g
In 2,800 kg Geleepulver befinden sich 1 050 g Johannisbrotkernmehl, 875 g Guarkernmehl, 350 g Agar-Agar und 525 g Alginate.

6. 3,900 kg Marzipan für Marzipanfiguren enthalten 2 550 g Kohlenhydrate, 960 g Fett und 390 g Eiweiß. Für jede Figur werden 60 g Marzipan abgewogen.
a) Wie viele Marzipanfiguren werden hergestellt?
b) Berechnen Sie den Energiegehalt jedes einzelnen Nährstoffs in kJ für 1 Marzipanfigur sowie den gesamten Energiegehalt einer Figur. Runden Sie auf ganze kJ.
1 g Kohlenhydrate ≙ 17 kJ,
1 g Eiweiß ≙ 17 kJ,
1 g Fett ≙ 37 kJ

10 Punkte

a) 3 900 g Marzipan : 60 g = 65 Marzipanfiguren
Es werden 65 Marzipanfiguren hergestellt.

b) Kohlenhydrate:
17 kJ · 2 550 g = 43 350 kJ
43 350 kJ : 65 Stück = 667 kJ/Stück
Eiweiß:
17 kJ · 390 g = 6 630 kJ
6 630 kJ : 65 Stück = 102 kJ/Stück
Fett:
37 kJ · 960 g = 35 520 kJ
35 520 kJ : 65 = 546 kJ/Stück
gesamt: 667 kJ + 102 kJ + 546 kJ = 1 315 KJ
1 Marzipanfigur enthält 667 kJ Kohlenhydrate, 102 kJ Eiweiß und 546 kJ Fett. Der gesamte Energiegehalt 1 Marzipanfigur beträgt 1 315 kJ.

7. 1 kg Marzipanpralinen kostet 46,00 € und 1 kg Trüffelpralinen 53,00 €. Sie sollen als Pralinenmischung zu 49,00 € je kg angeboten werden.
a) In welchem Verhältnis werden beide Pralinensorten gemischt?

a)

Sorte 1	46,00 €	3,00 €	4 Teile
	49,00 €		
Sorte 2	53,00 €	4,00 €	3 Teile
			insg. 7 Teile

Es werden 4 Teile Marzipanpralinen und 3 Teile Trüffelpralinen gemischt.

b) Ein Kunde bestellt 70 Pralinentütchen mit je 150 g. Wie viel kg Pralinenmischung wird benötigt und wie viel kg Marzipan- und Trüffelpralinen werden dafür gemischt?

insgesamt 10 Punkte:
a), b) je 5 Punkte

b) 150 g · 70 Tütchen = 10 500 g = 10,500 kg
7 Teile = 10,500 kg
1 Teil = 10,500 kg : 7 = 1,500 kg
Marzipanpralinen: 4 Teile · 1,500 kg = 6,000 kg
Trüffelpralinen: 3 Teile · 1,500 kg = 4,500 kg
Für die Pralinenmischung werden 10,500 kg Pralinen benötigt,
6,000 kg Marzipanpralinen und 4,500 kg Trüffelpralinen.

8. Eine Käsetorte wird mit folgendem Rezept hergestellt:

1 000 g	Magerquark	2,60 €/kg
450 g	Milch	1,10 €/kg
300 g	Eier (1 Ei = 50 g)	0,18 €/Stück
250 g	Zucker	0,92 €/kg
150 g	Butter	6,20 €/kg
120 g	Weizenpuder	0,84 €/kg
	Salz, Aromen	0,16 € pauschal

Die Käsetorte wird in 16 Stücke eingeteilt.
Berechnen Sie den Preis für 1 Stück Käsetorte im Café bei folgenden Kalkulationsgrundlagen:

Betriebskosten:	240 %
Gewinn und Risiko:	28 %
Caféaufschlag:	32 %
Mehrwertsteuer:	19 %

insgesamt 20 Punkte:
Materialberechnung: 10 Punkte
Kalkulation: 10 Punkte

Materialpreisberechnung

Magerquark: 2,60 €

Milch: 1 000 g ≙ 1,10 €
450 g ≙ x €

$$x = \frac{1{,}10\,€ \cdot 450}{1000} = 0{,}495\,€ \approx 0{,}50\,€$$

Eier: 0,18 € · 6 = 1,08 €

Zucker: 0,92 € : 4 = 0,23 €

Butter: 1 000 g ≙ 6,20 €
150 g ≙ x €

$$x = \frac{6{,}20\,€ \cdot 150}{1000} = 0{,}93\,€$$

Weizenpuder: 1 000 g ≙ 0,84 €
120 g ≙ x €

$$x = \frac{0{,}84\,€ \cdot 120}{1000} = 0{,}10\,€$$

Salz, Aromen: 0,16 €

Materialkosten 5,60 €

Kalkulation

Materialkosten	5,60 €	100 %			
Betriebskosten		240 %			
Selbstkosten		340 %	100 %		
Gewinn/Risiko		28 %	28 %		
Nettoverkaufspreis			128 %	100 %	
Caféaufschlag				32 %	
Nettopreis – Café				132 %	100 %
Mehrwertsteuer					19 %
Bruttoverkaufspreis					119 %

Nebenrechnungen

Selbstkosten:
100 % ≙ 5,60 €
340 % ≙ x €

$$x = \frac{5{,}60\,€ \cdot 340}{100} = 19{,}04\,€$$

Nettoverkaufspreis:

100 % ≙ 19,04 €

128 % ≙ x €

$$x = \frac{19{,}04\,€ \cdot 128}{100} = 24{,}37\,€$$

Nettopreis – Café:

100 % ≙ 24,37 €

132 % ≙ x €

$$x = \frac{24{,}37\,€ \cdot 132}{100} = 32{,}17\,€$$

Bruttoverkaufspreis:

100 % ≙ 32,17 €

119 % ≙ x €

$$x = \frac{32{,}17\,€ \cdot 119}{100} = 38{,}282\,€ \approx 38{,}28\,€$$

Cafépreis 1 Stück Käsetorte:

38,28 € : 16 Stück = 2,392 €

1 Stück Käsetorte kostet im Café 2,39 €

9. Ein Joghurt-Himbeertörtchen kostet im Laden 2,60 €. Die Selbstkosten betragen für 50 Törtchen 92,00 €. Berechnen Sie Gewinn und Risiko in %.

10 Punkte

Selbstkosten	1,84 €	100 %	
Gewinn/Risiko			
Nettoverkaufspreis			100 %
Mehrwertsteuer			7 %
Bruttoverkaufspreis	2,60 €		107 %

Nebenrechnungen

Nettoverkaufspreis:

107 % ≙ 2,60 €

100 % ≙ x €

$$x = \frac{2{,}60\,€ \cdot 100}{107} = 2{,}43\,€$$

Selbstkosten für 1 Törtchen:

92,00 € : 50 T. = 1,84 €

Gewinn/Risiko:

2,43 € – 1,84 € = 0,59 €

1,84 € ≙ 100 %

0,59 € ≙ x %

$$x = \frac{100\,\% \cdot 0{,}59}{1{,}84} = 32\,\%$$

Gewinn und Risiko beträgt bei der Kalkulation 32 %

4 Prüfungsbereich 4: Wirtschaft und Sozialkunde

Arbeitszeit: 60 Minuten **Höchstpunktzahl: 100**

Wirtschaft und Sozialkunde hat **20 % Gewichtung** der gesamten theoretischen Prüfung.
Gewichtungsfaktor = 2
Die erreichten Punkte werden mit 2 multipliziert – ergibt **maximal 200 Punkte**.

1. Berufliche Handlung
Sie beenden Ihre Ausbildung erfolgreich. Nun wollen Sie die Meisterschule besuchen, um anschließend einen Betrieb zu eröffnen.

(Höchstpunktzahl = 29 Punkte: offene Aufgaben = 29 Punkte)

1. Der Konditorgeselle/die Konditorgesellin kann durch schulische Weiterbildung den erlernten Beruf ausbauen.
a) Zählen Sie vier Berufe auf, die mit einer Weiterbildung eingeschlagen werden können.
b) Geben Sie an, wer die Kosten für die Konditormeisterausbildung trägt.

insgesamt 6 Punkte:
a) 4 Punkte
b) 2 Punkte

a)
- Konditormeister
- Betriebswirt des Handwerks
- Berufsschullehrer
- Lebensmitteltechnologe
- Lebensmittelchemiker
- Lebensmitteltechniker

b) In der Regel sind die Kosten selbst zu tragen. Manchmal werden die Kosten vom Betrieb übernommen.
Bei Bedarf kann beim Arbeitsamt Meister-BAföG als Darlehen beantragt werden.

2. Welche Kosten sind bei der Kalkulation von Verkaufspreisen für Backwaren zu berücksichtigen?

4 Punkte

- Materialkosten
- Betriebskosten
- Risiko und Gewinn
- Mehrwertsteuer

3. Die Renten für die jüngeren Generationen sind nicht mehr sicher.
Nennen Sie drei Gründe dafür.

6 Punkte

- Die Anzahl der Geburten in Deutschland sinkt.
- Gleichzeitig steigt die Lebenserwartung der Menschen.
- Somit gibt es immer weniger Arbeitnehmer, die in das Rentensystem einzahlen. Im Gegenzug gibt es immer mehr Rentenbezieher.

4. Geben Sie mindestens drei Möglichkeiten an, sich zusätzlich zu den bestehenden Sozialversicherungen privat abzusichern.

3 Punkte

- Private Krankenversicherung
- Lebensversicherung
- Berufsunfähigkeitsversicherung
- vermögenswirksame Leistungen (Bausparvertrag)

5. Sie kaufen eine Beteiligung an einer AG.
a) Was bedeutet diese Abkürzung?
b) Wie viel Grundkapital muss eine AG mindestens aufbringen?
c) Beschreiben Sie kurz das Wesen einer AG (Haftung und Gewinnverteilung).

insgesamt 4 Punkte:
a) 1 Punkt
b) 1 Punkt
c) 2 Punkte

a) Die Abkürzung steht für Aktiengesellschaft.
b) Das Grundkapital beträgt 50 000 Euro.
c) Die Haftung beschränkt sich auf das Gesellschaftsvermögen.
Die Aktionäre werden am Gewinn durch Auszahlung einer Dividende beteiligt.

6. Oft sind nach einem Arbeitsunfall oder einer schweren Krankheit Umschulungsmaßnahmen erforderlich.
a) Erläutern Sie, wann eine Umschulungsmaßnahme erfolgt.
b) Geben Sie an, wer diese Maßnahmen bezahlt.

insgesamt 6 Punkte:
a) 2 Punkte
b) 4 Punkte

a) Eine Umschulung erfolgt, wenn ein Arbeitnehmer seinen erlernten Beruf nicht mehr ausüben kann.
b) Nach einem Arbeitsunfall oder einer Berufskrankheit, z. B. Mehlstauballergie, bezahlt die Berufsgenossenschaft die Maßnahmen.
Wenn andere Gründe für die Arbeitsunfähigkeit vorliegen, wie Krankheiten oder Unfallfolgen, übernehmen die Krankenkassen die Kosten.

2. Berufliche Handlung
Bevor Sie Ihren Ausbildungsbetrieb eröffnen, informieren Sie sich über wichtige wirtschaftliche Zusammenhänge.

(Höchstpunktzahl = 29 Punkte: offene Aufgaben = 29 Punkte)

1. Erklären Sie den Unterschied zwischen folgenden Betrieben jeweils anhand von zwei Beispielen:
a) Produktionsbetrieb
b) Dienstleistungsbetrieb

insgesamt 8 Punkte:
a) 4 Punkte
b) 4 Punkte

a) Ein Produktionsbetrieb stellt Waren und Güter her. Dies kann im produzierenden Gewerbe (z. B. Bäckereien/Konditoreien) oder in der Landwirtschaft (z. B. Getreide) erfolgen.
b) Dienstleistungsbetriebe werden für ihre Dienste am Kunden bezahlt (z. B. Behörden, Ämter, Online-Dienste, private Postzustellung).

2. Arbeitslosigkeit ist häufig saisonal bedingt.
a) Nehmen Sie dazu Stellung.
b) Geben Sie mindestens drei Branchen an, für die dies zutrifft.

insgesamt 5 Punkte:
a) 2 Punkte
b) 3 Punkte

a) Jahreszeitliche Einflüsse lassen den Bedarf an Arbeitskräften schwanken.
b)
- Lebensmittelbranche
- Bauindustrie
- Tourismusbranche
- Landwirtschaft

3. a) Erklären Sie den Begriff „öko-soziale Marktwirtschaft".
b) Nennen Sie drei Beispiele für öko-soziale Marktwirtschaft.

insgesamt 5 Punkte:
a) 2 Punkte
b) 3 Punkte

a) Bei der öko-sozialen Marktwirtschaft werden vermehrt Umweltaspekte in die Marktwirtschaft mit einbezogen.
b)
- Einsatz umweltfreundlicher Energien wie Wind und Sonne
- Verarbeitung von Rohstoffen aus biologischem Anbau
- Verarbeitung regionaler Erzeugnisse

4. a) Geben Sie die vier Ziele unserer Wirtschaftspolitik an.
b) Erläutern Sie, warum diese Ziele als magisches Viereck bezeichnet werden.

insgesamt 6 Punkte:
a) 4 Punkte
b) 2 Punkte

a)
- Vollbeschäftigung
- stetiges Wirtschaftswachstum
- außenwirtschaftliches Gleichgewicht
- stabiles Preisniveau

b) Alle vier Ziele können niemals gleichzeitig erreicht werden.

5. Welche Folge haben Rationalisierungsmaßnahmen und die Verlagerung der Produktion ins Ausland für den Arbeitnehmer?

2 Punkte

Durch diese Maßnahmen gehen Arbeitsplätze im Inland verloren.

6. Nennen Sie drei Merkmale für die Globalisierung der Wirtschaft.

3 Punkte

- Ausweitung des internationalen Handels
- internationale Arbeitsteilung innerhalb von Unternehmen
- zunehmende Abhängigkeit von den Wirtschaftsentwicklungen in anderen Ländern
- Firmen und Betriebe verlagern ihre Produktion in „Lohn-Billigländer"

3. Berufliche Handlung
Bevor Sie Auszubildende und Mitarbeiter in Ihrem Betrieb einstellen, müssen Sie sich über wichtige Bestimmungen im Arbeitsrecht informieren.

(Höchstpunktzahl = 42 Punkte: offene Aufgaben = 42 Punkte)

1. Bei welchen Themen hat der Betriebsrat eines Unternehmens ein Zustimmungsrecht?

3 Punkte

- Personalangelegenheiten
- Auswahlkriterien für Neueinstellungen
- Versetzungen von Arbeitnehmern
- Beurteilungsgrundsätze für die Arbeitnehmerleistungen

2. Unterscheiden Sie den Bruttolohn vom Nettolohn.

4 Punkte

Der Bruttolohn ist das Einkommen ohne Abzüge der Sozialversicherungsbeiträge, der Lohnsteuer und des Solidaritätszuschlags. (Gegebenenfalls kommen noch Abzüge für vermögenswirksame Leistungen und Kirchensteuer dazu.)

3. Zählen Sie je zwei Rechte und Pflichten auf, die im Ausbildungsvertrag für einen Ausbildungsbetrieb verankert sind.

insgesamt 6 Punkte:
a) 3 Punkte
b) 3 Punkte

Rechte:
- Berichtshefte kontrollieren
- Anweisungen geben
- sorgfältigen Umgang mit den betriebseigenen Geräten und Maschinen einfordern

Pflichten:
- Ausbildung nach dem vorgeschriebenen Rahmenplan
- regelmäßige Lohnzahlungen
- Gewährung des zustehenden Urlaubs

4. Erklären Sie den Zweck der Probezeit für Ausbilder und Auszubildenden.

4 Punkte

Ausbilder:
- Der Betrieb kann in der Zeit feststellen, ob der Auszubildende die Fähigkeiten für den angestrebten Beruf mitbringt.

Auszubildender:
- Er macht sich ein Bild darüber, ob die angestrebte Ausbildung für ihn geeignet ist.

5. Nennen Sie drei Gründe, die eine fristlose Kündigung durch den Arbeitgeber rechtfertigen.

3 Punkte

- Verweigerung von Arbeit, die dem Berufsbild entspricht
- Diebstahl
- Weitergabe von Betriebsgeheimnissen
- körperliche Gewalt am Arbeitsplatz

Aufgabe	Lösung
6. Artikel 6 des Grundgesetzes lautet: „Jede Mutter hat Anspruch auf den Schutz und die Fürsorge der Gemeinschaft." Nehmen Sie dazu Stellung. 4 Punkte	• Schutzfrist (6 Wochen vor und 8 Wochen nach der Entbindung) • Einkommenssicherung während der Schutzfrist • Kündigungsschutz bis 4 Monate nach der Entbindung und der Elternzeit • keine Tätigkeiten verrichten, die die Gesundheit von Mutter und Kind gefährden könnten • Recht auf Zahlung von Kindergeld
7. Die Berufsausbildung wir dual durchgeführt. Erklären Sie den Begriff „duale Berufsausbildung". 4 Punkte	• Die praktische Ausbildung der Auszubildenden erfolgt in den Betrieben. • Die theoretischen Ausbildungsinhalte werden an den Berufsschulen vermittelt.
8. Fassen Sie zusammen, was Sie aus arbeitsrechtlicher Sicht beachten müssen, wenn Sie einen Jugendlichen ausbilden, der über 17 Jahre alt ist. 4 Punkte	• Arbeitsbeginn nicht vor vier Uhr morgens • die tägliche Arbeitszeit darf nicht mehr als acht Stunden betragen • mindestens zwölf Stunden Freizeit nach dem Ende der Arbeit • mindestens 25 Tage Urlaub
9. Welche Vorschriften gelten für die Pausen eines Auszubildenden nach dem Jugendarbeitsschutzgesetz? 4 Punkte	• bei 4,5 bis 6 Stunden Arbeitszeit mindestens 30 Minuten • bei mehr als 6 Stunden Arbeitszeit mindestens 60 Minuten
10. In jedem Beruf gelten tarifliche Regelungen. Nennen Sie die beiden Tarifarten und geben Sie jeweils zwei Inhalte an. 6 Punkte	Entgelttarifvertrag (Lohntarifvertrag) • Höhe der Löhne, Gehälter • Ausbildungsvergütungen Mantel- oder Rahmentarifvertrag • Arbeitsbedingungen • Arbeitszeit • Lohn- und Gehaltsgruppen

Sachwortverzeichnis

R

S

Notizen

Notizen

Notizen

Notizen

Notizen

Notizen